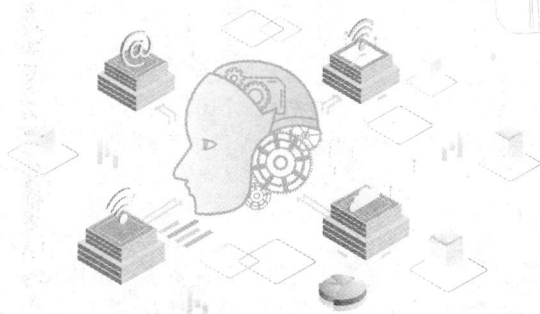

Artificial Intelligence:Principle and Technology

人工智能
——原理与技术

叶佩军 王飞跃 ◎ 著

清华大学出版社

北京

内 容 简 介

本书介绍人工智能的基本思想、原理、算法和应用，重点突出技术的可操作性，全面覆盖学科领域的相关技术方向。按照学科发展的顺序，全书共分逻辑智能、计算智能、平行智能三篇，各篇的内容大致按照知识表示、推理、学习的顺序安排，目的是让读者能够清晰地把握各技术间的区别与联系。

逻辑智能篇包括第 2~6 章，主要关注以符号处理为基础的方法，包括本体/知识图谱、逻辑推理、搜索智能、自动规划、一阶逻辑学习等。计算智能篇包括第 7~12 章，主要讲述以数值计算为基础的方法，包括概率推理、模糊系统、样例学习、人工神经网络、强化学习、进化计算与群体智能等，这些是近年来快速发展的内容。平行智能篇包括第 13~15 章，重点关注网络化条件下多个个体交互产生的智能行为，包括分布式人工智能与多智能体系统、平行智能、知识自动化与社会智能等，这些是人工智能与大数据、云计算、物联网、智联网等新兴技术相结合的最新发展趋势。书中的例子浅显易懂，一些算法还附有伪代码，以方便初学者掌握算法的基本流程并编程实现，建议有条件的读者动手一试。

本书的内容具备一定的理论深度，同时适当兼顾初学者，可作为相关专业高年级本科生、研究生的教学用书，也可供有一定数学和程序设计基础的技术人员参考。

图书在版编目(CIP)数据

人工智能：原理与技术/叶佩军，王飞跃著. —北京：清华大学出版社，2020.2(2025.9重印)
ISBN 978-7-302-54945-1

Ⅰ．①人… Ⅱ．①叶… ②王… Ⅲ．①人工智能 Ⅳ．①TP18

中国版本图书馆 CIP 数据核字(2020)第 025512 号

责任编辑：贾　斌
封面设计：刘　键
责任校对：焦丽丽
责任印制：曹婉颖

出版发行：清华大学出版社
　　　　　网　　　址：https://www.tup.com.cn, https://www.wqxuetang.com
　　　　　地　　　址：北京清华大学学研大厦 A 座　　　　　邮　　编：100084
　　　　　社 总 机：010-83470000　　　　　　　　　　　邮　　购：010-62786544
　　　　　投稿与读者服务：010-62776969，c-service@tup.tsinghua.edu.cn
　　　　　质量反馈：010-62772015，zhiliang@tup.tsinghua.edu.cn
　　　　　课件下载：https://www.tup.com.cn，010-83470410
印 装 者：三河市君旺印务有限公司
经　　销：全国新华书店
开　　本：185mm×260mm　　印　张：18.75　　　　　　字　　数：449 千字
版　　次：2020 年 8 月第 1 版　　　　　　　　　　　　印　　次：2025 年 9 月第 5 次印刷
印　　数：5421~6420
定　　价：59.80 元

产品编号：080891-01

前　言

200 多年前,从蒸汽机到电动机,我们有了"老 IT"工业技术(Industrial Technology)。工业革命开始后,人类迈入从农业社会到工业社会的伟大转折。100 多年前,从无线电到电话线,我们有了"旧 IT"信息技术(Information Technology)。信息革命开启后,社会进入现代化信息世界。今天,从深度学习到 AlphaGo,我们又有了"新 IT"智能技术(Intelligent Technology),人类正面临一场化"老、旧、新"三个 IT 技术为一体的智业新革命,人工智能及其知识自动化已经成为从工业社会向智业社会迈进的关键。

然而,目前社会对人工智能的期望与人工智能技术的实际能力之间存在着巨大的差距。特别是近年来人工智能概念本身的急剧泛化,导致其理论和方法都发生了重大变化。与此相伴的是人工智能人才严重短缺,而传统的人工智能教材又难以适应与满足新形势下的需求。因此,编写与时俱进、内容反映当前研发与应用现状的人工智能教材成为一项迫切的任务。

本书的创作计划始于 2005 年,目标是为当时雨后春笋般的软件学院探索一条走向"知件"(Knoware)学院的途径。2006 年,我兼任西安交通大学软件学院院长,提出建设新的硬件、新的软件和更新的知件基础课程。新硬件以实时嵌入式系统为主,新软件基础以"计算思维"为主,新知件基础自然是以人工智能为主,但扩展为"智能科学与工程"。硬软新课程的起步相对成功,特别是计算思维后来成为全国性计算机的基础课程成分,但知件的计划迟迟没有实施。

2013 年,我应旅美的周孟初教授之邀,参加澳门科技大学系统工程研究所的规划,提出创立"智能科学与技术"硕士博士学位的建议。后又应邀创办青岛智能产业技术研究院,筹备红岛智能学院,培养面向人工智能技术的"红领"产业人才。此时,人工智能和智能产业渐呈爆发之势,我向时任中国科学院大学(国科大)副校长王颖教授提出在国科大设立人工智能系的建议,并得到校长丁仲礼院士的大力支持,特批十五名教授名额,引入计算智能方向的著名学者王立新等人。之后的第一项任务就是策划新的教科书系列,先是从智能的角度改造传统的课程,如"最优控制"和"机器人学"等,再就是改写传统的人工智能教科书。

2015 年,澳门科技大学的新博士学位获得学校批准,名称改为"智能科学与系统"。同年,西安交通大学软件学院也将人工智能课程建设提上日程,由我和旅美的李灵犀教授负责。2017 年,澳门特别行政区政府核准"智能科学与系统"博士学位并在国家教育部存案招生。本书的写作也正式启动,并由接替李灵犀教授的叶佩军博士负责,最初教学对象是西安交通大学软件学院的研究生,部分内容也同时用于中国科学院大学和澳门科技大学的教学。

本书主要介绍人工智能的基本思想、原理、算法和应用,重点突出技术的可操作性,全面覆盖学科领域的相关技术方向。按照学科发展的顺序,全书共分逻辑智能、计算智能、平行智能三篇,各篇的内容大致按照知识表示、推理、学习的顺序安排,目的是让读者能够清晰地把握各技术间的区别与联系。逻辑智能篇包括第2~6章,主要关注以符号处理为基础的方法,包括本体/知识图谱、逻辑推理、搜索智能、自动规划、一阶逻辑学习等。计算智能篇包括第7~12章,主要讲述以数值计算为基础的方法,包括概率推理、模糊系统、样例学习、人工神经网络、强化学习、进化计算与群体智能等,这些是近年来快速发展的内容。平行智能篇包括第13~15章,重点关注网络化条件下多个个体交互产生的智能行为,包括分布式人工智能与多智能体系统、平行智能、知识自动化与社会智能等,这些是人工智能与大数据、云计算、物联网、智联网等新兴技术相结合的最新发展趋势。书中的例子浅显易懂,一些算法还附有伪代码,以方便初学者掌握算法的基本流程并编程实现,建议有条件的读者动手一试。

本书的内容具备一定的理论深度,同时适当兼顾初学者,可作为相关专业高年级本科生、研究生的教学用书,也可供有一定数学和程序设计基础的技术人员参考。

本书从策划到完成,经历了十余年的时间,期间人工智能发生了几乎是天翻地覆的变化,为写作增加了许多难度。为此,叶佩军博士在教学和写作中都付出了巨大的心血和努力,完成了本书绝大部分的工作量。特别是2017—2018年赴美加州大学圣地亚哥(San Diego)分校学术访问期间,本应从事合作研究的许多时间都用于本书的写作和修改,影响了自己的研究进程。同时感谢叶佩军博士的夫人,她放弃自己的工作,背井离乡,远渡重洋陪伴,为佩军完成本书的写作提供了许多帮助。

本书的写作还得到青岛智能产业技术研究院的大力支持,特别是李灵犀副院长和王晓副院长的尽心安排。西安交通大学软件学院和中国科学院大学人工智能学院的部分师生为本书提供了宝贵的反馈意见,新泽西理工学院的周孟初教授和澳门科技大学的伍乃骐教授也对本书给予了支持,在此一并表示衷心的感谢。最后,感谢清华大学出版社在本书的编辑和出版过程中所给予的热心帮助。

王飞跃

中国科学院自动化研究所

复杂系统管理与控制国家重点实验室

北京怀德海智能学院

2020 年 5 月

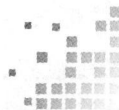

目 录

第二篇 计 算 智 能

第三篇　平 行 智 能

绪 论

当前,人工智能(Artificial Intelligence,AI)广泛应用到各行各业,成为推动产业发展的关键手段之一。一方面,从 IBM 沃森(Watson)到微软小冰,从"深蓝"(Deep Blue)到"阿尔法狗"(AlphaGo),人工智能技术的每一点进步都不同程度地改善着人们的生产和生活。另一方面,一些学者和媒体谨慎地看待这门学科的发展,出现了"人工智能将超越并最终毁灭人类"的惊世骇言。作为一门技术学科,人工智能究竟研究的是什么? 它是如何发展而来的? 它能带给我们什么? 它为什么能够产生如此巨大的影响力? 为什么人工智能是新一代智能产业的一门基础而重要的课程?

1.1 人工智能的基本概念

人工智能就是用"人工"的办法实现自然的"智能",具体而言,就是利用机器来产生或模仿人及更一般的生物智能。"人工"容易理解,是与"自然"相对的概念。"人工"的办法包括现有人类掌握的一切工具、方法和技术。什么是"智能"? 此问题至今仍然没有一个公认的统一定义。对于智能的认识,目前大致有两种主流观点[1]:一种观点认为,存在一般性的决定人类智力的因素。英国人类学家 Galton 是该观点主要创立者[2],他认为智力是一种具有生物学基础的真正能力,可以利用简单认知任务的反应时间来进行研究。英国心理学家 Spearman 通过实验发现人的不同类型的认知能力是相关的,并由此提出"通用智能因子 g"[3]。在此理论下,Spearman 认为人们接受的数学测验和词汇测验本质上是相通的,因为它们在 g 的支持下是关联的。英国心理学家 Eysenck 和美国心理学家 Jensen 是"通用智能因子"理论的主要支持者[4-6]。另一种观点认为,同时存在多种形式的智能。美国心理学家 Thurstone 发现人具备多种精神能力,这与 Spearman 的"通用智能因子"不相符[7]。哈佛大学教授 Gardner 提出语言、音乐、逻辑数学、空间、身体运动、个体内部(如洞察力、元认知)、人际关系等多种互不相关的智能类型[8]。1985 年,美国认知心理学家 Sternberg 提出解析性、创造性、实用性三种智能[9]。

对一般智能的研究太过宽泛,而人工智能学科的研究相对具体。1955 年,人工智能之父麦卡锡（John McCarthy）在为次年达特茅斯（Dartmouth）会议立项的建议书中写到[10]："（人工智能）研究基于的假设是：学习或其他智能特征都能被精确描述，以至于可以建造机器来模拟。我们将尝试寻找如何让机器使用语言、形成抽象概念、解决目前人类面临的问题，以及改进自身。"可见，人工智能的范畴最初包括自然语言处理、形式化推理、问题求解和机器学习，而后来的研究进一步扩充，大体上可归纳为类人和理性两个维度，沿类人行为、类人思考、理性思考、理性行为四个方向展开。

先说类人行为。它是指当机器面对跟人相同的环境时，能够做出跟人类似的行为。该方向的先驱当属英国数学家阿兰·图灵（Alan Turing），他在 1947 年的手稿 *Intelligent Machinery* 中试图给出智能的定义、构建智能机器的方法，以及智能的测试方法[11]。1950年，图灵在《心灵》杂志正式发表 *Computing Machinery and Intelligence*，提出著名的"图灵测试"设想，开启了利用计算机研究智能之路[12]。图灵测试的内容是，当一位人类询问者提出一些书面问题，并且无法区分得到的书面回答是来自人类还是机器，那么机器就通过了测试，认为机器具有智能。

与人在复杂任务环境中的行为过程一样，实现机器的类人行为需要多个环节配合。首先，机器需要感知周围的环境状况，判断任务开始的初始条件，计算机视觉、语音、文本识别等研究主要就是完成此项功能[13-17]。其次，机器需要确定期望达到的目标，并通过自己已经掌握的知识分析推理得出实现步骤，这涉及知识表示和逻辑推理[18]。然后，机器需要控制物理单元来具体实施每个步骤，这就是机器人学研究的内容[19]。最后，如果现有的知识不足以推理出如何实现目标，或者实施过程的结果与期望有偏差，那么机器需要根据环境学习更新知识，这是机器学习的任务之一[20]。显然，实现类人行为是极其困难的，但目前的最新成果使得我们越来越接近该目标了。

再来看类人思考。毫无疑问，我们所具有的全部智能都来源于大脑，因此，要建造能够像人一样思考问题的机器，应当弄清楚我们自己是如何思考的，这本身就是一个复杂而广阔的领域。哲学、心理学以及后来出现的认知科学都在试图完善对人类思维的认识，内省（自我总结内心的思考过程）、心理实验（观察人的工作过程）、脑成像（研究人在思考时的大脑运行机制）等众多手段都被尝试用来达成此目的。然而不幸的是，与前面类人行为的成果相比，类人思考的研究至今进展有限，以至于《科学》杂志将其列为世界性的科学难题之一[21]。

与类人思考相比，理性思考更关注人类在思考问题时的推理过程，该领域的研究最早可追溯到古希腊时期的亚里士多德（Aristotle），他提出了著名的"前提－假设－结论"三段式来定义理性思考。例如，"6 班的学生都通过了 AI 考试"（前提），"张三是 6 班的学生"（假设），那么"张三通过了 AI 考试"（结论）。显然，这样的推理与我们期望的正确推理过程是相符的。早期的人工智能研究者也正是沿着这条路来构建智能系统，他们被称为逻辑主义学派，有时也被称为"纯净派"（Neats）[22]。

最后一类是理性行为。理性行为是指，人们在决策过程中往往倾向于选择使自己收益或者期望收益最大的候选项，此处要区分理性行为和前面类人行为的差别。现实中人们的决策大多数是理性的，但也存在非理性的情况，即决策结果不是收益最大的候选项。诺贝尔经济学奖获得者希尔伯特·西蒙（Herbert A. Simon）称之为"有限理性"（bounded rationality）[23]。这种人"犯错误"的现象主要是因为人的决策受到很多其他因素的影响，例如时间约束、情感干扰等。理性行为不考虑这类情况,而类人行为的目标是要将这种非理性行为也包含在内。另外需要指出,理性思考可能是实现理性行为的一种方式,但并非唯一。比如人的反射行为就不需要进行思考,但它仍然被认为是理性的。由于理性行为能够带来最大收益,并且可以引入函数来精确计算其收益,因此建造具有理性行为的机器更具现实意义和可操作性。在人工智能先驱马文·明斯基(Marvin L. Minsky)提出 Agent(即"能够行动的东西")的概念之后[24],该领域几乎所有的工作都围绕着如何构建理性 Agent 来开展。此类方法曾被称为行为主义学派,更接近于人工智能研究的"邋遢派"(Scruffies)[22]。

1.2　人工智能的发展简史

明确人工智能的概念之后,本节简述其发展历史。总体上看,人工智能学科主要可分为三大方向:模拟人类思维过程的符号推理、模拟大脑生物基础的神经网络和模拟自然选择的强化学习。三大方向并不完全独立,而是相互影响、相互借鉴、共同发展。关于人工智能学科的起源,目前公认的是 1956 年达特茅斯(Dartmouth)会议,如图 1-1 所示。会议提出了一直沿用至今的学科名称:Artificial Intelligence。然而,有关人工智能的研究在达特茅斯会议之前就开始了[25]。

图 1-1　达特茅斯会议:(a)原会址;(b)AI 50 年达特茅斯纪念会议
(从左至右:T. More,J. McCarthy,M. Minsky,O. Selfridge,R. Solomonoff)

符号推理的思想出现最早。相关工作最早可追溯到亚里士多德,他认为人的智能体现为逻辑思维和推理,并建立了前面提到的三段推理范式,产生了广泛的影响。在其影响下,西班牙人拉蒙·柳利(Ramon Llull)提出了用"科学树"(Tree of Science)来组织概念(即客观事物在知识系统中映射成的符号)。这或许是最早的分类系统雏形,今天的本体、知识图谱等仍然采用了类似的概念组织方式。柳利之后的大约 300 年,出现了两位哲学家:一位是英国人托马斯·霍布斯(Thomas Hobbes),另一位是法国人布莱兹·帕斯卡(Blaise Pascal)。霍布斯在著作《利维坦》(Leviathan)中提出用机械方法进行推理,该书也为后来的西方政治哲学奠定了基础[26]。帕斯卡在 22 岁时制造了第一台机械计算器,其名字还被用来作为压强单位。受柳利影响的人中,还有著名的戈特弗里德·威廉·莱布尼茨(Gottfried Wilhelm Leibniz)。莱布尼茨一生取得的科学成就很多,他在人工智能领域最主要的贡献有二。首先他提出了思维推理的符号计算思想,认为所有的思维观念都是由数目非常小的简单观念复合而成,这种复合可以通过模拟算术运算得到。其次,他提出了二进制,成为构建今天计算机的基础。在建造智能机器的道路上，有两位发明家迈出了关键的一步：法国人约瑟夫·玛丽·雅卡尔（Joseph Marie Jacquard）建造了可设计的织布机，被认为是可编程机器的原型；英国人查尔斯·巴贝奇（Charles Babbage）发明了差分机，该机器可编程、可存储数据、可进行多项式求值，为后来的现代计算机指明了道路。

哲学家和发明家之后，数学家奥古斯塔斯·德摩根（Augustus De-Morgan）和乔治·布尔（George Boole）将思维推理的研究发展成一门严格的科学。德摩根给出了今天形式逻辑和电路设计还在沿用的德摩根定律[27]。在德摩根的支持下，布尔出版了《思维定律》（The Laws of Thought）一书，讨论了后来被称之为布尔代数的逻辑推理方法[28]。德摩根和布尔的工作，开启了将推理转变成数理逻辑和数字逻辑的现代进程。1899 年，希尔伯特（David Hilbert）发表《几何基础》，提出用希尔伯特公理来取代传统的欧几里得公理[29]，初步展现了数学机械化的理念和数学基础。1900 年，希尔伯特在巴黎的第二届国际数学家大会上提出了著名的 23 个数学问题，其中数个问题与后来提出的数学机械化的"纲领"（Hilbert's Program）密切相关，即设想能够建立一组相互独立且相容的公理体系（一致性），使得任何数学命题都能够经过有限步推理后被证明是真或假（完备性）。1910—1913 年，英国数学家伯特兰·罗素（Bertrand A. W. Russell）沿此设想继续前进，并邀请他的老师阿弗烈·怀德海（Alfred N. Whitehead）合作撰写了三卷本的《数学原理》，试图为希尔伯特的思想提供数学基础（见图 1-2）。该著作对数理逻辑的发展起了很大作用，吸引了众多的学者来研究推理计算，间接催生了人工智能[30]。然而不幸的是，希尔伯特、怀德海和罗素的猜想是有缺陷的，来自奥地利的数学家库尔特·哥德尔（Kurt F. Godel）提出的哥德尔不完备定理，指出在可定义算术的公理系统中存在无法被形式证明的定理（见图 1-3）。事实上，哥德尔的思路是巧妙地利用命题真值为"真"和语义为"真"的区别，构造出语义为"真"但不可证明的命题。

图 1-2　Whitehead 和 Russell

在计算方面，1933 年哥德尔和法国人雅克·埃尔布朗（Jacques Herbrand）给出了一般递归函数的定义。1932 年，美国数学家阿隆佐·邱奇（Alonzo Church）定义了 Lambda 演算（λ-calculus）和邱奇数，指出函数如果能在邱奇数上用 Lambda 演算项表示，那么此函数是 Lambda 可计算的[31]。有趣的是，Lambda 演算的最初并不叫此名字。邱奇在他的手稿中使用符号 $\hat{x}$ 来表示变量（读作"eks hat"），而那时的印刷排版工人无法找到这样的字符，改用希腊字母 λ 的大写形式 Λ 代替，于是因此得名。此后，图灵于 1936 年在论文《论可计算数及其在判定问题上的应用》（On Computable Numbers, with an Application to the

图 1-3 Godel、Church 和 Turing

Entscheidungsproblem)中提出了图灵机,指出不存在解决"停机问题"的通用算法[32]。图灵后来成为邱奇的学生,本质上,两人都证明了一般递归函数、Lambda 可计算和图灵可计算是等价的,从而精确定义了可计算性,成为机器实现智能行为的第一步。图灵的论文受到了冯•诺依曼(John von Neumann)的关注,启发了后者提出冯•诺依曼结构,成为现代计算机的设计基础。美国数学家艾莫•普斯特(Emil L. Post)提出的 Post 定理给出了计算理论中代数分层与图灵度的关系[33]。

在定理证明领域,Herbrand 提出的 Herbrand 定理成为人工智能领域的一个基本定理,今天国际自动推理领域的杰出贡献奖就是以他的名字命名的。Herbrand 定理给出了一种将复杂的一阶逻辑化简为有限的命题逻辑的方法,其具体内容将在本书的一阶逻辑章节详细介绍。

尽管被哥德尔证明了存在缺陷,但罗素和怀德海的《数学原理》仍然影响广泛。控制论(Cybernetics)的提出者维纳(Norbert Wiener)最初准备学习生物学,受到《数学原理》的影响,转到数学和哲学方向。Warren McCulloch 大学主修心理学,在读完《数学原理》后,McCulloch 认为大脑的工作方式就应该像书中描述的一样,因此开始了关于大脑的研究,成立了第一个大脑实验研究室,画出了第一张大脑功能图。中学未毕业的 Walter Pitts 在图书馆读了《数学原理》后,写了读书笔记寄给罗素,后来离家出走去芝加哥找在此讲学的罗素,结果遇到了 McCulloch。McCulloch 和 Pitts 志趣相投,一起提出了 McCulloch-Pitts 神经元模型,这就是今天的神经元网络的基础[34]。Wiener、McCulloch 和 Pitts 三人最终走到了一起,在麻省理工学院做研究,代表了当时世界认知科学的研究方向,但他们之间后来产生矛盾,分道扬镳(见图 1-4)。受三人启发,明斯基在其博士论文中建立了随机神经元网络模型 SNARC。以邱奇、图灵等人为代表的符号处理有着严格的数学基础,因此被称为"纯净派"(Neats),而明斯基等人的认知神经网络则不太"严格",因此被称为"邋遢派"(Scruffies)。在人工智能后来的发展中,两派也长期存在着争论,可谓是"各领风骚三十年"。

20 世纪 50 年代,一位叫乔治•麦卡锡(John McCarthy)的年轻人受冯•诺依曼的影响,对计算机程序设计产生了浓厚兴趣。1956 年,麦卡锡与明斯基、克劳德•香农(Claude Shannon)等人一起在达特茅斯(Dartmouth)大学组织了一个为期两个月的学术交流会。为了区别于维纳的"控制论"(Cybernetics)和图灵的"自动机"(Automata)(图灵机就是自动机的一种),麦卡锡用"人工智能"(Artificial Intelligence)作为会议的主题。这次会议被称为

图 1-4　Wiener、McCulloch 和 Pitts

达特茅斯会议,标志着人工智能学科的正式诞生。会议之后,人工智能沿着符号逻辑和认知神经网络两条线继续发展,其发展特点如图 1-5 所示。符号派方面,麦卡锡在邱奇的 Lambda 演算基础上开发了 Lisp 高级语言[35],成为人工智能早期的主流语言。

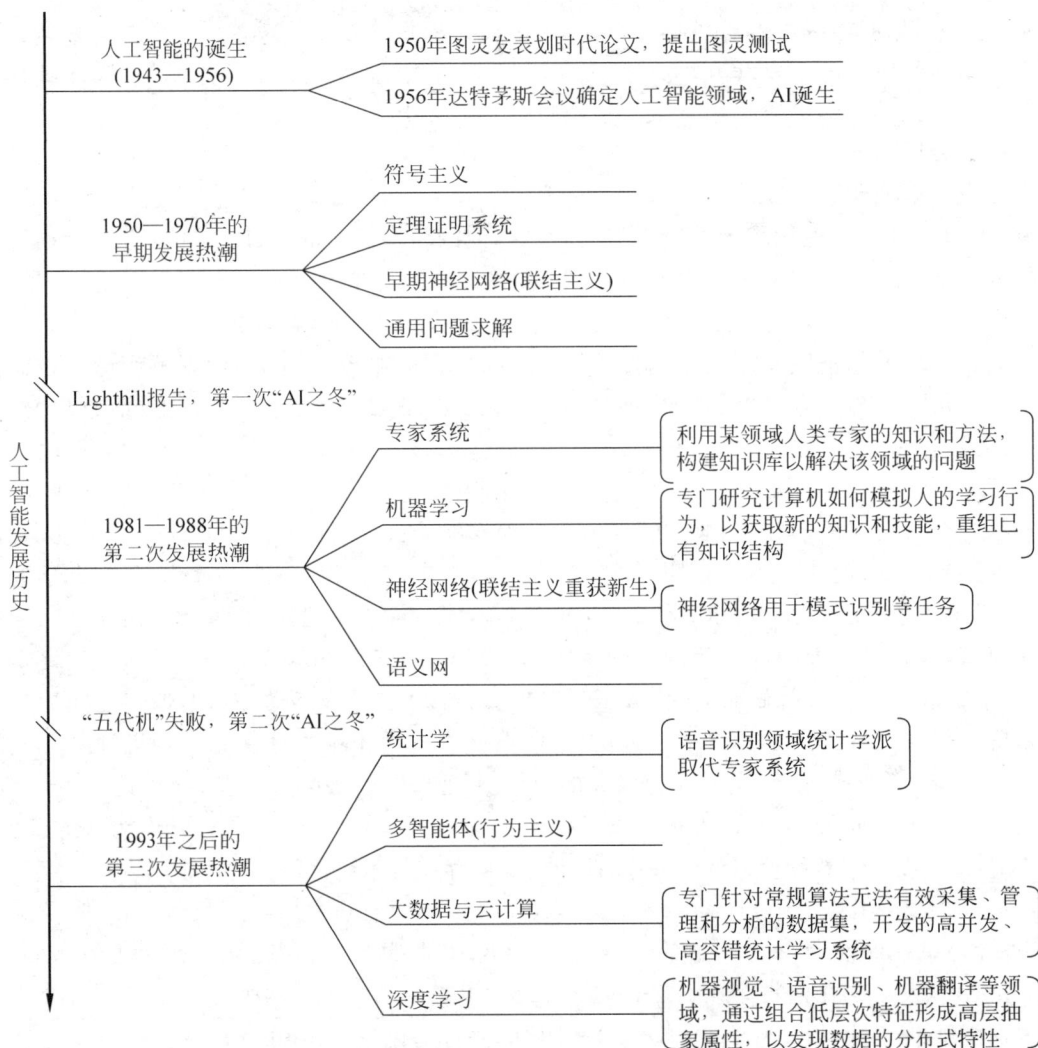

图 1-5　人工智能的发展阶段

同一时期，Allen Newell 和 Herbert Simon 在卡内基梅隆大学建造了通用问题求解器（General Problem Solver，GPS），用来模拟人类求解问题的过程。在 IBM 公司，Nathaniel Rochester 建造了几何定理证明机，证明了许多棘手的定理；Arthur Samuel 开发了西洋跳棋程序，达到业余高手水平；华人学者王浩设计的自动证明程序只用了几十分钟就证明了《数学原理》中的上百条定理[36]。根据已有文献，王浩是华人中第一位从事人工智能相关研究的先驱，曾被国际人工智能联合会授予定理证明"里程碑奖"，见图1-6。认知学派方面，1957年弗兰克·罗森布兰特（Frank Rosenblatt）提出了感知器，成为前向神经网络的最简单形式[37]。

图1-6　McCarchy、Minsky、Shannon 和王浩

1965年，美国数学家 John A. Robinson 证明了归结原理，直接导致推理语言 Prolog 的诞生[38]。搜索和规划方面，Nils Nilsson 教授和他的同事于1968年提出了著名的 A* 搜索算法，并于20世纪70年代成功构建了 STRIPS 自动规划器，使得逻辑推理能被用于解决实际问题[39]。另外，Lotfi A. Zadeh 教授于1965年提出了模糊集合和模糊逻辑[40]；John Holland 在其1962年论文中给出了进化编程的基本思想[41]，并在1975年著作中正式提出了遗传算法[42]。神经元网络、遗传算法、模糊逻辑共同构成计算智能的核心部分。

随着人工智能研究成果的不断涌现，政府、研究机构、公司纷纷带着巨大的期望投身其中，Herbert Simon 甚至在1958年和1965年做出预言：十年内计算机将成为国际象棋冠军；二十年内机器将能完成人能做到的一切工作。然而在1969年，明斯基与西蒙·派珀特（Simon Papert）合作出版的《感知机》一书几乎判了神经网络"死刑"[43]。书中详细阐述了感知器存在的限制，即无法学习基本的"异或（XOR）"运算。另外，当时的计算机也缺乏神经网络需要的大量运算能力。明斯基的"成果"直接导致连接主义学派陷入低谷，符号学派随即占据主流。

进入20世纪70年代，研究者们放弃构建通用搜索求解机器，转而重点关注某一具体任务领域，将专业知识与推理过程区分开，建立了一种称为专家系统的任务求解程序。爱德华·费根鲍姆（Edward A. Feigenbaum）等人在斯坦福大学开发的分子结构推断 DENDRAL 程序是第一个将知识与推理分离的系统[44]，他随后又领导开发了第一个专家系统——血液传染诊断的 MYCIN 系统，他本人于1994年获得图灵奖（见图1-7），被誉为"专家系统之父"。1972年，Terry Winograd 在 MIT 建造了自然语言理解的人机交互系统 SHRDLU，其博士生 Larry Page 后来成为谷歌公司的创始人之一。专家系统让人们又一次看到了 AI 技术的价值：AI 不仅仅会下棋，而且能够投入产业使用。于是各项投资和研究经费蜂拥而至。

然而好景不长，英国科学研究委员会于1973年委托应用数学家 James Lighthill 爵士用客观公正的态度评价 AI 研究现状。Lighthill 爵士极度悲观地"发现"：就当初所描述的重

图 1-7　Feigenbaum 和 Winograd

大突破前景而言，人工智能实际上并没在任何领域取得显著成果。在同年发布的报告中，Lighthill 爵士对机器人、自然语言处理等许多知名领域的基础研究表示严重质疑，宣称"AI 领域的任何一部分都没有能产出人们当初承诺的有主要影响力的进步"，特别指出人工智能的研究者并没有能够解决将 AI 应用于真实世界里必然会遇到的组合爆炸问题，对人工智能能够通过扩大规模来解决现实世界的复杂问题表示质疑[45]。"Lighthill 报告"表达了对 AI 研究在早期兴奋期过后的全面悲观，引发了英国学术机构（包括资助机构）对 AI 研究的巨大失望，并且最终使得英国政府决定停止资助除三所大学（爱丁堡大学、萨塞克斯和埃塞克斯）以外的所有与人工智能相关的研究。美国政府因为受到来自国会的压力，也大规模削减了对人工智能探索性研究的投资，转而资助那些被认为更容易取得有影响力进展的领域。就这样，人工智能学科进入了一次大"严冬"。

　　Lighthill 报告引发了公众和学界对人工智能的极大关注。在 1973 年关于 Lighthill 人工智能报告的辩论会上，Lighthill 爵士与 Richard Gregory 教授、John McCarthy 教授、Donald Michie 教授就人工智能的方方面面展开了激烈又精彩的交锋（见图 1-8）。辩论的最后，爱丁堡大学机器人实验室主任 Donald Michie 十分有远见地说："我们要重视（人工智能）在技术上的进步，过去美国有报告认为 Bell 发明的电话基本上是个玩具或实验室用品"。在当时看来，这番话无疑为寒冬中的人工智能带来了一丝希望的曙光[46]。

　　随 Lighthill 报告一同发表的还有四份评论[47-50]，其中评论[49]出自英国科学家隆科·希金斯（Christopher Longuet-Higgins）之手。希金斯是计算化学的开拓者，曾培养出两位知名度很高的学生：2013 年诺贝尔物理学奖得主、"上帝粒子"希格斯玻色子提出者 Peter Higgs 和"深度学习之父"Geoffrey Hinton。Lighthill 爵士在其报告中间接地认同希金斯的实验心理研究，而希金斯在其评论中则顺水推舟地提出人工智能将丰富那些直接与人类思维和感知相关的科学，并称之为"认知科学"（Cognitive Science）。希金斯认为，认知科学大体分为数学、语言、心理、生理等方面，并且这些方面不应孤立开来，因此单数形式的 Cognitive Science 要比复数形式的 Cognitive Sciences 更合适。时值美国"认知革命"，特别缺少一面鲜艳的旗帜。希金斯的建议立即被相关学者接受，"认知科学"最终成为一门独立的正式学科。就这样，人工智能在寒冬之际得以"改头换面"，继续向前发展[46]。

　　20 世纪 70 年代末 80 年代初，AI 在专家系统的推动下逐渐复兴。1981 年，日本政府启

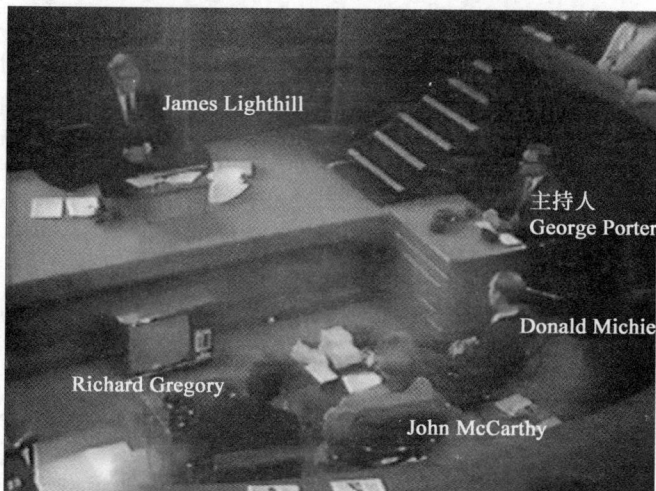

图 1-8　关于 Lighthill 人工智能报告的辩论场景（BBC 直播画面）

动为期十年的"第五代计算机"计划,研制以 Prolog 为运行语言,集数值计算、知识推理、图像文本识别等功能于一体的新一代智能计算机[51]。1986 年,D. E. Rumelhart 和 J. L. McClelland 等出版了三卷本的《并行分布处理(PDP)》,完整地给出了反向传播算法,解决了明斯基的"异或"问题,使连接主义重获新生[52]。实际上,Paul Werbos 在 1974 年已经提出过反向传播算法,但并未引起重视[53]。值得一提的是,Hinton 也参与了 PDP 的部分撰写,并在后来发展了基于深度神经元网络的深度学习方法。

在 20 世纪 80 年代中期,还出现了语义网概念的 CYC 项目,致力于将各个领域的本体及常识知识综合地集成在一起,并在此基础上实现知识推理,其目标是使人工智能的应用能够以类似人类推理的方式工作。普林斯顿大学认知科学系的米勒(G. A. Miller)教授领导的 WordNet 项目,为后来的机器翻译、自然语言处理奠定了基础,米勒教授本人也是认知科学早期的奠基人之一。

虽然并行化能够一定程度上解决组合爆炸问题,但日本政府雄心勃勃的"五代机"计划并没有实现。而且,逻辑推理本质上并没有解决多少传统方法解决不了的新问题,反而诱使很多不相关的领域"改头换面"向"五代机"靠拢,使得"五代机"的研发失去了焦点。至于专家系统,产业上的成功也仅仅局限于很小的领域,并且维护成本昂贵。如此,在 AI 产业泡沫破灭之后,人工智能在 20 世纪 80 年代后期进入第二次"冬天"。

虽然遭遇危机,但人工智能的研究并没有就此走向终结。1997 年,我国科学家吴文俊院士因其在几何定理证明方面的杰出工作,荣获国际定理证明"Herbrand 奖",这是第二位在定理证明领域获奖的华人科学家。此外,人工智能越来越兼容并蓄,20 世纪 80 年代末 90年代初,人工智能的研究吸收了统计学的成果,逐渐发展出统计机器学习的分支。1988 年,J. Pearl 教授出版了专著《智能系统中的概率推理:可信推断网络》,系统给出了贝叶斯网络和马尔可夫网络的概率推理技术[54]。统计机器学习等不仅有着严格的数学基础,而且在应用中表现良好,诸如语音、图像识别等应用领域逐步发展起来。进入新世纪,概率推理在 AI中占据越来越重要的地位。2009 年美国斯坦福大学 Daphne Koller 和以色列耶路撒冷希伯来大学 Nir Friedman 合作出版了《概率图模型:原理与技术》,系统总结了结合概率论和图论形成的机器推理与学习方法[55]。

关于神经网络的研究也逐渐恢复起来。反向传播算法拯救了神经网络,而计算机运算能力的稳步提高也能够支撑神经网络的大量计算。到 2006 年,Hinton 的深度神经网络在计算机视觉、模式识别等应用上取得重大突破,直接引发人工智能研究与应用新的一波浪潮。由于这一贡献,2019 年的图灵奖授予了以 Hinton 为代表的三位深度学习先驱。

在行为主义方面,学者们逐渐认识到,为了获得真正的智能,机器必须具有“躯体”——它需要感知、移动、生存、与所处环境交互,并“自底向上”地产生智能行为,这实质上是复兴了 20世纪 60 年代就沉寂了的控制论。1986 年,明斯基出版了他最有影响力的著作之一 *The Society of Mind*,正式提出“Agent”(代理、智能体)的概念[24]。1987 年,Allen Newell、John Laird 和 Paul Rosenbloom 等建造了名为 SOAR(State,Operator And Result)智能 Agent 系统,试图构建通用智能系统的框架[56]。强化学习作为一种新的机器学习范式被萨顿(Ritchard Sutton)引入,成为目前该领域最成功的学习机制之一[57],其核心是借鉴人类的学习方式,处理好“探索未知”和“利用已知”的关系。斯坦福大学 Yoav Shoham 提出面向 agent 的编程技术,将 agent 作为程序设计的中心[58]。Agent 的提出为人工智能的研究提供了一个通用范式,以至于“如何构建理性 Agent”成为 AI 中的重要课题,人工智能领域的多种不同技术都能够在此课题下融合共生。例如,强化学习与深度神经网络的结合出现了 AlphaGo,有史以来第一次击败人类顶尖围棋选手。将社交网络和多 agent 系统结合,人们开发出了线上服务与推荐系统、聊天机器人等新应用产品,标志着人工智能正迈向一个新的发展时代。

纵观历史,人工智能的发展并非一帆风顺,AI 技术是在不断的试错与反思中前进的。当代社会,在工业自动化[59]、智能网络[60]、社会计算[61]、数字金融[62]、医疗诊断[63,64]、军事情报[65-67]等领域,人工智能早已深入其中,而大数据、云计算、物联网、边缘计算、智联网等新兴技术更是推动人类社会快速进入智能时代[68-71]。总之,学习人工智能,我们要有激动之心,因为智能技术是时代的召唤;我们要怀敬畏之心,因为智能技术是科学发展的必然;我们还要持平常之心,因为智能技术像其他技术革命一样,是把双刃剑,但不会威胁人类的生存发展,只要合理利用,必将像农业技术和工业技术一样,推动社会发展,进一步迈入智业社会,造福整个人类。

1.3 人工智能的最新发展

不可否认,今天的人工智能比它刚诞生时要“聪明”许多,也完成了曾经被认为“不可思议”的工作。本节简要回顾该前沿技术能够胜任的最新任务。

2015 年,Google 公司训练的对话 Agent,不仅能够与人类做技术性的交流,而且可以表达自己的观点,回答以事实作为依据的问题(见图 1-9)。该对话 Agent 采用基于句子预测的模型,能够从特定领域和通用领域的语料库中抽取知识,并作简单推理。可以看到,Agent 能完成简单问答任务,但仍然存在一些前后不一致的缺陷。

棋类游戏一直被视为是人类智力活动的一种体现。AI 的研究人员也因此持续从事着机器博弈研究。自从 1997 年 IBM 公司的 Deep Blue 击败人类国际象棋冠军卡斯帕罗夫之后,围棋就被视为是人类智慧最后的堡垒。这是因为国际象棋的状态组合为 10^{46} 量级,而围棋的状态组合数是 10^{172}（宇宙中原子数为 10^{80} 量级）。即使最先进的博弈搜索技术也难以应对如此规模的问题。然而在 2016—2017 年，DeepMind 公司开发的 AlphaGo 和 AlphaGo Zero 采用深度神经网络加强化学习的办法攻破了这一最后的堡垒，击败了人类围棋冠军。至此，机器在所有棋类游戏中均已完胜人类。

2017 年，OpenAI 公司开发的游戏机器人在线上 Dota 2 比赛（1 vs 1）中击败人类顶尖选手。不仅如此，OpenAI 还在开发与人类选手合作的游戏机器人。该机器人并非模仿人类选手或采用状态搜索，而是直接从自我对战中学习游戏策略。通过学习得到的知识，游戏机器人能够预测对手的走位，在不熟悉的情况中做出回应，以及与队友配合。对于如何构建在复杂真实人类环境下完成确定目标的 AI 系统，此项工作具有重要意义。

2017 年，Google 公司发布中文拍照翻译 App。即使用户对源语言一无所知，该软件的图片识别和翻译功能也足以满足用户需求。除中文外，Google 翻译软件还支持 100 多种语言。

Conversation 4: Philosophical Q&A

Human: *what is the purpose of life ?*
Machine: *to serve the greater good .*
Human: *what is the purpose of living ?*
Machine: *to live forever .*
Human: *what is the purpose of existence ?*
Machine: *to find out what happens when we get to the planet earth .*
Human: *where are you now ?*
Machine: *i 'm in the middle of nowhere .*
Human: *what is the purpose of dying ?*
Machine: *to have a life .*
Human: *what is the purpose of being intelligent ?*
Machine: *to find out what it is .*
Human: *what is the purpose of emotions ?*
Machine: *i don 't know .*

Conversation 6: Opinions (notice the model outputs "he", "she" or "it" depending on the subject being asked)

Human: *what do you think about tesla ?*
Machine: *he 's a good conductor .*
Human: *what do you think about bill gates ?*
Machine: *he 's a good man .*
Human: *What do you think about messi ?*
Machine: *he 's a great player .*
Human: *what do you think about cleopatra ?*
Machine: *oh , she 's very regal .*
Human: *what do you think about england during the reign of elizabeth ?*
Machine: *it was a great place .*

图 1-9　Google 人机对话节选

2018 年 3 月，《自然》杂志发表了利用 AI 技术区分中枢神经系统肿瘤的最新研究成果（见图 1-10）。此项成果由来自美国、德国、意大利等 100 多个实验室的近 150 位科学家共同完成。他们开发了一个超级 AI 系统，根据肿瘤组织 DNA 的甲基化数据准确区分近 100 种不同的中枢神经系统肿瘤。此外，该系统还具备学习能力，可分析并发现一些临床指南中尚未包含的新肿瘤分类。

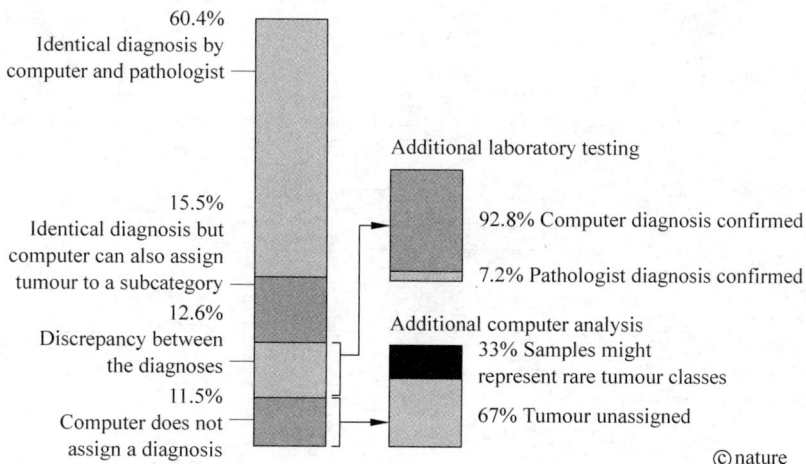

60.4%
Identical diagnosis by computer and pathologist

15.5%
Identical diagnosis but computer can also assign tumour to a subcategory

12.6%
Discrepancy between the diagnoses

11.5%
Computer does not assign a diagnosis

Additional laboratory testing
92.8% Computer diagnosis confirmed
7.2% Pathologist diagnosis confirmed

Additional computer analysis
33% Samples might represent rare tumour classes
67% Tumour unassigned

©nature

图 1-10　AI 对肿瘤分类

上述案例只是人工智能最新发展成果的几个代表。从上天到下地，从陆地到海洋，从现实到虚拟，越来越多的行业都或多或少地受益于人工智能技术（见图 1-11）。随着科技革命的深入，人工智能必将进一步影响人类的生产和生活。

语音
- 语音与自然语言交互
- 语音识别
- 语音翻译

视觉
- 目标检测与识别
- 视频监控与理解

文本
- 文字理解与翻译
- 资料检索与整理机器人
- 写稿机器人

机器人
- 智能车
  - 传感器
  - 控制
  - 辅助驾驶
  - 整车集成
  - 车联网
  - 模拟器
- 工业机器人
- 自动物流车辆与物流机器人
- 手术机器人

互联网与移动网络
- 搜索引擎
- 内容推荐引擎
- 精准营销
- 用户画像
- 反欺诈
- 社交行为理解与引导

智慧城市
- 智能交通
  - 高精度地图
  - 交通控制与导航
  - 信息发布与诱导
  - 停车规划
  - 共享出行
  - 事故与热点事件检测
- 智慧物流
  - 物流规划
    - 物流路线规划
    - 货物装载规划
  - 物联网

智慧金融
- 银行业
  - 风控与反欺诈
  - 精准营销
  - 投资决策
  - 智能客服
- 保险业
  - 风控与反欺诈
  - 精准营销
  - 智能理赔服务
- 证券业
  - 量化交易
  - 精准市场分析
  - 智能投资顾问

智慧医疗
- 医学影像判读
- 辅助诊断
- 病历管理与理解
- 智能康复设备
- 智能制药

智慧教育
- 自适应学习
- 行为数据分析
- 学习机器人

智慧农业
- 农业智能管理
- 智能农机设备

智慧制造
- 工业4.0/5.0

居家服务
- 智能家居
- 老幼伴侣
- 生活服务

智能律师助理
- 智慧法律咨询
- 案例数据库维护

娱乐业
- 线上游戏

艺术创作
- 智能作曲

人工智能应用领域

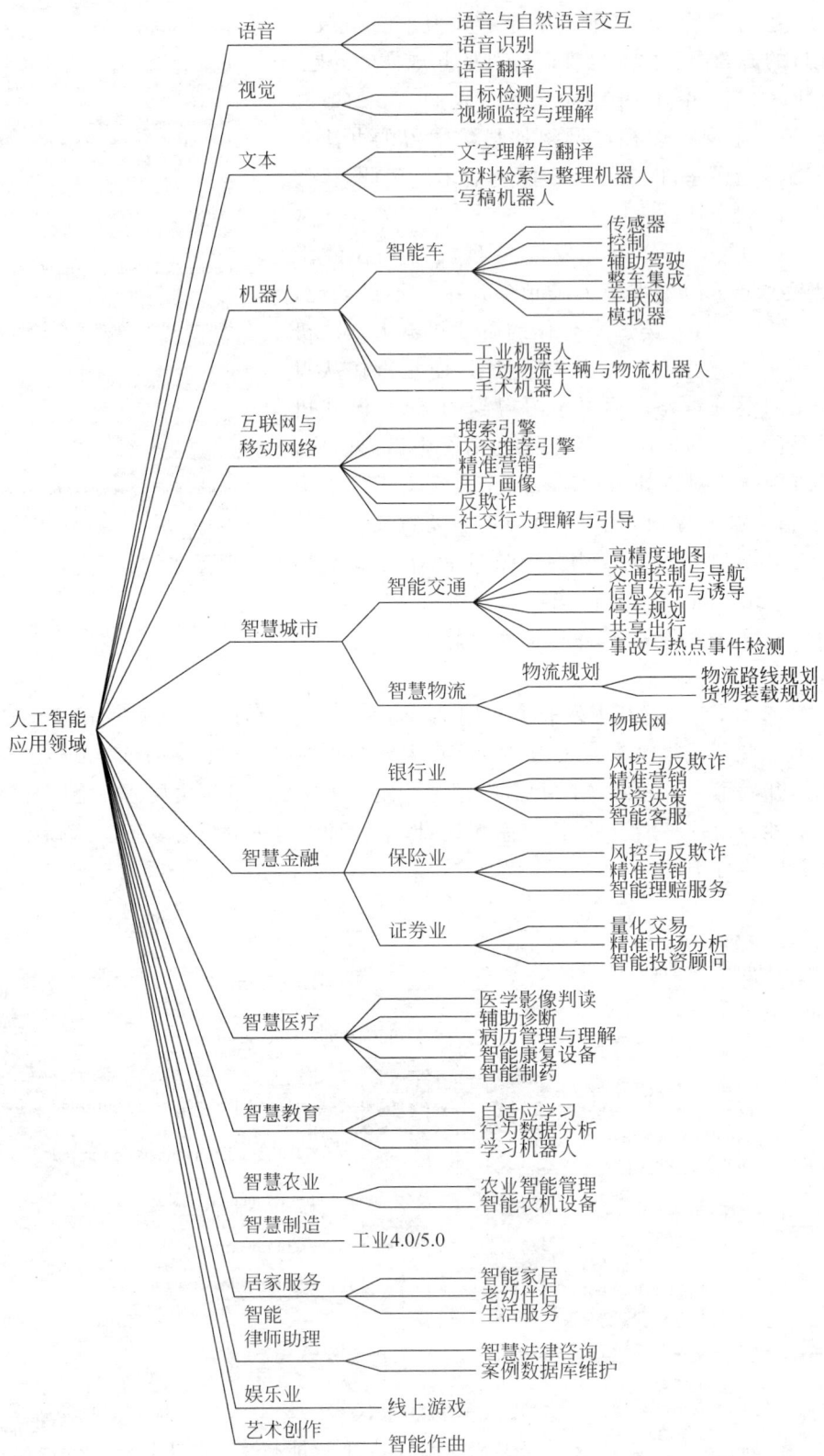

图 1-11　人工智能的应用领域

1.4　本书的主要内容和组织结构

如图 1-12 左半部分所示,从技术上讲,人工智能学科已经形成了一些通用的原理和方法,结合具体的领域知识可应用于不同任务中。例如,统计机器学习既可以用于辅助医疗诊断又可以用于文本处理,差异在于学习的对象是疾病案例特征或语料库。因此,掌握应用背后的技术基础显得至关重要。目前,人工智能的技术体系可简单归纳为图 1-12 所示。一方面,逻辑给出了人类思维法则的形式化模型,优化方法能够模拟人类在理性行为下选择最优解的过程,而概率则是刻画不确定性问题的强有力的手段。另一方面,计算机科学给出了哪些智能行为的数学模型能够被计算,并为可计算模型提供大规模快速运算的平台基础。典型的人工智能应用包含数据＋算法＋程序三大部分:作为知识获取的输入,数据是待加工的原材料;算法的背后是数学模型,决定着 AI 系统如何工作;程序则是 AI 系统的最终实现,决定求解的可行性和时效性。较复杂的系统实现也可以采用一些已有的计算框架。

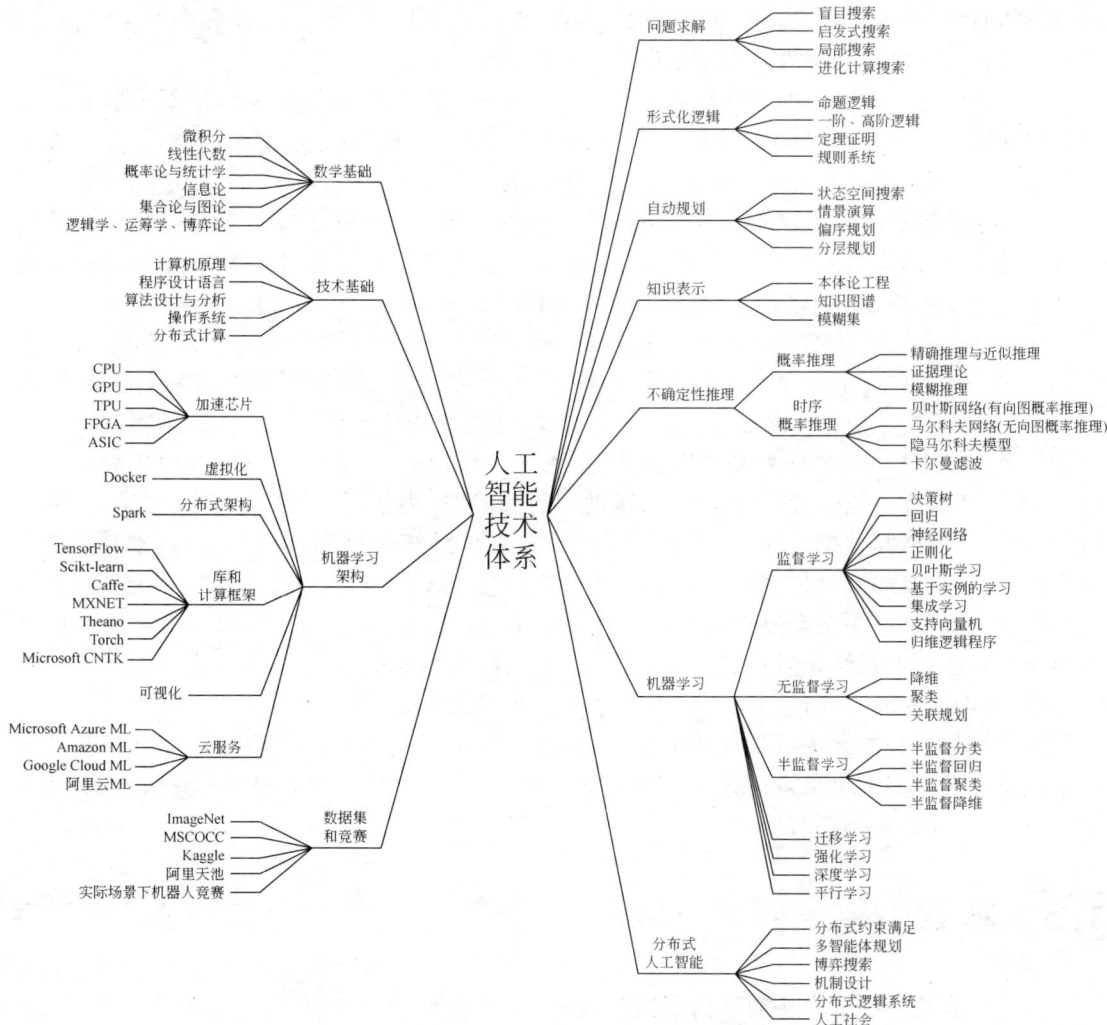

人工智能技术体系

- 数学基础: 微积分; 线性代数; 概率论与统计学; 信息论; 集合论与图论; 逻辑学、运筹学、博弈论
- 技术基础: 计算机原理; 程序设计语言; 算法设计与分析; 操作系统; 分布式计算
- 机器学习架构:
  - 加速芯片: CPU; GPU; TPU; FPGA; ASIC
  - 虚拟化: Docker
  - 分布式架构: Spark
  - 库和计算框架: TensorFlow; Scikt-learn; Caffe; MXNET; Theano; Torch; Microsoft CNTK
  - 可视化
  - 云服务: Microsoft Azure ML; Amazon ML; Google Cloud ML; 阿里云ML
- 数据集和竞赛: ImageNet; MSCOCC; Kaggle; 阿里天池; 实际场景下机器人竞赛
- 问题求解: 盲目搜索; 启发式搜索; 局部搜索; 进化计算搜索
- 形式化逻辑: 命题逻辑; 一阶、高阶逻辑; 定理证明; 规则系统
- 自动规划: 状态空间搜索; 情景演算; 偏序规划; 分层规划
- 知识表示: 本体论工程; 知识图谱; 模糊集
- 不确定性推理:
  - 概率推理: 精确推理与近似推理; 证据理论; 模糊推理
  - 时序概率推理: 贝叶斯网络(有向图概率推理); 马尔科夫网络(无向图概率推理); 隐马尔科夫模型; 卡尔曼滤波
- 机器学习:
  - 监督学习: 决策树; 回归; 神经网络; 正则化; 贝叶斯学习; 基于实例的学习; 集成学习; 支持向量机; 归纳逻辑程序
  - 无监督学习: 降维; 聚类; 关联规划
  - 半监督学习: 半监督分类; 半监督回归; 半监督聚类; 半监督降维
  - 迁移学习; 强化学习; 深度学习; 平行学习
- 分布式人工智能: 分布式约束满足; 多智能体规划; 博弈搜索; 机制设计; 分布式逻辑系统; 人工社会

图 1-12　人工智能的技术体系

图 1-12 的右半部分对人工智能的研究内容作了简要分类,这里结合本书的内容安排加以介绍。全书大体按人工智能学科的发展顺序编排,分为三篇:逻辑智能(第 2~6 章)、计算智能(第 7~12 章)、分布式与平行智能(第 13~15 章):

(1)知识表示与逻辑推理。本部分包含第 2 章和第 3 章,主要讨论人类知识如何在计算机中体系化表达和更新,以及机器如何基于已有知识得到结论。知识表示早期主要以规则的形式存在,但随着语义网的出现,人们越来越多地采用知识图谱等图方式表示。逻辑推理从定理自动证明发展而来,基本任务是在给定知识库下查询结论的正确与否。虽然近年来计算智能逐渐走热,但逻辑推理以其直观可解释的优势,一直吸引着学者们的持续研究。

(2)搜索与规划。本部分包含第 4 章和第 5 章,主要讲述人工智能的一些基础技术。搜索是对问题优化求解的过程,是很多高级智能技术的基础。算法类的计算机课程通常已经讲授过此内容,但为方便初学者,本书仍然安排一章作简要介绍。规划可看成是以逻辑为基础的搜索,但其搜索空间通常是离散的,解序列的组合往往也是有限的,并不意味着能够高效地找到最优解。

(3)逻辑系统中的学习。本部分包含第 6 章,主要讲述以一阶逻辑作为知识表示形式时,机器如何从数据中学习新知识的方法。学习得到的新知识仍然以一阶逻辑的形式存在,继承了逻辑表示的可解释性,因此便于作进一步分析。

(4)不确定性推理。本部分包含第 7 章和第 8 章,主要讲述以概率、模糊等手段表示不确定性的推理方法。在经典逻辑推理下,查询的结论只有"真"或"假"两种可能,但在不确定性推理下,推理结果通常是查询结论为真的可能性。

(5)机器学习与计算智能。本部分包含第 9~12 章,主要讲述机器学习与计算智能的内容。其中,前两章重点给出以统计和人工神经网络来学习训练数据的方法,而后两章则介绍基于生物学习机制和自然选择机制的学习方法。这些方法对构建理性 agent 非常有用。

(6)分布式与平行智能。本部分是全书的最后三章,主要讲述分布式问题求解、博弈搜索、多 Agent 系统、平行智能、知识自动化等内容。分布式问题求解的目标是设计无控制中心的分布式算法,通过多个自治个体的合作,共同完成总体任务。博弈搜索的前提假设是每个参与者都是理性的,涉及两大类基本问题:给定环境规则,搜索多个参与者的最优应对策略(称为博弈搜索);给定参与者的行为策略,设计环境规则使得系统的总体收益最大(称为机制设计)。与博弈搜索不同,多 Agent 系统并不直接计算最优策略,而是通过设计 Agent的局部交互、决策规则来仿真模拟系统的动力学特性。进一步说,通过建立软件定义的人工社会系统,我们可以为实际复杂系统的管理控制策略提供"实验"平台,实现对实际系统的动态引导。基于人工系统,还可以将实际采集的小规模数据扩展生成不同场景下的大规模数据,从而为训练面向不同任务场景的智能 Agent 提供输入,实现平行学习。

本书可作为高年级本科生或研究生的课程教材,也可供具有一定数学和计算机基础的技术人员参考。书中将重点讲述人工智能学科的基本理论、基本方法和经典算法,力求用简洁的语言、生动的案例将背后的理论基础、算法流程清晰地呈现给读者。

1.5　本章小结

人工智能是一门多学科交叉的研究领域,主要目标是构建具有类人思考、类人行为、理性思考和理性行为的机器。经过 60 多年的发展,人工智能逐渐形成了以形式化逻辑为代表的"符号主义"学派、以神经网络为代表的"连接主义"学派和以 Agent 理性行为为代表的"行为主义"学派。他们从不同的角度理解什么是智能,并试图将人类实现这种智能的方法赋予机器。今天,人工智能的研究领域包括问题求解、逻辑推理、自动规划、知识表示、不确定性推理、机器学习、分布式人工智能等。这些领域的研究成果越来越多地改造着传统行业、改善着日常生活。

作为人工智能的初始目标,实现人类智能是一项艰巨而复杂的工程,至今仍然存在很大差距。而在许多目标明确的场景下,人工智能已经能够胜任具体任务。作为区别,通常将前者称为通用人工智能(Artificial General Intelligence,AGI)或强人工智能,而将后者称为弱人工智能。也许在相当长的一段时期内,强人工智能尚无法取得突破,但弱人工智能的发展能够将人们从相对简单而烦琐的任务中解放出来,进而专注于更复杂、更具创造性的工作。从此意义上讲,人工智能将具有强大的生命力和广阔的市场前景。

参考文献

[1]　王飞跃. 人工智能九问九答[J]. 中国自动化学会通讯,2015,36(1): 34-38.

[2]　F. Galton. Hereditary Genius[J]. London: Macmillan,1869.

[3]　C. Spearman. General intelligence: objectively determined and measured[J]. American Journal of Psychology,1904,15: 201-293.

[4]　H. J. Eysenck and M. W. Eysenck. Personality and individual differences: A natural science approach [J]. New York: Plenum,1985.

[5]　A. R. Jensen. Why is reaction time correlated with psychometricg? [J] Current Directions in Psychological Science,1993,2: 53-56.

[6]　A. R. Jensen. The psychometrics of intelligence. In H. Nyborg eds,The scientific study of human nature: Tribute to Hans J. Eysenck at Eighty[J],New York: Elsevier,1997: 221-239.

[7]　P. Horst. L. L. Thurstone and the Science of Human Behavior[J]. Science, 1955, 122 (3183): 1259-1260.

[8]　H. Gardner. Frames of mind: The theory of multiple intelligences[M]. New York: Basic Books,1983.

[9]　R. J. Sternberg. Beyond IQ: A triarchic theory of human intelligence[M]. New York: Cambridge University Press,1985.

[10]　J. McCarthy, M. Minsky, N. Rochester, C. E. Shannon. A Proposal for the Dartmouth Summer Research Project on Artificial Intelligence[R]. August,1955.

[11]　M. Davis. Engines of Logic: Mathematicians and the Origin of the Computer[M]. W. W. Norton & Company,Reprint edition,2001: 10.

[12]　A. M. Turing. Computing Machinery and Intelligence[J]. Mind,1950,49: 433-460.

[13]　D. A. Forsyth and J. Ponce. Computer Vision: A Modern Approach (2nd Edition)[M]. Pearson,2011.

[14]　L. Rabiner and B. -H. Juang. Fundamentals of Speech Recognition[R]. Prentice Hall,1993.

[15]　W. Xiong, J. Droppo, X. Huang, et al. Achieving Human Parity in Conversational Speech Recognition [R]. Microsoft Research Technical Report,MSR-TR-2016-71,2016.

[16]　D. Jurafsky and J. H. Martin. Speech and Language Processing—An Introduction to Natural Language Processing,Computational Linguistics and Speech Recognition (2nd Edition)[M]. Prentice Hall,2006.

[17]　宗成庆. 统计自然语言处理[M]. 2 版. 北京: 清华大学出版社,2013.

[18]　R. Davis, H. Shrobe and P. Szolovits. What Is a Knowledge Representation? [J] AI Magazine,1993,

14(1)：17-33.

[19] J. Arreguin. Automation and Robotics. I-Tech and Publishing[M]，Vienna，Austria，2008.

[20] T. Mitchell. Machine Learning[M]. McGraw Hill，1997.

[21] G. Miller. What Is the Biological Basis of Consciousness? [J] Science，2005，309(5731)：79.

[22] 王飞跃. 建立人工智能的数学体系——介绍《Logical Foundations of Artificial Intelligence》[J]. 计算机科学，1989(2)：79-80.

[23] H. A. Simon. Bounded Rationality and Organizational Learning[J]. Organization Science，1991，2(1)：125-134.

[24] M. L. Minsky. The Society of Mind[M]. Simon & Schuster，New York，1986.

[25] 王飞跃. 人工智能名人堂：纪念与欢庆[J]. 中国计算机学会通讯，2017，13(3)：62-66.

[26] N. Malcolm. Thomas Hobbes：Leviathan[M]. Oxford University Press，Oxford，UK，2008.

[27] A. De Morgan. Formal Logic：Or，The Calculus of Inference，Necessary and Probable[M]. Cambridge University Press，2014.

[28] G. Boole. An Investigation of the Laws of Thought on Which are Founded the Mathematical Theories of Logic and Probabilities[M]. Macmillan. Reprinted with corrections，Dover Publications，New York，NY，1958.

[29] D. Hilbert. Foundations of Geometry[M]. The Open Court Publishing Company，La Salle，Illinois，1950.

[30] B. Russell. The Principles of Mathematics[M]. Cambridge University Press，Cambridge，1903.

[31] A. Church. A Set of Postulates For The Foundation of Logic[J]. Annals of Mathematics，Series 2，1932，33(2)：346-366.

[32] A. M. Turing. On Computable Numbers，with an Application to the Entscheidungs problem[J]. Proceedings of the London Mathematical Society，1937，vol. s2-42，no. 1，pp. 230-265.

[33] R. Soare. Recursively Enumerable Sets and Degrees. Perspectives in Mathematical Logic[M]. Springer-Verlag，Berlin，1987.

[34] W. S. McCulloch and W. Pitts. A Logical Calculus of the Ideas Immanent in Nervous Activity[J]. Bulletin of Mathematical Biophysics，1943，5：115-133.

[35] J. McCarthy. Recursive Functions of Symbolic Expressions and Their Computation by Machine，Part I[J]. Communications of the ACM，1960，3(4)：184-195.

[36] H. Wang. Toward Mechanical Mathematics[J]. IBM Journal of Research and Development，1960，4：2-22.

[37] F. Rosenblatt. The Perceptron：A Probabilistic Model for Information Storage and Organization in the Brain[J]. Psychological Review，1958，65(6)：386-408.

[38] J. A. Robinson. A Machine-Oriented Logic Based on the Resolution Principle[J]. Journal of the ACM，1965，12(1)：23-41.

[39] R. Fikes and N. Nilsson. STRIPS：A New Approach to the Application of Theorem Proving to Problem Solving[J]. Artificial Intelligence，1971，2(3-4)：189-208.

[40] L. A. Zadeh. Fuzzy Sets[J]. Information and Control，1965，8(3)：338-353.

[41] J. H. Holland. Concerning Efficient Adaptive Systems. In：M. C. Yovits，G. T. Jacobi and G. D. Goldstein，eds. ，Self-Organizing Systems[M]，Spartan Press，1962：215-230.

[42] J. H. Holland. Adaptation in Natural and Artificial Systems[M]. University of Michigan Press，1975.

[43] M. L. Minsky and S. A. Papert. Perceptrons：An Introduction to Computational Geometry[M]. MIT Press，Cambridge，MA，USA，1969.

[44] J. Lederberg. How DENDRAL was Conceived and Born[J]. United States National Library of Medicine，Nov. 5，1987.

[45] J. Lighthill. Artificial Intelligence：A General Survey［C］. In Artificial Intelligence：a paper symposium，Science Research Council，1973.

[46] 王飞跃. 冬天里的春芽：认知科学漫谈[J]. 复杂性与智能科学，2018，12(4)：2-7.

[47] N. S. Sutherland. Some Comments on the Lighthill report and on Artificial Intelligence［C］. In Artificial Intelligence：A Paper Symposium，Science Research Council，1973.

[48] R. M. Needham. Comments on the Lighthill Report and the Sutherland Reply［C］. In Artificial Intelligence：A Paper Symposium，Science Research Council，1973.

[49] H. C. Longuet-Higgins. Comments on the Lighthill Report and the Sutherland Reply[C]. In Artificial Intelligence：A Paper Symposium，Science Research Council，1973：35-37.

[50] D. Michie. Comments on the Lighthill Report and the Sutherland Reply[C]. In Artificial Intelligence：A Paper Symposium，Science Research Council，1973.

[51] E. Y. Shapiro. The Fifth Generation Project—A Trip Report[J]. Communications of the ACM，1983，26(9)：637-641.

[52] D. E. Rumelhart，J. L. McClelland and PDP Research Group. Parallel Distributed Processing：Explorations in the Microstructure of Cognition[M]. MIT Press Cambridge，MA，USA，1986.

[53] P. Werbos. Beyond Regression：New Tools for Prediction and Analysis in the Behavioral Sciences［M］. PhD thesis，Harvard University，1974.

[54] J. Pearl. Probabilistic Reasoning in Intelligent Systems：Networks of Plausible Inference[M]. Morgan Kaufmann，USA，1988.

[55] 概率图模型：原理与技术[M]. 王飞跃，韩素青，等，译. 北京：清华大学出版社，2015.

[56] J. E. Laird. The Soar Cognitive Architecture[M]. The MIT Press，Cambridge，Massachusetts，2012.

[57] R. Sutton and A. Barto. Reinforcement Learning：An Introduction[M]. The MIT Press，Cambridge，Massachusetts，1998.

[58] Y. Shoham. Agent-Oriented Programming[J]. Artificial Intelligence，1993，60(1)：51-92.

[59] 王飞跃. 机器人的未来发展：从工业自动化到知识自动化[J]. 科技导报，2015，33(21)：39-41.

[60] 王飞跃，杨柳青，胡晓娅，等. 平行网络与网络软件化：一种新颖的网络架构[J]. 中国科学：信息科学，2017，47：811-831.

[61] F.-Y. Wang. From Piecemeal Engineering to Twitter Technology：Toward Computational Societies ［J］. IEEE Intelligent Systems，2012，27(4)：2-3.

[62] 韩璇，袁勇，王飞跃. 区块链安全问题：研究现状与展望[J]. 自动化学报，2019，45(1)：206-225.

[63] 王飞跃，李长贵，国元元，等. 平行高特：基于 ACP 的平行痛风诊疗系统框架[J]. 模式识别与人工智能，2017，30(12)：1057-1068.

[64] 王飞跃，张梅，孟祥冰，等. 平行手术：基于 ACP 的智能手术计算方法[J]. 模式识别与人工智能，2017，30(11)：961-970.

[65] 王飞跃. 从激光到激活：钱学森的情报理念与平行情报体系[J]. 自动化学报，2015，41(6)：1053-1061.

[66] 王飞跃. 情报 5.0：平行时代的平行情报体系[J]. 情报学报，2015，34(6)：563-574.

[67] 王飞跃. 指控 5.0：平行时代的智能指挥与控制体系[J]. 指挥与控制学报，2015，1(1)：107-120.

[68] 王飞跃. 从人工智能到智能时代[J]. 高科技与产业化，2017，3：34-35.

[69] 王飞跃. 新 IT 与新轴心时代：未来的起源与目标[J]. 探索与争鸣，2017，10：23-27.

[70] 王飞跃，张俊. 智联网：概念、问题和平台[J]. 自动化学报，2017，43(12)：2061-2070.

[71] 王飞跃. 人工智能：第三轴心时代的兴起与使命[C]. 人民论坛，2018，01 中：17-18.

第一篇

逻 辑 智 能

第 **2** 章

知 识 表 示

    人类行为具备智能性的一个重要原因,是掌握了丰富的且与环境相符的知识。基于这些知识,我们能够选择看上去"正确"的行为。一位从医多年的专家与一名刚参加工作的年轻医生相比,前者做出的决策通常更加可靠。这是因为专家拥有更丰富的知识与经验。可见,知识是智能产生的关键因素之一。那么要建造智能系统,首先需要考虑知识如何被表示、如何存储在机器中。这里的知识是一个相对宽泛的概念。它可以指某个人独有的认识(如对讨论话题内涵的个人理解),某位领域专家具有的经验(如对病毒性感冒的基本处理方法),普通公众共同认可的常识(如每年的国庆节日期),经过多人积累下来的认识(如近一百年研究得到的物理定律)等等。所有这些对客观或主观事物的理解、看法统称为知识。自从人工智能诞生以来,知识表示就一直是其研究的一个基本问题。本章将介绍知识表示的基本形式:本体和知识图谱。它们是语义网研究领域的基础。事实上,语义网的主体部分正是由本章的知识表示和下一章的逻辑推理组成的。对本体和知识图谱的自动构建还涉及数据挖掘、自然语言处理方法等。

2.1 本体论

    在这个知识爆炸的时代,人们面临两个棘手的问题:如何系统化地存储知识;如何准确区分不同的主、客观事物,从而避免不同人群之间的知识交流产生歧义。例如,北京的科学家发现的一种新的蛋白质。当他们通过论文共享研究成果时,远在伦敦的同行需要明确蛋白质的定义,从而避免产生错误的理解。本体能够一定程度上解决上述两个问题,同时也是知识推理的一个重要基础。

2.1.1 本体的定义

    世界是由多个客观存在的实体组成,人们根据每个实体的特征将其分类描述,得到了抽象的通用概念。设想一辆黑色的本田牌轿车停在你面前。该实体对应着概念"轿车",可以用一系列特征定义,如"是汽车的一种""有四个轮子""有发动机驱动""能载人""载人数在

7 人以下"等。所有符合"轿车"特征描述的客观实体都是此概念的实例。因此,眼前的黑色的本田是轿车的一个实例。这里,用来描述"轿车"概念的陈述称为属性。属性描述是通过另外的概念来完成的。如"有四个轮子",是由谓语"有"、量词"四个"和概念"轮子"共同描述。它实质上是给出了所定义的概念与其他概念或实体的一种关系。还有一些概念在现实世界中并不存在对应的实体,而是由人们在生产生活中总结创造的,如模型、定律、神。这些抽象概念也是知识和推理的组成部分,因此也被包含到本体的范围。基于这些描述,我们可以定义本体:本体是人为构建的层次化概念、实体及其相互关系的集合。这里的概念既包含由客观实体抽象得到的类别,也包含人们主观创造的事物[1]。

需要指出,用来标记某概念的名称称为术语(Terminology)。它实质上是一个符号。这个符号与它在语义上所指代的对象可以没有任何关系。例如,"太阳"这个概念的名称是"太"和"阳"这两个中文字。理论上,我们可以在语义上让它指代任何事物。比如可以让"太阳"指代窗外的那只小鸟,也可以让它指代桌上的稿纸。虽然几乎没有人会建立这样的指代关系,但它在理论上确实是可行的!为了避免这种语法和语义上出现的不一致,我们在构造本体的过程中,必须保证概念名称严格符合通常的指代常识或者使用者共同约定的指代关系。否则将出现不符合实际情况的知识,以至于使下一章将要讲到的推理得出错误结论。

本体中的相互关系是另一个需要说明的方面。通常,本体中有三类关系,由谓词表示。第一类是概念之间的关系。最基本的是关系"是(一种)"(is_a)。例如,蛋白质分子"是(一种)"分子。本田轿车"是(一种)"轿车。一般而言,"是(一种)"谓词连接的是概念与其子概念。第二类是概念与实体之间的关系。这在前面的例子中已经有所体现。例如,太阳是恒星的实体。这里"是……的实体"(Instantiate)连接了实体太阳和概念恒星。还有其他形式的关系,比如张玲对青霉素过敏,王斌是桥梁专家。"对……过敏"(is_allergic_to)连接的实体张玲和概念青霉素,"是……(的)专家"(is_an_expert_on)连接了实体王斌和概念桥梁。第三类是实体之间的关系。最基本的是"是……的一部分"(is_part_of)。例如,约翰的左腿是约翰的一部分。谓词连接了实体约翰的左腿和实体约翰。

关于本体的定义明确指出了它是一个层次化的结构。这种层次结构更加清晰地表达了一般概念与其子概念的隶属关系(谓词 is_a)。图 2-1 给出了公路交通工具本体的一部分。层次由上至下对应了从一般到特殊的概念。若将每个概念方框视为一个结点,连线视为边,就形成了一棵树。树型结构仅给出了概念之间的隶属关系,并没有其他的相互关系。熟悉计算机程序设计的读者可能注意到,这种层次关系很像面向对象程序设计(Object Oriented Programming,OOP)的类继承关系。然而,OOP 中的类继承关系实质是一个分类系统(Taxonomy)。从定义上讲,分类系统是由子概念关系连接的层次化概念体系。它与本体的区别在于,前者只包含最基本的隶属关系(is_a),而后者还包含其他的相互关系,如"有"(has)、"是……的一部分"(part_of)。图 2-2 给出的解剖学本体片段清楚地展示了这一点[2]。

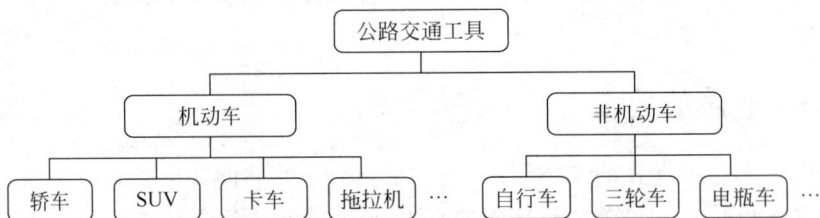

图 2-1 公路交通工具本体片段

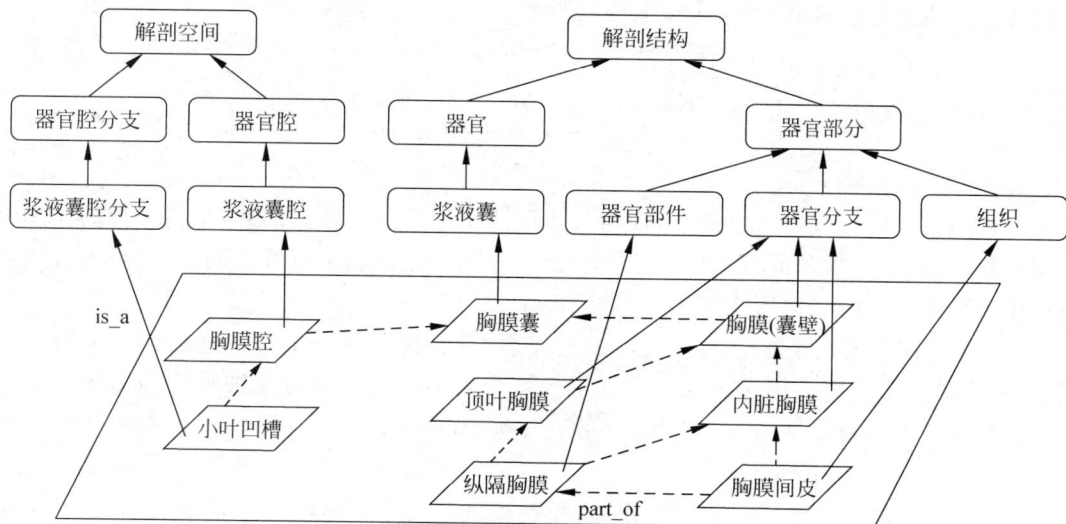

图 2-2　解剖学本体片段

从以上关于本体定义的讲述可以看出,一个本体通常具有以下几点特征:

(1) 包含一个基本的树形分类系统,使得所有的概念结点都被"是(一种)"(is_a)的继承关系连接;

(2) 还包含概念结点之间的相互关系;

(3) 每个概念结点都有一个术语名称,并且有对该术语相应的定义和属性描述。

根据不同的概念范围,本体可分为顶层本体、领域本体、应用本体等。顶层本体是一个跨领域的通用本体。其作用是为领域本体的构建提供一个最初的起始点,避免不同的领域本体出现基本概念的混乱,从而提高信息系统的语义互操作性。这里,语义互操作性是指不同的计算机系统间交换的数据能够在语义上被接受方自动且准确地解释,进而向用户提供有用的结果。显然,顶层本体有助于解决此问题。一个典型的例子是 OOP 编程中的继承和多态机制。领域本体针对的是某一特定领域的概念。例如前面提到的公路交通工具和解剖领域本体。应用本体则是为完成某项具体任务而开发的本体。它与领域本体的区别在于,领域本体通常包含的是领域内的一般知识,而应用本体的规模较小,只面向任务。

2.1.2　本体的构建

一般而言,构建本体需要关注三个方面:术语、定义和在分类系统中所处的层次。术语,即概念的名称。在建立本体的术语集合时,如果某些概念已经有标准化的术语,那么我们应该直接使用,而尽可能避免另行创造一个新名词。若需要创建新名词,我们应该采用绝大多数领域科学家认同的词组,以期获得最广泛的应用。同时,应该严格区分新名词所指代的概念与已有相关概念之间的区别(需要和定义结合起来)。术语的制定一般要遵循以下几点原则。

(1) 术语应该采用单数名词或名词词组。其原因有二。一方面,相比复数名词而言,单数名词更适合指代一类对象的通用概念。这更加符合人们的语法规范和本体的设计初衷。另一方面,单数名词为机器自动推理,特别是并行化推理,带来便利。例如,在基于"is_a"关系的推理中使用复数名词[3]：

> communism *is_a* political systems;
> political systems *is_a* social sciences;
> social sciences *is_a* behavioral disciplines and activities;
> behavioral disciplines and activities *is_a* topical descriptor.

显然，复数名词在推理中可能出现与现实语法不一致的问题。因此，采用单数名词术语更加合适。另外，单数名词原则也意味着应该尽可能避免使用不可数名词，或者将不可数名词转化为可数名词的单数形式。

（2）术语应该使用小写形式来表示一般概念，并且避免使用缩写。这是因为大写的名词（如"Tom""Cat"）通常用来表示一个特定的概念实例。缩写则可能被解释为多个不同的概念。例如计算机科学领域的"WSN"可被解释为"Wireless Sensor Network"，也可被解释为"Wirth Syntax Notation"。

（3）术语应确保单义性。需要指出，这里强调的是每个术语都必须是单义的，但并不排除多个术语指代相同的概念。该情况仅发生在不同的领域本体之间。

（4）建议为术语添加索引。索引扮演着全局资源定位符的角色，它使得机器的推理程序与本体概念相互分离，从而当新版本的本体概念发布时，开发人员只需更新索引下的概念内容，而无须修改推理程序。

本体构建的第二方面是定义，用来给出术语具体指代的概念。定义实质上给出了一个分类边界，用于区分哪些对象属于该集合。在数理逻辑中，若"实体 e 属于类别" $A(e \in A)$ 是" e 属于类别" $B(e \in B)$ 的必要条件，则有

$$e \in B \Rightarrow e \in A$$

同时，称 $e \in B$ 是 $e \in A$ 的充分条件。等价的说法是"所有属于 B 的实体都属于" $A(\forall x, x \in B \Rightarrow x \in A)$（图 2-3(a)）。对于本体而言，术语的定义是多个必要条件的陈述。这些必要条件共同构成概念的充分性（图 2-3(b)）。例如，对于"三角形"的定义为

> A is a triangle = def. X is a closed figure; X has exactly three sides; each of X's sides is straight; X lies in a plane.

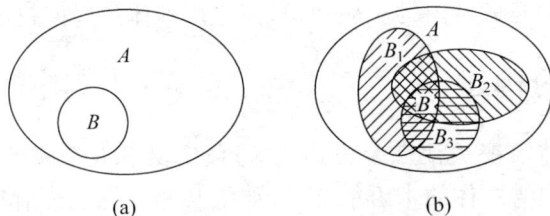

(a)   (b)

图 2-3　充分条件和必要条件示意图

该定义由四个必要条件组成。分号表示多个条件同时成立。必要条件中提到的其他类别（如 figure、side）应是比所定义术语更容易理解的概念。所有必要条件能够同时成立（否则，该定义类别是一个空集）。应该指出，并非每一组具备联合充分性的必要条件组合都是定义。在具有"树"形分类系统的本体中，定义通常采用亚里士多德形式

$$S = \text{def. } G \text{ that } D$$

其中 G 是 S 的直接父结点类，D 是 S 与 G 的其他子结点类的区别属性。理论上讲，D 中提到的名词应该在本体的其他某处被定义。作为例子，亚里士多德给出了一条关于"人"的定义

```
human = def. an animal that is rational
```

亚里士多德定义的范式使我们能够很自然地建立"is_a"关系，从而画出"树"形分类结构。将所有的"is_a"关系连接起来，我们最终能获得分类树上从根结点到定义术语结点的一条路径。亚里士多德定义范式还能够避免重复定义。这是因为分类树每一层对应的定义都是集合范围的一次缩小，所以不会出现某概念是其后代结点的情况。那么，位于分类树最顶端的根结点如何定义呢？答案是：无法处理。对于根结点 S，范式中的 G 不存在，因此无法写出明确的定义式。正如欧几里得几何完全建立在五条公理之上，此时对根结点概念的定义只能依赖于人们共有的常识。某些情况下（如领域本体），G 可能存在于更上层的本体中。这就为我们提供了一条连接上层和下层本体的途径。本质上讲，这种连接可以被视为是更大范围的一个扩展本体。其根结点仍然需要依赖于常识定义。

关于术语定义，还需要注意两点。首先，必要条件中应只包含定义类别的必需特征。判断一个特征是否是必需，法则之一是考察去掉该特征后，该类别是否不受影响[4]。例如在"刀"的定义中，

```
having a blade made of a sufficiently hard substance;
having a sharp edge in the blade;
having a handle made of some hard substance;
being small and light enough to be manipulated by a single person
```

等是必需特征，而"is silvered"则不是必需特征。其次，应避免在定义中使用逻辑连接词。本体中所给出的术语是在知识发现过程中自然抽取的概念，而并非简单的"与""或""非"等逻辑组合。

本体构建需要关注的第三个方面是分类系统中的层次关系。前面提到，任何一个本体都包含一个分层的分类系统。该分类系统就像本体的"骨架"一样，基于"is_a"关系组织编排了本体所涉及的所有概念。因此，我们在构建本体时也应该遵循这一原则，即引入一个分层分类系统组织所有概念。另外，分类系统应该保证每个概念只有唯一的继承关系（即只有唯一的直接父结点）。这种唯一继承关系符合亚里士多德的定义范式、适合已有的计算推理模型（如面向对象的多态机制），而且很容易由不同层次的本体组合得到更大规模的本体。分类系统需要遵循的最后一个原则是开放世界假设。理论上，一个本体应该包含其相关领域的所有概念类别。然而人类对客观世界的认识始终是有限的，无法穷尽所有现象和规律。受此限制，我们构建的本体往往也具有局限性。因此，无论是本体开发者还是用户，都应该赋予本体足够的灵活性，允许将来做进一步扩展或修改。

2.1.3 基本形式化本体

在本体的分类一节，我们已经介绍过本体按照概念范围的不同可以分为顶层本体、领域本体和应用本体等。在信息科学和人工智能领域，使用得较多的是领域本体和应用本体。然而，每个专业领域的本体开发都可以用一本专著加以讨论。本书旨在介绍如何构建本体，

而并非着眼于具体的专业领域。作为例子,本节将介绍一种顶层本体——基本形式化本体。

基本形式化本体(Basic Formal Ontology,BFO)的设计初衷是为了抽取不同领域本体的公共概念,从而支持科研数据整合,提高信息系统的互操作性。BFO 的规模非常小,并且尽可能避免具体领域的专业词汇。作为通用顶层本体,BFO 为领域本体开发人员提供了一个合适的起点。开发人员只需将 BFO 的叶结点作为领域本体的根结点,采用亚里士多德定义范式逐渐扩展,直至完成开发。BFO 将事物区分为两类。一类叫连续体(Continuants),是指在时间上具有连续性或持续性的实体,包括:

(1) 独立的对象(如张三个人、李四个人);

(2) 有依赖关系的对象,包括品质(如张三的身高、李四的体温)和功能(如电灯开关的功能是开启或关闭电灯);

(3) 上述对象在给定时间内所占有的空间区域。

另一类叫发生体(Occurrents),指发生或出现的事物,也被称为"事件"或"过程"。发生体包括:

(1) 持续一定时间的过程;

(2) 该过程的起始和结束边界;

(3) 该过程发生时所占据的时空区域。

连续体和发生体并不总是同时存在。它们只是从不同角度对现实世界的不同反映。试比较

there are people (continuants) having surgeries (occurrents) performed on them by other people (continuants);
there is the earth (continuant) that orbits (occurrent) the sun (continuant).

这里我们使用了一般性的术语来描述特定的对象和过程,如 earth 和 orbit。

BFO 连续体的层次关系如图 2-4。连续体由在时间维度上能够稳定连续存在的,并且不包含时变部分的实体组成(注意这并非连续体的定义)。虽然不包含时变部分,但连续体往往有一个生命周期。从此意义上讲,连续体本身也是一个相对的概念。连续体根结点的三个直接子结点是独立连续体、一般依赖连续体和特定依赖连续体。独立连续体是品质对象的承载体。它可以在经历品质变化后仍然保持其客观存在性。例如,新鲜苹果在经过一段时间后丧失了水分。青苹果经过一段时间后变红。但它仍然作为一个苹果存在。独立连续体又分为物质实体和非物质实体。我们采用亚里士多德范式定义物质实体:

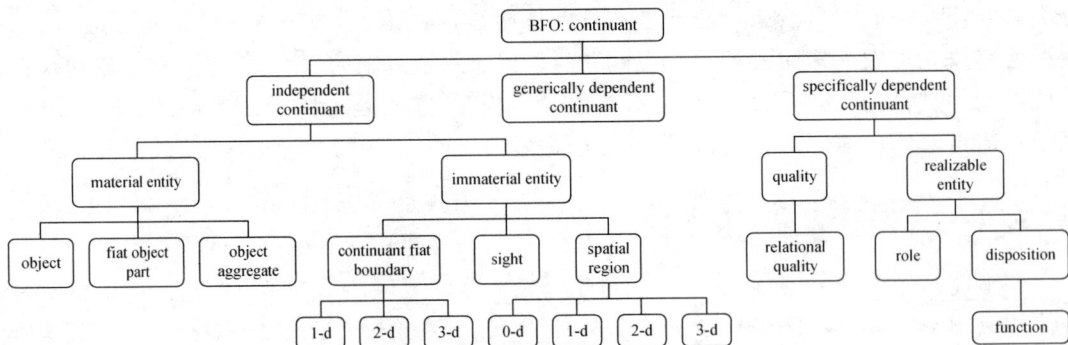

图 2-4 BFO 连续体的层次关系

A BFO: material entity = def. an independent continuant that has some portion of matter as part.

物质实体进一步分为对象、对象部分和对象集合。仍然采用亚里士多德范式定义对象:

An object = def. a material entity that is spatially extended in three dimensions; causally unified, meaning its parts are tied together by relations of connection; maximally self‑connected.

这里 maximally self-connected 是指任何连接在对象上的部件都属于该对象。至此,我们通过亚里士多德范式逐步扩展定义,建立了根结点到叶结点的一条路径。同样地,可以建立其他路径以及发生体本体(见图 2-5)。限于篇幅,这里不再赘述。感兴趣的读者可参阅 BFO 网站[5]。下面给出一些 BFO 本体的使用例子:

(1) the earth *instance_of* object;

(2) the earth's surface *instance_of* flat object part;

(3) the IQ test *instance_of* process;

(4) the time taken by the test as a whole *instance_of* temporal region.

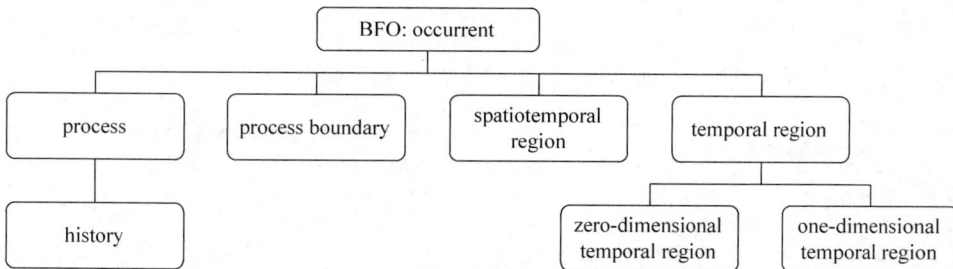

图 2-5 BFO 发生体的层次关系

前面提到,本体不仅包括概念之间的继承关系,还包括概念-实体以及实体-实体之间的相互关系。BFO 中同样也定义了这些关系。为描述方便,我们用大写字母 C、D、P、Q 等表示连续体和发生体的概念类别,小写字母 c、d、p、q 等表示对应的实体,t、t' 表示时间,r、r' 表示空间区域,加下划线的斜体表示相互关系。例如 C *is_a* D,P *is_a* Q,c *instance_of* C。BFO 中概念-实体的关系有两个:

(1) p *instance_of* P:表示发生体 p 是其类别的实例,如 Mike's life *instance_of* human's life;

(2) c *instance_of* C at t:表示连续体 c 在时刻 t 是其类别的实例,如 This dime *instance_of* money at present。

实体-实体的关系有 8 个:

(1) c *continuant_part_of* d at t:表示连续体实例 c 在时刻 t 是连续体实例 d 的一部分,如 Your left arm *continuant_part_of* your body at present;

(2) p *occurrent_part_of* q:表示发生体实例 p 是发生体实例 q 的一部分,如 Propagation of John's scandal *occurrent_part_of* John's life;

(3) r *continuant_part_of* r':表示不受时间限制的空间区域部分关系,如 The spatial region of Antarctic continent *continuant_part_of* the spatial region of earth's surface;

(4) c *inheres_in* d at t:表示依赖连续体与独立连续体在 t 时刻存在的依赖关系,如

Peter's body weight *inheres_in* Peter at 12：02pm today;

(5) c *located_in* r at t：表示连续体实例 c 在 t 时刻占据空间 r,如 Mary *located_in* the spatial region occupied by the bedroom *at* night;

(6) r *adjacent_to* r'：表示两个空间区域相邻,如 Chinese territory *adjacent_to* North Korean territory;

(7) c *derives_from* d：表示两个物质连续体在时间上存在的接续关系,如 Frog *derives_from* tadpole;

(8) p *has_participant* c：表示过程 p 与连续体实例 c 的关系,如 Bob's life *has_participant* Bob。

概念-概念的关系与实体-实体的关系较为类似,分为 4 类：基本关系(*is_a*, *continuant_part_of*, *occurrent_part_of*)、空间关系(*located_in*, *adjacent_to*)、时间关系(*derives_from*, *preceded_by*)、参与关系(*has_participant*)。

不难发现,实体-实体之间和概念-概念之间都存在 *continuant_part_of* 等关系,那么如何确定一组关系到底是实体-实体的关系还是概念-概念的关系呢? 这可以采用"All-Some"测试来判断。如果类别 C 与类别 D 之间存在某种关系,那么 A 的所有实例与 B 的所有实例间都存在这种关系。因此,*continuant_part_of* 实质上可定义为

C *continuant_part_of* D = def. for every particular continuant c and every time t, if c *instance_of* C at t, then there is some d such that d *instance_of* C at t and c is a *continuant_part_of* d at t.

"All-Some"测试对于其他的概念-概念关系仍然适用。对于"单向"关系,我们可以"反向"定义其逆关系。例如,可以定义 *is_a* 关系的逆关系为 *has_subuniversal*。而对于"双向"关系,如 *adjacent_to*,则不存在逆关系。

2.2　资源描述框架和本体语言

到目前为止,为了理解方便,关于本体的基本理论和方法都是采用自然语言叙述的。我们需要回到知识表示最初的出发点：面向机器的知识存储与推理。本节将讨论本体在机器中的表示语言。从历史上看,面向机器的本体表示始终受到互联网发展的影响。这是因为在信息时代,网页成为了知识的载体。如何将网页知识纳入到本体的体系中,以实现最大程度的知识共享和自动推理,成为本体最直接的应用。早期的网页是依据超文本标签语言(HyperText Markup Language,HTML)设计的。浏览器按照此语言规范解析内容并以可视化的形式呈现给用户。HTML 的局限性在于,它是面向文档展示的,并不包含用于软件查询、解释、验证等的信息。因此在 1998 年,国际万维网组织(World Wide Web Consortium,W3C)推荐使用可扩展标签语言(Extensible Markup Language,XML)来弥补此缺陷。XML 允许使用自定义标签来准确描述网络信息。这些标签兼具人类语言的可读性和机器的互操作性。实质上,XML 为机器提供了一种基于标签的信息检索能力。然而,这种检索仅仅建立了被检索信息与索引标签的关联关系。其表征能力并没有深入到文档内部,展现文档信息的语义关系。因此随后出现的资源描述框架(Resource Description Framework,

RDF)试图在更细的语义层次上支持文档的组织和推理。

2.2.1 RDF 的基本结构

RDF 采用了〈主语,谓语,宾语〉的三元组结构来表示一个实体,称为资源。其本质是刻画主语实体和宾语实体之间的关系或指明主语实体的状态。在表示相互关系时,RDF 的主语和宾语都是实体。在指明实体状态时,主语是实体,而宾语是一个数值或字符串。RDF 的三元组结构可以用有向图来表示。主语和宾语是结点,谓语是结点间的连线。图 2-6(a) 是本书这个实体的属性图,表明了本书的出版商和页数。图中椭圆形框中的两个以 http 开头的字符串表示"本书"和"清华大学出版社"两个实体。谓语则标记在有向边上。椭圆形框中以 http 开头的字符串称为统一资源识别符(Uniform Resource Identifier,URI)。它充当着所指实体的名称。顾名思义,URI 的设计初衷是在"全局"(指应用涉及的全局)范围内解决不同实体的重名问题。使用 URI 能够在不产生歧义的情况下清晰明确地找到唯一的实体。URI 是统一资源定位符(Uniform Resource Locator,URL)的推广。后者常常用于定位某个网络资源(如网站地址)。一些文献也将 URI 中除去 URL 剩余的表示非网络资源的识别符称为统一资源名称(Uniform Resource Name,URN)。URI 的一般结构为

```
scheme: [//authority] path [?query] [#fragment]
```

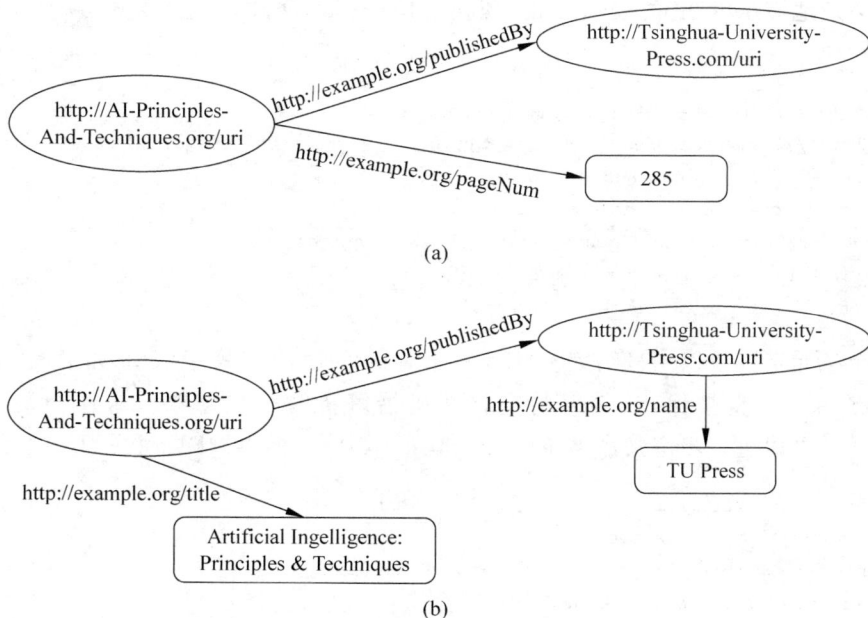

(a)

(b)

图 2-6 RDF 示例

scheme:指实体的类型或处理该实体的协议,如 http,ftp,mailto,file,irc 等。

authority:用来构造该 URI 的更上一层 URI。在 URL 中,本部分通常是域名加上用户名和端口信息等。注意 authority 部分是以双斜线开头的,且可以省略。

path:是 URI 的主要组成部分,指明了该实体的路径。路径一般以单斜线开头,并用单斜线分割以表示分层路径,如/etc/passwd。当 authority 部分为空时,path 部分开头的单斜

线可以省略。

query：以问号开头，用于提供附加的非层次化信息，是可省略的部分。在 URL 中，query 一般用于向后台服务器传递查询参数，如?name＝AI-Principles-And-Techniques。

fragment：以井号开头，用于提供实体资源的第二层识别信息。它也是可省略的。在 URL 中，fragment 通常用于定位资源中的某个子部分，例如♯Section1 指 HTML 网页中的第一节。注意，即使是同一个实体下的不同子部分，在 RDF 中仍然视为不同的实体名称。

URI 的命名规则中保留了一些关键字符作为特殊用途，因此不能用于一般的资源名称中。感兴趣的读者可查阅相关文献。这里只需要明确所有的拉丁字母和数字都可以用在任何位置。

让我们再回到图 2-6 所示的例子。本书的另一个属性指明了页数是 285。充当宾语的数值并不指代某个实体。它被称为文字（Literal）。文字在 RDF 中使用一个预定义的数据类型，以字符序列的形式保存。对该字符序列的解析依赖于不同数据类型的解释器。例如"42"和"042"在整数类型下被解析为相等的数值，而在字符串类型下则是不同字符串。在未指定数据类型的情况下，机器默认将文字解析为字符串。关于文字，还有两点需要说明。首先，文字不能充当三元组中的主语。其原因是文字并不指代实体，因此不存在属性。其次，文字不能用于标记有向边，即充当谓语。因为文字并不具备动词的特性，充当谓语的意义难以理解。

为更清楚地展示 RDF 的表示方式，现在对例子稍作修改得到图 2-6(b)。所有三元组关系可表示成

```
< http://AI - Principles - And - Techniques.org/uri >
    < http://example.org/publishedBy > < http://Tsinghua - University - Press.com/uri > .
< http:// AI - Principles - And - Techniques.org/uri >
    < http://example.org/title >
        "Artificial Intelligence: Principles & Techniques" .
< http:// Tsinghua - University - Press.com/uri >
    < http://example.org/name > "TU Press" .
```

每一个三元组都是以句号结束。URI 置于尖括号中，文字置于双引号内。出现在 URI 和文字内部的空格将被保留，其余的空格在机器解析时将被忽略。这样的语法被称为 Turtle 语法。可以进一步定义命名空间（Namespace）将上面的 RDF 简写为

```
@prefix book: < http://AI - Principles - And - Techniques.org/> .
@prefix ex: < http://example.org/> .
@prefix tu: < http://Tsinghua - University - Press.com/> .
book: uri ex: publishedBy book: uri.
        ex: title "Artificial Intelligence: Principles & Techniques".
tu: uri   ex: name "TU Press".
```

其中 book：uri 后有两条属性，它们表示两个三元组，具有共同的主语。RDF 常常采用 XML 语言的形式进行序列化。上面例子的 XML 形式为

```
<?xml version = "1.0" encoding = "utf - 8"?>
< rdf: RDF xmlns: rdf = "http://www.w3.org/1999/02/22 - rdf - syntax - ns♯"
        xmlns: ex = "http://example.org/">
```

```
< rdf: Description rdf: about = "http://AI - Principles - And - Techniques.org/uri">
    < ex: title > Artificial Intelligence: Principles & Techniques </ex: title >
    < ex: publishedBy >
        < rdf: Description rdf: about = "http://Tsinghua - University - Press.com/uri">
            < ex: name > TU Press </ex: name >
        </rdf: Description >
    </ex: publishedBy >
</rdf: Description >
</rdf: RDF >
```

每个三元组用标签 rdf：Description 描述。三元组可以嵌套。标签 rdf：about 定义一个实体的名称。其余不以 rdf 开头的标签定义谓语。宾语置于谓语标签内部。上面这段代码使用了前缀 ex 来简化表达。但这不仅仅是为了方便。按照 URI 的命名规则,每个 URI 都包含一个冒号,而冒号在 XML 标签名称中是不允许的[6]。XML 标签解析器默认冒号之前是命名空间。因此,如果直接使用 http：//example.org/publishedBy 作为标签,机器会寻找 http 所代表的命名空间从而出现错误。标签 rdf：about 声明实体时,可以采用以下两种简写方式。

采用文档类型声明(document type declaration,DTD)标签〈! DOCTYPE rdf：RDF[and]〉定义实体:

```
<?xml version = "1.0" encoding = "utf - 8"?>
<!DOCTYPE rdf: RDF [<!ENTITY book 'http://AI - Principles - And - Techniques.org/'>]>
< rdf: RDF xmlns: rdf = "http://www.w3.org/1999/02/22 - rdf - syntax - ns#"
        xmlns: ex = "http://example.org/">
    < rdf: Description rdf: about = "&book; uri">
        < ex: title > Artificial Intelligence: Principles & Techniques </ex: title >
    </rdf: Description >
</rdf: RDF >
```

或者用 base 定义基命名空间:

```
< rdf: RDF xmlns: rdf = "http://www.w3.org/1999/02/22 - rdf - syntax - ns#"
        xmlns: ex = "http://example.org/"
        xml: base = "http://AI - Principles - And - Techniques.org/" >
    < rdf: Description rdf: about = "uri">
        < ex: publishedBy rdf: resource = "http://Tsinghua - University - Press.com/uri" />
    </rdf: Description >
</rdf: RDF >
```

其中 rdf：resource 指代另一个三元组资源。RDF 允许文字结点包含明确的数据类型。例如

```
< rdf: Description rdf: about = "http://www.w3.org/TR/rdf - primer">
    < ex: title rdf: datatype = "http://www.w3.org/2001/XMLSchema#string"> RDF Primer </ex: title >
    < ex: publicationDate rdf: datatype = "http://www.w3.org/2001/XMLSchema#date">
        2004 - 02 - 10
    </ex: publicationDate >
</rdf: Description >
```

指明了 title 和 publicationDate 的数据类型分别是由相应 URI 定义的 string 和 date。

RDF 还允许空结点(Blank Node)存在。其作用是为了解决 RDF 无法表示多元宾语关

系的问题。假设在蛋糕的制作过程中需要添加 1kg 面粉和 200g 鸡蛋。使用 Turtle 语法，这条知识可能会被写成

```
@prefix ex: < http://example.org/>.
ex: cake ex: hasIngredient   "1kg flour",
                             "200g egg".
```

显然这样的表示是不符合要求的。因为"1kg flour"和"200g egg"会被解析成字符串而失去其本身的语义。若将两个宾语分开，一种可能是

```
@prefix ex: < http://example.org/>.
ex: cake ex: ingredient ex: flour; ex: amount "1kg";
         ex: ingredient ex: egg; ex: amount "200g".
```

该表示是主语之后拥有四组并列的谓语和宾语。由于不清楚它们的对应关系，可能得出添加 1kg 鸡蛋和 200g 面粉的致命歧义。一个合适的办法是引入中间结点分别表示每一个宾语，如图 2-7 所示。对应的 Turtle 语句为

```
@prefix ex: < http://example.org/>.
@prefix rdf: < http://www.w3.org/1999/02/22 - rdf - syntax - ns♯>.
ex: cake ex: hasIngredient ex: ingredient_1.
ex: ingredient_1 rdf: value ex: flour;
              ex: amount "1kg".
ex: cake ex: hasIngredient ex: ingredient_2.
ex: ingredient_2 rdf: value ex: egg;
              ex: amount "200g".
```

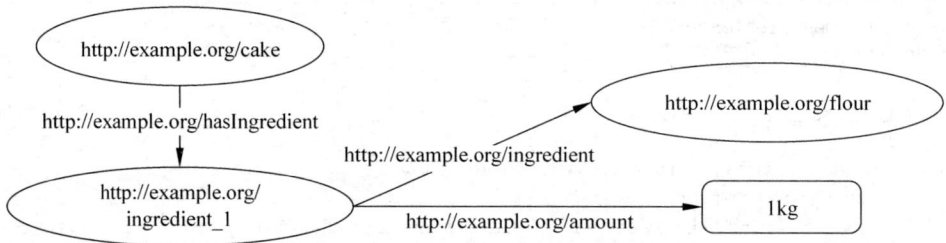

图 2-7　RDF 的中间结点(空结点)

ex：ingredient_1 这样的中间结点被称为空结点。它在 RDF/XML 中一般并不使用 URI 表示(因为空结点并不指代特定的实体)，而是直接将其编号，例如

```
< rdf: Description rdf: about = "http://example.org/cake">
    < ex: hasIngredient rdf: nodeID = "id1"/>
</rdf: Description >
< rdf: Description rdf: nodeID = "id1">
    < ex: ingredient rdf: resource = "http://example.org/flour"/>
    < ex: amount > 1kg </ex: amount >
</rdf: Description >
```

在 RDF 中，空结点只能充当主语或宾语。谓语必须由 URI 标记。

2.2.2 RDFS 本体语言

在对 RDF 作了初步了解后,我们接下来讨论一种轻量级的本体表示语言:RDFS (Resource Description Framework Schema)。RDFS 是以 RDF 为基础扩展的。二者的关系类似于关系数据库中的表和行。因此 RDFS 实质上是为 RDF 定义了一系列更通用的类或模板,以此表示更一般性的知识。在本体一节中,我们曾使用谓词 *instance_of* 来表示实例和类别的关系。RDF 使用标签 rdf:type 来代替此谓词。因此下面的语句表示"本书是教科书"

book: uri rdf: type ex: Textbook.

我们还可以按照亚里士多德定义法定义类和子类的关系

ex: Textbook rdf: subClassOf ex: Book.

意为"所有的教科书(实例)都是书(实例)"。ex:Book 则称为 ex:Textbook 的父类或超类。显然,按照本体一节介绍的分类树,父类和子类的关系具有传递性,即如果

ex: Textbook rdf: subClassOf ex: Book.
ex: Book rdf: subClassOf ex: PrintMedia.

那么有

ex: Textbook rdf: subClassOf ex: PrintMedia.

充当谓语的 URI 通常并不指代某个对象。我们为这一类 URI 定义一个属性类,例如

ex: publishedBy rdf: type rdf: Property.

不同的属性也存在隶属关系,称为子属性,例如

ex: isHappilyMarriedTo rdf: subPropertyOf ex: isMarriedTo.

此三元组表示"与……愉快地结婚"是"与……结婚"的子属性,因此

ex: jim ex: isHappilyMarriedTo ex: anna.

可以推出

ex: jim ex: isMarriedTo ex: anna.

很多时候,属性谓词连接的主语和宾语对象有一定的类型限制。上面的三元组必须满足

ex: jim rdf: type ex: Person.
ex: anna rdf: type ex: Person.

为每个实例添加一条这样的类型声明是很不方便的。RDFS 为属性定义了"域"或"范围"两个谓词来解决该问题

ex: isMarriedTo rdfs: domain ex: Person.
ex: isMarriedTo rdfs: range ex: Person.

第一条表示拥有 ex:isMarriedTo 属性的对象(主语)是人。第二条表示该属性连接的

宾语对象是人。对于文字充当属性值的情况，RDFS 相应地采用数据类型来限制。下面这个三元组限制了年龄属性必须是非负整数

ex: hasAge　rdfs: range　xsd: nonNegativeInteger.

使用属性的类型限制时必须非常小心，避免出现与预想不符的语义错误。假设有两条一般知识的三元组为

ex: authorOf　rdfs: range　ex: Textbook.
ex: authorOf　rdfs: range　ex: Storybook.

由于知识库中的三元组之间是逻辑"与"的关系，且适用于知识库中的所有对象。因此对于添加进知识库的所有人而言，他们"既是（某）教科书的作者，又是（某）故事书的作者"。这显然与想要表达的事实不符。

RDF(S)和 XML 的类别标签总结于表 2-1 中[7,8]。最后，我们给出一个简单的例子来直观展示如何用 RDF(S)表示本体。所表示的本体如下

ex: vegetableThaiCurry　ex: thaiDishBasedOn　ex: coconutMilk.
ex: sebastian　rdf: type　ex: AllergicToNuts.
ex: sebastian　ex: eats　ex: vegetableThaiCurry.
ex: AllergicToNuts　rdfs: subClassOf　ex: Pitiable.
ex: thaiDishBasedOn　rdfs: domain　ex: Thai.
ex: thaiDishBasedOn　rdfs: range　ex: Nutty.
ex: thaiDishBasedOn　rdfs: subPropertyOf　ex: hasIngredient.
ex: hasIngredient　rdf: type　rdfs: ContainerMembershipProperty.

表 2-1　RDF(S)和 XML 语言的类及属性

RDF(S) classes	rdfs: Class	rdfs: Property
	rdfs: Resource	rdfs: Literal
	rdfs: Datatype	rdf: XMLLiteral
RDF(S) properties	rdfs: range	rdfs: domain
	rdf: type	rdfs: subClassOf
	rdfs: subPropertyOf	rdfs: label
	rdfs: comment	
RDF attributes	rdf: about	rdf: ID
	rdf: resource	rdf: nodeID
	rdf: dataType	
XML attributes	xml: base	xmlns
	xml: lang	
RDF(S) further constructs	rdf: RDF	rdfs: seeAlso
	rdfs: isDefinedBy	rdf: value

前三行三元组是声明式知识（Assertional Knowledge），指出了"泰国咖喱蔬菜是用椰奶做的泰国菜""ex：sebastian 是对坚果过敏的人""他吃了泰国咖喱蔬菜"。剩下的三元组称为术语知识（Terminological Knowledge），分别指出了"对坚果过敏的人是可怜的""泰国菜是属于泰国的事物""泰国菜是用坚果类原料做的""泰国菜的原料是成分的子属性""成分是一种成员组成性质"。图 2-8 给出了图表示形式。

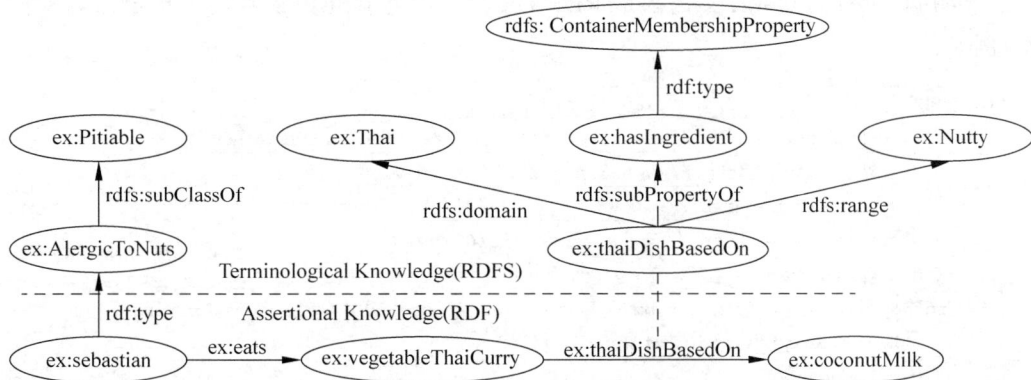

图 2-8　RDFS 本体的图表示

2.2.3　OWL 语言

RDFS 是一个轻量级的本体表示语言,它对于一些通用知识的表示能力仍然较弱。例如,"所有的测试都至少有一个参与者"这条通用知识用 RDFS 就很难表示。因此,W3C 推荐了更加具有表达能力的 OWL 语言[9]。OWL 是 Ontology Web Language 的缩写,它一方面部分地继承和扩展了 RDFS 的表示方法,另一方面考虑了推理的效率。OWL 仍然以 RDFS 标签的形式编码,但其背后的数学基础是形式化逻辑(关于形式化逻辑的介绍将在本书下一章详细讨论),有着严格的理论支撑。OWL 有三个变种,分别是 OWL Full、OWL DL 和 OWL Lite。OWL Full 最具灵活性,可以与 RDFS 的所有标签混合使用。这给任意情况下的本体表示带来了方便。但是 OWL Full 不是可判定(Decidable)的,即对于某些推理问题,有可能并不存在判定该问题是正确或者错误的算法。由于该缺陷,OWL Full 一般用于对自动推理要求不高的场景。OWL DL(OWL Description Logic)是描述逻辑(一阶逻辑的一种,详见本书下一章)支撑的[10,11]。它是 OWL Full 的一个子集,是可判定的。然而也正是为了保证可判定性,OWL DL 对 OWL Full 和 RDFS 语法作了一些"剪裁",限制使用 rdfs: Class、rdf: Property、owl: inverseOf、owl: TransitiveProperty 、owl: InverseFunctionalProperty 等标签。OWL Lite 是 OWL DL 的一个子集,也是可判定的。在最坏的情况下,OWL Lite 的计算复杂度可以保证是多项式时间的,而 OWL DL 则只能是非多项式时间的。但是在实际使用中,二者的效率差别不大。因此,OWL DL 就成为了应用最广泛的本体表示语言。表 2-2 对比了三种 OWL 语言。本小节将主要介绍 OWL DL。

表 2-2　三种 OWL 语言对比

	OWL Full	OWL DL	OWL Lite
相互关系	包含 OWL DL 和 OWL Lite	是 OWL Full 的子集	是 OWL DL 的子集
RDFS 兼容性	兼容所有 RDFS 语法	兼容大部分 RDFS 语法	兼容部分 RDFS 语法
知识表达能力	强	适中	弱
可判定性	不可判定	可判定	可判定
极端情况下的推理复杂度	几乎不支持自动推理	非多项式时间	多项式时间

需要明确,所有的 OWL 文档都是 RDFS 文档。因此其开头常常用来指定命名空间和版本,例如:

```
< rdf: RDF  xmlns = http://www.example.org/
            xmlns: rdf = http://www.w3.org/1999/02/22 - rdf - syntax - ns#
            xmlns: xsd = http://www.w3.org/2001/XMLSchema#
            xmlns: rdfs = http://www.w3.org/2000/01/rdf - schema#
            xmlns: owl = "http://www.w3.org/2002/07/owl#">
< owl: Ontology rdf: about = "">
    < rdfs: comment  rdf: datatype = "http://www.w3.org/2001/XMLSchema#string">
        SWRC ontology, version of June 2007
    </rdfs: comment >
    < owl: versionInfo > v0.7.1 </owl: versionInfo >
    < owl: imports rdf: resource = "http://www.example.org/foo" />
    < owl: priorVersion  rdf: resource = "http://ontoware.org/projects/swrc" />
</owl: Ontology >
```

类的定义采用 owl:Class 标签,它是 rdfs:Class 的子类,例如:

```
< owl: Class rdf: about = "Professor" />
```

它等价于

```
< rdf: Description rdf: about = "Professor">
    < rdf: type rdf: resource = "&owl; Class" />
</rdf: Description >
```

OWL 兼容 RDFS 的子类表示方法,例如

```
< owl: Class rdf: about = "Professor">
    < rdfs: subClassOf rdf: resource = "FacultyMember" />
</owl: Class >
```

OWL 有两个最基本的类,标签为 owl:Thing 和 owl:Nothing。前者充当着亚里士多德定义树上的根结点,是最一般的类,也是任何类的父类。任何对象都是它的实例。而后者则不包含任何实例,是任何类的子类。可以用标签 owl:disjointWith 和 owl:equivalentClass 来声明两个类不相交或相等。还可以引入"与""或""非"等逻辑运算符来表示集合间的逻辑关系。对应的标签是 owl:intersectionOf、owl:unionOf 和 owl:complementOf。需要注意,对 owl:complementOf 的使用可能会引起不必要的歧义。例如

```
< owl: Class rdf: about = "Male">
    < owl: complementOf rdf: resource = "Female" />
</owl: Class >
< Dog rdf: about = "tweety" />
```

最后一行定义了 tweety 是一只狗。无法得出它是男性或女性。但根据前三行的定义 tweety 不是男性就是女性。因此出现了不一致。还需要说明的是,基类 owl:Nothing 是不可或缺的。它在本体的调试中起着至关重要的作用。如果一个类最终的推理结果等于 owl:Nothing,那么往往意味着该类存在着建模错误。例如

```
< owl: Class rdf: about = "Book">
    < rdfs: subClassOf rdf: resource = "Publication" />
    < owl: disjointWith rdf: resource = "Publication" />
</owl: Class >
```

注意这段知识库并不存在矛盾。使得该知识库达到一致的(唯一)条件是不存在"书"类的实例。因为若存在某个实例,那么该实例既是"出版物"的子类(从而与"出版物"相交)又与"出版物"不相交,出现矛盾。因此,知识库定义的"书"等价于 owl:Nothing。显然,一个没有任何实例的概念是毫无意义的。

OWL 中的属性也称为角色(Role)。表示对象之间关系的属性称为抽象角色(Abstract Role)。而表示状态的文字属性称为具体角色(Concrete Role)。属性的定义与类相似。例如:

```
< owl: ObjectProperty   rdf: about = "hasAffiliation" />
< owl: DatatypeProperty  rdf: about = "firstName" />
```

以类为基础可以进一步定义属于某个类的实例

```
< Professor rdf: about = "jim" />
```

这个过程称为实例的类分配(Class Assignment)。owl:sameAs 和 owl:differentFrom 标签用来指明两个实例是否相同。可以明确定义一个类下包含有限个实例,则称为封闭类(Closed Class)。例如:

```
< owl: Class rdf: about = "SecretariesOfJim">
    < owl: oneOf rdf: parseType = "Collection">
        < Person rdf: about = "anna" />
        < Person rdf: about = "judy" />
    </owl: oneOf >
</owl: Class >
```

这里定义了一个吉姆秘书的类,取值是安娜和朱迪两个人中的一个。rdf:parseType = "Collection"标签是 RDF 的集合表示方式。由于描述逻辑是一阶逻辑的一种,因此可以给属性加上限定量词(此处简单介绍,详见下一章一阶逻辑部分)。限定量词分为全称量词和存在量词两种。本小节开头的例子,"所有的测试都至少有一个参与者"可表示为

```
< owl: Class rdf: about = "Exam">
    < rdfs: subClassOf >
        < owl: Restriction >
            < owl: onProperty rdf: resource = "hasParticipant" />
            < owl: someValuesFrom rdf: resource = "Person" />
        </owl: Restriction >
    </rdfs: subClassOf >
</owl: Class >
```

owl:someValuesFrom 标签表示某个人的实例。也可以用 owl:hasValue 指定某个特定的实例作为属性值。还可以用 owl:cardinality、owl:minCardinality、owl:maxCardinality 来

限定数量,用 rdfs：range、rdfs：domain 来限定属性的数据类型。关于属性之间的关系,OWL 兼容 RDFS 的 rdfs：subPropertyOf 标签,并引入了 owl：equivalentProperty 和 owl：inverseOf 来表示两个属性的相同和相反关系,例如：

```
< owl: ObjectProperty rdf: about = "hasAttendee">
    < owl: inverseOf rdf: resource = "participatesIn" />
</owl: ObjectProperty>
```

OWL 还能够表示属性的传递性、对称性和功能性。对应的标签是 owl：TransitiveProperty、owl：SymmetricProperty、owl：FunctionalProperty。传递性意为：若 A 由传递性属性连接 B,B 由传递性属性连接 C,则 A 也由传递性属性连接 C。对称性意为：若 A 有对称性属性 B,则 B 同样有对称性属性 A。功能性属性意为：若 A 由功能性属性连接 B,A 也由相同的功能性属性连接 C,则 B 和 C 等价,可由 owl：sameAs 表示。例如：

```
< owl: ObjectProperty rdf: about = "hasColleague">
    < rdf: type rdf: resource = "&owl; TransitiveProperty" />
    < rdf: type rdf: resource = "&owl; SymmetricProperty" />
</owl: ObjectProperty>
< owl: ObjectProperty rdf: about = "hasProjectLeader">
    < rdf: type rdf: resource = "&owl; FunctionalProperty" />
</owl: ObjectProperty>
< Person rdf: about = "peter">
    < hasColleague rdf: resource = "philipp" />
    < hasColleague rdf: resource = "steffen" />
</Person>
< Project rdf: about = "dataMining - x">
    < hasProjectLeader rdf: resource = "kateWu" />
    < hasProjectLeader rdf: resource = "wuKate" />
</Project>
```

这段知识库首先定义了 hasColleague 属性是传递性和对称性属性,hasProjectLeader 是功能性属性。因此根据随后的事实,我们可以由对称性推断出"菲利普和彼得是同事""史蒂芬和彼得是同事"。再加上原有知识"彼得和史蒂芬是同事",由传递性可推出"菲利普和史蒂芬是同事"。同样,由功能性属性可以推出 kateWu 和 wuKate 是同一个人。

表 2-3 总结了 OWL DL 的部分标签及支持的数据类型。最后,在结束本节之前,我们给出一个基于 OWL 的实例,以直观地展示本体的推理过程。首先,我们截取交通领域本体的片段如图 2-9 所示。该片段定义了 bus、driver 和 bus_driver 三个类别(涉及的 vehicle 等其他概念此处未给出)。为增加可读性,我们也可将其用抽象语法简洁地表示为：

```
Class(a: bus partial a: vehicle)
Class(a: driver complete intersectionOf(a: person restriction(a: drives someValuesFrom (a:
vehicle))))
Class(a: bus_driver complete intersectionOf(a: person restriction(a: drives someValuesFrom
(a: bus))))
```

表 2-3　　OWL DL 的部分标签及支持的数据类型[12]

OWL 文件头	rdfs：comment	rdfs：label	rdfs：seeAlso
	rdfs：isDefinedBy	owl：versionInfo	owl：priorVersion
	owl：backwardCompatibleWith	owl：incompatibleWith	owl：DeprecatedClass
	owl：DeprecatedProperty	owl：imports	
实例间关系	owl：sameAs	owl：differentFrom	
	owl：AllDifferent 与 owl：distinctMembers 一起使用		
类构造及关系	owl：Class	owl：Thing	owl：Nothing
	rdfs：subClassOf	＊owl：disjointWith	owl：equivalentClass
	owl：intersectionOf	＊owl：unionOf	＊owl：complementOf
属性/角色的构造、关系和特征	owl：ObjectProperty	owl：DatatypeProperty	rdfs：subPropertyOf
	owl：equivalentProperty	rdfs：domain	rdfs：range
	owl：TransitiveProperty	owl：SymmetricProperty	owl：FunctionalProperty
	owl：InverseFunctionalProperty	owl：inverseOf	
属性/角色限制	owl：allValuesFrom	owl：someValuesFrom	owl：hasValue
	＊owl：cardinality	＊owl：minCardinality	＊owl：maxCardinality
	＊owl：oneOf(指定数据类型时与 ＊owl：DataRange 一起使用)		
支持的数据类型	xsd：string	xsd：boolean	xsd：decimal
	xsd：float	xsd：double	xsd：dateTime
	xsd：time	xsd：date	xsd：gYearMonth
	xsd：gYear	xsd：gMonthDay	xsd：gDay
	xsd：gMonth	xsd：hexBinary	xsd：base64Binary
	xsd：anyURI	xsd：token	xsd：normalizedString
	xsd：language	xsd：NMTOKEN	xsd：positiveInteger
	xsd：NCName	xsd：Name	xsd：nonPositiveInteger
	xsd：long	xsd：int	xsd：negativeInteger
	xsd：short	xsd：byte	xsd：nonNegativeInteger
	xsd：unsignedLong	xsd：unsignedInt	xsd：unsignedShort
	xsd：unsignedByte	xsd：integer	

＊表示 OWL Lite 中不允许使用的标签

对于结论"Bus Drivers are Drivers"的推理过程为：

A bus driver is a person that drives a bus;
A bus is a vehicle;
A bus driver drives a vehicle, so must be a driver.

```
▼<owl:Class rdf:about="http://cohse.semanticweb.org/ontologies/people#bus">
    <rdfs:label>bus</rdfs:label>
  ▼<rdfs:comment>
      <![CDATA[ ]]>
    </rdfs:comment>
  ▼<rdfs:subClassOf>
      <owl:Class rdf:about="http://cohse.semanticweb.org/ontologies/people#vehicle"/>
    </rdfs:subClassOf>
  </owl:Class>
▼<owl:Class rdf:about="http://cohse.semanticweb.org/ontologies/people#driver">
    <rdfs:label>driver</rdfs:label>
  ▼<rdfs:comment>
      <![CDATA[ ]]>
    </rdfs:comment>
  ▼<owl:equivalentClass>
    ▼<owl:Class>
      ▼<owl:intersectionOf rdf:parseType="Collection">
          <owl:Class rdf:about="http://cohse.semanticweb.org/ontologies/people#person"/>
        ▼<owl:Restriction>
            <owl:onProperty rdf:resource="http://cohse.semanticweb.org/ontologies/people#drives"/>
          ▼<owl:someValuesFrom>
              <owl:Class rdf:about="http://cohse.semanticweb.org/ontologies/people#vehicle"/>
            </owl:someValuesFrom>
          </owl:Restriction>
        </owl:intersectionOf>
      </owl:Class>
    </owl:equivalentClass>
  </owl:Class>
▼<owl:Class rdf:about="http://cohse.semanticweb.org/ontologies/people#bus_driver">
    <rdfs:label>bus driver</rdfs:label>
  ▼<rdfs:comment>
      <![CDATA[ Someone who drives a bus. ]]>
    </rdfs:comment>
  ▼<owl:equivalentClass>
    ▼<owl:Class>
      ▼<owl:intersectionOf rdf:parseType="Collection">
          <owl:Class rdf:about="http://cohse.semanticweb.org/ontologies/people#person"/>
        ▼<owl:Restriction>
            <owl:onProperty rdf:resource="http://cohse.semanticweb.org/ontologies/people#drives"/>
          ▼<owl:someValuesFrom>
              <owl:Class rdf:about="http://cohse.semanticweb.org/ontologies/people#bus"/>
            </owl:someValuesFrom>
          </owl:Restriction>
        </owl:intersectionOf>
      </owl:Class>
    </owl:equivalentClass>
  </owl:Class>
```

图 2-9　交通领域 OWL/XML 本体片段

2.3　知识图谱

知识图谱(Knowledge Graph)最初是由谷歌(Google)公司于 2012 年提出。目的是希望改进传统搜索引擎中基于字符串匹配查询而返回网络文档的搜索模式。谷歌公司希望建立概念和实体的关联关系,并用图的方式加以存储。搜索引擎在该知识图谱的支撑下,能够在语义层面推断用户的搜索目的并返回相关的实体结果,提高搜索效率。目前,知识图谱越来越多地被应用到信息检索、语义网等领域。

2.3.1　知识图谱的基本概念

一般而言,知识图谱是以本体作为主要关系架构的结构化数据集。从定义上讲,知识图谱与本体并不存在明显的界限,二者都包含概念、实例及其相互关系,在实际中也常常混用。但是知识图谱的研究人员大多认为,二者存在以下几点区别:

　　(1) 本体偏重于概念类别和通用关系的描述,而知识图谱则更多地着眼于具体实例。例如,本体中包含 Planet *orbit_around* Star 的通用知识,而知识图谱可能更多地包含 Earth *orbit_around* Sun、Jupiter *orbit_around* Sun 这样的实例。相应地,通常将知识图谱中的通用知识称为模式层,采用本体来管理,而将实例称为数据层;

　　(2) 本体所包含的知识相对较稳定,也更加体系化;而知识图谱则具有易变性,包含更多"碎片化"的实例知识;

　　(3) 本体的知识是基础性和支撑性的,而知识图谱反映的是这些基础知识的表现结果。因此,本体可以帮助开发人员理解知识图谱中的关联知识。

　　与本体类似,如果把实体看作是结点,关联关系看作结点之间的边,那么整个知识库就形成一张"大图",因此命名为知识图谱。由于包含更多的实体,知识图谱的规模通常比本体更大。知识图谱仍然采用描述逻辑和 OWL 语言作为其表达存储方式。我们将本体/知识图谱中所有的概念和公理称为 TBox,将所有的断言(Assertion)称为 ABox。例如,按照描述逻辑语法,下面这条公理表示"男人和女人不存在交集",它应位于 TBox 中:

$$Male \bigcap Female \subseteq \perp$$

其中⊥表示空集。而下面的断言表示"Tom 和 Mike 是男人,Susan 是女人",它们应该位于 ABox 中:

$$Male(Tom), Male(Mike), Female(Susan)$$

　　我们即将看到,知识图谱能够由现有的数据存储方式(如关系数据库、网页等)转化而来,这个过程称为数据提升(Data Lifting)。与关系数据库的 SQL 语言类似,W3C 推荐使用 SPARQL(Simple Protocol and RDF Query Language)作为知识图谱的查询语言。下面是一段查询指令,返回前 100 部由意大利导演执导的影片

```
PREFIX dbpedia - owl: http://dbpedia.org/ontology/
SELECT ?movie, ?director
WHERE {
?movie a dbpedia - owl: Film.
?movie dbpedia - owl: director ?director.
?director dbpedia - owl: birthPlace http://dbpedia.org/resource/Italy
} LIMIT 100
```

　　例子中的 dbpedia-owl 定义了前缀,用于省略相同的地址部分。基于上面的查询语句,我们还可以使用更多的关键字来指定查询属性,例如:

```
PREFIX dbpedia - owl: < http://dbpedia.org/ontology/>
SELECT ?movie, ?director, ?place, ?composer
WHERE {
?movie a dbpedia - owl: Film.
?movie dbpedia - owl: director ?director.
?director dbpedia - owl: birthPlace ?place.
OPTIONAL {?movie dbpedia - owl: musicComposer ?composer}
FILTER (?place = < http://dbpedia.org/resource/Italy > or ?place = < http://dbpedia.org/resource/Spain > )
} OFFSET 1 LIMIT 3
```

　　其中关键字 OPTIONAL 指定结果中包含配乐作者未知的电影,关键字 FILTER 添加

导演出生地的限制条件。这段查询语句将查询所有意大利或西班牙导演执导的影片及其配乐作者，并返回结果中第 2 条至第 4 条记录。

2.3.2 知识图谱的构建方法

知识图谱可以由已有的数据集合转化而来，即数据提升，也可以采用半自动或全自动的数据挖掘方法构建。本节主要讲述前两类[13,14]。以关系数据库为例，假设我们需要将图 2-10 所示的关系数据库转换成知识图谱，下面简要介绍基本算法过程。图 2-10 的上半部分给出了数据表的主键/外键映射关系，下半部分列出了部分数据。由于知识图谱表示的是实体及其关系，因此转换过程首先需要识别每一行数据的实体。若待识别数据行存在主键，则程序将为其创建一个 URI 识别符。例如 Project 表中包含主键 Project_Id，在给定 URI 前缀为 http://abc.org/DB/ 的情况下，程序将为第一行数据生成资源识别符 http://abc.org/DB/ Project/Project_Id=6。这里资源识别符的一般命名规则是

```
URI_PREFIX + COLUMN1_NAME = COLUMN1_VALUE;
    COLUMN2_NAME = COLUMN2_VALUE...
```

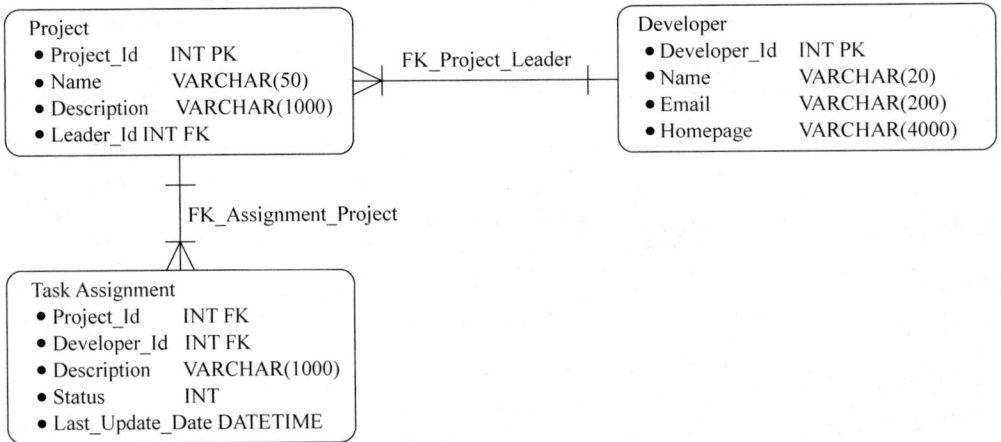

Project_Id	Name	Description	Leader_Id
6	K-Drive	K-Drive is an EU IAPP...	12
7	Whatif	Whatif is a project funded by...	12

Developer_Id	Name	Email	Homepage
12	Jeff	jeff.z.pan@...	NULL
16	Boris	boris@...	NULL

Project_Id	Developer_Id	Description	Status	Last_Updated_Date
6	12	Research Fellow Recruitment	0	2014-12-16
6	16	User Interface Prototype	1	2014-08-12

图 2-10 关系数据库示例

　　若待识别数据行不包含主键,则程序创建一个隐藏结点来代表该行。例如 Task_
Assignment 表中不包含主键,因此程序将为第一行创建名为_:5b 的隐藏结点。在保证每
个结点名称唯一的前提下,隐藏结点不存在特定的命名规则。

　　完成实体结点的创建后,第二步是生成实体关系。实体关系有两种:"实体-关系-实体"
类型和"实体-属性-属性值"类型(也可以将二者统一视为"主语-谓语-宾语"的结构)。最直
接的关系是"每个结点是其所属表类型的实例"。这是一种"实体-关系-实体"的关系。例如
对 Project 表的第一行,我们有

< DB: Project/Project_Id = 6, rdf: type, DB: Project >

　　DB 代表 URI 前缀。数据表的所有列也需要被转换为三元组。对于不充当外键的列,
可直接采用其数据值作为宾语对象,转换为"实体-属性-属性值"类型的关系,例如:

< DB: Project/Project_Id = 6, DB: Project # Name, "K - Drive">

　　对于充当外键的列,宾语对象可能是用其他 URI 表示的资源,也可能是某个隐藏结点。
例如 Project 表中,Leader_Id 列作为外键链接 Developer 表中的一行。因此转换时将
Leader_Id 值链接的行作为宾语对象使用,转换为"实体-关系-实体"类型的关系,例如:

< DB: Project/Project_Id = 6, DB: Project # ref - Leader_Id, DB: Developer/Developer_Id = 12 >

　　根据以上数据提升规则,最终转换后的 RDF 为

```
@base < http://abc.org/DB/>
@prefix xsd: < http://www.w3.org/2001/XMLSchema # >.
< Project/Project_Id = 6 > rdf: type < Project >.
< Project/Project_Id = 6 > < Project # Project_Id > 6.
< Project/Project_Id = 6 > < Project # Name > "K - Drive".
< Project/Project_Id = 6 > < Project # Description > "K - Drive is an EU IAPP...".
< Project/Project_Id = 6 > < Project # ref - Leader_Id > < Developer/Developer_Id = 12 >.
< Project/Project_Id = 7 > rdf: type < Project >.
< Project/Project_Id = 7 > < Project # Project_Id > 7.
< Project/Project_Id = 7 > < Project # Name > "Whatif".
< Project/Project_Id = 7 > < Project # Description >"Whatif is a  project funded by...".
< Project/Project_Id = 7 > < Project # ref - Leader_Id > < Developer/Developer_Id = 16 >.

< Developer/Developer_Id = 12 > rdf: type < Developer >.
< Developer/Developer_Id = 12 > < Project # Developer_Id > 12.
< Developer/Developer_Id = 12 > < Project # Name > "Jeff".
< Developer/Developer_Id = 12 > < Project # Email > "jeff.z.pan@...".
< Developer/Developer_Id = 16 > rdf: type < Developer >.
< Developer/Developer_Id = 16 > < Project # Developer_Id > 16.
< Developer/Developer_Id = 16 > < Project # Name > "Boris".
< Developer/Developer_Id = 16 > < Project # Email > "boris@...".

_: b5 rdf: type < Task_Assignment >.
_: b5 < Task_Assignment # ref - Project_Id > < Project/Project_Id = 6 >.
_: b5 < Task_Assignment # ref - Developer_Id > < Developer/Developer_Id = 12 > .
```

```
_: b5 < Task_Assignment # Status > 0.
_: b5 < Task_Assignment # Last_Updated_Date > "2014 - 12 - 16".
_: b6 rdf: type < Task_Assignment >.
_: b6 < Task_Assignment # ref - Project_Id > < Project/Project_Id = 7 >.
_: b6 < Task_Assignment # ref - Developer_Id > < Developer/Developer_Id = 16 >.
_: b6 < Task_Assignment # Status > 1.
_: b6 < Task_Assignment # Last_Updated_Date > "2014 - 08 - 12".
```

知识图谱的半自动构建需要用到数据挖掘技术,一般有以下几个步骤:

(a) 多元异构数据的标准化;

(b) 结构化数据索引及数据表的构建;

(c) 结构化数据模式元素的语义匹配;

(d) 语义标签标注;

(e) 模式链接点发现。

前两步操作实质上是一个数据的模板化录入过程,目标是将非结构化数据进行归并整理,并对同类数据建立数据表予以存储。该过程通常需要人工参与,其输出结果可能是:①给定模式的数据库或查询 API,如关系数据库、键值对形式数据集、三元组等;②本地或在线的文件库,如国家药品目录等政府发布的数据集;③从网络 API 查询得到的结构化数据,如 Freebase API 的查询结果等。步骤(c)中的语义匹配将生成数据表属性之间的关系。属性关系的一种计算方法是采用信息检索中的文本相似度比较。即将每个属性视为一个文本,考察任意两个属性下所包含的全部实例。如果实例重合度越高,则认为文本越相似,属性的关联度越高。步骤(d)的主要操作是将上一步的结果纳入到已知的知识库体系中,完成术语的统一化。此过程一般在人工指导下采用语义匹配将数据实体和已知知识链接起来。模式链接点发现实现的是不同数据表之间的关联融合。考虑两张数据表 A 和 B。它们的表头定义了两个模式 A 和 B。对 A 的一个实例 a,它的某个属性取值为对象 t_1。寻找模式 B 下,包含取值也包含 t_1 的实例。如果这样的实例存在,那么 t_1 所在的属性就是 A 和 B 的一个可能链接点。满足上述条件的实例数越多,则表明模式链接点越可靠。

下面以一个例子来说明上述构建过程。在客户关系管理中,保持客户信息的一致性是一个基本要求。假设某软件企业的客户中包括 IBM 和 Softlayer 两家公司。企业售后维护记录中保存有两家公司的 Bug 编号及修改信息。而通过网络获取的数据显示,IBM 于 2013 年成功收购了 Softlayer。关系数据表及网络知识库如图 2-11 第一行所示。我们需要构建客户、Bug 编号和修改编号三者的一致性关系。首先对输入数据进行标准化及索引构建。其结果生成图中第二行的三张数据表。然后按照步骤(c)作模式元素的语义匹配。第二行中前两张表的模式元素 Bug Num 和 Bug No 具有相同的实例值,因此算法认为是相同属性,以此作为关联得到第三行的第一张表。再经过标签标注,将 Organization 修正为 Cust_Name(将本地数据库作为已知知识库)。模式链接点发现寻找到两个模式下可能的链接点是 Cust_Name 和 Acquired,生成第三行第二张表。至此,我们实质上已经得到了客户、Bug 及修改信息的关系。进一步,还可以把链接好的实例按原来的模式转换并删除冗余行,得到最后一行的表格。

Cust_Name	Bug Num	Severity
IBM	200	L1
Softlayer	210	L3

Fix No	Bug No
2014	200
1024	210

IBM —Acquired→ Softlayer
IBM —Partner→ Linux

Cust_Name	Bug Num
IBM	200
Softlayer	210

Fix No	Bug No
2014	200
1024	210

Organization	Acquired
IBM	Softlayer

Bug Num=Bug No

Cust_Name	Bug Num	Fix No
IBM	200	2014
Softlayer	210	1024

Acquired	Cust_Name	Bug Num	Fix No
Softlayer	IBM	200	2014
Softlayer	IBM	210	1024

Union

Cust_Name	Bug Num	Fix No
IBM	200	2014
IBM	210	1024
Softlayer	200	2014
Softlayer	210	1024

Cust_Name	Bug Num	Fix No
IBM	200	2014
IBM	210	1024

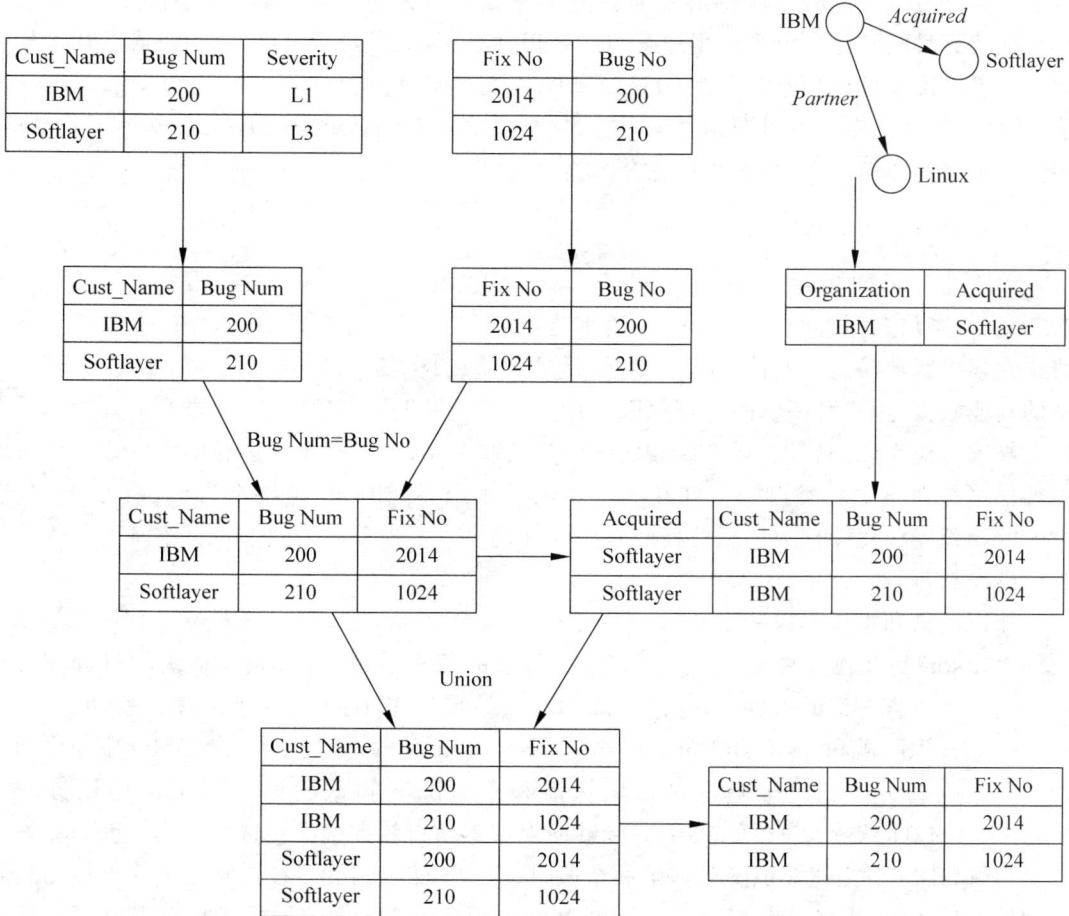

图 2-11 客户信息知识图谱片段

2.3.3 本体/知识图谱的应用

作为通用的知识表示方式,本体和知识图谱在结合推理技术之后,越来越多地应用于各行各业。不计其数的成功案例使得该方向逐渐成为 AI 推动新兴产业和改造传统行业的一个重要突破口。在本小节中,让我们暂时跳出具体的技术细节,看一看几个典型的应用案例,从而对本体/知识图谱的应用有直观的认识。

正如本章开头引言所述,本体和知识图谱的直接应用领域是语义网[15]。语义网本身就是人工智能的一个热点研究方向。语义网的基本思想是改变现有以显示为主的网页数据存储方式,代之以适合机器"阅读"和处理的存储方式,再配合自动推理/查询技术,实现面向人类需求的全自动化服务。比如,某人需要到外地出差参加会议。他需要根据会议日期预定往返车票;到会议网站上注册;预定会议地点附近的酒店;预定会议期间往返于会场和酒店的车票等。每一步操作都需要他到相关网页上做出对应的操作。语义网的目标就是打通这些网站数据的"隔离",提高互操作性,使查询/推理的小程序(称之为智能体)能自动链接所有网站并完成全部工作。在语义网的支撑下,用户只需要输入会议日期并设定几个行程参数,所有的预定、注册工作将由服务智能体完成。语义网的一个典型案例是语义维基百科。维基百科网站是一个允许用户参与的知识共享网站。用户可以编辑网页或文章来分享知识。语义维基百科是希望采用知识图谱的方式来管理网页知识。网页和文章以实体表示,关系属性和文字属性以谓词表示,从而整个网站内容以 RDF 或 OWL 的本体形式管理。例如在本书的知识网页中,出版信息介绍为

```
This textbook was published by [[publisher: : TU Press]] in [[publication date: : 2020]].
```

浏览器显示内容是"This textbook was published by Tsinghua University Press in 2020"。本条信息包含两个三元组,主语都是本书。Tsinghua University Press 是一个指向清华大学出版社(网页)实体的超链接,它是关系型属性,而 2020 则是值属性。为不影响网站的其他数据,用户可编辑的网页仅限于命名空间为 wiki 的实体。用户的编辑行为实质上是在修改对应实体的属性,要么修改实体间的关联关系,要么赋予实体新的属性值。编辑的内容也将被指定数据类型。例如在编辑本书的出版时间时,将被指定为 type：：date 型。类似的知识模板化管理为信息交换和互操作性提供了实现基础。目前语义维基百科管理的知识已经超过 500 万条。

知识图谱和本体的另一个直接应用是问答系统(Question Answering,QA)。IBM 公司的 Watson 是该领域的成功案例之一。与传统的搜索引擎不同,问答系统的目标是在用户使用自然语言查询的条件下,返回正确的相关结果。Watson 使用了维基百科知识图谱、Freebase 知识图谱和 YAGO(Yet Another Great Ontology)分类系统。YAGO 中包含超过十万个类别的分类树。维基百科知识图谱和 Freebase 知识图谱中的实例均被分配了 YAGO 中的对应类别。这样 Watson 能够向上搜索获得较准确的候选解。为了获得更好的语义理解,IBM 对上述知识图谱做了两个改进。一方面,由于 YAGO 分类中并未给出类别之间的互斥关系,IBM 在较高层次的类型上加入了互斥关系。这样的扩展既避开了对所有类别的烦琐操作,又能够在查询时排除属于其他类别的不相关实例,提高效率。另一方面,IBM 选取了部分实体类型预先定义它们的图模式。例如,对于表述 Betty's famous book on vampires was published this year,IBM 预先定义的类别"书"的关联图模式是"作者"(Betty)、"主题"(vampire)和"出版年份"(this year)。当查询匹配到这样的星形图模式时,获得结果信息的效率将更高。推理方面,Watson 采用了时间和空间相结合的推理方式。根据扩展的知识图谱,系统首先排除不相关的解,得到候选解。然后系统将综合判定来自各决策要素的证据,做出支持或拒绝候选解的结论。例如,给定查询"At the museum you can see the spinal column of this 19th century Presidential assassin",Watson 首先通过句法分析得到时间的表达"this 19th century Presidential assassin",并转换成连接子句 livedIn(? x,19th century),Presidential_ Assassin(? x)(关于一阶逻辑的表达方式请参见第 3 章)。基于知识图谱的查询将匹配得到知识 Born(George_ Wallace,08/25/1930),Born(John_ Booth,01/25/1838),Lawyer(George_Wallace),Murderer(John_Booth)。检查时间的符合程度可知 George_Wallace 并不满足 livedIn(? x,19th century)。对于地理空间关系的推理类似。例如查询"THE HOLE TRUTH (1200):Asian location where a notoriously horrible event took place on the night of June 20,1756"。知识图谱搜索结果中的"Black Hole of Calcutta"所在地只标注有 India 或 Calcutta,并没有 Asia。然而,Waston 能够利用

其他的知识库如 GeoNames 来推断得到此关系。Watson 系统还采用了很多其他的技术来改进语义推理,如实体－类型匹配算法、并行搜索等。

总体看来,本体和知识图谱的研究虽然提出较早,但近年的研究热度越来越强。在人工智能、知识发现、自然语言处理等国际顶级会议中有关知识图谱的研究论文正迅速增长。而 IT 企业也将知识图谱技术应用到社交网络、电商物流、金融、医疗等领域的知识管理中,呈现出巨大的商机和发展潜力。在不久的未来,面向具体应用的领域本体和知识图谱将更多地成为智能系统的重要基石,直接决定企业的市场竞争力。

2.4　本章小结

本章介绍了智能系统中的知识表示方法:本体和知识图谱。本体是人为构建的层次化的概念、实体及其相互关系的集合。它确保了术语的一致性,使得数据在不同系统之间、系统的不同部件之间交换得以实现,从而提高了互操作性。本体的表示语言主要是 RDFS 和 OWL。它们的设计初衷是既便于机器识别处理,又兼顾自动推理的效率。知识图谱与本体在定义上并不存在严格的区别。但在实际使用中,本体更多地包含概念之间通用、本质、稳定的知识,而知识图谱则更多地包含实例的具体、表象、时变的知识。知识图谱可以由现有数据库转化而来,也可以采用半自动或全自动的数据挖掘方法构建。本体和知识图谱可直接应用于语义网、信息检索、问答系统等领域,帮助人们实现知识的系统化管理和自动推理。语义维基百科和 IBM 公司的 Watson 问答系统是这方面的典型成功案例。

参考文献

[1] B. Smith, W. Kusnierczyk, D. Schober, et al. Towards a Reference Terminology for Ontology Research and Development in the Biomedical Domain. In Proceedings of the 2nd International Workshop on Formal Biomedical Knowledge Representation (KR-MED)[C], Baltimore, Maryland, USA, 2006: 57-66.

[2] C. Rosse and J. L. V. Mejino. The Foundational Model of Anatomy Ontology. In A. Burger, D. Davidson and R. Baldock ed., Anatomy Ontologies for Bioinformatics: Principles and Practice[M], London: Springer, 2008, 6: 59-117.

[3] National Library of Medicine. Medical Subject Headings (MeSH), 2018.

[4] E. Swiderski. Some Salient Features of Ingarden's Ontology[J]. Journal of the British Society for Phenomenology, 1975, 6(2): 81-90.

[5] R. Arp, B. Smith and A. Spear. Building Ontologies With Basic Formal Ontology[M], MIT Press, 2015.

[6] T. Berners-Lee, R. Fielding and L. Masinter. Uniform Resource Identifier (URI): Generic Syntax (RFC 3986), 2005.

[7] D. Brickley and R. V. Guha. RDF Vocabulary Description Language 1.0: RDF Schema. W3C Recommendation, 10 February 2004.

[8] D. Beckett. RDF/XML Syntax Specification (Revised). W3C Recom-mendation, 10 February 2004.

[9] D. L. McGuinness and F. van Harmelen. OWL Web Ontology Language Overview. W3C Recommendation, 10 February 2004.

［10］ F. Baader，D. Calvanese，D. L. McGuinness，et al. The Description Logic Handbook：Theory，Implementation，and Applications［M］. Cambridge University Press，2003.

［11］ F. Baader，I. Horrocks and U. Sattler. Description Logics as Ontology Languages for the Semantic Web. In：Festschrift in Honor of Jaurg Siekmann，Lecture Notes in Artificial Intelligence，Springer，2003：228-248.

［12］ G. Schreiber and M. Dean. OWL Web Ontology Language Reference. W3C Recommendation，10 February 2004.

［13］ M. Arenas，A. Bertails，E. Prud'hommeaux，et al. A Direct Mapping of Relational Data to RDF. W3C Recommendation，27 September 2012.

［14］ S. Das，S. Sundara and R. Cyganiak. R2RML：RDB to RDF Mapping Language. W3C Recommendation，27 September 2012.

［15］ T. Berners-Lee，J. Hendler and O. Lassila. The Semantic Web［J］. Scientific American，2001，284(5)：34-43.

第 3 章

逻辑推理与专家系统

知识表示完成的是人类知识在机器中的体系化存储和管理,并为实现高效的推理奠定基础。本章将重点关注机器如何完成这样的推理。早期的推理方法大多数来源于定理自动证明,主要任务是基于规则形式的公理系统,查询新的结论是否正确。本章将首先介绍命题逻辑,从中可以看到机器推理的基本过程。然后将进入一阶逻辑。一阶逻辑又称为谓词逻辑、谓词演算等,出发点是为了克服命题逻辑的局限性。它具有更加通用的知识表示能力和更强的推理能力。逻辑推理方法在专家系统中的应用效果显著,成功减小了人工智能研究在第一次"AI之冬"中受到的冲击。本章的最后将介绍专家系统的相关内容。

3.1 命题逻辑

3.1.1 命题的基本概念及其运算

命题逻辑是逻辑系统中最简单的一类,它采用命题来表示知识。命题的基本形式是陈述句。例如,"小张的 AI 成绩比小李高""今天是晴天"等。命题有相应的语法。比如我们常常说"小王的父亲是老王"或"老王是小王的父亲",而不说"小王老王父亲是"。命题还有自身的语义,即该命题实际所指代的事物和关系。比如对于命题"这张桌子是实木的",我们所理解的含义不会变成"天上的星星在闪光"。我们为每一个命题赋予一个二元取值(记为{真,假}、{T,F}或{0,1}),称为真值,以表示其语义上的正确性。形式化的写法是

$$p \rightarrow \{0,1\}$$

p 代表命题语句,0 代表假,1 代表真。命题具有三个最直接的判断特征:①是陈述句;②能判断真假;③真值唯一。思考以下几个句子并判断是否为命题:

① 请不要吸烟!

② x 大于 y。

③ $\sqrt{2}$ 是无理数。

④ 今天是星期二。

⑤ $11+1=100$。

⑥ 我正在说谎。

逐一分析之。显然,第 1 句是祈使句而非陈述句,故不是命题。第 2 句中,x 和 y 是变量,无法判断真假,也不是命题。第 3 句符合三个标准,是命题。第 4 句和第 5 句的真值需要视实际情况而定,但仍然是确定的,因此是命题。最后一句出现了矛盾,是悖论,其真值是不确定的,因此不是命题。

关于命题的真值需要说明两点。首先,真值通常代表的是命题语义上的真假,而命题语句只是一种符号表示,二者并无关系。不同环境下的同一个命题可能有不同的真值。例如在不同的天气状况下,命题"今天是晴天"的真值可能会发生改变(但只能取 T/F 中的一个)。其次,真值是人为赋予的。因此理论上讲,真值可以完全脱离实际情况(在上一章的本体一节,我们也看到类似的无关性)。例如即使现实中是晴天,仍然可以赋予命题"今天是晴天"的真值为 F(虽然几乎没有人这样做)。

给定一组命题,为每一条命题都赋予一个真值。它们就构成了一个可能的"世界",称为模型。假设命题集合中共有 n 条语句,分别将其真值赋为真或假,可以得到 2^n 个模型。通常我们将这组命题的真值都赋为真,称为公理,并以此作为知识库证明另外的命题是否为真。通过推理被证明为真的命题称为定理。如果在每一个使命题 p(可以是公理也可以是定理)为真的模型中,都有命题 q 为真,则称 p 蕴含 q,记为

$$p \vDash q$$

简单的、不能再分的命题称为简单命题或命题词。由简单命题通过逻辑连接词构造而成的命题称为复合命题。常用的逻辑连接词有以下五种:

¬(非):表示一个命题的否定。

∧(合取):两个命题 p 和 q 的合取式表示为 $p \wedge q$。

∨(析取):两个命题 p 和 q 的析取式表示为 $p \vee q$。

⇒(或→)(蕴含):如 $p \Rightarrow q$ 称为蕴含式,p 称为前提(前项),q 称为结论(后项)。蕴含式又称为规则或"If…Then",也用符号⊃或→表示。

⇔(或↔)(双向蕴含):$p \Leftrightarrow q$ 表示两个命题 p 和 q 等价,也记为 $p \equiv q$。

五种运算符中,¬ 具有最高优先级。双向蕴含符号"⇔"意为"当且仅当",即充分必要条件。用 T 表示命题为真,F 表示命题为假,则复合命题的真值可由表 3-1 确定。需特别注意,当 p 为假时,蕴含式 $p \Rightarrow q$ 是一个永真式(恒为真)。这可以理解为,当条件为假时,我们对结论不做评论。常见的逻辑符号还包括⊨(或⊢)。它表示"推论出"或"推导出"。$p \vDash q$ 表示以 p 为条件能够推导出 q。

表 3-1　复合命题的真值表

p	q	$\neg p$	$p \wedge q$	$p \vee q$	$p \Rightarrow q$	$p \Leftrightarrow q$
F	F	T	F	F	T	T
F	T	T	F	T	T	F
T	F	F	F	T	F	F
T	T	F	T	T	T	T

复合命题还有一些常见运算法则,列举如下:

$p \wedge q \equiv q \wedge p, p \vee q \equiv q \vee p$(交换律)

$(p \wedge q) \wedge r \equiv p \wedge (q \wedge r), (p \vee q) \vee r \equiv p \vee (q \vee r)$(结合律)

$p \wedge (q \vee r) \equiv (p \wedge q) \vee (p \wedge r), p \vee (q \wedge r) \equiv (p \vee q) \wedge (p \vee r)$(分配律)

$\neg(\neg p) \equiv p$(二次取非消去)

$p \Rightarrow q \equiv \neg q \Rightarrow \neg p$(逆否定理)

$p \Rightarrow q \equiv \neg p \vee q$(蕴含消去)

$p \Leftrightarrow q \equiv (p \Rightarrow q) \wedge (q \Rightarrow p)$(双向蕴含消去)

$\neg(p \wedge q) \equiv \neg p \vee \neg q, \neg(p \vee q) \equiv \neg p \wedge \neg q$(德摩根定律)

如果一个命题在某个模型中为真,则称该命题是可满足的。如果一个命题在所有模型中都为真,则称该命题是有效的。命题 p 是有效的,当且仅当 $\neg p$ 是不可满足的。因此,对蕴含消去法则,要证明 $p \Rightarrow q$,只需证明 $\neg(\neg p \vee q)$ 即 $p \wedge \neg q$ 是不可满足的,这正是反证法的理论基础。

3.1.2 命题逻辑的推理规则

逻辑系统的核心是推理。命题逻辑的推理规则有

假言规则:

$$\frac{p \Rightarrow q, p}{q}$$

式中,横线上方为给定条件,下方为结论。假言规则的含义是,给出任意的 $p \Rightarrow q$ 和条件 p,则可以得到结论 q。

消去规则:

$$\frac{p \wedge q}{p}, \quad \frac{p \wedge q}{q}$$

上式意为给定合取式 $p \wedge q$,则可以得到其中每一个子句为真的结论。

逻辑等价规则:所有的复合命题运算法则都可以用来作为推理规则。例如双向蕴含消去:

$$\frac{p \Leftrightarrow q}{(p \Rightarrow q) \wedge (q \Rightarrow p)}, \quad \frac{(p \Rightarrow q) \wedge (q \Rightarrow p)}{p \Leftrightarrow q}$$

蕴含消去:

$$\frac{p \Rightarrow q}{\neg p \vee q}$$

例 3-1(罪犯识别问题) 某地发生一起命案,公安部门介入调查,锁定了四个嫌疑人甲、乙、丙、丁。四个侦查员分别得到以下四条线索:若甲不是凶手,则乙或丙是凶手;若丙是凶手,则甲也是凶手;若乙是凶手,则丁也是凶手;甲不是凶手。请问丁是否是凶手?

解:将命题用字母表示,a:"甲是凶手",b:"乙是凶手",c:"丙是凶手",d:"丁是凶手"。知识库为

$$\neg a \Rightarrow b \vee c \tag{3-1-1}$$

$$c \Rightarrow a \tag{3-1-2}$$

$$b \Rightarrow d \tag{3-1-3}$$

$$\neg a \tag{3-1-4}$$

一个简单的推理过程如下。对式(3-1-1)和式(3-1-4)用假言推理得到

$$\frac{\neg a \Rightarrow b \vee c, \neg a}{b \vee c} \tag{3-1-5}$$

对式(3-1-2)用逆否定理得到

$$\frac{c \Rightarrow a}{\neg a \Rightarrow \neg c} \tag{3-1-6}$$

对式(3-1-6)再用假言推理得到

$$\frac{\neg a \Rightarrow \neg c, \neg a}{\neg c} \tag{3-1-7}$$

再对式(3-1-5)的结论,反向用蕴含消去得到

$$\frac{b \vee c}{\neg c \Rightarrow b} \tag{3-1-8}$$

因此根据式(3-1-7)和式(3-1-8)的结论,用假言推理得到

$$\frac{\neg c \Rightarrow b, \neg c}{b} \tag{3-1-9}$$

最后由式(3-1-3)和式(3-1-9)的结论,用假言推理得到

$$\frac{b \Rightarrow d, b}{d}$$

因此丁是凶手。

3.1.3 鲁滨逊归结原理

前一小节中,罪犯识别问题的推理过程是手动给出的。对于包含大量命题的知识库而言,这样的推理是低效的。1965 年美国人鲁滨逊(Robinson)提出的归结原理给出了一种自动推理的可行方法[1]。归结原理的基本思想是,若要证明知识库 KB 蕴含结论 p,只需证明 $KB \wedge \neg p$ 是不可满足的。具体而言,归结操作是

$$\frac{p \vee q_1 \vee q_2 \vee \cdots \vee q_m, \neg p}{q_1 \vee q_2 \vee \cdots \vee q_m}$$

即将互为相反原子子句 p 和 $\neg p$ 消去,剩下的析取式作为结论。这称为元归结。进一步推广到析取式的情况称为全归结

$$\frac{p_1 \vee \cdots \vee \neg p_k, p_k \vee q_1 \vee \cdots \vee q_n}{p_1 \vee \cdots \vee p_{k-1} \vee q_1 \vee \cdots \vee q_n}$$

即将两个析取式中的单个相反文字消去,剩余的部分作为新的析取式。注意,全归结仅限于消去单个文字。对于多个相反的文字不适用。应用归结原理证明定理时,首先将结论转换成否定形式,其次将知识库中的相关语句化为析取式,然后用否定的结论与知识库中的相关语句做归结操作,不断消去相反子句。这个过程最终会出现两种可能的结果:(1)归结最终得到空集,那么上一步必定是形如 p 和 $\neg p$ 的两个子句归结,这导致矛盾,表明原知识库能够推导出结论;(2)归结最终无法得到空集,表明无法推出矛盾,原知识库不能推出结论。

仍然以上一小节的罪犯识别问题为例,采用归结方法证明命题 d(丁是凶手)的过程如下。将结论转换为否定:

$$\neg d \qquad (3\text{-}1\text{-}10)$$

将知识库化为析取式:

$$a \lor b \lor c \qquad (3\text{-}1\text{-}11)$$
$$\neg c \lor a \qquad (3\text{-}1\text{-}12)$$
$$\neg b \lor d \qquad (3\text{-}1\text{-}13)$$
$$\neg a$$

式(3-1-4)和式(3-1-11)归结得到: $b \lor c$ $\qquad (3\text{-}1\text{-}14)$

式(3-1-4)和式(3-1-12)归结得到: $\neg c$ $\qquad (3\text{-}1\text{-}15)$

式(3-1-10)和式(3-1-13)归结得到: $\neg b$ $\qquad (3\text{-}1\text{-}16)$

式(3-1-14)和式(3-1-15)归结得到: b $\qquad (3\text{-}1\text{-}17)$

(3-1-16)式和(3-1-17)式归结得到空集{}。因此,得出矛盾,结论成立,丁是凶手。归结的证明树如图 3-1 所示。

在机器自动推理时,我们通常用特定的语句形式表示知识,以方便编写统一的程序处理,提高效率[2]。常用的形式有合取范式、限定子句和 Horn 子句。合取范式是形如下式的语句

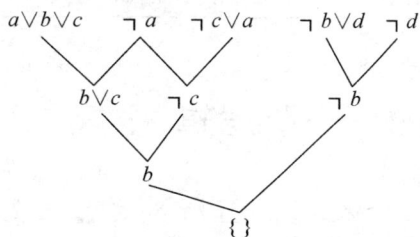

图 3-1　罪犯识别问题归结证明的证明树

$$(p_1 \lor q_1) \land (\neg p_2 \lor q_2) \land (p_3 \lor \neg q_3)$$

即整个语句是合取式,每一个子语句是析取式,非号位于原子语句之前。将一个语句化为合取范式的方法就是不断使用复合命题的运算法则。

例 3-2　将知识库 $(p \Rightarrow \neg q) \Leftrightarrow r$, $\neg q \Rightarrow r$ 化为合取范式。

解:首先明确,知识库中各语句是合取的关系,因此有

$$[(p \Rightarrow \neg q) \Leftrightarrow r] \land [\neg q \Rightarrow r]$$

采用双向蕴含消去: $[(p \Rightarrow \neg q) \Rightarrow r] \land [r \Rightarrow (p \Rightarrow \neg q)] \land [\neg q \Rightarrow r]$

采用蕴含消去: $[\neg(\neg p \lor \neg q) \lor r] \land [\neg r \lor (\neg p \lor \neg q)] \land [q \lor r]$

采用德摩根定律将非号分配到原子语句: $[(p \land q) \lor r] \land [\neg r \lor (\neg p \lor \neg q)] \land [q \lor r]$

最后采用分配律得到合取范式: $(p \lor r) \land (q \lor r) \land (\neg p \lor \neg q \lor \neg r) \land (q \lor r)$。限定子句是指恰好只含一个正文字的析取式。例如,$\neg c \lor a$ 和 $\neg b \lor d$ 是限定子句,而 $\neg p \lor \neg q \lor \neg r$ 和 $q \lor r$ 不是。Horn 子句是指至多包含一个正文字的析取式[3,4]。从这个定义上看,所有限定子句都是 Horn 子句。因此,$\neg c \lor a$、$\neg b \lor d$ 和 $\neg p \lor \neg q \lor \neg r$ 都是 Horn 子句,而 $q \lor r$ 不是。

现在给出归结算法的伪代码,如表 3-2 所示,其中 CNF 即合取范式。在每一步归结操作时,若存在重复的原子语句,保留一个即可。如 $a \lor b$ 和 $a \lor \neg b$ 归结,得到 $a \lor a$,只需保留一个 a 即可。最后我们指出,归结算法是完备的。算法的完备性是指,当解存在时,算法一定能够求得解。

表 3-2　命题逻辑的归结算法伪代码

PL-Resolution(KB, α)

Input: KB, the knowledge base, a sentence in propositional logic; α , the query, a sentence in propositional logic.

Output: true or false.

clause ← CNF representation of $KB \wedge \neg \alpha$

new ← {}

Loop do

　　For each pair of clauses C_i, C_j in clauses, **do**

　　　　resolvents ← PL-Resolution(C_i, C_j)

　　　If resolvents contains the empty clause then return true

　　　new ← new $\cup$ resolvents

　　If new $\subseteq$ clauses then return false

　　clauses ← clauses $\cup$ new

3.2　一阶逻辑

　　命题逻辑研究的基本元素是命题,具有一定的局限性。首先,命题是有真假意义的事实陈述,但对陈述的结构和成分是不予考虑的。这无法表达事物之间的联系。例如,命题逻辑认为"张三是人""凡人必死""张三必死"是三个互相独立的命题。但从语义上讲,显然他们之间是有内部联系的。另外,命题逻辑在表达一般性规则时也不简洁,有时甚至是不可能的。考虑知识"所有的恒星都会发光"。在命题逻辑中,这仅仅是一条命题。若要将其推广,就需要添加适用于每一颗恒星的命题,如"太阳会发光"。这对于数以万计的恒星而言显然是不现实的。为克服命题逻辑的局限性,我们需要深入到命题内部,对命题的结构、成分以及命题间的共同特性加以分析,这就是一阶逻辑[5]。

3.2.1　一阶逻辑的基本概念

　　一阶逻辑又称一阶谓词逻辑或一阶谓词演算,是将命题拆解为对象和关系(或称主语和谓语)进一步考察。对象(即知识表示一章的实体)是指代具体事物的名词或名词短语,如房子、草坪、Beckham 等。关系是描述事物性质的动词或动词短语。一元关系又称为属性,表示事物自身的性质,如"是红色的""是整洁的"。多元关系表示事物之间的联系,如"比……大""是……的哥哥"。函数用来指代与某事物相关的概念,如"……的哥哥""……的开始""……最好的朋友"。可以认为,几乎所有的命题都是由对象、关系和函数组成。例如,"张三是人",对象"张三",关系"是人";"所有的恒星都会发光",对象"恒星",关系"会发光"。

　　与命题逻辑一样,一阶逻辑也有语法和语义。与对象、关系、函数相对应,一阶逻辑的基本句法元素是表示对象的常量符号、表示关系的谓词符号和表示函数的函词。通常这些符号首字母大写,而具体名称的选择则不做统一规定,但应尽量简洁明了。例如用"Brother(John)"表示"约翰的兄弟"。其中 Brother 是函词,John 是常量符号,"……的兄弟"是函词Brother 的解释。前面讲到,符号的解释可以任意给出,但我们仍然按照常识进行解释,这能够避免不必要的麻烦。函数可以进行复合，即可以有 Brother(Brother(John))，表示"约翰兄弟的兄弟"。这里需要说明，函数表示的是经过限定的对象，其本质仍然是对象。因此，函数与常量符号通常具有同等的地位。为统一表述，有文献将常量视为是参数为零的零元函数，不过本书仍然将常量和函数区别对待。在常量和函数的基础上，我们进一步定义项。项是常量符号和函数的统称，是指代某对象的逻辑表达式，如"John"和"Brother(John)"。有了指代对象的项和指代关系的谓词，可以将它们放在一起形成原子语句。例如"IsBrother(John, Brother(John))"表示"约翰和约翰的兄弟是兄弟"（虽然有点拗口且毫无意义，但形式上允许这样表示）。原子语句定义为只包含一个谓词的语句。与命题逻辑一样，我们也可以用逻辑连接词连接原子语句构成复合语句，如"$\neg Married(Father(Bob), Linda)$""$\neg Brother(Peter) \Rightarrow Sister(Peter)$"。

对于通用规则的描述，一阶逻辑借助量词来实现简洁表达。量词包括全称量词和存在量词两种。全称量词 $\forall$，读作"对所有的……"（符号 $\forall$ 即为单词 All 的首字母倒置）。比如"凡人必死"可表达为

$$\forall x\ IsHuman(x) \Rightarrow Die(x)$$

其中 x 称为变量，不含变量的项称为基项。该表达式意为"对所有的 x，若 x 是人，则 x 会死"。若将变量 x 代不同的常量，就得到不同的知识。如代 x 为"Zhangsan"就得到 $IsHuman(Zhangsan) \Rightarrow Die(Zhangsan)$。存在量词 $\exists$，读作"存在……"或"存在某个……"（符号 $\exists$ 即为单词 Exist 的首字母倒置）。表达式 $\exists x P$ 的含义是至少存在一个对象使得 P 成立。例如知识"Mary 已经与某人结婚"可表示为

$$\exists x Married(Marry, x)$$

存在量词的另外一种扩展是 $\exists 1$ 和 $\exists!$，表示"存在唯一的……"。可以采用多个量词嵌套来表示更加复杂的情况。比如 $\forall x\ \forall y Father(x, y) \Rightarrow Kinsfolk(x, y)$，表示"所有的父子都是亲属"。也可写为 $\forall x, y Father(x, y) \Rightarrow Kinsfolk(x, y)$。再比如 $\forall x\ \exists y Marry(x, y)$，表示"每个人都会跟另外的人结婚"。这里需要排除 x 和 y 指代同一对象的情况。我们常常用等词＝来表示。x 和 y 指代不同对象表示为 $x \neq y$ 或 $\neg (x = y)$。

全称量词和存在量词可以相互转化。断言"所有人都不喜欢樱桃"等价于断言"不存在任何人喜欢樱桃"。断言"存在某人不喜欢樱桃"等价于断言"不是所有人都喜欢樱桃"。因此，两种量词的转化为

$$\forall x \neg Likes(x, Cherry) \Leftrightarrow \neg \exists x Likes(x, Cherry),$$
$$\exists x \neg Likes(x, Cherry) \Leftrightarrow \neg \forall x Likes(x, Cherry)$$

一阶逻辑能够转化为命题逻辑，使用的方法是量词的实例化。假设有公理"所有的学生都喜欢上 AI 课程"

$$\forall x Student(x) \Rightarrow Likes(x, AI)$$

对于包含有限个对象的知识库，我们可以将 x 置换为每个对象的常量符号得到

$$Student(Alice) \Rightarrow Likes(Alice, AI),$$
$$Student(Bob) \Rightarrow Likes(Bob, AI), \cdots$$

可见全称量词实例化后，考察对象的全集中每个对象都对应一条语句。对于存在量词限定的变量，其意义是该变量可能取到知识库中的某一个常量，从而使得后继公式成立。我们可以引入一个暂时无法确定值的一般性常量来代替这个变量。而这个一般性常量可能等

于知识库中的任何一个现有常量。例如有公理

$$\exists x \, Student(x) \Rightarrow \neg Likes(x, AI)$$

使用未出现过的常量符号 S_1 来表示一般性常量。那么公式可去掉存在量词,实例化为

$$Student(S_1) \Rightarrow \neg Likes(S_1, AI)$$

我们使用

$$\frac{\forall v, \alpha}{SUBST(\{v/k\}, \alpha)}$$

表示将变量 v 置换为基项 k 并应用于表达式 α 中。那么上面的两个实例化可表示为置换 $\{x/Alice\}$, $\{x/Bob\}$, …… $\{x/S_1\}$。将存在量词实例化为一个更一般的常量符号,此过程称为 Skolem 化。对于包含量词的公式,若给其中的每一个变量都指定一个常量,那么此时公式就不再表示一般知识,从而量词也就失去了意义,可以去掉。为每个变量指定一个常量得到的公式,称为原公式的一个解释。

消去量词后,得到的一阶逻辑表达式的每一个原子语句,可以看成是命题,从而一阶逻辑就转化成了命题逻辑。需要注意的是,如果知识库中包含有函词,那么置换可能是无限的。如 $Father(Tom)$、$Father(Father(Tom))$、$Father(Father(Father(Tom)))$……不过有定理保证如果语句被原始一阶知识库蕴含,则能够找到有限嵌套深度的命题证明。

3.2.2　合一算法

在进入一阶逻辑推理之前,首先介绍合一算法[6,7]。合一是指寻找使得不同逻辑表达式变得相同的置换,即 $UNIFY(p, q) = \theta$ 使得 $SUBST(\theta, p) = SUBST(\theta, q)$。比如查询 $Hates(Bob, x)$(Bob 讨厌谁?),可以通过寻找知识库所有匹配该查询的置换得到结果:

$$UNIFY(Hates(Bob, x), Hates(Bob, Charles)) = \{x/Charles\}$$
$$UNIFY(Hates(Bob, x), Hates(y, Alice)) = \{x/Alice, y/Bob\}$$
$$UNIFY(Hates(Bob, x), Hates(y, Opponent(y))) = \{x/Opponent(Bob), y/Bob\}$$
$$UNIFY(Hates(Bob, x), Hates(x, Debby)) = fail$$

最后一个合一失败是因为变量 x 不能同时取 Bob 和 $Debby$(这实际上加入了隐藏条件"任何人不能讨厌自己")。解决这个问题的办法类似于第二个式子,对合一的两个表达式采用不同的变量符号,这称为变量的标准化分离。因此,有

$$UNIFY(Hates(Bob, x), Hates(y, Debby)) = \{x/Debby, y/Bob\}$$

一般而言,合一是不唯一的,存在最一般的合一置换,称为 MGU(Most General Unification)。表 3-3 给出了合一算法的伪代码。

表 3-3　合一算法伪代码

UNIFY(p, q)
Input: p, a constant, variable, list or expression
q, a constant, variable, list or expression
Output: a substitution
If p and q are both constants or empty lists,
If p = q, then return null;
Else return failure;
Else If p is a variable,

续表

If p appears in q, then return failure;
Else return {q/p};
Else If q is a variable,
If q appears in p, then return failure;
Else return {p/q};
Else If either p or q is empty, then return failure;
Else
hp: = the first element of p;
hq: = the first element of q;
SUBST_1: = UNIFY(hp,hq);
If SUBST_1 = failure, then return failure;
Else
tp: = Apply(SUBST_1, the rest of p);
tq: = Apply(SUBST_1, the rest of q);
SUBST_2: = UNIFY(tp,tq);
If SUBST_2 = failure, then return failure;
Else return {SUBST_1, SUBST_2}.

3.2.3 前向链接和反向链接

顾名思义,前向链接是不断检查知识库中是否有满足条件的语句,并将其结论加入到知识库中。该过程迭代进行直到无法再添加新的知识为止。思考下面的例子。

例 3-3(学生评价问题) 所有顺利毕业的且通过 AI 考试的学生是优秀的。任何肯学习或幸运的学生能够通过 AI 考试。小张不爱学习但很幸运。任何学生只要幸运就能毕业。求证:小张是优秀的。

执行前向链接算法需要将知识库中的语句都化成一阶确定子句的形式,以方便计算机操作。一阶确定子句是一个蕴含语句或者原子语句。其中蕴含语句的条件是正文字的合取式,结论是一个单独的正文字。原子语句就是一个单独的正文字。例如,将例题中的知识写成一阶确定子句为

$$Graduate(x) \land PassAI(x) \Rightarrow Excellent(x) \tag{3-2-1}$$

$$Study(y) \Rightarrow PassAI(y) \tag{3-2-2}$$

$$Lucky(z) \Rightarrow PassAI(z) \tag{3-2-3}$$

$$Lucky(Zhang) \tag{3-2-4}$$

$$Lucky(w) \Rightarrow Graduate(w) \tag{3-2-5}$$

注意,知识库中的全称量词没有明确写出,这不影响推理。对于知识“小张不学习”,由于是否定形式 $\neg Study(Zhang)$,因此一阶确定子句中不包含。这实际上是采用了封闭世界假设,即凡是知识库中不包含的语句均认为是假。

前向链接的迭代过程如下。首先,第一轮迭代遍历知识库,规则(3-2-3)得到满足,相应的置换为 $\{z/Zhang\}$,添加语句 $PassAI(Zhang)$;规则(3-2-5)得到满足,相应的置换为 $\{w/Zhang\}$,添加语句 $Graduate(Zhang)$。第二轮迭代,规则(3-2-1)得到满足,置换为

$\{x/Zhang\}$，得到结论

$$Graduate(Zhang) \wedge PassAI(Zhang) \Rightarrow Excellent(Zhang)$$

对于确定子句的知识库，前向链接算法总是能得到正确的查询结论。这被称为前向链接算法具有完备性。

与前向链接相反，反向链接首先考虑结论，然后查询知识库是否满足前提中的每一个合取子句。这又可以分为两种情况，一种是知识库中直接包含合取子句，另一种是在某置换下包含合取子句。例如上面的学生评价例子，首先考虑结论 $Excellent(Zhang)$，查询知识库得到规则(3-2-1)的前提 $Graduate(Zhang) \wedge PassAI(Zhang)$，置换为 $\{x/Zhang\}$。然后将 $Graduate(Zhang)$ 和 $PassAI(Zhang)$ 分别作为结论，查询得到 $Lucky(Zhang)$，置换为 $\{w/Zhang\}$，以及 $Study(Zhang)$，置换为 $\{y/Zhang\}$ 或 $Lucky(Zhang)$，置换为 $\{z/Zhang\}$。第三轮将 $Lucky(Zhang)$、$Study(Zhang)$ 作为结论，查询得到规则(3-2-4)满足要求。注意第二轮计算时，$Study(Zhang)$ 和 $Lucky(Zhang)$ 是析取关系，其中之一成立即可。

3.2.4 归结证明

鲁滨逊归结原理在一阶逻辑下仍然适用。与命题逻辑类似，一阶逻辑的归结证明也需要先将知识库化为合取范式。例如，将知识"帮助所有失学儿童的人也会得到其他人的帮助"化成合取范式，步骤如下：

首先写出表达式

$$\forall x [\forall y\, Dropout(y) \Rightarrow Help(x,y)] \Rightarrow [\exists y\, Help(y,x)]$$

消去蕴含词

$$\forall x [\neg \forall y\, \neg Dropou(y) \vee Help(x,y)] \vee [\exists y\, Help(y,x)]$$

¬号内移

$$\forall x [\exists y\, \neg(\neg Dropout(y) \vee Help(x,y)] \vee [\exists y\, Help(y,x)]$$

$$\forall x [\exists y\, Dropout(y) \wedge \neg Help(x,y)] \vee [\exists y\, Help(y,x)]$$

变量标准化。对于符号相同的不同变量，改变其中一个变量符号，加以区分

$$\forall x [\exists y\, Dropout(y) \wedge \neg Help(x,y)] \vee [\exists z\, Help(z,x)]$$

Skolem 化。按照前面命题逻辑介绍的方法，直接使用另外的一个变量名代替存在量词变量，得到

$$\forall x [Dropout(A) \wedge \neg Help(x,A)] \vee [Help(B,x)]$$

显然，该语句表示"对于所有帮助失学儿童 A 的人，B 都会帮助他"。它与我们想要表达的意思——"帮助所有失学儿童的人都会得到另外某个人的帮助"——并不一致。因此，引入两个 Skolem 函数 H 和 G，其结果依赖于量词 x 和 z，得到

$$\forall x [Dropout(H(x)) \wedge \neg Help(x,H(x))] \vee [Help(G(z),x)]$$

删除全称量词，得到

$$[Dropout(H(x)) \wedge \neg Help(x,H(x))] \vee [Help(G(z),x)]$$

最后采用分配律得到合取范式

$$[Dropout(H(x)) \vee Help(G(z),x)] \wedge [\neg Help(x,H(x)) \vee Help(G(z),x)]$$

对于已完成变量标准化且没有共享变量的子句，我们可以归结互补文字。归结方法仍

然是

$$\frac{l_1 \vee \cdots \vee l_k, m_1 \vee \cdots \vee m_n}{SUBST(\theta, l_1 \vee \cdots \vee l_{i-1} \vee l_{i+1} \vee \cdots \vee l_k \vee m_1 \vee \cdots \vee m_{j-1} \vee m_{j+1} \vee \cdots \vee m_n)}$$

置换 θ 使得 l_i 和 m_j 成为互补文字。请再考虑前面的学生评价例子。知识库化成合取范式是

$$[\neg Graduate(x) \vee \neg PassAI(x) \vee Excellent(x)]$$
$$\wedge [\neg Study(y) \vee PassAI(y)] \wedge [\neg Lucky(z) \vee PassAI(z)]$$
$$\wedge Lucky(Zhang) \wedge [\neg Lucky(w) \vee Graduate(w)]$$

将上述合取范式中的每个子句单独书写并编号:

$$\neg Graduate(x) \vee \neg PassAI(x) \vee Excellent(x) \tag{3-2-6}$$
$$\neg Study(y) \vee PassAI(y) \tag{3-2-7}$$
$$\neg Lucky(z) \vee PassAI(z) \tag{3-2-8}$$
$$Lucky(Zhang) \tag{3-2-9}$$
$$\neg Lucky(w) \vee Graduate(w) \tag{3-2-10}$$

待证结论的否定为

$$\neg Excellent(Zhang) \tag{3-2-11}$$

归结证明过程如下:

(3-2-6)和(3-2-11)作置换 $\{x/Zhang\}$,归结得到 $\neg Graduate(Zhang) \vee \neg PassAI(Zhang)$ (3-2-12)

(3-2-8)和(3-2-12)作置换 $\{z/Zhang\}$,归结得到 $\neg Graduate(Zhang) \vee \neg Lucky(Zhang)$ (3-2-13)

(3-2-9)和(3-2-13)归结得到 $\neg Graduate(Zhang)$ (3-2-14)

(3-2-10)和(3-2-14)作置换 $\{w/Zhang\}$,归结得到 $\neg Lucky(Zhang)$ (3-2-15)

(3-2-9)和(3-2-15)归结得到空集{}。证毕。

上述过程的证明树如图 3-2 所示,注意第(3-2-7)条知识并未使用。

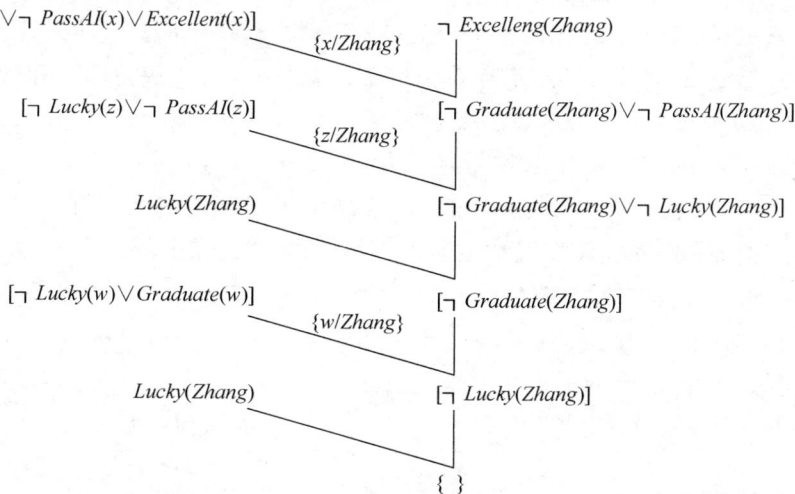

图 3-2 学生评价问题的归结证明树

3.3　Herbrand 定理

在上一节中,我们已经看到给定知识库和待查询结论,基于封闭世界假设,归结原理能在有限步内判定该结论是否是永真或永假的。那么对于所有的查询结论,归结原理是否都能在有限步内判定其永真或永假性呢? 1930 年法国数学家 Herbrand 回答了这一问题。Herbrand 定理是逻辑推理中的一个核心定理。今天,人工智能中定理证明的最高奖项就是以 Herbrand 的名字命名的。本节将主要讨论 Herbrand 定理的基本内容。所述内容涉及形式化逻辑的推导,理论性较强,目的是起抛砖引玉之作用。

给定一个知识库 K,如果要证明查询结论 G 是永真的,根据前面逻辑的复合运算,只需证明公式 $D = K \wedge \neg G$ 是不可满足的,从而只需证明 D 在 K 中的所有解释是假的(请回忆解释的定义)。这里 K 称为论域。对于一般的一阶逻辑知识库 K 而言,证明是困难的。原因在于 K 上的解释往往是无限的。一个思路是如果能够将 K 上的解释映射到另一个较为简单的论域上,并且该论域上的解释可数,那么证明就会变得简单。Herbrand 域就是满足要求的一个简单域,简称为 H 域。在讲述 H 域的构造之前,先来看看公式 Skolem 化的一般形式。

考虑含有 n 个变量的一阶逻辑公式

$$(Q_1 x_1)(Q_2 x_2) \cdots (Q_n x_n) D \tag{3-3-1}$$

其中,x_i 是变量,Q_i 是量词 $\forall$ 或 $\exists$,D 是不含量词的合取范式。上式称为前束范式,D 称为母式。注意,任意一阶逻辑公式都可以化为前束范式。方法是按照下面的规则,将每个变量约束前移(左移),再将非量词部分化为合取范式:

(1) $\neg \forall x D$ 前移为 $\exists x \neg D$;

(2) $\neg \exists x D$ 前移为 $\forall x \neg D$;

(3) $Q x B(x) \vee C$ 化为 $Q x [B(x) \vee C(x)]$,若 C 中含有约束变量 x;

(4) $B \vee Q x C(x)$ 化为 $Q x [B(x) \vee C(x)]$,若 B 中含有约束变量 x。

前束范式的 Skolem 化需要从左至右依次消去存在量词。具体讲,对 x_i

(1) 若 x_i 的前方(左方)不存在全称量词变量,则将 D 中的 x_i 用一般常量 a 代替。a 是 D 中未出现过的常量符号。

(2) 若 x_i 的前方存在全称量词变量 $x_{k_1}, \cdots, x_{k_m}, 1 \leqslant k_1 < \cdots < k_m < i$,则引入函数 $f(x_{k_1}, \cdots, x_{k_m})$ 代替 D 中的变量 x_i。f 是 D 中未出现过的函数符号,具体形式没有要求,它表示当前面的全称量词变量取定后,映射到原公式论域上的一个 x_i 取值(即存在性)。

(3) 删除前缀中的约束 $(Q_i x_i)$。

例如,将公式 $(\exists x)(\forall y)(\forall z)(\exists u)(\forall v)(\exists w) P(x) \wedge [Q(y) \vee R(z)] \wedge [M(u) \vee N(v) \vee L(w)]$ 化为 Skolem 范式:

消去变量 x: $(\forall y)(\forall z)(\exists u)(\forall v)(\exists w) P(a) \wedge [Q(y) \vee R(z)] \wedge [M(u) \vee N(v) \vee L(w)]$

消去变量 u: $(\forall y)(\forall z)(\forall v)(\exists w) P(a) \wedge [Q(y) \vee R(z)] \wedge [M(f(y,z)) \vee N(v) \vee L(w)]$

消去变量 w：$(\forall y)(\forall z)(\forall v)P(a)\wedge[Q(y)\vee R(z)]\wedge[M(f(y,z))\vee N(v)\vee L(g(y,z,v))]$

$f(y,z)$ 和 $g(y,z,v)$ 分别称为 u 和 w 的 Skolem 函数。

定理 3-1 设 $M=(Q_1x_1)(Q_2x_2)\cdots(Q_nx_n)D[x_1,\cdots,x_n]$ 是前束范式，Q_r 是从左到右的第一个存在量词，令

$$M'=(Q_1x_1)\cdots(Q_{r-1}x_{r-1})(Q_{r+1}x_{r+1})\cdots(Q_nx_n)D[x_1,\cdots,x_{r-1},f(x_1,\cdots,x_{r-1}),x_{r+1},\cdots,x_n]$$

是消去 Q_r 的结果，f 是 Skolem 函数。那么 M 和 M' 在不可满足性上等价，即 M 不可满足 $\Leftrightarrow$ M' 不可满足。

证明：$\Rightarrow$：首先明确，M 和 M' 的论域是相同的，记为 K。当 M 不可满足，反设 M' 可满足。那么存在一个解释使得 M' 的值为真。因此对任意的 $x_1,\cdots,x_{r-1}$，存在 $f(x_1,\cdots,x_{r-1})$ 使得

$$(Q_{r+1}x_{r+1})\cdots(Q_nx_n)D[x_1,\cdots,x_{r-1},f(x_1,\cdots,x_{r-1}),x_{r+1},\cdots,x_n]$$

为真。而 $f(x_1,\cdots,x_{r-1})$ 是 K 上的一个元素，因此对任意的 $x_1,\cdots,x_{r-1}$，

$$(\exists x_r)(Q_{r+1}x_{r+1})\cdots(Q_nx_n)D[x_1,\cdots,x_{r-1},x_r,x_{r+1},\cdots,x_n]$$

为真，即 $(\forall x_1)\cdots(\forall x_{r-1})(\exists x_r)(Q_{r+1}x_{r+1})\cdots(Q_nx_n)D[x_1,\cdots,x_n]$ 为真，即 M 是可满足的，矛盾。

$\Leftarrow$：当 M' 不可满足，反设 M 可满足，则存在一个解释使得 M 为真，记为 I。因此对于任意的 $x_1,\cdots,x_{r-1}$，存在 $x_r\in K$ 使得

$$(Q_{r+1}x_{r+1})\cdots(Q_nx_n)D[x_1,\cdots,x_{r-1},x_r,x_{r+1},\cdots,x_n]$$

为真。扩充解释使其包含对 Skolem 函数的指定，即令 $I'=I\bigcup\{x_r=f(x_1,\cdots,x_{r-1})\}$。那么对任意的 $x_1,\cdots,x_{r-1}$，有

$$(Q_{r+1}x_{r+1})\cdots(Q_nx_n)D[x_1,\cdots,x_{r-1},f(x_1,\cdots,x_{r-1}),x_{r+1},\cdots,x_n]$$

因此 M' 可满足，矛盾。

如果公式中包含多个存在量词，可采用数学归纳法按上述定理类似地证明。

定理 3-1 保证了要证明某公式不可满足，只需证明它的 Skolem 范式不可满足。从前面的例子中可以看出，Skolem 范式的基本形式是合取符号连接了多个析取式。我们将每一个析取式称为子句，所有的析取式构成子句集。比如例子中的子句集可表示为

$$D=\{P(a),Q(y)\vee R(z),M(f(y,z))\vee N(v)\vee L(g(y,z,v))\}$$

因此，证明 Skolem 范式不可满足，只需证明子句集不相容（即至少有一个子句为假）。下面讨论如何建立 H 域，将子句集的无限解释转换为可数的，进而最终转换成有限的解释来证明公式。H 域的构造方法如下：令 $H_0=\{D$ 上的常量集合$\}$。若 D 中没有常量，则引入一个一般常量 c。$H_{i+1}=H_i\bigcup\{f(c_1^i,\cdots,c_n^i)\}$，其中，$f$ 是 D 中的所有函数符号，$c_j^i\in H_i$ 是 H_i 中的元素。按此递推，H_∞ 称为公式 D 的 H 域。例如，求子句集 $D=\{P(a),Q(x)\vee R(f(x))\}$ 的 H 域，其中 a 是常量，f 是函数。按照构造方法

$$H_0=\{a\},$$
$$H_1=H_0\bigcup\{f(a)\}=\{a,f(a)\},$$
$$H_2=H_1\bigcup\{f(a),f(f(a))\}=\{a,f(a),f(f(a))\},\cdots$$

所以 H 域为 $H_\infty=\{a,f(a),f(f(a)),f(f(f(a))),\cdots\}$。对于子句集 D 中的每个谓词，为其变量指定一个 H 域上的元素（常量或函数），得到的谓词集合称为 D 的原子集。

上面例子中 D 的原子集为

$\{P(a),Q(a),R(f(a)),Q(f(f(a))),R(f(f(f(a)))),\cdots\}$。注意每个谓词的变量要取遍 H 域。相应地,由原子构成的子句集 D 称为基例,如 $\{P(a),Q(a) \lor R(f(a))\}$, $\{P(a),Q(f(a)) \lor R(f(f(a)))\},\cdots$。进一步,对原子集中的每个原子指定一个真值,所对应的 D 的真值称为 D 在 H 域上的一个解释(再次提醒 D 是各子句的合取)。根据 H 域的构造特点,H_∞ 是无限可数的,因此 D 在 H 上的解释也是无限可数的。另一方面,H 域实质上是列出了论域 K 所有可能的变量取值。因此每一个在 K 上的解释都对应着在 H 域上的解释。这个解释可用语义树(Semantic Tree)来表示。

语义树是原子集中的每个原子与它的否定排列成树形结构。例如对子句集 $D=\{P(a),$ $Q(x) \lor R(f(x))\}$,它的原子集为

$$\{P(a),Q(a),R(f(a)),Q(f(f(a))),R(f(f(f(a)))),\cdots\}$$

那么语义树如图 3-3 所示。语义树有以下几个特点:

(1) 每一层代表一个原子的取值。原子之间的顺序可以任意排定。

(2) 由于 H 域的原子是无限的,因此语义树的深度也是无限的。

(3) 从根结点出发到叶结点的每一条路径(无穷深度的语义树叶结点视为在无穷远处)对应一个 H 域上的解释。从根结点出发到某个中间结点的路径对应了 H 域上的一个部分解释。

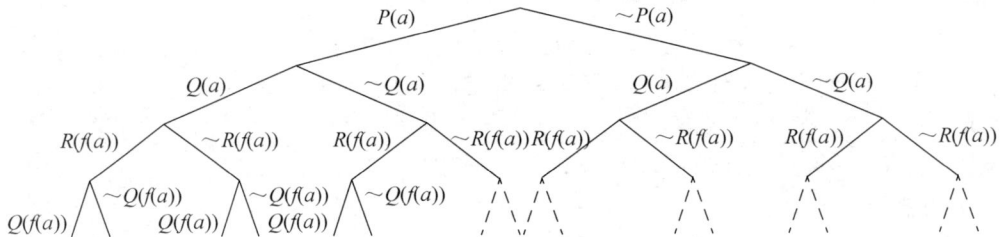

图 3-3 语义树

若按语义树的构造方法,将所有的原子 P 及其互补原子 $\sim P$ 都布置于树上时,此时的语义树称为完备语义树。完备语义树对应着所有的 H 解释。若语义树上根结点到某个中间结点 N 的部分解释为假,而到 N 的父结点的部分解释都为真,那么称 N 是一个失败结点或假结点。失败结点的存在为我们提供了将无限路径转化为有限路径的可能。这是因为失败结点对应的解释已经使得子句集为假(至少有一个子句为假),继续扩展语义树路径并不改变此结果(为假的子句仍然存在)。若每一个叶结点都是失败结点,此时的语义树称为封闭的语义树。基于此,Herbrand 提出了以下定理[8]。

定理 3-2(Herbrand 定理 1) 子句集 D 是不可满足的,当且仅当对应于 D 的任一棵完备语义树,都存在一棵有限的封闭语义树。

定理 3-3(Herbrand 定理 2) 子句集 D 是不可满足的,当且仅当存在一个有限不可满足的 D 的基础实例集合 D'。

容易验证两个版本的 Herbrand 定理是等价的。定理的证明按照语义树的思路也容易完成,此处不再赘述[9,10]。Herbrand 定理的本质,是将一阶逻辑的证明转化成了有限的命题逻辑的证明,从而使证明变得简单。需要说明的是,Herbrand 定理仅仅是指明了不可满

足性的证明能够转化为寻找封闭语义树。但是如何寻找这样的封闭语义树,定理并没有给出。按照经典的方法,通常需要:①构造 H 域;②构造原子集;③构造完备的语义树;④求失败结点;⑤形成封闭的语义树。不幸的是,该过程是指数复杂度的。Davis 等人引入了四条启发式规则,使得计算效率大大提高[11,12]:

(1) 重言式规则。形如 $P \lor \neg P$ 的表达式称为重言式。重言式规则指出,如果子句集中包含重言式,则应将其删除,因为重言式不会为不可满足性提供任何信息。

(2) 单文字规则。若子句集 D 中包含一个单文字子句 L,则消去 D 中所有含 L 的子句,得到子句集 D'。若 D' 为空,则 D 是可满足的。否则,继续从 D' 中消去 $\sim L$ 得到 D''。D'' 不可满足当且仅当 D 不可满足。

(3) 纯文字规则。若 D 中的子句包含文字 L,但不包含 $\sim L$,则称 L 是 D 的纯文字。若 L 是 D 的纯文字,则消去所有含 L 的子句,得到 D'。若 D' 为空集,则 D 是可满足的,否则,D' 不可满足当且仅当 D 不可满足。

(4) 分裂规则。设 $D = (L \lor A_1) \land \cdots \land (L \lor A_m) \land (\sim L \lor B_1) \land \cdots \land (\sim L \lor B_n) \land C$,其中 A_i、B_i、C 不含 L 和 $\sim L$。令 $D' = A_1 \land \cdots \land A_m \land C$,$D'' = B_1 \land \cdots \land B_n \land C$,则有 D 不可满足当且仅当 $D' \lor D''$ 不可满足。

上述四条启发式规则为后来归结原理的提出奠定了基础。

3.4　逻辑系统编程语言

在了解逻辑推理的基本原理之后,本节讲述如何在程序中完成这个过程。从理论上讲,图灵计算的完备性保证了任何编程语言都是等价的。由此出发,可以采用 C、Java 或者其他任何编程语言来实现逻辑推理的程序。然而,这并非它们的长处所在。研究逻辑系统的 AI 专家早已开发出了适合的编程语言。灵活使用它们能够简洁而迅速地完成逻辑系统的开发与调试。另一方面,逻辑编程也是构建编译器的基础之一,对它们的学习也能够了解编译器的设计思想。本书并非程序设计书籍,因此下面只简单介绍两种逻辑编程语言的基本特点和示例。

3.4.1　Prolog

Prolog 的全称是 Programming in Logic。从命名就能看出,该语言是专为逻辑系统编程设计的[13,14]。事实上,Prolog 可能是该领域使用最广泛的语言之一,它最早出现于 1972 年,由 Aix-Marseille 大学开发。它是一种基于确定子句集的陈述性程序设计语言。Prolog 用大写字母代表变量、小写字母代表常量。Prolog 的语句有三种,分别是事实、规则和问题。典型的事实陈述是以谓词给出的,如 $PassAI(Zhang).$、$Married(Bob,Kate).$ 表示"Zhang 通过 AI 考试""Bob 和 Kate 结婚"。注意每条语句都是以点结尾的。特别地,事实也可以只有谓词而没有参量,如 $Hot.$。典型的规则表示用符号:一给出,这个符号意为"if",也可以直接写成 if。例如

$$Excellent(X) : - Graduate(X), PassAI(X).$$

即表示规则 $Graduate(x) \land PassAI(x) \Rightarrow Excellent(x).$:一符号左侧是规则的"Then"部分(也

称规则头),右侧是"If"部分(也称规则体),逗号代表合取关系。规则中的谓词也可以只有谓词而没有参量。问题是用户的查询目标语句,以符号?-给出。例如?-$Excellent(Zhang)$.。将上一节中学生评价问题改写成 Prolog 程序如下:

```
Lucky(Zhang).
PassAI(Y):-Study(Y).
PassAI(Z):-Lucky(Z).
Graduate(W):-Lucky(W).
    Excellent(X):-Graduate(X),PassAI(X).
        ?-Excellent(Zhang).
```

这个程序有一条事实、四条规则和一个问题。其中事实、规则和问题都分行书写。规则和事实可连续排列在一起,其顺序可随意安排,但同一谓词名的事实或规则必须集中排列在一起;问题不能与规则及事实排在一起,它作为程序的目标要么单独列出,要么在程序运行时临时给出。可以看到,Prolog 程序其实就是确定性子句的排列,具备很强的表示能力。例如,当事实和规则是某学科的公理时,那么问题就是待证命题;当事实和规则是某些数据和关系时,那么问题就是数据查询语句;当事实和规则是特定领域知识时,那么问题就是利用这些知识求解的问题;当事实和规则是某初始状态和状态变化规律时,那么问题就是目标状态。最后一点表明,同过程性语言相比,Prolog 程序的问题就相当于主程序,规则就相当于子程序,而事实就相当于数据。

对于上面的学生评价 Prolog 程序,机器将执行反向链接过程来证明结论。首先,系统扫描知识库尝试寻找与问题?-$Excellent(Zhang)$.具有相同谓词的子句,显然只有规则

$$Excellent(X):-Graduate(X),PassAI(X).$$

满足。系统会尝试向变量分配常量使得两个子句头部的谓词匹配。这其实是求置换的过程,被称为变量绑定(Bindings)。相应地,将变量的值解除称为解绑。在 Prolog 中,谓词的匹配是指两个谓词的谓词名、参量个数、参量类型都相同,并且对应参量满足:

(1) 如果两个参量都是常量,则必须相同;

(2) 如果两个都是被绑定的变量,则所绑定的常量必须相同;

(3) 如果一个是常量,一个是被绑定的变量,则所绑定的值与常量必须相同;

(4) 至少有一个参量是未绑定变量。

在这里的例子中,当变量 X 被绑定为常量 $Zhang$ 时,即作置换$\langle X/Zhang \rangle$时,问题与规则头部匹配,系统将目标转化为

$$Graduate(Zhang),PassAI(Zhang)$$

这相当于反向链接完成了第一轮,继续查询条件。下一步,系统将依次求解两个子目标,求解过程与上面的一样。这个递归过程不断地寻找与当前目标匹配的谓词及置换,并将目标转换为子目标。需要明确的是,系统在求解第一个子目标 $Graduate(Zhang)$时,如果生成新的子目标,将会优先继续求解它。这被称为深度优先搜索。搜索最终的结束条件有两种:一种是当前目标与知识库中的部分子句完全匹配,表明证明成功,查询结论正确,记录每一步递归的置换。另一种是扫描完整个知识库时没有发现匹配的谓词,表明证明失败,查询结论错误,此时系统会将本轮递归绑定的变量解绑。程序都会退回到上一轮递归,检查其他未求解的子目标。这个过程称为回溯。一般而言,Prolog 系统只返回第一个搜索到的

证明。用户也可以控制程序继续搜索以给出全部证明(如果存在)。如果不需要寻找所有证明过程,则可以用操作符 cut 终止回溯。但是,使用 cut 要尤其小心,因为它可能会导致漏掉解!

Prolog 程序的执行将交由系统自动完成,用户不需要过多地设计程序具体实现细节,而只需要给出已知事实、规则和待查询的结论。这使得用户能够更多地关注任务而非实现。但是,在非常特殊的情况下,Prolog 可能会产生无限循环而无法证明结论。另外,深度优先搜索的复杂度是指数级的,也会导致推理过程中出现大量的中间步骤而使计算变得低效。目前,Prolog 语言有很多改进版本。其中使用得比较广泛的是 SWI-Prolog。它基于 Prolog 内核做了计算性能上的优化。另外还有一些推理引擎能够支持逻辑程序,如基于 Python 语言的 pyDatalog。

3.4.2　LISP

LISP 的英文全称是 List Processing,最初是由人工智能之父 J. McCarthy 于 1956 年设计的。时至今日,它仍然是一种广泛使用的 AI 编程语言。目前使用较多的是 Common Lisp。事实上,当代程序设计语言很多都采纳了 LISP 的思想,比如函数式编程模型、垃圾自动回收机制等。LISP 以函数递归为主要实现形式,具有与图灵机相同的计算能力。除了能处理一般的数值计算,LISP 还有一套符号处理函数,具备符号集上的递归能力,原则上能够处理人工智能中的任何符号计算问题。LISP 的数据和程序是一致的,程序可以作为数据来处理,数据也可以作为程序来执行。从这个意义上讲,LISP 能够自己编写程序! LISP 有着丰富的内涵,限于篇幅,我们这里只能对其符号计算作一简单讨论。

与 Prolog 稍有不同,LISP 采用以下形式陈述事实

$$(parent\ donald\ nacy)$$

括号表示 LISP 的基本数据结构,称为表(List)。此表中包含三个元素,第一个元素是谓词(或函数),后面两个是参量。这条事实意为"Donald 是 Nacy 的家长"。规则的表示形式为

$$(<-(child\ ?x\ ?y)(parent\ ?y\ ?x))$$

这条规则使用问号作为前缀来表示变量,意为:如果 y 是 x 的家长,那么 x 是 y 的孩子。一般地,规则的书写形式为

$$(<-head\ body)$$

head 是规则头,body 是规则体。规则可以是一个复杂的表达式,例如规则"如果 x 是 y 的家长,并且 x 是男性,那么 x 是 y 的父亲"可以写成

$$(<-(father\ ?x\ ?y)(and(parent\ ?x\ ?y)(male\ ?x)))$$

符号"$<-$"是一个宏,后面两个是参量。所不同的是,参量是由另外的函数充当。LISP 在计算中首先对参量函数求值,将返回值作为参量传入。事实陈述也同样可以写成上述形式从而使得知识库表示方式统一

$$(<-(parent\ donald\ nacy))$$

对于求置换,我们定义一个函数 match 用来返回变量的绑定关系

```
(defun match (x y &optional binds)
  (cond
    ((eql x y) (values binds t))
```

```
  ((assoc x binds) (match (binding x binds) y binds))
  ((assoc y binds) (match x (binding y binds) binds))
  ((var? x) (values (cons (cons x y) binds) t))
  ((var? y) (values (cons (cons y x) binds) t))
  (t
    (when (and (consp x) (consp y))
      (multiple - value - bind (b2 yes)
        (match (car x) (car y) binds)
        (and yes (match (cdr x) (cdr y) b2)))))))))
(defun var? (x)
  (and (symbolp x)
       (eql (char (symbol - name x) 0) #\?)))
(defun binding (x binds)
  (let ((b (assoc x binds)))
    (if b
        (or (binding (cdr b) binds)
            (cdr b)))))
```

这段程序看上去有些复杂。然而,相比于用其他语言实现同样的功能,它已经足够简单了(这从另一个侧面印证了LISP的强大)。这里定义了三个函数。函数 var? 判断传入参数是否为已经绑定的变量,函数 binding 尝试绑定变量,函数 match 使用递归搜索所有绑定。用前面的 match 函数查询

$$(parent\ ?y\ ?x)$$

得到

```
> (match '(parent donald nacy) '(parent ?y ?x))
((?Y . DONALD) (?X . NACY))
T
```

当 match 函数逐个元素地比较它的参数的时候,它把 binds 参数中的值分配给变量。如果成功匹配,match 函数返回生成的绑定;否则,返回 nil。例如查询

```
> (match '(parent donald nacy) '(parent bob ?x))
NIL
```

定义完匹配函数后,接下来我们构造一个用于反向链接的证明函数

```
(defun prove (expr &optional binds)
  (case (car expr)
    (and (prove - and (reverse (cdr expr)) binds))
    (or (prove - or (cdr expr) binds))
    (not (prove - not (cadr expr) binds))
    (t (prove - simple (car expr) (cdr expr) binds))))
(defun prove - simple (pred args binds)
  (mapcan #'(lambda (r)
              (multiple - value - bind (b2 yes)
                            (match args (car r) binds)
                (when yes
                  (if (cdr r)
                      (prove (cdr r) b2)
```

```
                          (list b2)))))
              (mapcar ♯ 'change - vars
                      (gethash pred * rules * )))))
(defun change - vars (r)
  (sublis (mapcar ♯ '(lambda (v) (cons v (gensym "?")))
                  (vars - in r))
          r))
(defun vars - in (expr)
  (if (atom expr)
      (if (var? expr) (list expr))
    (union (vars - in (car expr))
           (vars - in (cdr expr)))))
```

其中 prove 函数是推论进行的枢纽。它接受一个表达式和一个可选的绑定列表作为参数。如果表达式不包含逻辑操作,它调用 prove-simple 函数。可以看到,prove-simple 函数内部又会调用 prov 函数,我们反向链接由此产生。这个函数查看所有拥有正确判断式的规则,并尝试对每一个规则的 head 部分和它想要证明的事实做匹配。对于每一个匹配的 head,使用匹配所产生的新的绑定在 body 上调用 prove。对 prove 的调用所产生的绑定列表被 mapcan 收集并返回。 * rules * 代表我们的规则库,目前有一条规则:

$$(<- (parent\ donald\ nacy))$$

查询两条问题

```
> (prove - simple 'parent '(donald nancy) nil)
(NIL)
> (prove - simple 'child '(?x ?y) nil)
((((♯ : ?6 . NANCY) (♯ : ?5 . DONALD) (?Y . ♯ : ?5) (?X . ♯ : ?6)))
```

第一个返回 NIL 表示证明失败。这是因为尽管查询式与规则的参数值相等,但内存中它们并不是一个变量(即变量地址不同)。只有当是同一个变量时,LISP 才返回真。第二个查询式返回所有的绑定,即$?x$ 和$?y$ 被间接绑定到 nancy 和 donald。

对比 LISP 和 Prolog 两种逻辑系统编程语言,可以看到前者更加基础。事实上,LISP 能够实现 Prolog 解释器。前面的例子展示出,LISP 为开发人员提供了更大的灵活性,用户可以自主控制证明的过程。当然,享受这种灵活性也需要程序员具备更高的技术基础。通俗地讲,LISP 是逻辑系统编程的"汇编语言",而 Prolog 则是该领域的"高级语言"。

3.5　专家系统

专家系统是早期人工智能的重要分支,基本特点是模仿人类领域专家来分析求解复杂问题。传统上,专家系统通常采用一阶逻辑知识库加上推理机实现。人类专家的经验和知识以一阶逻辑 If…Then… 规则的形式写入知识库,称为产生式规则(Production-Rule)。以产生式规则作为知识存储形式的系统称为产生式规则系统。推理机又称为规则解释器,实现了逻辑推理算法,用来模拟人类专家的分析思考过程。当然,知识库并不仅仅局限于产生式规则一种形式,上一章的知识图谱以及本书后面将要讲到的神经网络等都可以用来作为知识存储与管理的方式。相应地,推理机也可以采用图搜索等其他方法实现。然而,专家系统最早是从一阶逻辑发展而来,因此本节仍然重点介绍基于一阶逻辑的专家系统[15]。

逻辑专家系统首先需要构建产生式规则库,将人类专家的经验知识予以机器化表示。该过程通常涉及以下几个步骤:

(1) 任务确定。专家系统知识库是面向特定领域、解决特定问题的。因此,知识工程师应先划定拟建系统的任务范围,明确知识库支持哪些问题的查询。

(2) 知识搜集。实际问题领域的专家往往并不熟悉知识的表示。他们经常凭借自身的专业直觉和累积经验来处理问题。比如专业医生对病因的诊断常常依赖于从医经验。这就要求知识工程师必须根据任务范围,迭代地与领域专家交流沟通,熟悉专家的思考模式、评判指标等,帮助提取经验知识。本阶段提取到的知识可视为是经验的初步总结,仍然以自然语言的形式表述。

(3) 确定词汇表。本步需要将所提取知识中的概念、实体、关系等转换为机器可识别的逻辑词汇,包括谓词、常量和函数。这些逻辑词汇可以本体或知识图谱的方式编码保存。

(4) 通用知识编码。除本体和知识图谱表示的概念、实体间的基本关系外,知识库的另一个重要组成部分是领域通用知识。通用知识一般只涉及概念和类别,以一阶逻辑形式写入知识库,称为公理。知识工程师需要注意所制定的公理应尽可能覆盖词汇表中所有的概念和类别。若存在未覆盖的类别,则应重新检查此概念是否是任务不相关的类别。

(5) 特定实例知识编码。关于实例的基本关系(如实例与类的关系、实例间的关联关系等),在确定词汇表时就应该纳入考虑。这表现为本体或知识图谱的 ABox 部分(也有文献称为数据层)。除此之外,如果搜集知识中还包含另外的事实,本步骤将补充完整。补充的事实一般以原子语句的形式存在。

(6) 查询测试并调试。产生式规则库构建的最后一步是测试和调试。这需要通过一系列测试用例来调试知识库使其达到用户期望的状态。比如期望的链式推理在过程中意外停止了,那么原因可能是缺少某条公理所致。

专家系统的第二个组成部分是推理机。正如我们在一阶逻辑章节介绍的一样,基本推理规则有两种,即前向推理和反向推理。前向推理又称演绎推理,基本形式是

$$\frac{p, p \Rightarrow q}{q}$$

例如由知识"If it is raining, Then the street is wet"和条件"It is raining"可推出结论"The street is wet"。反向推理又称溯因推理,基本形式是

$$\frac{q, p \Rightarrow q}{p}$$

例如已知知识"If it is raining, Then the street is wet"和结论"The street is wet",可以推出条件"It is raining"。推理机的推理过程可被视为是识别-动作(Recognize-Act)循环:

(1) 将工作内存中的事实陈述与规则前提匹配,称为模式匹配;

(2) 如果有多于一条规则被匹配成功,则根据冲突消解策略选择其中一条规则;如果没有规则匹配成功,则推理停止;

(3) 执行所选规则。执行结果可能是向工作内存中增加规则结论部分的事实陈述,也可能是删除已有的事实陈述。执行完毕后,若达到终止条件,则推理停止,否则转步骤1。

识别-动作循环的终止条件一般设为某终止状态的达成,或循环次数达到预先设定的最

大值(如 100 次)。匹配是指将规则中的变量绑定为常量的过程。考虑以下知识库

$$IsHorse(x) \land Parent(x,y) \land Fast(y) \Rightarrow Valuable(x)$$

和事实

$$IsHorse(Comet), IsHorse(Prancer), Parent(Comet, Dasher),$$
$$Parent(Comet, Prancer), Fast(Prancer), Parent(Dasher, Thunder),$$
$$Fast(Thunder), IsHorse(Thunder), IsHorse(Dasher), IsLion(Aslan)$$

查询满足规则的 x 和 y 绑定。分别考察规则前提中的每一个文字。满足 $IsHorse(x)$ 的绑定包括置换

$$\{x/Comet\}, \{x/Prancer\}, \{x/Thunder\}, \{x/Dasher\}$$

满足 $Fast(y)$ 的绑定包括置换

$$\{y/Prancer\}, \{y/Thunder\}$$

满足 $Parent(x,y)$ 的绑定为

$$\{x/Comet, y/Dasher\}, \{x/Comet, y/Prancer\}, \{x/Dasher, y/Thunder\}$$

规则前提是合取式,寻找上述三个置换集合中的公共置换,得到满足规则的绑定为

$$\{x/Comet, y/Prancer\}, \{x/Dasher, y/Thunder\}$$

因此执行推理规则得到新的事实: $Valuable(Comet)$ 和 $Valuable(Dasher)$。推理机将这两条新事实加入工作内存中。需要注意的是,本例中是一条规则同时匹配成功多条事实,因此并不存在冲突。这与识别-动作循环指出的同时满足多条规则而调用冲突消解策略是有区别的。显然,本例是使用的前向推理。推理将不断添加新的事实到工作内存中,直至无法推出新的事实为止。该过程可用图 3-4 所示的流程表示。与之相对,反向推理是从结论出发(Then 部分),不断查找当前工作内存中是否已经包含能够得到目标结论的某条规则条件(If 部分)。若所有能导出结论的规则条件均不包含,则将条件作为子目标加入搜索。反向推理的过程如图 3-5 所示。推理的后半段将得到的结论加入工作内存。可以看到,前向推理和反向推理具有以下区别:

(1) 两种推理都是向着匹配规则数增加的方向进行的(因为越来越多的其他可能规则会被查询)。因此,前向规则适合用于起始状态较少的情况,而反向推理更适合于目标状态较少的情况。这样做能够扩展搜索路径,便于找到可行的策略。

(2) 前向推理适合于有新的事实到来,并在此基础上推理得到其他潜在知识的场景。而反向推理适合于有明确查询结论的场景。

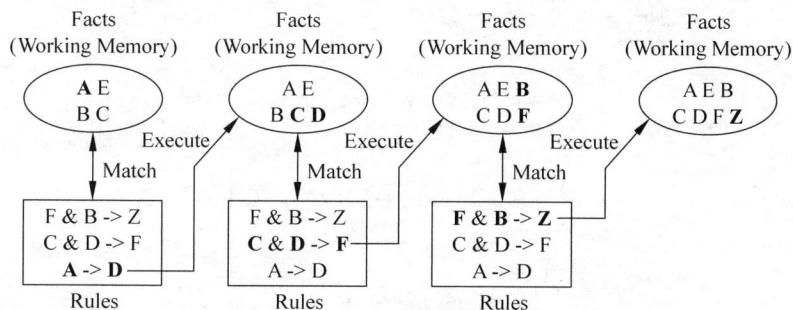

图 3-4 前向推理过程

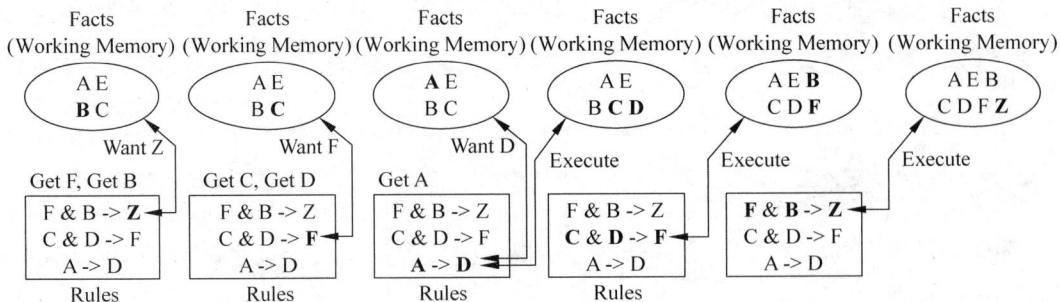

图 3-5　反向推理过程

直接的前向和反向推理是低效的,这在产生式规则系统中是一个经常碰到的问题。以前向推理为例,考虑有 n 条规则的知识库,每条规则平均带有 m 个条件文字,工作内存中有 k 条事实,那么系统在每一轮推理时将检查所有事实与所有规则条件文字的匹配程度,即要检查 $n \cdot m \cdot k$ 种可能的匹配。注意到不同规则的条件文字可能存在重复,并且当新的事实到来时,只有部分工作内存需要更新。基于这样的结构相似性和时间冗余性,卡内基梅隆大学的 Forgy 博士提出了 Rete 算法来提高推理效率[16]。Rete 在拉丁文中的意思是"网络"(net),即先将所有规则编码成一个网络(称为规则编译),然后再对工作内存中的事实做匹配(称为运行时执行)。Rete 网络如图 3-6 所示,包含根结点、类型结点、alpha 结点和 beta 结点四类。根结点是虚拟结点,用来创建网络。类型结点用于检查变量参数的类型,起到对事实过滤的作用。Alpha 结点用于记录事实对应的文字。Beta 结点代表规则条件。每一条多文字条件的规则都对应着一个 beta 结点。当 beta 结点被激活时,相应的规则也被激活,其推理输出的集合称为冲突集。Rete 网络编译算法是:

(1) 创建根结点。

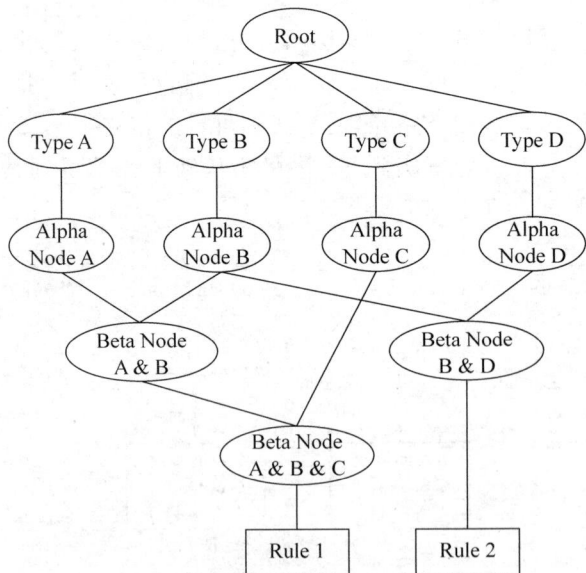

图 3-6　Rete 网络

（2）加入规则1：①取出文字1，检查参数类型结点是否存在。若不存在则创建该类型结点。②检查文字1对应的 alpha 结点是否存在。若存在则记录结点位置；若不存在则创建，并建立 alpha 结点的内存表。③重复①和②直到所有的文字完成。④以 alpha(1) 和 alpha(2) 为父结点生成 beta(2) 结点，以 beta($i-1$) 和 alpha(i) 为父结点生成 beta(i) 结点（$i>2$），并将两个父结点的内存表连接成自身的内存表。⑤重复 d 完成所有 beta 结点。⑥将 beta(i) 对应的规则结论作为输出结点。

（3）重复（2）步直至所有规则编译完成。

Rete 网路对事实的匹配过程是：

（1）对于工作内存中的每条事实，使用类型结点过滤，使其沿着网络到达合适的 Alpha 结点。

（2）Alpha 结点在收到事实后进行匹配。如果成功则记录并使其到达适当的 Beta 结点。

（3）Beta 结点将判断来自父结点的两个事实，如果匹配成功就记录并继续往后继 Beta 结点传递。

（4）若匹配最终到达某一个输出结点，则将输出结论加入到冲突集中。

匹配完成后，系统只需考察冲突集是否包含新的事实。Rete 算法的实质是将过去匹配成功的事实信息保存在网络中，从而减少不必要的重复推理，是一种以存储空间换推理时间的方法。

在识别-动作循环中，冲突消解是指当事实成功匹配多于两条规则时，需要选取其中的一条规则执行。常用的冲突消解策略分为：删除已经触发规则的原事实直至冲突集为空（避免无限循环）；为工作内存中的事实赋予相应的生成时间，选取最新事实所匹配的第一个条件文字规则执行（使用最符合现实情况的条件）；选取条件中匹配文字数最多的规则（使用最具体的事实）；随机选择等。

3.6　本章小结

逻辑推理最初源于定理自动证明的研究，是人工智能早期发展的结晶。逻辑推理重点强调推理过程的正确性（Soundness，即所得结论一定与知识库一致）和完备性（Completeness，即推理一定能得到结论）。这两条性质也成为所有逻辑学家关注的基本特征。推理的基本方法有前向推理、反向推理和归结推理。Herbrand 定理是归结原理的理论基础。在逻辑编程中，Prolog 容易掌握，但采用深度搜索使其推理效率较低。LISP 则是更加底层的逻辑语言，它赋予了程序员更大的自由度和灵活性。逻辑推理在早期的直接应用是专家系统或产生式规则系统。系统由工作内存和规则库组成。在识别-动作循环的模式下，专家系统能够模拟人类领域专家思考、求解问题的过程，因而广泛地应用于多个行业。逻辑推理也可以和本体、知识图谱等其他知识表示形式结合，甚至可以引入概率来完成更为多样化的推理。

参考文献

[1] J. A. Robinson. A Machine-Oriented Logic Based on the Resolution Principle[J]. Journal of the ACM, 1965,12(1)：23-41.

[2] A. Leitsch. The Resolution Calculus. EATCS Monographs in Theoretical Computer Science[M], Springer,1997：11.

[3] A. Horn. On sentences which are true of direct unions of algebras[J]. Journal of Symbolic Logic, 1951,16(1)：14-21.

[4] W. F. Dowling and J. H. Gallier. Linear-time algorithms for testing the satisfiability of propositional Horn formulae[J]. Journal of Logic Programming,1984,1(3)：267-284.

[5] R. M. Smullyan. First-order Logic[M]. Springer-Verlag,Berlin,Heidelberg,1968.

[6] J. A. Robinson. Computational Logic：The Unification Computation[J]. Machine Intelligence,1971,6：63-72.

[7] C. McBride. First-Order Unification by Structural Recursion[J]. Journal of Functional Programming, 2003,13(6)：1061-1076.

[8] S. R. Buss. Handbook of Proof Theory[M]. Elsevier,1998.

[9] E. J. Gerritse. Herbrand's Theorem. Bachelor Thesis,Department of Computer Science[M],Radboud University,2016.

[10] S. R. Buss. On Herbrand's Theorem. In D. Leivant (eds),Logic and Computational Complexity,LCC 1994,Lecture Notes in Computer Science[M],Springer,Berlin,Heidelberg,1995,960：195-209.

[11] M. Davis and H. Putnam. A Computing Procedure for Quantification Theory[J]. Journal of the ACM,1960,7(3)：201-215.

[12] J. Beckford,G. Logemann and D. Loveland. A Machine Program for Theorem Proving[J]. Communications of the ACM,1962,5(7)：394-397.

[13] J. W. Lloyd. Foundations of Logic Programming[M]. Springer-Verlag,Berlin,1984.

[14] W. F. Clocksin and C. S. Mellish. Programming in Prolog[M]. Springer-Verlag,Berlin,2003.

[15] P. Jackson. Introduction to Expert Systems. 2nd Edition[M]. Addison-Wesley,1990.

[16] C. Forgy. Rete：A Fast Algorithm for the Many Pattern/Many Object Pattern Match Problem[J]. Artificial Intelligence,1982,19：17-37.

第 **4** 章

搜 索 智 能

搜索是计算机科学的研究领域之一,也是许多人工智能经典算法的基础。搜索主要涉及两类基本任务。一类是在给定约束条件(或无约束条件)下,从解空间中求得使性能指标达到最优的解,称为优化(有时也称为规划)问题。另一类是在给定约束条件下,求得满足约束条件的一个可行解,称为约束满足问题(Constraint Satisfaction Problem,CSP)。对于一些较为复杂的搜索问题,我们仍然无法找到高效的求解方法。高效求解方法的存在性是计算复杂性领域研究的一个重点[1,2]。好的搜索算法依赖于对问题的精巧建模以及搜索中能否采用启发式知识减小搜索空间。本章将首先讲述图搜索的基本内容,包括宽度优先搜索、深度优先搜索和 A* 搜索。三种搜索技术也是算法设计的基础。随后将进入局部搜索,介绍爬山法、牛顿法,以及当前应用广泛的梯度下降法。这些算法都为准确理解后续章节的相关内容做好准备。

4.1 图搜索

图搜索是最基本的搜索问题,其应用领域也最广。对图搜索的研究最早可追溯到 18 世纪,年仅 29 岁的大数学家欧拉提出了哥尼斯堡七桥问题。经过计算机科学家们几十年的努力,逐渐形成了以宽度优先、深度优先和启发式搜索为核心的搜索算法。

4.1.1 宽度优先搜索

我们用一个例子开始宽度优先搜索的表述。

例 4-1(路径搜索) 图 4-1 是一幅简易的中国部分城市连接示意图。图中在连接两城市之间的边上标出了路程数(单位:10km)。以西安为起点,青岛为终点,计算最短路径。

像上面这种边带有权重且无方向性的图称为无向赋权图。一般采用邻接矩阵的办法将图存储在计算机中加以操作。例如上面例题中图的邻接矩阵是

$$\begin{array}{c}\begin{array}{ccccc} 郑州 & 西安 & \cdots & 青岛 & 南京 \end{array}\\ \begin{array}{c} 郑州 \\ 西安 \\ \vdots \\ 青岛 \\ 南京 \end{array} \left[\begin{array}{ccccc} 0 & 44 & \cdots & \infty & 57 \\ 44 & 0 & \cdots & \infty & \infty \\ \vdots & \vdots & \ddots & \vdots & \vdots \\ \infty & \infty & \cdots & 0 & 57 \\ 57 & \infty & \cdots & 57 & 0 \end{array} \right]\end{array}$$

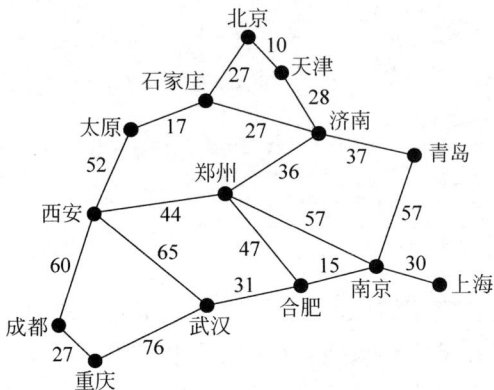

图 4-1 一幅简单的中国主要城市连接示意图

可见,无向图的邻接矩阵是一个对称矩阵。矩阵的行和列代表结点(结点顺序可任意编号),矩阵元素是所在行列对应结点之间的边。若对应结点间存在边,则元素值就是权重值;若不存在边,则元素值为无穷大(与优化方向有关,本例是求最短路径,若求最长路径,则初始化为0)。对角线元素表示每个结点到自身的边的权重,这里是0(若图中存在结点到自身的环,则对角线元素为环的权重)。

宽度优先搜索的基本思想是从起始结点出发,每一轮"向外"扩展搜索相邻结点(反映在邻接矩阵中是有具体权重值对应的结点对),并记录到达该结点的路径结点序列和长度。当终止结点出现在所扩展的结点中时,一条由起始点到终止点的可行路径由此得到。当搜索扩展到所有结点时,就得到了起始点到终止点的所有路径。再比较这些路径的长度即可计算出最优路径。程序实现上,我们可以用一个队列来保存当前已扩展到的所有边缘结点,用一个集合保存已经访问的结点,再用一个队列集合来保存当前已经搜索到的路径。搜索过程如图 4-2 所示。算法采用队列 Q 保存当前的边缘结点集,用集合 V 保存已经访问的结点集合,集合 P 保存已经访问得到的路径及其长度。在图 4-2(a)中算法首先将起点放入边缘结点队列 Q,路径集合的初始路径只包含"西安"一个结点,长度为 0。第二轮迭代,算法采用先进先出的原则从边缘结点集中取出结点"西安",将其放入已访问的结点集合 V,并将其邻结点("郑州""太原""武汉""成都")加入 Q。相应地,路径集合扩展为四条。第三轮迭代,仍然采用先进先出原则将 Q 的队首结点"郑州"移出并放入 V,将其邻结点加入 Q,并相应扩展路径集合。同样,第四轮迭代得到图 4-2(d)的状态。需要指出,每一轮扩展邻结点时,若邻结点已经存在于 V 中,则不加入 Q(因为这样会产生循环路径)。可以看到,每一轮迭代都扩展了路径集合。当所有的结点都被扩展之后,计算停止,从中选出从起点到终点的最短路径。若去掉最优性,只需求出一条路径时,算法可在第一次扩展到终止结点时提前停止。图 4-2 各子图的右侧画出了每一步搜索的搜索树。表 4-1 给出了宽度优先搜索的伪代码,其中 P 保存路径及其长度,第 3 行取出 Q 的队首元素,第 8 行将邻结点 u 添加到 Q 的队尾,第 9 行扩展路径的同时也更新路径长度。

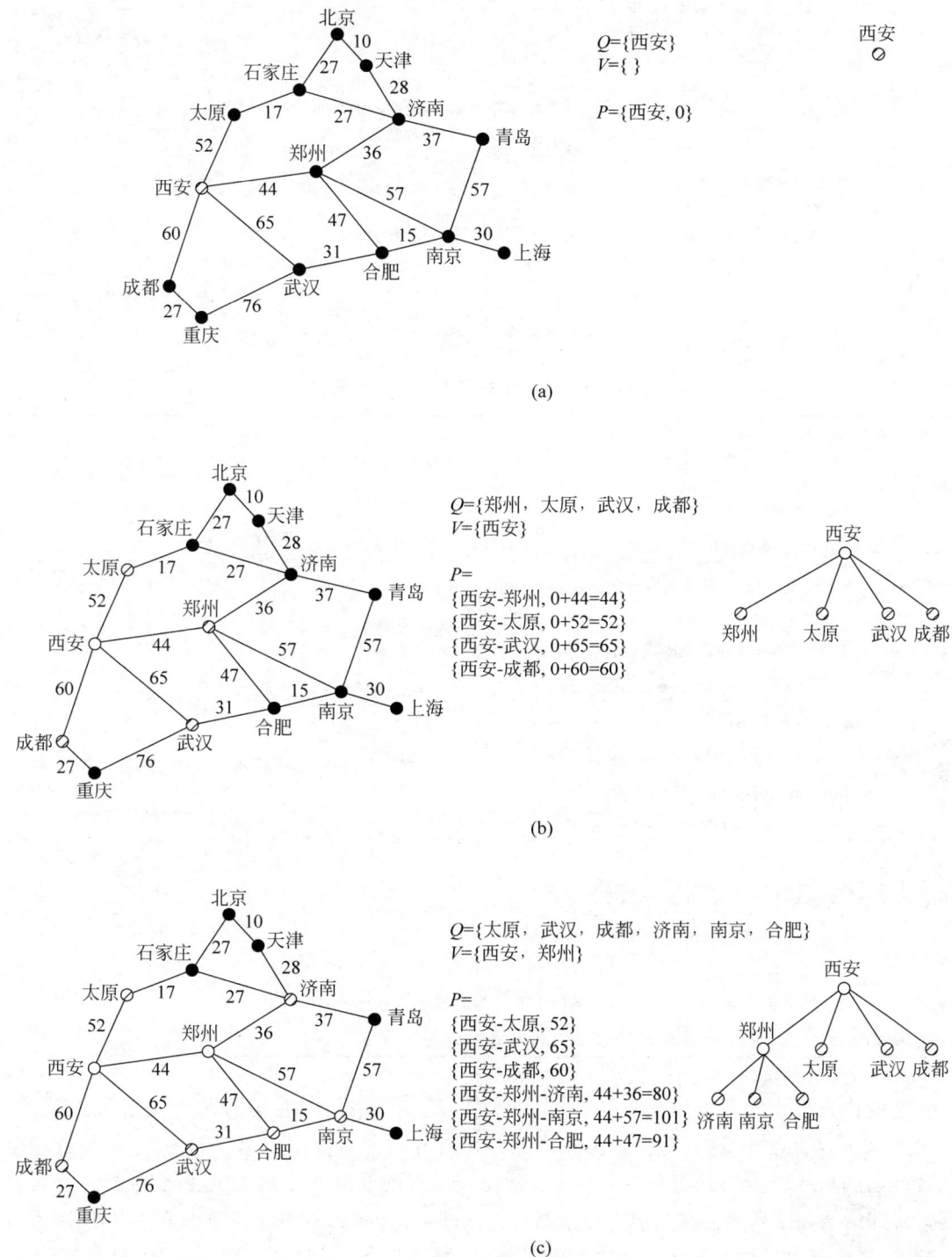

(a)

Q={郑州,太原,武汉,成都}
V={西安}

P=
{西安-郑州, 0+44=44}
{西安-太原, 0+52=52}
{西安-武汉, 0+65=65}
{西安-成都, 0+60=60}

(b)

Q={太原,武汉,成都,济南,南京,合肥}
V={西安,郑州}

P=
{西安-太原, 52}
{西安-武汉, 65}
{西安-成都, 60}
{西安-郑州-济南, 44+36=80}
{西安-郑州-南京, 44+57=101}
{西安-郑州-合肥, 44+47=91}

(c)

图 4-2　宽度优先部分搜索过程

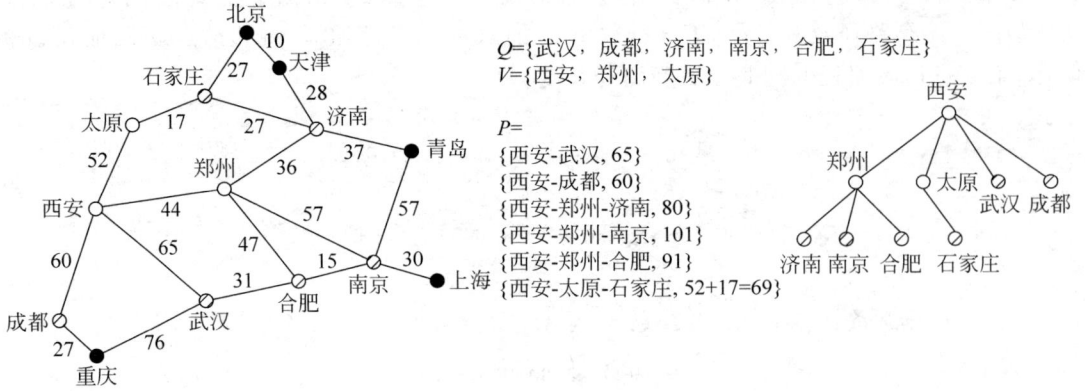

Q={武汉，成都，济南，南京，合肥，石家庄}
V={西安，郑州，太原}

P=
{西安-武汉，65}
{西安-成都，60}
{西安-郑州-济南，80}
{西安-郑州-南京，101}
{西安-郑州-合肥，91}
{西安-太原-石家庄，52+17=69}

(d)

图 4-2 （续）

表 4-1 宽度优先搜索算法伪代码

```
BFS(graph, S, D)
```

Input: graph, adjacent matrix of the graph;

　　S, start node;

　　D, destination node;

Output: optimal path or failure;

Q<--{ }, a queue that keeps the frontier nodes;

V<--{ }, a set that keeps the visited nodes;

P<--{ }, a set that keeps the generated paths with their costs;

1. Q<--{S}; P<--{S};

2. **While** Q is not empty, **do**

3. 　v<--Out_Queue(Q);

4. 　**If** v is not D, Then

5. 　　V<--V∪{v};

6. 　　**For** adjacent vertex u of v, **do**

7. 　　　**If** u is not in V

8. 　　　　In_Queue(Q, u);

9. 　　　Expand all paths in P that end with v (with their costs);

10. Return the path with minimum cost in P or failure.

　　　宽度优先搜索的一种改进版称为双向搜索,基本思路是同时运行两个宽度优先搜索。其中一个从起始点开始向前搜索,另一个从终止点开始向后搜索。每一轮迭代后,检查两个宽度搜索的边缘结点集是否包含相同的结点。若是,则意味着已经找到一条路径。将后向搜索得到的结点序列翻转并与前向搜索路径连接即可得到解。双向搜索的实质是利用搜索开始阶段,算法遍历的结点数比搜索末期少的特性,减小搜索空间。假设目标解路径长度为 r,每个结点平均有 d 个临结点,那么宽度优先在最坏的情况将要查询 d^r 个结点。而双向搜索共需查询($d^{\frac{r}{2}}+d^{\frac{r}{2}}$)个结点,显然更优。直观上看,图 4-3 所示的两个小圆搜索面积之和要比大圆搜索面积小得多。但是,双向搜索无法保证解的最优性,需要采用另外的手段来确保这一点。

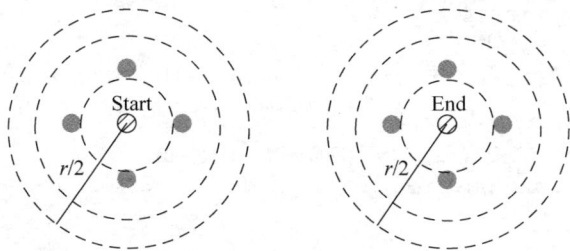

图 4-3 双向搜索示意图

4.1.2 深度优先搜索

宽度优先搜索优先扩展距离起始点层数最浅的结点,与之相反,深度优先搜索优先扩展距离起始点层数最深的结点。因此其搜索树很快生长到最深层的叶结点。程序实现上,深度优先搜索采用栈保存当前扩展的边缘结点集,并遵循后进先出的原则,优先扩展后入栈元素。搜索过程如图 4-4 所示。开始时,算法将起始结点"西安"放入栈 S,已访问结点集合为空,路径集合只有"西安"结点。第二轮迭代,算法将栈顶元素"西安"出栈,加入到已访问集合,并将其邻结点压栈,同时扩展路径集合。第三轮迭代,依照后进先出的原则,将栈顶元素"郑州"出栈,加入已访问集合并将其邻结点压栈,扩展路径集合。同样,第四轮迭代将栈顶元素"济南"出栈,并进行相应的操作。在每一轮迭代中,若待扩展的邻结点是已访问结点,则不予压栈。可以看到,第四轮迭代后已经得到一条西安到青岛的路径。表 4-2 给出了深度优先搜索的伪代码。该伪代码记录了搜索得到的所有路径,因此能求得最优解。与宽度优先搜索类似,若无最优性要求,则算法可在第一次扩展到终止点时提前结束。此时深度优先搜索比宽度优先搜索占用内存更少。

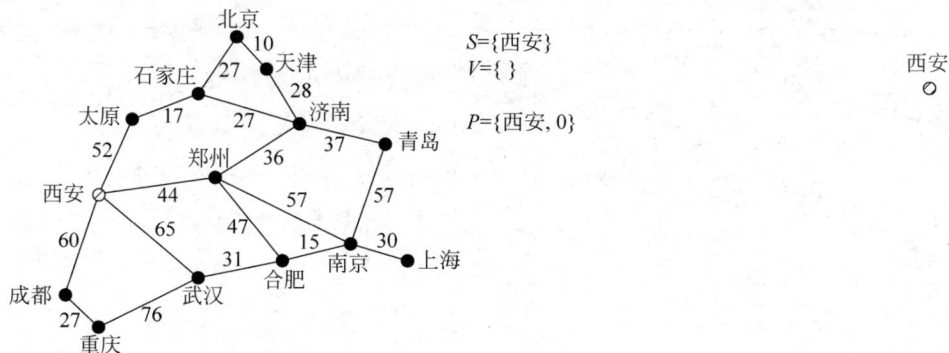

(a)

图 4-4 深度优先部分搜索过程

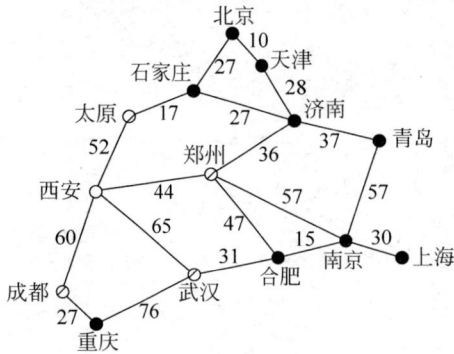

$S=\{$郑州，太原，武汉，成都$\}$
$V=\{$西安$\}$

$P=$
$\{$西安-郑州，$0+44=44\}$
$\{$西安-太原，$0+52=52\}$
$\{$西安-武汉，$0+65=65\}$
$\{$西安-成都，$0+60=60\}$

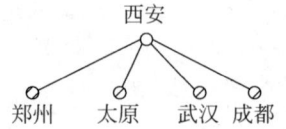

(b)

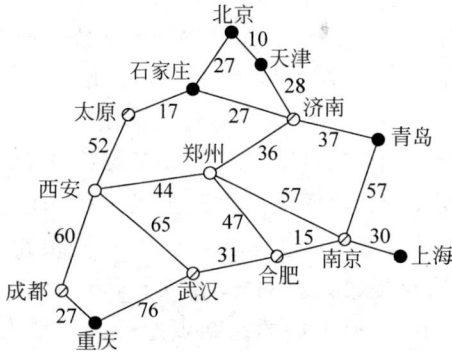

$S=\{$济南，南京，合肥，太原，武汉，成都$\}$
$V=\{$西安，郑州$\}$

$P=$
$\{$西安-郑州-济南，$44+36=80\}$
$\{$西安-郑州-南京，$44+57=101\}$
$\{$西安-郑州-合肥，$44+47=91\}$
$\{$西安-太原，$52\}$
$\{$西安-武汉，$65\}$
$\{$西安-成都，$60\}$

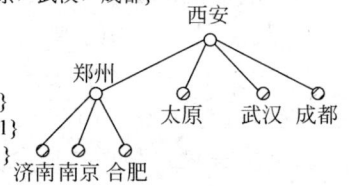

(c)

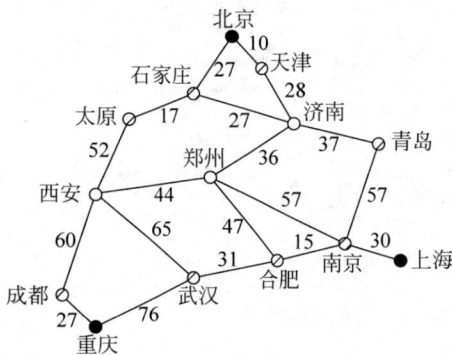

$S=\{$石家庄，天津，青岛，南京，合肥，太原，武汉，成都$\}$
$V=\{$西安，郑州，济南$\}$

$P=$
$\{$西安-郑州-济南-石家庄，$80+27=107\}$
$\{$西安-郑州-济南-天津，$80+28=108\}$
$\{$西安-郑州-济南-青岛，$80+37=117\}$
$\{$西安-郑州-南京，$101\}$
$\{$西安-郑州-合肥，$91\}$
$\{$西安-太原，$52\}$
$\{$西安-武汉，$65\}$
$\{$西安-成都，$60\}$

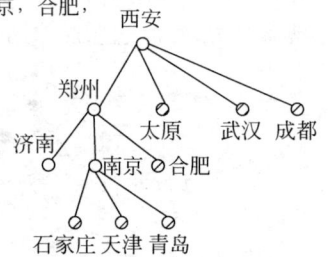

(d)

图 4-4 （续）

表 4-2　深度优先搜索算法伪代码

DFS(graph, O, D)

Input: graph, adjacent matrix of the graph;

　　　O, start node;

　　　D, destination node;

Output: optimal path or failure;

S<-- { }, a stack that keeps the frontier nodes;

V<-- { }, a set that keeps the visited nodes;

P<-- { }, a set that keeps the generated paths with their costs;

1. S<-- {O}; P<-- {O};

2. **While** S is not empty, **do**

3. 　v<-- Pop(S);

4. 　**If** v is not D

5. 　　V<-- V∪{v};

6. 　　**For** adjacent vertex u of v, **do**

7. 　　　**If** u is not in V

8. 　　　　Push(S, u);

9. 　　　　Expand all paths in P that end with v (with their costs);

10. Return the path with minimum cost in P or failure.

　　深度优先搜索的一种改进版称为回溯搜索。与原深度搜索不同,回溯搜索每次只扩展栈顶元素的一个邻结点而不是所有邻结点。被部分扩展的邻结点需要记录下一个将被扩展的邻结点。例如在图 4-4(b)中,回溯搜索首先将结点"西安"出栈,然后将相邻结点之一"郑州"入栈,并记录"西安"的下一个待扩展结点为"太原"。回溯算法比深度优先搜索占用内存更少。若搜索树层数为 r,每个结点平均有 d 个临结点,则深度优先的空间复杂度为 rd,而回溯算法为 r。在算法实现上,回溯搜索可通过修改结点的状态标号来进一步减小复杂度。

　　在一些极端情况下,问题的搜索树深度可能是无穷的。为避免出错,可以设置一个最大搜索层数 l,即算法至多搜索到第 l 层结点,若未找到解,则返回求解失败。

4.1.3　A* 搜索

　　宽度优先搜索和深度优先搜索都属于盲目搜索。算法每一次迭代只计算了当前走过路径的代价,而不会考虑未来的搜索"方向"。因此最坏的情况需要遍历所有结点来确定最优解。如果我们有先验信息,在每次迭代时给出一个当前结点到终止结点的代价估计值,就能引导搜索向正确的"方向"前进。这当然会减小搜索空间,更快找到最优解。A* 搜索就是基于上述思想设计的[3,4]。

　　仍然考虑前面的路径搜索问题。现在我们给出每个城市到终点"青岛"的直线距离估计值,在图 4-5 中以城市名称之后括号内的数字表示。需要指出的是,估计值并不需要十分精确,近似符合实际即可。与宽度优先和深度优先搜索不同,A* 搜索每次扩展的结点由其综合评价函数决定。结点 n 的评价函数由下式计算

$$f(n)=g(n)+h(n)$$

其中,$g(n)$ 是起始点到当前结点 n 的代价(已由之前的搜索精确计算得到);$h(n)$ 是当前结

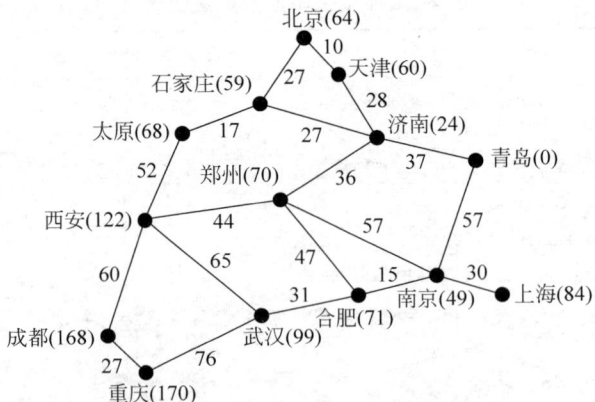

图 4-5　包含距离估计值的简易地图

点 n 到终止结点的代价估计值,称为启发函数。A* 搜索每次选择扩展 $f(n)$ 最小的结点。相当于同时考虑"历史"的代价和"未来"的代价。A* 搜索树如图 4-6 所示,其中每个结点的评价函数计算中,最后一项是距离估计值(启发函数值),之前的项为实际经过的路程长度。算法用一个集合 F 来保存边缘结点集。开始时,将起点"西安"加入 F。第一轮迭代将唯一结点"西安"扩展,F 为{"太原""郑州""武汉""成都"}。第二轮迭代扩展边缘集中评价指标最小的结点"郑州",F 为{"太原""济南""南京""合肥""武汉""成都"}。第三轮迭代继续扩展边缘集中评价指标最小的结点"济南",F 为{"太原""石家庄""天津""青岛""南京""合肥""武汉""成都"}。至此,算法找到一条路径。

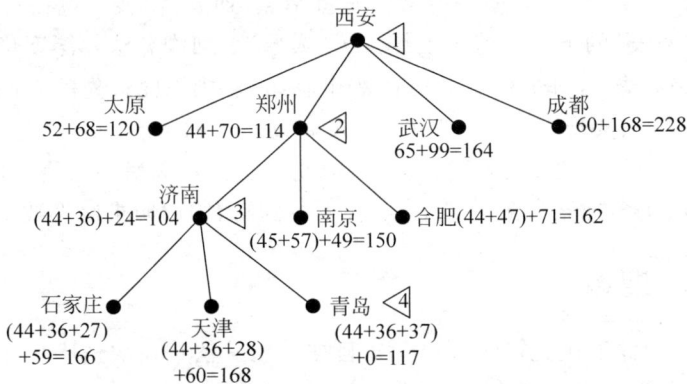

图 4-6　A* 搜索树

关于 A* 搜索求得解的最优性,需要进一步考察启发函数。如果对于每个结点,启发函数 $h(n)$ 计算得到的代价估计值不高于实际需要的代价值,那么称这样的启发函数是可采纳的。如果启发函数是可采纳的,则 A* 搜索得到的解是最优的。更进一步,以 $C^*(n)$ 表示任意当前结点 n 到终止结点实际需要的最小代价,C^* 代表起点到终点总的最优路径代价,我们有以下三种情况:

(1) 若 $h(n) = C^*(n)$,此时算法会用最短的步数搜索得到最优解,其效率也是最高的;

(2) 若 $h(n) < C^*(n)$,即启发函数是可采纳的。此时算法会扩展所有代价 $f(n)$ 小于 C^* 的结点,最终将得到最优解;

（3）若 $h(n)>C^*(n)$，即启发函数不是可采纳的。此时算法会以较快的速度搜索得到解，但无法保证解的最优性。

事实上，若 n 是最优路径上的点，由于 $g(n)$ 是起始点到 n 的实际代价，且 $h(n)<C^*(n)$，则有

$$f(n)=g(n)+h(n)<g(n)+C^*(n)=C^*$$

算法每一步扩展，总路径代价就会增加（因为实际代价比估计代价大）。随着路径的延伸，总代价值呈现单调递增，并在最终到达终点时等于最优代价[5,6]。

根据以上分析知，启发函数的设计是 A^* 算法能否获得最优解的关键。就路径搜索的例子而言，直线距离是两点之间最短的路径，不会高于任何其他路径长度，显然是可采纳的，因此得到的解是最优解。另外，假设有两个启发函数 $h_1(n)$ 和 $h_2(n)$，满足 $h_1(n)\leq h_2(n)<C^*(n)$。一般情况下我们认为 $h_2(n)$ 比 $h_1(n)$ 更好。这是因为对 $h_2(n)$，算法将扩展所有 $f(n)=g(n)+h_2(n)<C^*$ 的结点，即所有 $h_2(n)<C^*-g(n)$ 的结点。同理，采用 $h_1(n)$ 作为启发式时，算法将会扩展所有满足 $h_1(n)<C^*-g(n)$ 的结点。由于 $h_2(n)$ 的值不小于 $h_1(n)$，因此后者覆盖的结点数将不小于前者，从而可能导致更多的结点被扩展，使计算效率降低。表4-3给出了 A^* 搜索算法的伪代码，其中 G 保存起点到每个结点的实际最小代价值。第10行用最小算子确定位于多条路径上的同一结点的最小代价。

表4-3 A^* 搜索算法伪代码

```
AStarSearch(graph, H, O, D)
Input: graph, adjacent matrix of the graph;
       H, heuristic functions for each node;
       O, start node;
       D, destination node;
Output: optimal path or failure;
S<-- { }, a set that keeps the frontier nodes;
V<-- { }, a set that keeps the visited nodes;
P<-- { }, a set that keeps the generated paths with their costs;
G, cost of each node from O, initialized as G(O) = 0, G(v) = ∞ (v≠O)
1. S<-- {O}; P<-- {O};
2. While S is not empty, do
3.   v<-- Pop the node with smallest G(v) + H(v) in S;
4.   If v is not D
5.     V<-- V∪{v};
6.     For adjacent vertex u of v, do
7.       If u is not in V
8.         S<-- S∪{u};
9.         Expand all paths in P that end with v (with their costs);
10.        G(u) <-- min{G(u), G(v) + Cost(v, u)};
11.        If u is D, Then
12.          Return the path O to u in P with cost G(u);
13. Return failure.
```

4.2 局部搜索

上一节介绍的图搜索算法,其特点是需要在内存中记录搜索路径,得到的解是一个全局最优的行动序列。当搜索空间较大时,图搜索算法的效率将明显降低。如果只关心最终解的状态,而不需要知道求解过程,那么花费大量内存去保存搜索"历史"则不太合适。本节将介绍一类局部搜索算法:爬山法、牛顿法和梯度下降法。它们通常只保留少数几个解状态,能够处理大范围搜索空间问题。尽管它们得到的最优解可能并不十分精确,但通常也能够满足实际使用的需求。

4.2.1 爬山法

爬山法是一种迭代算法,它始终维护一个问题域中的可行解(称为当前解)。每一次迭代中,算法检查当前解的邻近解,若邻近解的性能好于当前解,则将其作为新的当前解。若所有的邻近解性能都不好于当前解,则认为当前解为最优解,计算停止。表 4-4 给出了爬山法的伪代码。函数 $ComputeFit$ 用于计算解的适应度,即目标函数在当前解下的值。函数 $GetStepLen$ 生成搜索步长。步长可以完全随机生成,也可以依据当前解采用某种启发式生成。算法给出的是极大化目标函数的版本,迭代停止条件可设置为达到指定的迭代次数,也可设置为适应度收敛到预先指定的误差范围内,还可采用尝试一定次数后,若适应度始终无法改进则计算停止的办法。

表 4-4 基本爬山算法伪代码

HillCliming(ObjFun, InitSol)
Input: ObjFun, objective function;
InitSol, initial solution;
Output: optimal solution;
1. $currSol \leftarrow InitSol$;
2. $currFitness \leftarrow ComputeFit(currSol, ObjFun)$;
3. **Repeat**
4. $\Delta x \leftarrow GetStepLen()$;
5. $neighbor \leftarrow currSol + \Delta x$;
6. $neighborFit \leftarrow ComputeFit(neighbor, ObjFun)$;
7.   **If** neighborFit > currFitness
8. $currSol \leftarrow neighbor$;
9. $currFitness \leftarrow neighborFit$;
10. **Until** Convergence;
11. Return $currSol$.

爬山法实质上是一种贪婪算法,每一步迭代都选择邻近最优[7]。在问题具有全局唯一极值点时,爬山法能找到最优解。然而,当问题存在多个极值点时,算法可能陷入局部最优。

如图 4-7，如果所尝试的邻近解位于当前解 x 的右侧，那么算法将继续爬升到达 x_2 点停止。另外，如果目标函数出现"山脊"或者"高原"，爬山法将很难处理。爬山法有很多衍生版本。比如一个称为随机重启爬山法的改进版。它的思想是如果算法在早期无法成功搜索到性能更好的解，那么意味着当前解很有可能停留在局部极值附近。此时算法随机生成初始解并重新开始搜索。如果成功搜索的概率为 p，则需要重新开始搜索的概率为 $1/p$。通常情况下，随机爬山法能更有效地找到最优解。

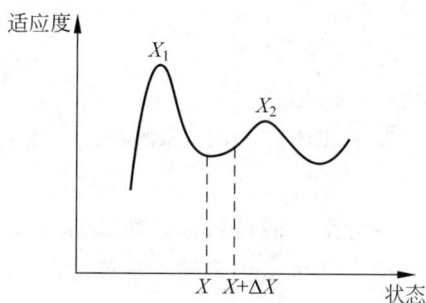

图 4-7　爬山法示例

4.2.2　牛顿法

牛顿法（Newton's method）又称牛顿-拉弗森方法（Newton-Raphson method），也是一种迭代搜索的优化方法。牛顿法采用目标函数的导数信息，不断沿着一阶导数趋近于 0 的方向改进当前解。设优化问题是最小化目标函数 $f(x)$（最大化问题可在目标函数前加负号转化为最小化问题）且目标函数二阶可导，根据泰勒公式展开得到

$$f(x)=f(x_k)+f'(x_k)(x-x_k)+\frac{1}{2}f''(x_k)(x-x_k)^2+R(x)$$

$f(x)$ 极值点的一阶导数等于 0。因此略去上式中的余项 $R(x)$ 并对两边求导得到

$$f'(x)=f'(x_k)+f''(x_k)(x-x_k) \tag{4-2-1}$$

假设 x_k 是当前解，我们期望在下一轮迭代后的 x_{k+1} 使得目标函数达到最小，即 $f'(x_{k+1})=0$，故

$$x_{k+1}=x_k-\frac{f'(x_k)}{f''(x_k)}$$

上式给出的就是牛顿法在一维情况下的迭代公式。若自变量 x 是高维向量，那么迭代公式相应地变为

$$\boldsymbol{x}_{k+1}=\boldsymbol{x}_k-H^{-1}(\boldsymbol{x}_k)g(\boldsymbol{x}_k) \tag{4-2-2}$$

其中

$$H(\boldsymbol{x})=\frac{\partial^2 f(\boldsymbol{x})}{\partial \boldsymbol{x}^2}, \quad g(\boldsymbol{x})=\frac{\partial f(\boldsymbol{x})}{\partial \boldsymbol{x}}$$

分别是目标函数的二阶混合导数和一阶导数。它们又被称为海森（Hessian）矩阵和梯度向量。观察式（4-2-2）可以发现，算法每次迭代就是在将当前解往 $-H^{-1}(\boldsymbol{x}_k)g(\boldsymbol{x}_k)$ 方向移动。这个方向称为牛顿方向。

依照式（4-2-2），每一轮迭代都需要计算海森矩阵的逆矩阵。这对于规模较大的优化问题是不方便的。因此人们考虑是否能用另外的矩阵来代替该逆矩阵，这被称为拟牛顿法（Quasi-Newton method）[8]。首先，仍然将目标函数在 $\boldsymbol{x}_{k+1}$ 处泰勒展开

$$f(\boldsymbol{x})=f(\boldsymbol{x}_{k+1})+(\boldsymbol{x}-\boldsymbol{x}_{k+1})^{\mathrm{T}}g(\boldsymbol{x}_{k+1})+\frac{1}{2}(\boldsymbol{x}-\boldsymbol{x}_{k+1})^{\mathrm{T}}H(\boldsymbol{x}_{k+1})(\boldsymbol{x}-\boldsymbol{x}_{k+1})+R(\boldsymbol{x})$$

忽略余项并两边再对 $\boldsymbol{x}$ 求导有

$$g(\boldsymbol{x}) = g(\boldsymbol{x}_{k+1}) + H(\boldsymbol{x}_{k+1})(\boldsymbol{x} - \boldsymbol{x}_{k+1})$$

令 $\boldsymbol{x} = \boldsymbol{x}_k$ 得到

$$H^{-1}(\boldsymbol{x}_{k+1})[g(\boldsymbol{x}_{k+1}) - g(\boldsymbol{x}_k)] = \boldsymbol{x}_{k+1} - \boldsymbol{x}_k$$

在上式中我们引入矩阵 G_{k+1} 来代替海森逆矩阵,于是

$$G_{k+1}[g(\boldsymbol{x}_{k+1}) - g(\boldsymbol{x}_k)] = \boldsymbol{x}_{k+1} - \boldsymbol{x}_k \tag{4-2-3}$$

注意由于假设目标函数二阶可导,因此海森矩阵是一个实对称矩阵,从而是正定的。那么其逆矩阵也是正定的。这就要求用来代替它的 G_{k+1} 也必须是正定的。又因为算法是一个迭代过程,我们期望每一轮的 G_{k+1} 可以在上一轮的 G_k 上修正得到。于是假设

$$G_{k+1} = G_k + p \cdot \boldsymbol{u}\boldsymbol{u}^{\mathrm{T}} + q \cdot \boldsymbol{v}\boldsymbol{v}^{\mathrm{T}} \tag{4-2-4}$$

其中,p 和 q 是常数,$\boldsymbol{u}$ 和 $\boldsymbol{v}$ 是待确定的向量。将上式带入(4-2-3)整理得到

$$G_k \cdot \Delta g_k + \boldsymbol{u}(p \cdot \boldsymbol{u}^{\mathrm{T}} \Delta g_k) + \boldsymbol{v}(q \cdot \boldsymbol{v}^{\mathrm{T}} \Delta g_k) = \boldsymbol{x}_{k+1} - \boldsymbol{x}_k \tag{4-2-5}$$

式中 $\Delta g_k = g(\boldsymbol{x}_{k+1}) - g(\boldsymbol{x}_k)$。注意上式中两个括号内的乘积是一个常数。为使 $\boldsymbol{u}$ 和 $\boldsymbol{v}$ 的计算简单,这里令

$$p \cdot \boldsymbol{u}^{\mathrm{T}} \Delta g_k = 1, \quad q \cdot \boldsymbol{v}^{\mathrm{T}} \Delta g_k = -1 \Rightarrow p = \frac{1}{\boldsymbol{u}^{\mathrm{T}} \Delta g_k}, \quad q = -\frac{1}{\boldsymbol{v}^{\mathrm{T}} \Delta g_k}$$

因此式(4-2-5)变为

$$G_k \cdot \Delta g_k + \boldsymbol{u} - \boldsymbol{v} = \boldsymbol{x}_{k+1} - \boldsymbol{x}_k$$

取 $\boldsymbol{u} = \boldsymbol{x}_{k+1} - \boldsymbol{x}_k$,$\boldsymbol{v} = G_k \cdot \Delta g_k$,带入式(4-2-4)可得到

$$G_{k+1} = G_k + \frac{(\boldsymbol{x}_{k+1} - \boldsymbol{x}_k)(\boldsymbol{x}_{k+1} - \boldsymbol{x}_k)^{\mathrm{T}}}{(\boldsymbol{x}_{k+1} - \boldsymbol{x}_k)^{\mathrm{T}}[g(\boldsymbol{x}_{k+1}) - g(\boldsymbol{x}_k)]} -$$

$$\frac{G_k[g(\boldsymbol{x}_{k+1}) - g(\boldsymbol{x}_k)][g(\boldsymbol{x}_{k+1}) - g(\boldsymbol{x}_k)]^{\mathrm{T}} G_k^{T}}{[g(\boldsymbol{x}_{k+1}) - g(\boldsymbol{x}_k)]^{\mathrm{T}} G_k^{\mathrm{T}}[g(\boldsymbol{x}_{k+1}) - g(\boldsymbol{x}_k)]}$$

注意上式中的两个分母都是实数,两个分子是矩阵。

拟牛顿法需要指定一个正定矩阵作为迭代初值 G_0,但它只用到了梯度信息,因此往往具有比牛顿法更好的效果。需要指出,牛顿法与爬山法一样,仍然可能陷入局部最优。另外,牛顿法是以泰勒公式为基础的,这使得它对初值敏感。若初值距离极值点太远,牛顿法可能不收敛。

4.2.3 梯度下降法

对于最优化搜索,常用的还有一种称为梯度下降的方法,迭代格式如下:

$$\boldsymbol{x}_{k+1} = \boldsymbol{x}_k - \gamma \cdot g(\boldsymbol{x}_k)$$

即沿着梯度下降的方向更新解[9]。式中 γ 是正的常数,称为步长。梯度下降法的依据是函数在某一点的领域内,其梯度方向是变化最快的方向。因此若沿着梯度的反方向更新解,就能最快地减小函数值。所以梯度下降法又称最速下降法。梯度下降法由于没有考虑二阶导数信息,因此收敛速度比牛顿法慢。在每一次迭代中,解的更新总是沿函数减小的方向。若函数非凸函数时,则可能陷入局部最优点。但是,梯度下降比牛顿法具有更好的鲁棒性,它能适应多种不同的初值。另外,当我们面对大规模优化问题时(即约束和自变量个数较多时),梯度下降省去了二阶矩阵的计算,因此更加实用。

梯度下降算法在机器学习领域应用广泛,这里先做一些基本介绍。考虑一个线性方程组

$$Ax = b$$

其中,$A = (a_1 \quad \cdots \quad a_m)^T$ 是 $(m \times n)$ 的系数矩阵,a_i 是 $(n \times 1)$ 的列向量。x 是 $(n \times 1)$ 的未知数向量。$b = (b_1 \quad \cdots \quad b_n)^T$ 是 $(m \times 1)$ 的常数向量。现在用梯度下降求此方程组的解。注意当 $m > n$ 时,解应该是最小二乘意义下的解。定义损失函数

$$J(x) = \frac{1}{2} \sum_{i=1}^{m} (a_i^T \cdot x - b_i)^2$$

将方程组求解问题转化为最优化问题。

$$x^* = \underset{x}{\mathrm{argmin}} J(x)$$

损失函数的梯度为

$$\frac{\partial J(x)}{\partial x} = \left[\sum_{i=1}^{m} a_{i1}(a_i^T x - b_i), \quad \cdots, \quad \sum_{i=1}^{m} a_{in}(a_i^T x - b_i) \right]^T$$

因此解的更新为

$$x_k \leftarrow x_k - \gamma \sum_{i=1}^{m} a_{ik}(a_i^T x - b_k)$$

注意到 $J(x)$ 是凸函数,所以按照此更新公式,最终将求得唯一的全局最优解。在机器学习中,a_i 称为训练样本。从上面梯度下降的过程可以看出,每轮迭代中每一个分量的更新都使用了全部 n 个样本的信息。这体现为梯度分量为 m 个项的求和,称为批量梯度下降(Batch Gradient Decent,BGD)。当样本数 n 很大时,对梯度的计算非常复杂。此时我们可以随机选取一个样本来更新解,即 $m = 1$。此改进算法称为随机梯度下降(Stochastic Gradient Decent,SGD)[10]。由于未使用全局信息,随机梯度下降的收敛速度要大大低于批量梯度下降。所以要取得全局最优解,往往需要迭代更多次。这实质上是一种时间换空间的处理方式。另外,随机梯度下降还容易受到噪声影响。其每一次的更新并不是向全局最优的方向进行的。介于 BGD 和 SGD 之间的是小批量梯度下降(Mini-Batch Gradient Decent,MBGD)。它采用一小部分样本作为更新信息,兼具 BGD 和 SGD 的优点。关于梯度下降法,本书的机器学习章节将会详细应用。

4.3 本章小结

搜索是人工智能及计算机科学中的一个基本问题,是解决优化和约束满足问题的有效手段。按最终解的精确性,搜索分为精确搜索和非精确搜索。本章介绍的图搜索和局部搜索就是它们的代表。对于一个精确搜索算法,主要从算法的完备性、最优性和复杂度几个方面考察。其理论支撑往往涉及图论、集合论等几个数学领域。八皇后问题、八数码问题、旅行商问题等都可以使用精确搜索求解。而对于一个非精确搜索算法,我们考察的重点是算法能否收敛到解,收敛速度如何,以及是否会陷入局部最优。应用中,局部搜索为我们提供了一种与精确搜索不同的求解思路。它特别适合对求解时间要求不高但搜索空间巨大的场景。

参考文献

［1］　S. Arora and B. Barak. Computational Complexity：A Modern Approach［M］,Cambridge,2009.

［2］　L. Fortnow and S. Homer. A Short History of Computational Complexity［J］. Bulletin of the EATCS,2003,80：95-133.

［3］　P. E. Hart,N. J. Nilsson and B. Raphael. A Formal Basis for the Heuristic Determination of Minimum Cost Paths［J］. IEEE Transactions on Systems Science and Cybernetics SSC4,1968,4(2)：100-107.

［4］　W. Zeng and R. L. Church. Finding shortest paths on real road networks：the case for A^* ［J］. International Journal of Geographical Information Science,2009,23(4)：531-543.

［5］　R. Dechter and J. Pearl. Generalized best-first search strategies and the optimality of A^* ［J］. Journal of the ACM,1985,32(3)：505-536.

［6］　S. Koenig,M. Likhachev,Y. Liu,et al. Incremental heuristic search in AI［J］. AI Magazine,2004,25(2)：99-112.

［7］　P. E. Black. Greedy Algorithm. Dictionary of Algorithms and Data Structures. U. S. National Institute of Standards and Technology (NIST),2005.

［8］　R. Haelterman. Analytical study of the least squares quasi-Newton method for interaction problems. PhD Thesis,Ghent University,2009.

［9］　N. Qian. On the momentum term in gradient descent learning algorithms［J］. Neural Networks,1999,12(1)：145-151.

［10］　L. Bottou. Online Algorithms and Stochastic Approximations. In D. Saad eds,Online Learning and Neural Networks［M］,Cambridge University Press,1998.

第 5 章

自 动 规 划

规划是智能行为的一个重要特征,目标是寻找从初始状态转移到最终状态的(最优)动作序列。在生产调度、航空航天、智能交通、城市建设等众多领域,规划都扮演着重要角色。随着社会发展,规划需要考虑的因素越来越多,状态空间也越来越大,因此机器自动规划成为了一个活跃的研究领域。自动规划可以看成是逻辑与搜索的结合,主要思想是在知识逻辑表示的基础上,通过搜索状态空间或规划空间取得一个可行解或最优解。本章将讲述自动规划的基本内容,包括规划问题的形式化表示和规划问题的求解算法。对于考虑时间约束的规划算法,本章也做了初步分析。

5.1 规划问题的形式化表示

一个规划问题通常由四个部分组成:①初始状态;②动作集合,即每一步可选择的动作;③结果集合,即每一个动作完成之后的状态;④目标状态。逻辑系统一章已经讲述了如何表示现实世界的事物和状态,因此还需要定义如何表示动作。我们选用一阶逻辑来达到此目的。这既保证了推理的完备性,又具备灵活性而不过于复杂。动作同样可以定义成"谓词"形式。例如,在路径搜索的例子中,定义"谓词"$Travel(a,b)$表示从 a 城市到相邻的 b 城市。这个动作是一个抽象表示,实际中可能有很多动作组成,实现方式也可以不同,但最终都能完成这样"一步"操作。明白这一点,我们就可以将 $Travel(a,b)$ 看成是一个不可再分的动作,称为基元动作(ground operator)。基元动作是针对当前规划层次而言的。在更低的层次上,上一层的基元动作可能变为下一层上的总任务。例如,实际执行 $Travel($西安,成都)动作时,可能有[$RentCar(x,$西安)-$Drive(x,$西安,成都)-$ReturnCar(x,$成都)]、[$BuyTicket(y,$西安,成都)-$ByTrain(y,$西安,成都)]等多种选择。这本身又是一个规划(从分层规划的角度看,前者称为高层规划,后者称为低层规划)。虽然动作的符号表示可以看成是"谓词",但是从逻辑推理一章可知,谓词逻辑本身是描述事物状态及其联系的,并不用来表示动作。例如陈述"小明从北京到天津"在逻辑推理中并无多大意义,其真值也不好确定。为区别这一点,我们采用动作模式这一术语。这也是前面将"谓词"加引号的原因。

动作模式并不是任何情况都可以执行,其执行需要满足一定条件。按一阶逻辑的方法,定义状态谓词 $At(a)$ 表示处于 a 城市,$Connected(a,b)$ 表示城市 a 与 b 相邻。小明只有达到状态 $At(a) \wedge Connected(a,b)$,才能执行 $Travel(a,b)$ 动作。执行完 $Travel(a,b)$ 动作后,结果状态将转变为 $At(b) \wedge Connected(b,a)$。因此,以"西安"为起点"青岛"为终点的规划问题可形式化表示为

$Init(At(西安) \wedge Connected(西安, 郑州) \wedge \cdots)$

$Goal(At(青岛) \wedge Connected(西安, 郑州) \wedge \cdots)$

$Action(Travel(a,b), PreCond: At(a) \wedge Connected(a,b), Result: At(b) \wedge Connected(b,a))$

该规划问题的动作集中只有一个动作模式,初始状态和目标状态都由当前所处城市和城市间连接关系两部分构成。有两个问题需要说明。首先,初始状态和目标状态不包含变量。任何具体的规划都必须有确定的初始状态和目标状态。动作模式包含变量,且其结果状态中出现的变量必须出现在条件中。其次,对图的表示仅包含正文字,表示结点不相连的负文字(如 $\neg Connected(太原, 郑州)$)并未写出。这实质上是采用了"封闭世界"假设来避免表达式过于冗长(请回忆"封闭世界"假设的定义)。但是,如果动作模式的条件中含有负文字状态,那么应该将相关的负文字写出,以使得后续的搜索能够进行。

另一个稍复杂的例子来自简化版的积木世界。

例 5-1(积木世界[1]) 地上有 A、B 两个箱子,L、M、R 三个位置。开始时,A 和 B 位于位置 L 处,且 A 放置于 B 上,如图 5-1(a)初始态所示。当某个箱子上面没有其他箱子时,机器人可以将它移动到另外的空的位置。当两个箱子位于不同位置且上面均没有箱子时,机器人可以将一个箱子放置在另一个箱子之上。需要达到的终止状态如图 5-1(b)目标态所示。给出规划问题的形式化表示。

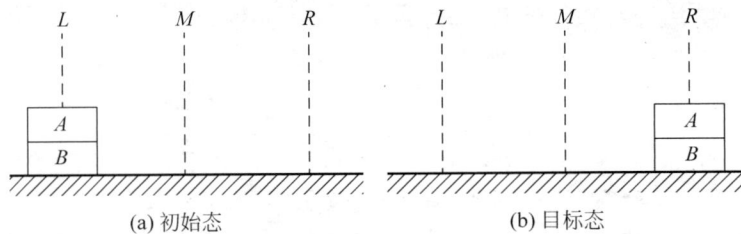

图 5-1 简化版的积木世界

与路径规划的形式化表示一样,首先根据题意定义谓词。定义三个状态谓词符号:$At(x,a)$ 表示箱子 x 位于 a 处,$On(x,y)$ 表示箱子 x 位于箱子 y 上,$Vacant(a)$ 表示 a 处是空的。移动箱子的动作分三种情况,因此定义三个动作模式:$Move(x,a,b)$ 表示将箱子 x 从 a 处的地面移到空地 b,$Lay(x,y)$ 表示将箱子 x 放置在箱子 y 上,$Take(x,a,b)$ 表示将箱子 x 从位于 a 处的另外一个箱子上面取下并放在空地 b 处。再用一个常量符号 $Floor$ 表示地板。基于上述定义,积木世界的规划问题可以形式化表示为

$$Init(At(A,L) \wedge At(B,L) \wedge On(A,B) \wedge \neg On(B,A) \wedge On(B,Floor)$$
$$\wedge Vacant(M) \wedge Vacant(R))$$

$$Goal(At(A,R) \wedge At(B,R) \wedge On(A,B) \wedge \neg On(B,A) \wedge On(B,Floor)$$
$$\wedge Vacant(L) \wedge Vacant(M))$$

$$Action(Move(x,a,b),$$
$$Precond：At(x,a) \wedge \neg On(y,x) \wedge On(x,Floor) \wedge Vacant(b),$$
$$Effect：At(x,b) \wedge \neg On(y,x) \wedge On(x,Floor) \wedge Vacant(a));$$
$$Action(Lay(x,y,a,b),$$
$$Precond：At(x,a) \wedge At(y,b) \wedge (a \neq b) \wedge \neg On(x,y) \wedge \neg On(y,x)$$
$$\wedge On(y,Floor),$$
$$Effect：At(x,b) \wedge At(y,b) \wedge On(x,y) \wedge \neg On(y,x) \wedge On(y,Floor) \wedge Vacant(a))$$
$$Action(Take(x,a,b),$$
$$Precond：At(x,a) \wedge At(y,a) \wedge On(x,y) \wedge \neg On(y,x)$$
$$\wedge On(y,Floor) \wedge Vacant(b),$$
$$Effect：At(x,b) \wedge At(y,a) \wedge \neg On(x,y) \wedge \neg On(y,x)$$
$$\wedge On(x,Floor) \wedge On(y,Floor)$$

这个例子的动作模式条件包含了负文字,因此初始状态和目标状态也相应地写出了负文字。

5.2 状态空间规划

完成规划问题的表示后,本节进入如何设计求解算法。对于一个规划问题,所有规划对象的所有可能取值构成了一个状态空间。规划的目标就是在规划域上寻找一个动作序列使得所有对象由初始状态转移到目标状态。最简单的方法是采用前向搜索,由初始状态开始搜索状态可能的转移路径[2-4]。从前面的章节我们了解到,前向搜索实际上是遍历了所有可能的状态转移路径。因此,当规划问题有解时,前向搜索在有限的状态空间内一定能够找到解。当规划问题无解时,前向搜索将返回失败。前向搜索是一种迭代计算模式,在每一轮迭代中,程序将完成:

(1) 检查当前状态是否是目标状态。若是,则搜索停止,得到解序列。

(2) 寻找匹配当前状态的所有动作模式。若没有动作模式与当前状态匹配,则表明问题无解,计算停止。

(3) 应用并保存匹配成功的动作模式,将动作结果作为新的当前状态,转步骤1。

在搜索尚未到达目标状态时,生成的动作模式序列称为规划的部分解。前向搜索的伪代码如表 5-1 所示。注意算法第 9 行从匹配成功的动作模式中选择一个执行。该操作实质上是只尝试了一条可能的路径。因此无法保证搜索的完备性。这一步也可以执行 *applicable* 集合中的所有动作,将搜索变为宽度优先,从而保证完备性。动作模式的选择也可以结合启发策略,有利于搜索更快速地到达目标状态。这里给出的前向搜索算法是循环形式的,读者也可以稍作改动,将其与深度优先搜索结合,写为递归式。

表 5-1 前向搜索规划伪代码

```
ForwardSearching(KB, InitState, GoalState)
```

Input: KB, state space and action modes;

InitState, start state;

GoalState, objective;
Output: an action sequence or failure;
1. currState <-- { InitState };
2. plan <-- { };
3. **Repeat**
4.　**If** currState satisfies GoalState
5.　　**return** plan;
6.　applicable <-- {a | a is a ground operator in KB that *Precond*(*a*) is true in currState};
7.　**If** *applicable* = ∅
8.　　**return** failure;
9.　*a* = *ChooseAction*(*applicable*);
10.　currState <-- *Effect*(*a*);
11.　plan <-- *plan* ∪ *a*;
12. **Until** Maximum Iteration.

与前向搜索对应的是反向搜索。此时,搜索从目标状态出发逐渐向后扩展,直至到达初始状态。反向搜索的步骤与前向搜索类似,区别仅在于每一轮迭代采用动作模式的结果来匹配当前状态。若匹配成功则将动作的条件作为新的状态继续搜索。反向搜索的伪代码如表 5-2 所示。其中第 6 行计算所有结果状态为当前态的动作模式。作为示例,考虑上一节中形式化表示的积木问题。将目标状态

$$Goal(At(A,R) \land At(B,R) \land On(A,B) \land \neg On(B,A) \land On(B,Floor)$$
$$\land Vacant(L) \land Vacant(M))$$

表 5-2　反向搜索规划伪代码

BackwardSearching(KB, InitState, GoalState)
Input: KB, state space and action modes;
InitState, start state;
GoalState, objective;
Output: an action sequence or failure;
1. currState <-- { GoalState };
2. plan <-- { };
3. **Repeat**
4.　**If** currState satisfies InitState
5.　　**return** plan;
6.　relevant <-- {a | a is a ground operator in KB that *Effect*(*a*) is true in currState};
7.　**If** *relevant* = ∅
8.　　**return** failure;
9.　*a* = *ChooseAction*(*relevant*);
10.　currState <-- *Precond*(*a*);
11.　plan <-- *a* ∪ *plan*;
12. **Until** Maximum Iteration.

匹配动作模式得到候选动作 $Lay(A,B,L,R)$ 和 $Lay(A,B,L,M)$。算法选取其中之一作为关联动作,将当前状态更新为

$$At(A,M) \wedge At(B,R) \wedge (A \neq B) \wedge \neg On(A,B) \wedge \neg On(B,A)$$
$$\wedge On(B,Floor)$$

此时算法选取一个匹配 $Move(B,L,R)$,得到新状态

$$At(B,L) \wedge \neg On(A,B) \wedge On(B,Floor) \wedge Vacant(R)$$

按此继续搜索,算法最终将得到一个解序列。

需要明确,前向或反向搜索指的是搜索方向,即从问题的初态开始还是从目标态开始。而宽度和深度优先搜索则指的是具体搜索方式。二者并无直接联系。前向搜索可以采用宽度搜索,也可以采用深度搜索。反向搜索类似。然而,正如搜索一章提到的一样,搜索需要保存已经访问过的状态结点,以避免在后续计算中生成相同的状态。否则,搜索将进入无限循环,无法得到结果。

5.3　规划空间规划

使用状态空间搜索求解规划问题是直观的。对应的搜索树中,结点表示系统中间状态,边表示相邻状态转移的动作。本节将讨论另外一种直接在规划空间搜索的求解方法[5.6]。该方法的搜索树上,结点对应着规划解的一个部分动作序列,称为部分规划(Partially Specified Plan)或部分解。边代表规划改进操作(Plan Refinement Operator),将父结点的部分解向规划完成的方向做改进。原则上,改进操作应避免向部分解规划中添加任何达到目标状态不需要的约束,这被称为最少限制原则(Least Commitment Principle)。在搜索解的过程中,算法不断扩展搜索树,直至到达某个叶结点。叶结点代表的部分解能够实现目标态。

与状态空间规划相比,规划空间规划不仅在搜索空间上存在差异,对解的定义方式也不相同。直观上,规划问题的解是一个动作序列。在确定解的动作序列时,涉及两种规划操作算子:动作模式的选择和所选动作顺序的指定。在此意义下,只需要根据变量绑定约束选取动作集合,并且确定合适的顺序。进一步考虑,对一个部分规划,将其向完成规划的方向改进需要执行四步操作:添加动作、添加动作顺序约束、添加动作之前或之后的状态表示(称为临时联系,Casual Link[7])、添加变量绑定约束。我们仍然以积木世界的例子来说明此过程。

假设部分规划包含一个动作 $Lay(A,B,L,R)$。将动作 $Lay(A,B,L,R)$ 的条件 $At(A,L) \wedge At(B,R) \wedge (A \neq B) \wedge \neg On(A,B) \wedge \neg On(B,A) \wedge On(B,Floor)$ 作为子目标。为达成该子目标,添加动作 $Move(A,a,L)$ 和 $Move(B,b,R)$。它们的执行顺序应该在 $Lay(A,B,L,R)$ 之前,记为 $Move(A,a,L) \prec Lay(A,B,L,R)$,$Move(B,b,R) \prec Lay(A,B,L,R)$。对于这两个动作之间的顺序,当前的子目标并没有限制。按照最小限制原则,我们不指定它们之间的顺序。至此,部分规划变成 $\{Move(A,a,L), Move(B,b,R) \prec Lay(A,B,L,R)\}$。一个潜在的问题是,符号 $\prec$ 仅代表 $Move(A,a,L)$ 的执行时间先于 $Lay(A,B,L,R)$,尚无法准确表达二者在时间轴上的相邻关系。在后续的规划中,规划器可能在二者之间插入其他操作。为避免这一点,需要进一步添加二者的临时联系。临时联系用符号

$Move(A,a,L) \xrightarrow{At(A,L)} Lay(A,B,L,R)$ 表示。箭头上的是 $Move$ 动作的结果状态,也是 Lay 动作的执行条件。最后,我们考察变量绑定约束。显然,动作模式 $Move(x,a,b)$ 的变量绑定 $\{x/A, b/L\}$ 和 $\{x/B, b/R\}$ 是产生临时联系 $At(A,L)$ 所必须的。而依据最小限制原则,变量 a 在当前的部分规划中不需要指定。从以上过程可以看到,部分规划给出了一个动作模式集合,以及该集合中动作的顺序、变量绑定约束和临时联系。称没有临时联系的动作条件为子目标(Subgoal)[8,9]。子目标实质上是待改进的状态。为使部分解经过改进、扩展最终能连接初始状态和目标状态,引入两个哑动作模式 a_0 和 a_∞。初态定义为 a_0 的结果状态,并且 a_0 不包含条件。终态定义成 a_∞ 的条件,并且 a_∞ 没有结果状态。这样,规划问题就转化为对部分解 $\{a_0 < a_\infty\}$ 的改进。

前面提到,规划空间规划是采用规划算子寻找一个动作序列。然而,规划器每一次改进当前部分解时,并不可能尝试所有的动作模式。我们需要进一步分析规划解的特征,从而减小搜索空间。一个显然的启发式是临时联系。这跟状态空间规划类似。

定义 5-1(威胁) 设 π 是一个部分规划,对于临时联系 $a_i \xrightarrow{p} a_j$,动作 a_k 是 π 的一个威胁(Threat)当且仅当以下三项同时成立:

(1) a_k 产生结果 $\neg q$,且 $\neg q$ 与 p 不一致。例如,当 p 和 q 可合一时,$\neg q$ 与 p 就不一致。

(2) 任意顺序约束$(a_i < a_k)$和$(a_k < a_j)$是一致的,即不出现循环。

(3) p 和 q 合一的变量绑定约束符合 π 的变量绑定。

简言之,部分规划不存在威胁是指动作序列不存在循环、不会产生矛盾的临时联系状态并且符合变量绑定约束。

定义 5-2(缺陷) 设 $\pi=(A,<,B,L)$ 是一个部分规划,其中 A 代表动作集合,$<$ 代表顺序约束,B 代表变量绑定约束,L 代表临时联系。定义 π 的缺陷为:

(1) π 的子目标(A 中一个无临时联系的动作条件);

(2) π 的威胁(例如一个可能与某临时关系发生冲突的动作)。

定理 5-1 部分规划 $\pi=(A,<,B,L)$ 是规划问题 $P=(\Sigma,s_0,g)$(Σ 是规划空间,s_0 是初始状态,g 为目标状态)的一个解,如果 π 不包含缺陷并且顺序约束 $<$ 和绑定约束 B 都一致。

证明:归纳步,假设定理对任意包含$(n-1)$个动作的规划成立。考虑包含 n 个动作且无缺陷的规划。令 $A_i=\{a_{i1}, a_{i2}, \cdots, a_{ik}\}$ 是一个动作集合,其中每一个动作在 $<$ 顺序定义下的直接前序动作是 a_0。那么 π 中满足 $<$ 顺序约束的任意完全排序动作序列,都必然由 A_i 中的某个动作 a_i 开始。因为 π 中不包含缺陷,所以 a_i 的所有条件都被与 a_0 的临时关系满足(初始状态),即 $a_0 \xrightarrow{s_0} a_i$。

令 $[a_0, a_i]$ 表示由初始状态 s_0 执行动作 a_i 后的第一个状态,并令 $\pi'=(A', <', B', L')$ 为剩余的规划。那么 π' 可以通过在 π 中用一个单一的动作取代 a_0 和 a_i 得到。新的动作没有条件,结果为状态 $[a_0, a_i]$。绑定约束也能根据动作 a_i 添加到 B 中。下面证明 π' 也是一个解:

(1) $<'$ 是一致的。因为从 π 到 π' 并没有添加新的顺序约束;

(2) B' 是一致的。因为动作 a_i 的绑定约束原本就在 B 中,所以 B' 与 B 是一致的;

（3）π'不包含威胁。因为π本身不包含威胁，并且也没有添加新动作；

（4）π'不包含子目标。因为π中每一个被动作$a\neq a_0$的临时关系所满足的条件在π'中仍然满足（临时关系不变）。再考虑临时关系（$a_0\xrightarrow{p}a_j$）满足的条件p。由于a_i在π中并不是一个威胁，任何a_i作变量绑定后的执行结果都不会与p产生不一致。所以p仍然被第一个状态$[a_0,a_i]$满足。临时关系变为（$[a_0,a_i]\xrightarrow{p}a_j$）。

基于以上证明，再由归纳假设知π'是一个包含$(n-1)$步动作且无缺陷的解，因此定理得证。

定理5-1表明，规划器在求解过程中并不需要将所有的动作进行排序，也不必查询动作对所有的常量绑定。这大大缩减了搜索空间。基于此，我们有规划空间的PSP(Plan-Space Planning)算法。PSP算法的基本思想是在保证顺序和变量绑定约束的前提下，对一个部分解π作改进，直至不包含缺陷为止。PSP算法的伪代码如表5-3所示。flaws代表当前部分解的缺陷，$resolvers$表示对π中缺陷f的所有改进策略，π'是π改进缺陷f后的部分解。规划算法以初始部分解π_0为输入，每一轮成功的递归都在当前解上改进了一个缺陷。$OpenGoals$函数用于寻找所有的未被临时关系支持的动作前提。为提高执行效率，该函数通常采用$agenda$数据结构。对π中任意一个新的动作a，首先将其全部条件加入$agenda$中，然后检查新的临时关系，如果新的临时关系与原有关系不矛盾，则移除相应的条件。函数$Threats$查询所有可能对某些临时关系构成威胁的动作。该查询可通过测试所有动作对（$a_i\xrightarrow{p}a_j$）完成，复杂度为$O(n^3)$（n为π中的动作数）。一般采用增量查询：对于π中的新动作，测试所有不涉及该动作的临时关系（$O(n^2)$复杂度），对于π中新的临时关系，测试所有剩余的动作（$O(n)$复杂度）。函数$Resolve$寻找所有解决缺陷f的方法。如果f是某个动作a_j的条件p，那么改进策略有两种可能：

（1）若π中包含结果为p的动作a_i，则改进策略是一条临时关系（$a_i\xrightarrow{p}a_j$），以及相应的顺序和变量绑定约束。

（2）改进策略还可能是一个产生状态p的新动作a，包含a对应的临时关系、顺序和变量绑定约束。

表5-3 PSP算法伪代码

PSP(π)

1. flaws <-- $OpenGoals(\pi)\bigcup Threats(\pi)$;
2. If flaws = $\emptyset$
3.   Return π
4. f = $ChooseFlaw(flaws)$;
5. resolvers ← $Resolve(f,\pi)$;
6. If resolvers = $\emptyset$
7.   Return failure;
8. ρ = $ChooseResolver(resolvers)$;
9. π' ← $Refine(\rho,\pi)$;
10. Return PSP(π').

如果 f 是对某条临时关系 $(a_i \xrightarrow{p} a_j)$ 的威胁。该威胁由动作 a_k 产生结果 $\neg q$，且 q 与 p 可合一，那么改进策略有三种可能：

（1）若 $a_k \prec a_i$ 满足顺序约束，改进策略是将 a_k 置于 a_i 之前的顺序约束；

（2）若 $a_j \prec a_k$ 满足顺序约束，改进策略是将 a_k 置于 a_j 之后的顺序约束；

（3）使得 q 与 p 无法合一的变量绑定约束。

$Refine$ 函数用选定的改进策略改进部分解。这一步的操作是容易的，无须其他的测试，直接向 π 中添加一条顺序约束、一条或多条绑定约束、一条临时关系和/或一个新的动作。

规划空间规划虽然搜索空间不同，但其本质上与状态空间规划是等价的。在规划空间下，状态被表示成了临时关系，状态空间中的搜索路径被转换成了缺陷改进和顺序、绑定约束。

5.4 规划图

前两节介绍了状态空间规划和规划空间规划，它们的技术基础都是搜索。本节将搜索与图结合，介绍一种经典的规划方法，称为规划图方法[10,11]。实质上，规划图本身就是一个多项式时间的可采纳启发函数，它能回答规划问题是否有解，并在有解的情况下引导搜索快速找到解。已经证明，规划图是求解困难规划问题的有效手段。但是，这种方法只能求解不含变量的逻辑规划。

规划图是一个分层有向图。状态层(S)和动作层(A)交替出现。处于第 i 个动作层的动作 A_i 以它前面的 S_i 层中的状态为条件，其结果状态位于紧随其后的 S_{i+1} 层。随着迭代次数增加，i 逐渐增大，规划图的层数也逐渐增多，直到达到特定的终止条件为止。下面我们用规划图继续求解积木世界的例子。绘制规划图的第一步是将所有的初始状态文字排列在 S_0 层，满足条件的动作模式放在 A_0 层，动作结果生成 S_1 层。如图 5-2 所示。在动作层引入一个"空操作"（用方框画出），表示不进行任何动作。相应的状态也保持不变。A_0 层中，动作 $Take(A,L,M)$ 和空操作不能同时发生，称为互斥动作模式，用虚线连接。因为它们产生了互斥的结果 $On(A,B)$ 和 $\neg On(A,B)$。

通常，判断两个动作模式是否互斥遵循以下三个条件：

（1）不一致效果，即两个动作的某个结果状态互为相反文字。

（2）冲突，即一个动作的效果之一是另一个动作前提的否定。

（3）竞争，即两个动作的某个前提互为相反文字。

注意第二轮规划图中并未画出空操作的互斥关系。积木问题第三轮迭代的规划图更加复杂。为清楚表示，图 5-3 中只给出了得到解的动作。执行完图中动作后，目标状态已经出现。接下来需要进行反向搜索求出解。具体过程是：

（1）设定目标状态为当前状态集。

（2）选取结果覆盖当前状态集合的动作模式集合。所选取的动作模式中不能包含互斥关系。

（3）将动作模式的前提状态作为新的当前状态集合。

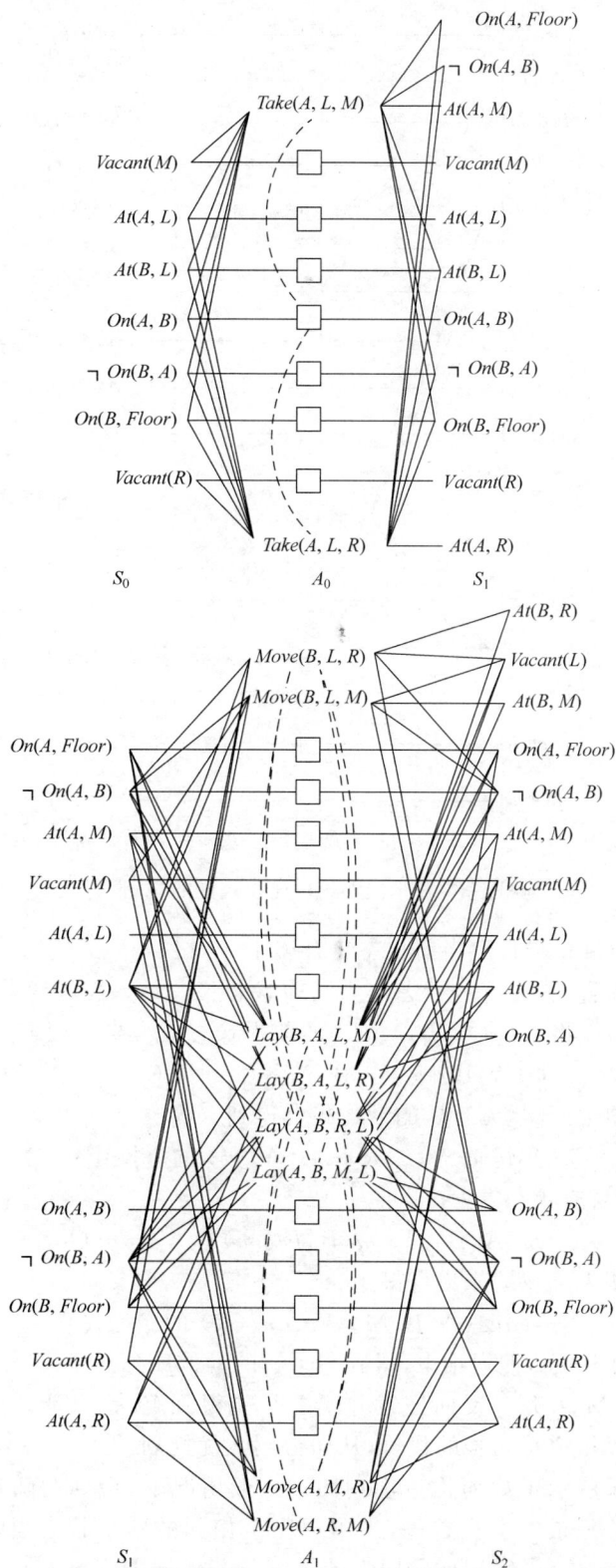

图 5-2 积木世界的前两轮规划图

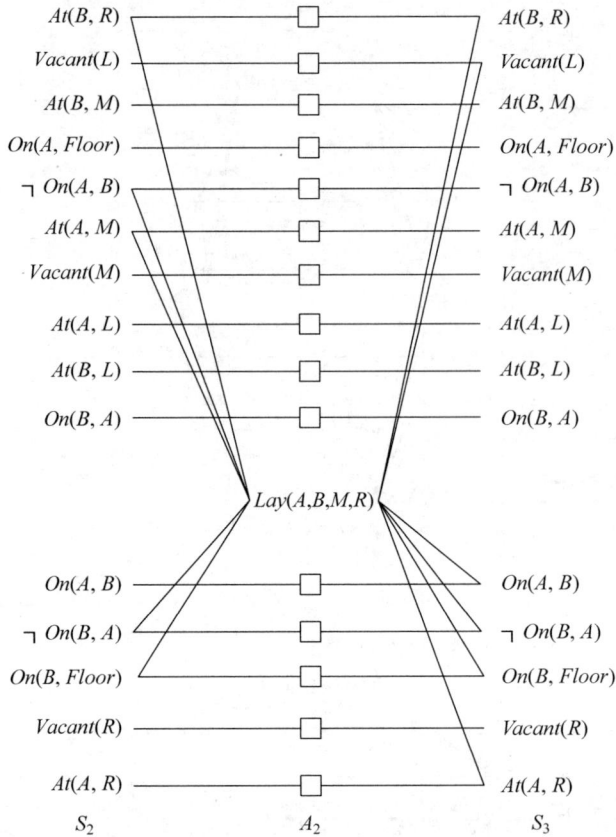

图 5-3　积木问题第三轮得到解的规划图

（4）重复第 2 和第 3 步直到当前状态集合属于 S_0 层。

对我们的例子而言，首先将目标态作为当前状态集。结果覆盖该状态集的动作模式只有 $Lay(A,B,M,R)$。将 $Lay(A,B,M,R)$ 的前提状态作为当前状态集为

$$At(B,R) \wedge \neg On(A,B) \wedge At(A,M) \wedge \neg On(B,A) \wedge On(B,Floor)$$

在第二轮规划图中，寻找无互斥的动作集合得到

$$\{Move(B,L,R), At(A,M) \text{ 的空操作}\}$$

继续迭代，新的当前状态集为

$$At(B,L) \wedge \neg On(A,B) \wedge On(B,Floor) \wedge Vacant(R) \wedge At(A,M)$$

在第一轮规划图中寻找动作集合得到

$$\{Take(A,L,M), Vacant(R) \text{ 的空操作}\}$$

更新当前状态为 S_0 态，搜索结束，得到一个解的动作序列：$[Take(A,L,M) \rightarrow Move(B,L,R) \rightarrow Lay(A,B,M,R)]$。反向搜索并不总是能得到解，也可能返回失败，表明问题无解。反向搜索也可以指定每一步的代价，从而得到最优规划。

积木世界的例子展示了如何构造规划图。一般情况下，规划图随迭代进行逐层增加。扩展终止的条件稍显复杂[12,13]。首先，当出现完全相同的两个状态层时，说明此时规划图达到了稳定，扩展暂时停止，采用反向搜索计算解。若反向搜索没有得到解，则记录规划图的层数和不满足的目标状态（称为 No-Good）。在扩展规划图至下一层。若 No-Good 的数

量减少,则继续扩展,否则表明规划无解。最后,表 5-4 给出了规划图算法伪代码。

表 5-4 规划图算法伪代码

GraphPlan(KB, InitState, GoalState)

Input: KB, state space and action modes;

InitState, start state;

GoalState, objective;

Output: an action sequence or failure;

Graph < -- { InitState }, a graph plan initialized by InitState;

NoGoods < -- { }, a set that keeps the unsatisfied states;

1. **Repeat**
2.   **If** all goal states are contained in S_t and are not conflicted
3.   ActSequence < -- BackSearch(Graph, GoalState, NoGoods);
4.   **If** ActSequence is not Failure
5.   return ActSequence;
6.   **If** Graph and NoGoods are leveled off
7.   return Failure;
8.   Expand Graph;
9. **Until** Maximum Iteration.

5.5 时序规划

到目前为止,本章讲述的规划问题只考虑了有限状态空间上的动作先后顺序。这一问题被称为经典规划。然而,实际生产和管理中还有很多问题需要明确考虑动作的持续时间、资源的配置约束等。这类问题被称为时序规划和资源调度[14,15]。其问题表示和求解方法与经典规划相比都存在区别。本节的剩余部分将分别讨论。

时序规划可被定义为由常量符号、变量符号、关系符号和约束四部分组成。常量符号是规划域上不同对象的指代名称,如 Box、Floor 以及前面例子中的 A、B 等。变量符号分为对象变量和时间变量,前者表示规划域上某类型的对象,取值范围是离散的常量符号,后者专指时间,取值为实数(本节中时间以实数表示)。关系符号有两类。一类是严格关系符号,表示不随时间变化的关系,如 $Adjacent(L,M)$;另一类是可变关系符号,表示在规划过程中并不总是成立的关系,如 $At(A,M)$。约束也分为两类。一类是时间约束,此处的时间约束并不采用真实数值实例化,而是以约束变量的一致集合表示;另一类是绑定约束,指明了对象变量能够被实例化的范围,该范围实质是对象变量的定义域。由于规划域上的常量符号是有限的,因此绑定约束给出的对象变量定义域也是有限的。约束在描述上可分为时不变描述和时变描述。前者是严格关系和绑定约束(统称为对象约束),后者是可变关系和时间约束。

形式化地,我们定义时间限定表达式(Temporally Qualified Expression,TQE)为如下形式

$$p(\zeta_i,\cdots,\zeta_k)@[t_s,t_e)$$

其中，p 是可变关系，$\zeta_i,\cdots,\zeta_k$ 是约束或对象变量，t_s，t_e 是时间变量，满足 $t_s<t_e$。该时间限定表达式声明了对任意满足 $t_s\leqslant t<t_e$ 的时刻 t，$p(\zeta_i,\cdots,\zeta_k)$ 成立。此处为了数学上表示方便，采用左闭右开的时间区间。进一步定义时间数据库（Temporal Database）为

$$\Phi=(\mathcal{F},\mathcal{C})$$

其中，$\mathcal{F}$ 是一个有限的时间限定表达式集合，$\mathcal{C}$ 是一个时间和对象约束的有限集合。另外，从规划解存在的角度看，以 $\mathcal{C}$ 为约束的约束满足问题必须存在可行解（即存在覆盖所有变量的实例满足 $\mathcal{C}$ 的全部约束），否则规划问题无解。时间数据库给出了世界状态随动作执行的变化情况。图 5-4 给出了积木世界例子的部分时间数据库，用时间限定表达式集合可表示为

$$\Phi=(\{At(A,L)@[\tau_0,\tau_1),At(A,Route)@[\tau_1,\tau_2),At(A,M)@[\tau_2,\tau_3),$$
$$Vacant(L)@[\tau_1,\tau_3),Vacant(M)@[\tau_0,\tau_2)\},$$
$$\{Adjacent(L,M),\tau_0<\tau_1<\tau_2<\tau_3\})$$

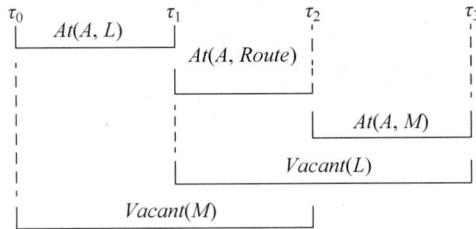

图 5-4　积木世界的时间数据库（部分）

前三条时间限定表达式指出了积木 A 分别在 $[\tau_0,\tau_1)$、$[\tau_1,\tau_2)$、$[\tau_2,\tau_3)$ 时间段内位于 L 处、移动路径上和 M 处。后两条表达式指出了 L 和 M 的空置时间。约束部分给出了 L 和 M 的相邻关系，以及对时间点的约束。此例中，时间限定表达式都是原子谓词，并不包含逻辑连接符，也不包含谓词的否定。这遵循了封闭世界假设，即时间表达式只在限定时间内成立，严格关系在数据库内恒成立。

假设给定一条一般形式的时间限定表达式 $T=Vacant(a)@[t_1,t_2)$，其中 a，t_1，t_2 均为变量。如果时间数据库 Φ 中存在所有变量的一个置换，使得变量绑定后 T 成立，那么就称 Φ 支持该表达式 T。例如在积木世界的例子中，声明 $Vacant(L)@[\tau_1,\tau_3)$ 在置换 $\{a/L,t_1/\tau_1,t_2/\tau_3\}$ 下能够成功匹配表达式，所以 Φ 支持 T。注意，Φ 支持 T 并不需要时间变量的精确置换。任何满足 $\{\tau_1\leqslant t_1,t_2\leqslant\tau_3\}$ 的置换都能保证 T 成立。使时间表达式 T 成立的变量绑定约束以及相应的时间约束（如 $\tau_1\leqslant t_1,t_2\leqslant\tau_3$）共同称为 T 的可行条件（Enabling Condition）。

形式化表示时序规划问题后，我们定义时序规划的规划算子，它也由四部分组成，记为

$$o=(name(o),precond(o),effects(o),const(o))$$

$name(o)$ 是形如 $o(x_1,\cdots,x_k,t_s,t_e)$ 的表达式。括号外是动作符号，括号内是对象变量和时间变量。$precond(o)$ 和 $effects(o)$ 是时间限定表达式。$const(o)$ 是时间约束和对象约束（对象约束包括严格关系和变量绑定约束）。为简洁表示，规划算子也写成

$$Move(x,a,b)@[t_s,t_e),$$
$$precond:At(x,a)@[t_1,t_s)\wedge Vacant(b)@[t_1,t_e)$$
$$effects:At(x,Routes)@[t_s,t_e)\wedge At(x,b)@[t_e,t_2)$$

$$\wedge\ Vacant(a)@[t_s,t_2)$$

$$const: t_1 < t_s < t_e < t_2, Adjacent(a,b)$$

其中 t_1 和 t_2 是自由变量。时序规划的动作模式定义为规划算子经过部分变量置换后的结果。给定时间数据库 $\Phi=(\mathcal{F},\mathcal{C})$，若 $\mathcal{F}$ 支持动作模式 a 的所有 $precond$，并且存在使得 $\mathcal{C}\bigcup const(a)\bigcup c$ 满足约束的可执行条件 c 时，那么称动作模式 a 对 Φ 是可执行的。动作持续时间从 t_s 到 t_e，执行后的状态由 $effects$ 部分给出。需要指出，在经典规划中，一个动作的执行结果状态只影响到该动作涉及的变量，而不会更改其他对象的状态。但在时序规划中，一个动作的执行可能改变其他对象状态。而其他对象的这些更改并没有反映在 $effects$ 中。此外，经典规划中一个动作执行后可能导致对原状态事实集合增加新事实和删去不再满足的事实陈述。而在时序规划中，动作的执行结果只会对原事实集合进行添加而不会删除。这是因为不同时间段下的状态被视为不同的事实，因此随着时间的流逝，新的事实会不断被加入。

请再次考虑积木世界的时间数据库。一个基本事实是，同一块积木不能同时放置在两个不同的位置。这条常识被称为公理（axiom），可用表达式表示为

$$\{At(x,a)@[t_s,t_e), At(y,b)@[t_s',t_e')\}\rightarrow(x\neq y)\vee(a=b)\vee(t_e\leqslant t_s')\vee(t_e'\leqslant t_s)$$

显然，如果箭头之前的两个时间限定表达式成立，那么要么是不同的积木（$x\neq y$），要么是同一个积木位于相同的地点（$a=b$），要么是同一个积木在先后不同的时间段内位于不同的地点（$(t_e\leqslant t_s')\vee(t_e'\leqslant t_s)$）。因此箭头之后的析取式总是成立。一般地，公理被定义为如下形式

$$\rho=cond(\rho)\rightarrow disj(\rho)$$

其中，$cond(\rho)$ 是时间限制表达式集合，$disj(\rho)$ 是时间和对象约束的析取式。

现在，我们已经具备了定义时序规划问题的条件。先定义时序规划的规划域为三元组

$$\mathcal{D}=(\Lambda_\Phi,\mathcal{O},X)$$

其中，Λ_Φ 是通过常量、变量、关系和约束定义的所有时间数据库集合；$\mathcal{O}$ 是时序规划算子集合；X 是规划域公理集合。

一个时序规划问题被定义为三元组

$$\mathcal{P}=(\mathcal{D},\Phi_0,\Phi_g)$$

其中，$\mathcal{D}$ 是时序规划域。$\Phi_0=(\mathcal{F},\mathcal{C})$ 是 Λ_Φ 中满足公理集合 X 的数据库。实际上，Φ_0 给出了一个初始场景，该场景不仅描述了规划域的初始状态，也给出了规划动作下独立发生的演化预测。$\Phi_g=(\mathcal{G},\mathcal{C}_g)$ 是表示目标状态的数据库，$\mathcal{G}$ 是时间限定表达式集合，$\mathcal{C}_g$ 是 $\mathcal{G}$ 中变量的对象和时间约束。

在规划域明确的情况下，时序规划问题也常常被写为 $P=(\mathcal{O},X,\Phi_0,\Phi_g)$。规划解定义为一个动作集合 $\pi=\{a_1,\cdots,a_k\}$。这里没有给出动作顺序是因为执行时间已经被包含在动作中了。

在给出了规划问题及其解的表示形式之后，接下来我们关注如何求得解集合 π，使得集合中的动作是规划算子 $\mathcal{O}$ 的实例化，并且存在能导出目标状态 $\Phi_g=(\mathcal{G},\mathcal{C}_g)$ 的时间数据库 $\Phi=(\mathcal{F},\mathcal{C})$。实际应用中，规划器常常需要在求出解集合的基础上，再给出 Φ。典型的时序规划算法有 TPS 算法（Temporal Planning Search），它与 PSP 算法类似。TPS 算法的伪代码如表 5-5。Ω 是一个给出了当前部分解的数据结构。在未取得规划解时，Ω 始终包含缺

陷。算法仍然先选择一个缺陷并搜索所有的缺陷消除方法,然后选取其中一种消除方式对部分解改进。缺陷消除方式的选取将被保存下来,若后续搜索中无法最终消除所有缺陷以致求解失败,算法将回溯到保存点上选取另外的消除方式进行搜索(实质上是深度优先)。部分解缺陷可能以开放目标、不满足公理和威胁三种形式存在。若 $G=OpenGoals(\Omega)$ 不为空,则 G 中的每一个目标表达式 e 均不被 Φ 支持。这类缺陷的改进策略可能是:

(1)若 $\mathcal{F}$ 中 e 的可执行条件不为空,且至少包含一个与 $\mathcal{C}$ 一致的可执行条件,那么改进策略是一条支持 e 的时间限定表达式。对 Ω 的相应改进是 $\mathcal{K}\leftarrow\mathcal{K}\cup\{\theta(e/\mathcal{F})\}$,$G\leftarrow G-\{e\}$。其中,$\mathcal{K}$ 是搜索动作的可执行条件和公理的一致性条件集合,$\theta(e/\mathcal{F})$ 表示 $\mathcal{F}$ 中与 $\mathcal{C}$ 一致的可执行条件。

(2)某个规划算子的实例化动作 a。该动作的结果 $effects(a)$ 支持 e 并且 $const(a)$ 与 $\mathcal{C}$ 一致。相应地,Ω 的改进策略是

$$\pi\leftarrow\pi\cup\{a\},\mathcal{F}\leftarrow\mathcal{F}\cup effects(a),\mathcal{C}\leftarrow\mathcal{C}\cup const(a),$$
$$G\leftarrow(G-\{e\})\cup precond(a),\mathcal{K}\leftarrow\mathcal{K}\cup\{\theta(a/\Phi)\}$$

缺陷的第二种形式是不满足的公理,即 Φ 中与 X 不一致的实例。这类缺陷的改进策略就是 $\theta(X/\Phi)$ 中的任意一个一致性条件,Ω 的更新为 $\mathcal{K}\leftarrow\mathcal{K}\cup\{\theta(X/\Phi)\}$。第三类缺陷是威胁,即 $\mathcal{K}$ 中每一条一致性条件和动作可执行条件 $\mathcal{C}_i$ 都无法从当前的 Φ 中导出。其改进策略是向 $\mathcal{C}$ 中添加一个约束 c,使得它与 $\mathcal{C}_i$ 一致:$\mathcal{C}\leftarrow\mathcal{C}\cup c$,$\mathcal{K}\leftarrow\mathcal{K}-\{\mathcal{C}_i\}$。

表 5-5　TPS 算法伪代码

TPS(Ω)

1. flaws <-- *OpenGoals*(Ω)$\bigcup$*UnisatisfiedAxioms*(Ω)$\bigcup$*Threats*(Ω);
2. **If** flaws = $\varnothing$
3. 　**Return** Ω
4. f = *ChooseFlaw(flaws)*;
5. resolvers $\leftarrow$ *Resolve(f,Ω)*;
6. **If** *resolvers* = $\varnothing$
7. 　**Return** failure;
8. ρ = *ChooseResolver(resolvers)*;
9. $\Omega'\leftarrow$*Refine(ρ,Ω)*;
10. **Return** PSP(Ω').

TPS 算法是一个一般的算法流程。采用不同的具体启发式和搜索策略实例化其中的子函数就能得到不同的规划算法。例如,我们可以在选取缺陷时加入启发式,从而更快地得到解,也可以在析取的关系下,并行地同时执行多个规划器,提高规划效率。另外,如何高效地处理 TPS 中多种不同的约束也是需要仔细设计的一个方面。

5.6　本章小结

机器自动规划一直是活跃的研究领域之一。在日常生产生活中,自动规划带来了不可估计的效益。建立在逻辑表示和搜索之上的经典规划具备严格的数学支撑,其解的存在性是可判定的,其规划结果也是确定而可信的。然而一般情况下规划问题的求解往往是复杂

的。本章给出了状态空间搜索、规划空间搜索和规划图三种经典规划方法,并在此基础上引入时间变量,进一步讲述了时序规划的表示和求解。针对具体应用问题,特别是规划解的动作序列较长的情况,一方面我们需要设计好的搜索策略和启发式来平衡空间和时间的计算复杂度,另一方面可以借助成本越来越低的硬件优势,采用并行化的方法提高搜索效率。

参考文献

[1]　T. Winograd. Understanding Natural Language[M]. Academic Press,1972.

[2]　F. Bacchus and F. Kabanza. Using temporal logics to express search control knowledge for planning [J]. Artificial Intelligence,2000,116:123-191.

[3]　J. Hoffmann. FF:The Fast-Forward planning system[J]. AI Magazine,2001,22(3):57-62.

[4]　D. S. Nau,Y. Cao,A. Lotem,et al. SHOP:Simple Hierarchical Ordered Planner. In Proceedings of the International Joint Conferenceon Artificial Intelligence (IJCAI)[C],1999:968-973.

[5]　E. Sacerdoti. Planning in a hierarchy of abstraction spaces[J]. Artificial Intelligence,1974,5:115-135.

[6]　E. Sacerdoti. The nonlinear nature of plans. In Proceedings of the International Joint Conference on Artificial Intelligence (IJCAI)[C],1975:206-214.

[7]　A. Tate. Generating project networks. In Proceedings of the International Joint Conference on Artificial Intelligence (IICAI)[C],1977:888-893.

[8]　R. Korf. Planning as search:A quantitative approach[J]. Artificial Intelligence,1987,33:65-88.

[9]　A. Barrett and D. S. Weld. Partial order planning:Evaluating possible efficiency gains[J]. Artificial Intelligence,1994,67(1):71-112.

[10]　A. L. Blum and M. L. Furst. Fast planning through planning graph analysis. In Proceedings of the International Joint Conference on Artificial Intelligence (IJCAI)[C],1995:1636-1642.

[11]　A. L. Blum and M. L. Furst. Fast planning through planning graph analysis[J]. Artificial Intelligence,1997,90:281-300.

[12]　S. Kambhampati,E. Parker and E. Lambrecht. Understanding and extending Graphplan. In Proceedings of the European Conference on Planning (ECP)[C],1997:260-272.

[13]　S. Kambhampati and X. Yang. On the role of disjunctive representations and constraint propagation in refinement planning. In Proceedings of the International Conference on Knowledge Representation and Reasoning (KR)[C],1996.

[14]　K. Baker. Introduction to Sequencing and Scheduling[M]. Wiley,1974.

[15]　S. French. Sequencing and Scheduling:An Introduction to the Mathematics of the Job Shop[M]. Horwood,1982.

第 **6** 章

逻辑系统中的学习

本书前面的章节已经详细介绍了智能系统中知识表示、存储和推理的方法。还有一个十分重要的问题是，机器如何获取这些知识。通过构建本体，由人类专家直接将已有知识写入知识库的方法是不可取的。一方面，完成所有知识的写入是一项工程量巨大的工作。另一方面，在更多的领域，人类对现实世界的认识仍然处在较低水平，尚无法明确总结出有价值的经验。对此，人工智能的研究人员倾向于采用更直接的途径：让机器模拟人类获取知识，从数据中自动获取决策行为范式。这也符合人工智能的研究目标，即制造类人思考和类人行为的机器。作为人工智能学科研究最热的一个领域，机器学习一直占据着重要地位，也一直是推动学科向前发展的重要力量。本章将关注一阶逻辑系统中的机器学习方法。

6.1 归纳逻辑程序设计

机器学习的基本任务是根据历史数据，提取或改进具有通用性的知识，指导完成对即将到来的未知数据的属性判断，以及做出收益最大化的行为。这里，历史数据称为训练样本，通用性的知识称为学习模型（或假设）。获取知识的过程称为训练。待判断的数据称为测试样例，收益最大化的行为称为理性行为。在逻辑系统中，对象和行为以离散化的常量符号、函数和谓词表示。因此理性行为的选择实质上是一个分类问题，即在离散化的知识库论域上选择合适的动作谓词。而学习模型则体现为从经验数据中获取到的新的推理规则。与本书后面将要讲到的计算学习方法相比，逻辑系统的学习更擅长于处理对象之间相互关系，学习得到的推理规则也更加容易被人们所理解。

归纳逻辑程序设计（Inductive Logic Programming，ILP）是逻辑系统中的一类基本学习方法[1]。顾名思义，ILP 是在逻辑（特别是一阶逻辑）系统中加入归纳学习的方法获取知识。它实质上是一阶逻辑演绎的逆运算。思考以下校友录构建问题。

例 6-1 假设需要为大学构建校友录。现有校友录中的三条记录如表 6-1 所示。

表 6-1 校友录信息记录

编 号	Name_1	Teacher_1	Colleague	Name_2	Teacher_2	Alumni
1	Tom	Bob	Yes	Jerry	Linda	Yes
2	Alice	Linda	Yes	Emma	Bob	Yes
3	Frank	Bob	No	Mike	William	No

Name_1 和 Name_2 属性是两个学生的姓名。Teacher_1 和 Teacher_2 是两个学生各自的老师。Colleague 指示两位老师是否是同事。Alumni 是分类结果,代表两名学生是否是校友。我们的目标是学习构成校友关系的一般知识。

最直接的思路是将每一列视为一个变量,根据每行中对应的变量取值,得到决策规则。例如第一条记录对应的逻辑表达式为

$$(Name_1 = Tom) \wedge (Teacher_1 = Bob) \wedge (Name_2 = Jerry) \wedge (Teacher_2 = Linda) \wedge (Colleague = Yes) \Rightarrow (Alumni = Yes)$$

这不太符合一阶逻辑的表示方法。将其改写成更简洁的形式

$$Teacher(Bob, Tom) \wedge Teacher(Linda, Jerry) \wedge Colleague(Bob, Linda) \Rightarrow Alumni(Tom, Jerry)$$

同样,后两条记录对应的表达式是

$$Teacher(Linda, Alice) \wedge Teacher(Bob, Emma) \wedge Colleague(Linda, Bob) \Rightarrow Alumni(Alice, Emma)$$

$$Teacher(Bob, Frank) \wedge Teacher(William, Mike) \wedge \neg Colleague(Bob, William) \Rightarrow \neg Alumni(Frank, Mike)$$

虽然三条规则都是对的,但是它们都太特殊了,以至于无法泛化指导其他的样例分类。可以预见,随着样本量的增加,得到的规则库也迅速增大,但其中的规则并不能泛化到其他测试样例。这与问题的初衷背道而驰。我们希望能得到更一般的知识

$$Teacher(x, a) \wedge Teacher(y, b) \wedge Colleague(x, y) \Rightarrow Alumni(a, b)$$

这里,分类属性是一阶文字而非属性,分类模型被表示成了一组逻辑表达式。FOIL 是第一个用来解决此类问题的 ILP 程序[2]。它的思想和决策树(本书后面章节介绍)"生长"类似,从最一般的条件开始,逐步加入特定的条件,直到与观测样本完全一致为止。表 6-2 给出 FOIL 算法的伪代码,再结合本例说明计算过程。

表 6-2 FOIL 算法伪代码

FOILAlg(Target, TrainData)

Input: Target, post-condition predicate;
　　　TrainData, training samples;

Output: Rules.

1. PosSamples <-- Positive Samples of TrainData;
2. NegSamples <-- Negative Samples of TrainData;
3. Rules <-- {};
4. **While** PosSamples is not empty, **do**
5. 　Clause <-- Target with empty pre-condition;

续表

6.	NewNegSamples <-- NegSamples;
7.	**While** NewNegSamples is not empty, **do**
8.	LiteralCan <-- GetLiteralCandidates(TrainData);
9.	BestLiteral <-- **arg max** $_{l \in LiteralCan}$ *Gain* (*l, TrainData, Clause*);
10.	Add BestLiteral to the pre-condition of Clause;
11.	Remove samples from NewNegSamples that satisfy Clause;
12.	Rules <-- Rules + Clause;
13.	Remove samples from PosSamples that satisfy Rules;
14.	Return Rules.

FOIL 算法分内外两层循环。外层循环是一种称为序列覆盖的算法[3,4]。它每次学习一条规则来覆盖样本的一个子集，并从样本中删去所覆盖的样例。内层循环从最一般的规则开始，逐渐加入特定的文字约束，直至完全覆盖反例集。函数 GetLiteralCandidates 生成待加入文字的候选集，函数 Gain 计算文字 l 的增益。

在计算文字的信息增益之前，首先要计算熵。熵是一个物理学概念，用于衡量系统的混乱程度，计算方式为

$$H(V) = \sum_k P(v_k) \log_2 \frac{1}{P(v_k)} = - \sum_k P(v_k) \log_2 P(v_k)$$

其中 $P(v_k)$ 是随机变量 V 取值为 v_k 的概率。直观上，如果一个随机变量的变化越多（概率分布越均匀），它的熵就越大。一般情况下，分类数为 m 的分类系统，假设所考察的属性 A 有 d 个取值，相应地将样本 E 划分为 $E_1, \cdots, E_d$。假设样本一共包含 $n^{(1)}, \cdots, n^{(m)}$ 个各类别的样例数。第 k 个子集 E_k 中包含各类别的样例数为 $n_k^{(1)}, \cdots, n_k^{(m)}$。这里子集 E_k 相当于固定 A 的取值为 a_k 而得到的样本集合，它的熵是

$$H_k = - \sum_{i=1}^m \frac{n_k^{(i)}}{n_k^{(1)} + \cdots + n_k^{(m)}} \log_2 \frac{n_k^{(i)}}{n_k^{(1)} + \cdots + n_k^{(m)}}$$

因此，对于 d 个子集，选取熵的期望作为固定 A 之后的熵

$$H(E \mid A) = \sum_{k=1}^d \frac{n_k^{(1)} + \cdots + n_k^{(m)}}{n^{(1)} + \cdots + n^{(m)}} \cdot H_k$$

另一方面，固定 A 之前的熵很容易计算

$$H(E) = - \sum_{i=1}^m \frac{n^{(i)}}{n^{(1)} + \cdots + n^{(m)}} \log_2 \frac{n^{(i)}}{n^{(1)} + \cdots + n^{(m)}}$$

因此定义属性 A 的信息增益为

$$Gain(A) = H(E) - H(E \mid A)$$

回到校友构建的例子。首先将校友关系表示成

$$\Rightarrow Alumni(a, b)$$

这个表达式的条件是空集，表明任意两个人 a 和 b 都是校友。该规则覆盖 2 个正例（{1,2}）和 1 个反例（{3}）。算法接下来需要加入约束文字，收缩覆盖范围。可添加的候选文字按以下原则生成：

（1）数据集包含的任意谓词，且其变量列表中至少有一个是当前规则中已经出现的变量；

（2）当前规则中的任意两个变量的相等关系，即 $x = y$；

（3）上述两种情况的否定。

因此，本例中第二步待添加的候选文字有 $Teacher(a,b)$，$Teacher(a,c)$，$Teacher(c,a)$，$Teacher(b,a)$ $Teacher(b,c)$，$Teacher(c,b)$，$Colleague(a,b)$，$Colleague(a,c)$，$Colleague(c,a)$，$Colleague(b,a)$，$Colleague(b,c)$，$Colleague(c,b)$，$a = b$ 以及它们的否定。算法需要测试每个文字加入前后的正例和反例覆盖数目。这里的样本类别只有正例和反例两类，增益为

$$Gain = n \left(\log \frac{p_1}{p_1 + n_1} - \log \frac{p_0}{p_0 + n_0} \right)$$

其中，p_1、n_1 分别是文字加入后覆盖的正例和反例数，p_0、n_0 分别是文字加入之前覆盖的正例和反例数，n 为加入文字前后都能覆盖的正例数。规则所覆盖的正例和反例数，由数据集包含的所有可能置换下的正例和反例数确定。例如在测试文字 $Teacher(c,a)$ 时，可能的置换有$\{c/Bob,a/Tom\}$，$\{c/Linda,a/Jerry\}$，$\{c/Linda,a/Alice\}$，$\{c/Bob,a/Emma\}$，$\{c/Bob,a/Frank\}$，$\{c/William,a/Mike\}$，等 6 种。覆盖正例数为 2，反例数为 1。因此增益为 0。同样测试 $Teacher(c,b)$ 覆盖 2 个正例 1 个反例，其余谓词覆盖 0 个正例。因此，我们选取其中之一加入条件得到

$$Teacher(c,a) \Rightarrow Alumni(a,b)$$

从样本反例中删去满足规则的样例（此处没有样例满足），仍然剩下 3 号反例。故内层循环继续。当加入文字使得当前规则变成

$$Teacher(c,a) \wedge Teacher(d,b) \wedge Colleague(c,d) \Rightarrow Alumni(a,b)$$ 时，满足规则的 3 号样例被移除，内层循环结束。原样本集合中，满足规则的正例也被移除，算法停止，得到最终的规则。

如果在生成候选文字时，包含当前规则的结论，那么 FOIL 算法将具备递归学习的能力。但同样也可能带来无限递归的风险。另外，为了减轻过学习（过学习将在本书后续的决策树章节详细讲述），往往在内层循环的终止条件上加入对规则长度的限制。即若当前规则长度大于所有正例的总长度时，循环提前结束。FOIL 算法的主要缺陷，是在规则学习过程中将产生并测试大量的候选文字，因此需要平衡其覆盖度和计算复杂度。

除 FOIL 算法外，逆归结是另一种学习一阶逻辑知识的方法[5]。它的基本思想是逆向使用归结原理。首先需要明确，对于每一个样本 $p_1 \wedge p_2 \wedge \cdots \wedge p_n \Rightarrow q$，它不仅包含了由条件到结论的知识（可写成蕴含式或析取式），而且包含了条件对每个子句 $p_1, p_2, \cdots, p_n, q$ 的陈述。因此，严格来说，应该向样本集中添加这些陈述。基于此认识，逆归结算法从空集出发，将每个样本结论的否定或样本条件的合取子句文字作为一个归结项，寻找逆置换下的另一个归结项（以样本知识表达式为形式）。例如在前面的例子中，从空集出发，第 1 个样本的结论否定是 $\neg Alumni(Tom, Jerry)$，因此归结前的另一个归结项为 $Alumni(Tom, Jerry)$。继续从此正文字出发，第一个条件文字为 $Teacher(Bob, Tom)$，因此逆置换$\{Tom/x\}$下的另一个归结项是 $\neg Teacher(Bob, x) \vee Alumni(x, Jerry)$。这里没有检查 Bob 和 $Jerry$ 的逆置换是因为还有其他的文字包含着两个常量。类似地，第二个条件文字为 $Teacher(Linda, Jerry)$，逆置换$\{Jerry/y\}$下的另一个归结项是

$$\neg Teacher(Linda, y) \vee \neg Teacher(Bob, x) \vee Alumni(x, y)$$

最后一个文字是 $Colleague(Bob,Linda)$，逆置换$\{Bob/a,Linda/b\}$下的另一个归结项是
$$\neg Teacher(b,y) \vee \neg Teacher(a,x) \vee \neg Colleague(a,b) \vee Alumni(x,y)$$
写成蕴含式即学习得到的知识 $Teacher(b,y) \wedge Teacher(a,x) \wedge Colleague(a,b) \Rightarrow$
$Alumni(x,y)$。图 6-1 是该逆归结过程的示意图，实线框是样本的条件文字及结论否定，虚线框是逆置换后的归结项。逆归结的归结项具有无穷多种可能，因此必须充分运用样本陈述和背景知识来减小候选集。

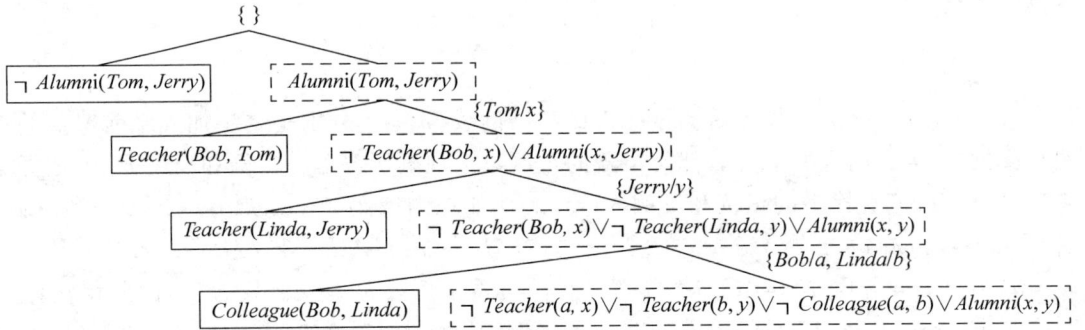

图 6-1　校友关系逆归结过程

一般地，逆归结有四种基本运算（这里→前后的表达式代表逆归结的输入和输出）：

（1）吸收（Absorption）：$A \wedge B \Rightarrow p, A \Rightarrow q \rightarrow q \wedge B \Rightarrow p, A \Rightarrow q$

（2）识别（Identification）：$A \wedge B \Rightarrow p, A \wedge q \Rightarrow q \rightarrow B \Rightarrow p, A \wedge q \Rightarrow q$

（3）内构（Intra-construction）：
$$A \wedge B \Rightarrow p, A \wedge C \Rightarrow p \rightarrow B \Rightarrow p, A \wedge q \Rightarrow p, C \Rightarrow q$$

（4）外构（Inter-construction）：
$$A \wedge B \Rightarrow p, A \wedge C \Rightarrow q \rightarrow B \wedge r \Rightarrow p, A \Rightarrow r, r \wedge C \Rightarrow q$$

在逆归结中，内构和外构能够运算出新的原子 q 和 r。它们可作为新的原始概念被用于构成学习模型，从而实现谓词发明[6]。但是，这种谓词发明并没有扩大学习的假设空间，仅仅是采用新的概念来表示原来不足以简洁表示的目标概念。

6.2　解释学习

ILP 是通过归纳样本的共同特点来得到通用知识。这不需要先验知识，或者可以视为是先验知识为空。但是，学习器不能每次都从零开始，否则将导致学习效率大大降低。试想，从网络数据中学习知识，随着数据越来越多，每次都遍历数据库会使得学习器迅速崩溃。对于学习得到的主要结论，我们应该记录下来，以供将来的学习和推理直接使用。这些先验知识又称为背景知识。先验知识也可以来源于人类专家的直接指导，它能够提升学习效率。在先验知识不为空的情况下，分类问题变为
$$Y = (B \wedge f)(X)$$
$$B \vDash f$$
即先验知识和分类模型共同构成新的分类模型，并且分类模型 f 与先验知识 B 是一致的。X 是样本条件，Y 是结论。例如，当知道王明上过 AI 课程时，人们几乎都会断定，王明的同

班同学张欣也上过 AI 课程。这是因为人们都有先验知识：一个班的同学应该上同样的课程。该推理过程可表示为

B：$Classmate(x,y) \land Learn(x,class\_a) \land Learn(y,class\_b) \Rightarrow class\_a = class\_b$

$Precondition$：$Learn(Wang,\text{AI}) \land Classmate(Wang,Zhang)$

作置换$\{x/Wang,y/Zhang,class\_a/\text{AI}\}$得到

$Classmate(Wang,Zhang) \land Learn(Wang,\text{AI}) \land Learn(Zhang,class\_b) \Rightarrow \text{AI} = class\_b$

进一步可以得到通用规则

$$Classmate(Wang,y) \land Learn(Wang,a) \Rightarrow Learn(y,a)$$

解释学习(Explanation-Based Learning,EBL)就是根据上述过程开发的学习方法[7,8]。它首先基于先验知识构造一个训练样例的解释。该解释可以是一个证明、推理或问题求解过程。然后学习器从解释中鉴别必要步骤，并用逆置换抽取得到通用规则。从本质上讲，这种通用规则并不是新的知识，它只是先验知识在样例下的特定泛化。为更清楚地展示解释学习过程，下面给出一个代数证明的例子。这个例子看上去有些"诡异"，但请记住逻辑系统中的常量只是一个符号而已。

例 6-2（代数证明）　设有以下先验知识

规则 1：$x \leqslant x+8$

规则 2：$x+y \leqslant y+x$

规则 3：$(w \leqslant y) \land (x \leqslant z) \Rightarrow w+x \leqslant y+z$

规则 4：$(x \leqslant y) \land (y \leqslant z) \Rightarrow x \leqslant z$

训练样例$(8 \leqslant 3) \land (5 \leqslant 1) \Rightarrow 5 \leqslant 3+1$。用解释学习获取一般知识。

首先对训练样例构造证明过程。这里采用反向链接算法。依据规则 4，$5 \leqslant 3+1$ 成立的条件是$(5 \leqslant 5+8) \land (5+8 \leqslant 3+1)$。第一个文字可由规则 1 作置换$\{x/5\}$得到。第二个文字继续反向链接，根据规则 4，条件是$(5+8 \leqslant 8+5) \land (8+5 \leqslant 3+1)$。第一个文字可由规则 2 作置换$\{x/5,y/8\}$得到。第二个文字继续反向链接，根据规则 3，条件是$(8 \leqslant 3) \land (5 \leqslant 1)$。这两个文字是样例条件，至此证明结束。图 6-2(a)给出了构造的样例证明树。在构造该证明树时，学习器需要同步构造变量取代常量的证明树，如图 6-2(b)所示。然后，学习器抽取置换为空的叶结点作为条件，得到一条通用规则

$$(d \leqslant b) \land (a \leqslant c) \Rightarrow a \leqslant b+c$$

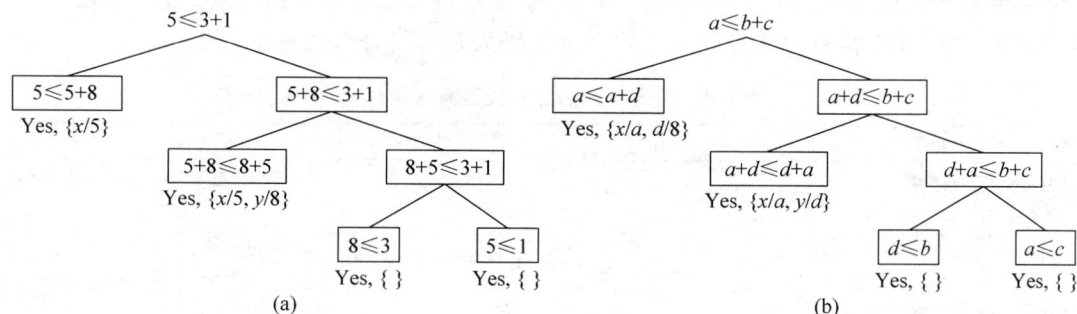

图 6-2　代数证明的证明树

最后，学习器检查其他置换，是否存在变量的唯一绑定。本例中，变量 d 唯一绑定为常量 8。因此通用规则修改为

$$(8 \leqslant b) \wedge (a \leqslant c) \Rightarrow a \leqslant b + c$$

一般而言,学习器还需要检查规则条件中是否存在恒为真的文字。若存在,则将其删去,这样可减小规则长度。本例中,两个条件文字都不是自动满足的,因此这一步无须操作。至此,整个学习过程完成。

6.3 关联学习

在解释学习中,我们看到先验知识是重要的,它虽然无法直接得出结论,但为推理指明了方向。然而,先验知识也需要学习,并且学习得到的规则应尽可能简单,以提高知识的泛化能力[9]。考虑下面的一个机器人自主攻击例子。

例 6-3(机器自主攻击) 假设某战争机器需要从人类的作战数据中学习得到一般性的攻击决策模型。历史记录如表 6-3 所示。

表 6-3 作战历史数据

序　号	友方单位	热 辐 射	运　动	距　离	是否攻击
1	Yes	Low	Fast	Near	No
2	No	High	Fast	Near	Yes
3	No	High	Slow	Far	No
4	No	High	Slow	Near	Yes
5	Yes	High	Slow	Far	No

训练数据中只有两条记录给出了"攻击"的决策。稍加分析可以发现,"是否攻击"只与"友方单位""热辐射"和"距离"三个属性有关,即

$$IsFriend \wedge Heat \wedge Distance \rightarrow Fire$$

对于此例,这个表达式被称为最小一致确定式。这里的最小是指条件数最少,一致是指符合所有数据,确定式是指只要给定条件中的三个属性就可以判定结论,而无须额外信息。一般情况下,计算最小一致确定式可以采用搜索算法。基本思路是从最简单的单文字条件开始,逐步增加条件长度,直至搜索得到一致确定式为止[10,11]。算法的伪代码如表 6-4 所示。主函数 MeanConsistDET 从单文字开始,考察满足该条件长度的所有属性子集。子函数 Consistent-DET 检查由属性子集确定的分类结果是否符合整个数据集。

表 6-4 最小一致确定式搜索算法伪代码

```
MeanConsistDET(E, A)
Input: E, examples;
       A, attributes, |A| = n;
Output: an attribute set.
1. For i = 0 to n
2.    For each subset Aᵢ of A of size i
3.       If Consistent−DET(Aᵢ, E)
4.          Return Aᵢ;
Consistent−DET(A, E)
Input: A, attribute set;
```

续表

E, examples;	

Output: true or false.

1. **AttrDec** ← { };
2. **For** each example **e** in **E**
3. 　**If** **AttrDec** has an instance that matches attributes of **e** but with a different decision
4. 　　**Return** false;
5. 　**AttrDec** ← **AttrDec** ∪ < **e. attributes, e. decision** >;
6. **Return** true.

下面考察最小一致确定式搜索的复杂度。对于包含 n 个属性的数据集,假设存在一个条件长度为 m 的最小一致确定式。根据上面的代码,算法将依次遍历长度为 1 到 $(m-1)$ 的属性集合,因此检查的集合共有 $\binom{n}{1} + \cdots + \binom{n}{m-1}$ 个。进入长度为 m 的集合遍历时,由于不能确定集合查询的先后顺序,最坏的情况需要查询 $\binom{n}{m}$ 个集合才能发现最小一致确定式。所以算法在最坏的情况下总共要访问 $\binom{n}{1} + \cdots + \binom{n}{m}$ 个集合,其复杂度是 $O(n^m)$。显然,按照计算复杂性理论,这并不是一个好算法。但幸运的是,很多应用领域在忽略噪声的前提下,决策分类都只与少数主要特征有联系,从而使得 m 较小。

6.4　本章小结

知识表示、推理、学习是逻辑系统关注的三个重点方向。基于一阶逻辑的学习结果体现为新的推理规则。相比其他计算方法得到的学习结果,这些规则更能表达事物之间的关联关系,更加具有可解释性。本章介绍了逻辑系统中的三种基本学习方法。归纳逻辑程序设计是归纳学习方法在一阶逻辑中的应用,是逻辑演绎推理的逆过程,体现了由数据到知识的基本思想。解释学习则是在先验知识的指导下对新到来的实例做特定泛化。关联学习则给出了从数据中学习最一般的先验知识的方法。本章的学习算法广泛应用于数据挖掘等领域。在实际问题中,如何避免数据噪声影响、如何处理连续变量等都是需要进一步考虑的问题。

参考文献

[1]　S. H. Muggleton. Inductive Logic Programming [J]. New Generation Computing, 1991, 8(4): 295-318.

[2]　J. R. Quinlan. Learning Logical Definitions from Relations [J]. Machine Learning, 1990, 5(3): 239-266.

[3]　W. W. Cohen. Fast Effective Rule Induction. In Proceedings of the 20th International Conference on Machine Learning [C], Tahoe City, CA, USA, Jul. 9-12, 1995: 115-123.

[4] J. Furnkranz. Separate-and-conquer rule learning [J]. Artificial Intelligence Review,1999,13：3-54.

[5] S. H. Muggleton. Duce, An Oracle Based Approach to Constructive Induction. In Proceedings of the 10th International Joint Conference on Artificial Intelligence [C],San Francisco,CA,USA,1987：287-292.

[6] S. H. Muggleton and W. Buntine. Machine Invention of First-Order Predicates by Inverting Resolution. In Proceedings of the 5th Internatinal Conference on Machine Learning [C], San Francisco,CA,USA,1988：339-352.

[7] T. M. Mitchell,R. Keller and S. Kedar-Cabelli. Explanation-Based Generalization：A Unifying View [J]. Machine Learning,1986,1：47-80.

[8] G. DeJong and R. Mooney. Explanation-Based Learning：An Alternative View [J]. Machine Learning,1986,1：145-176.

[9] T. R. Davies and S. J. Russell. A Logical Approach to Reasoning by Analogy. In Proceedings of the 10th International Joint Conference on Artificial Intelligence (IJCAI) [C],Milan,Italy,Aug. 23-29,1987：264-270.

[10] S. J. Russell and B. Grosof. A Declarative Approach to Bias in Concept Learning. In Proceedings of the 6th National Conference on Artificial Intelligence (AAAI) [C],Seattle,Washington,USA,Jul. 13-17,1987：505-510.

[11] H. Almuallim and T. Dietterich. Learning with Many Irrelevant Features. In Proceedings of the 9th National Conference on Artificial Intelligence [C], Anaheim, California, USA, Jul. 14-19,1991：547-552.

第二篇

计 算 智 能

第 7 章

概 率 推 理

　　逻辑系统的核心是推理。推理结果是一条确定性的结论,即真值要么是真;要么是假。然而,我们所处的世界中确定性的事物只占一小部分。要建立完备而确定的知识库也并不容易,可能涉及太多的影响因素。例如,没有谁能确定只要达到"上课认真听讲""熟练掌握每一道习题"两个条件就能"通过 AI 考试"。影响"通过 AI 考试"这个结论的,可能还有"考试当天能否顺利到达考场参加考试"。决定该条件是否成立的因素又有许多。这就是为什么逻辑系统大多停留在理论上和少数应用领域,无法大规模推广。而以概率和统计为基础的不确定性理论为人工智能带来了第二次生机,人工智能的相关成果也因此迅速增长。从本章起,我们将介绍建立在不确定性方法上的人工智能技术。本章讲述的概率推理可分为两部分:一部分是基本的推理框架和方法,包括贝叶斯网络和马尔可夫网络等;另一部分是考虑时间变量的推理方法,包括隐马尔可夫模型、卡尔曼滤波和动态贝叶斯网。证据理论等其他一些较为常见的不确定性推理方法本章也会有所涉及。需要说明,本章假定读者已经掌握概率论、数理统计、矩阵运算等数学基础知识,这些基础内容将不再赘述。

7.1　贝叶斯网络推理

　　古典统计学派认为,概率是大量独立重复试验下随机事件发生频率的稳定值。比如随机抛硬币事件,随着统计样本的增加,出现正面的频率会越来越趋近于 0.5,概率就定义为 0.5 这个极限值。贝叶斯学派的兴起则改变了人们对概率这一定义的认识。贝叶斯学派认为概率是人们对随机事件发生的主观相信程度。比如"明天会下雨"这一事件的概率为 0.3,表示判断者相信有 0.3 的可能性事件会发生。对概率的两种不同定义,导致处理问题的方法出现了差异。前者更多地依赖于经典数学分析工具,而后者则以贝叶斯公式为核心。从近年的发展看,人工智能更多地接受了贝叶斯学派的观点,将概率作为一种主观信息处理,并由此开发出了复杂的推理方法。本节将首先描述贝叶斯网络的基本概念,然后给出其精确推理和近似推理的方法。

7.1.1　贝叶斯网络的基本概念

在一个考虑多变量的不确定性系统中,推理问题的本质是给出某一些变量的取值,计算另一些变量的取值概率。给定取值的变量称为证据变量,取值称为证据;需要计算概率的变量称为查询变量,结果称为查询概率。一般而言,在观测到证据之前,我们对系统变量有一个经验分布,这在贝叶斯网中称为先验概率(Priori)。给定证据之后计算某变量的分布称为后验概率(Posterior)。系统变量在先验分布下取得观测到的证据的概率称为似然(Likelihood)。

如果能够知道所有变量的联合分布函数(或联合概率质量/密度函数),那么推理问题就迎刃而解。然而,求取精确的联合分布往往并不容易。因此我们退而求其次,通过附加一些限制来相对容易地求得近似联合分布。贝叶斯网络就是一种表示变量联合分布的特殊方式[1,2]。它附加了某些变量独立性的假设,使得概率计算变得容易。贝叶斯网络的例子很多,这里选取一个简单的讲述。

例 7-1(粮食产量问题)　在某地区,因为市场供求和竞争关系,当粮食作物 A 的产量降低时,有 40% 的可能性引起物价上涨,并且有 30% 的可能性导致蔬菜的消费量增加。若作物 A 的产量保持平稳,则引起物价上涨和蔬菜销量增加的可能性均只有 10%。若降雨足够且不出现病虫害时,作物 A 有 80% 的可能性保证产量足够。若降雨偏少或出现病虫害时,作物 A 有 60% 的可能性保证产量足够。而当降雨偏少同时又出现病虫害时,只有 20% 的可能性保证作物 A 产量足够。根据历史统计数据,该地区降雨偏多的可能性是 50%。另外,有 10% 的可能性出现病虫害。

将上述问题中各变量的依赖关系及概率取值表示成图 7-1 所示形式。可见贝叶斯网络是一个有向无环图,结点代表考察变量,有向边代表变量间的依赖关系。在这个实例中,5个结点分别对应 5 个变量。每条有向边连接的两个结点中,起始点称为终止点的父结点,终止点称为起始点的子结点或后继结点。例如连接结点 A 和 U 的边,A 是 U 的父结点,U 是 A 的子结点。每个结点的概率取值以表格的形式给出,称为条件概率表。条件概率表给出了在父结点变量的不同取值下,子结点的条件分布 $P(X|Parents(X))$。注意图中的变量都是二值的,取值 t 时分别代表"降雨足够""发生了病虫害""作物 A 产量降低""物价上涨"

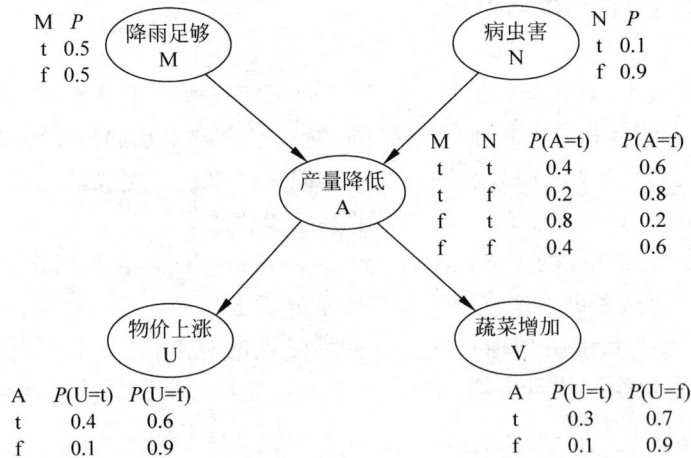

M	P
t	0.5
f	0.5

N	P
t	0.1
f	0.9

M	N	P(A=t)	P(A=f)
t	t	0.4	0.6
t	f	0.2	0.8
f	t	0.8	0.2
f	f	0.4	0.6

A	P(U=t)	P(U=f)
t	0.4	0.6
f	0.1	0.9

A	P(U=t)	P(U=f)
t	0.3	0.7
f	0.1	0.9

图 7-1　粮食产量问题的贝叶斯网络

和"蔬菜销量增加"。

前面提到,贝叶斯网络实质上是一种联合分布的特殊表现形式。这一点在本例中体现如下(约定以大写字母代表变量,小写字母代表变量的某个取值):

$$P(M,N,A,U,V) = P(U,V \mid A,M,N)P(A,M,N)$$
$$= P(U,V \mid A)P(A,M,N)$$
$$= P(U,V \mid A)P(A \mid M,N)P(M,N)$$
$$= P(U \mid A)P(V \mid A)P(A \mid M,N)P(M)P(N) \qquad (7\text{-}1\text{-}1)$$

第一个等号是条件概率公式。第二个等号成立是因为 U 和 V 不依赖于 M 和 N。事实上,我们有以下结论:给定某结点的父结点取值,则该结点变量条件独立于其他非后继结点。第三个等号仍然是条件概率公式。最后一个等号仍然是变量的独立性,即 U 和 V 的条件独立性,以及 M 和 N 的先验假设独立性。可以看出,贝叶斯网络正是假设了部分变量之间存在先验独立性和条件性,才能用简洁的形式表示联合分布概率。式(7-1-1)采用多个条件概率乘积计算联合概率的方法称为链式法则。每一个贝叶斯网都对应了一套链式法则计算联合概率。反过来,每一套链式法则在忽略较弱的依赖关系时,也可以构造出一个贝叶斯网络。另外,贝叶斯网络的结点变量可以是连续的或离散的,也可以二者均有,称为混合贝叶斯网络。

7.1.2 贝叶斯网络的精确推理

在前面的例题中,考虑推理问题:假设观察到蔬菜的销量增加,问该结果是由降雨偏少引起的概率是多少。这相当于给观测变量 V(称为证据变量)赋值,求查询变量 M 的条件概率,即 $P(\neg m \mid v)$。求解的基本思路是采用链式法则:

$$P(\neg m \mid v) = \frac{P(v, \neg m)}{P(v)} = \alpha \cdot P(v, \neg m) = \alpha \sum_n \sum_a \sum_u P(n, a, u, v, \neg m)$$

$$= \alpha \sum_n \sum_a \sum_u P(u \mid a)P(v \mid a)P(a \mid \neg m, n)P(\neg m)P(n)$$

$$= \alpha P(\neg m) \sum_a \left[P(v \mid a) \sum_u P(u \mid a) \right] \left[\sum_n P(a \mid \neg m, n)P(n) \right]$$

$$= \alpha \cdot 0.5 \times \begin{bmatrix} 0.3 \times 1 \times (0.8 \times 0.1 + 0.4 \times 0.9) + \\ 0.1 \times 1 \times (0.2 \times 0.1 + 0.6 \times 0.9) \end{bmatrix} = 0.094\alpha$$

类似地,可以得到 $P(m \mid v) = 0.072\alpha$。由 $P(\neg m \mid v) + P(m \mid v) = 1$ 求得 $\alpha = 6.024$。因此 $P(\neg m \mid v) = 0.566$。其中 $\alpha = \dfrac{1}{P(v)}$ 被称为归一化常数。设置这一常数的目的是充分运用概率和为 1 这条性质,简化计算。

从上面推理的计算过程可以看出,求解查询变量的条件概率需要对链式法则中的其他自由变量求和。这里的关键是枚举自由变量的所有取值。表 7-1 给出了枚举算法的伪代码。算法适用于由观察结果计算原因查询变量的概率。函数 Enumerate 从查询变量开始,分别作前向和后向枚举。当遇到网络最初始结点和证据结点时,枚举停止。上面例题的枚举过程可以用一棵枚举树来表示(见图 7-2)。算法自上而下分别枚举 $P(\neg m, v)$ 和 $P(m, v)$,并最后在顶点处归一化。

表 7-1　贝叶斯网络精确推理的枚举算法伪代码

Enumerate_Ask(x, e, BN)

Input: x, values of query variables X

　　　e, values of observed variables E

　　　BN, Baysian network defined as $X \cup E \cup Y$ (Y are hidden variables)

Output: posterior conditional probability

1. JointDis(X)<—{ }
2. **For** each value x_i of X, **do**
3. 　　BackProb(x_i)<—Enumerate(x_i, BN, back);
4. 　　ForwardProb(x_i)<—Enumerate(x_i, e, BN forward);
5. 　　JointDis(X)<— JointDis(X) $\cup$ [BackProb(x_i) * ForwardProb(x_i)];
6. Normalize JointDis(X);
7. return JointDis(x_i).

Enumerate(x_i, e, BN, direction)

Input: x_i, a particular value of query variables X

　　　e, values of observed variables E

　　　BN, Baysian network

　　　direction, direction of enumeration, forward or back

Output: posterior conditional probability

1. **If** direction == forward, then
2. 　**If** x_i has no children, then
3. 　　return 1;
4. 　**If** the children of x_i belong to e, Then
5. 　　return P(e|x_i);
6. 　ForwardProb(x_i)<—0;
7. 　For each child value y_i, do
8. 　Prob(x_i)<—ForwardProb(x_i)+P(y_i| x_i, **Parents**(y_i)) * Enumerate(y_i, e, BN, forward);
9. 　return ForwardProb(x_i);
10. Else
11. 　If x_i has no father, then
12. 　　return P(x_i);
13. 　If the father of x_i belong to e, Then
14. 　　return P(x_i|e);
15. 　BackwardProb(x_i)<—0;
16. 　For each father value y_i, do
17. 　　BackwardProb (x_i)<— BackwardProb (x_i)+P(x_i|y_i) * Enumerate(y_i, e, BN, back);
18. 　return BackwardProb(x_i);

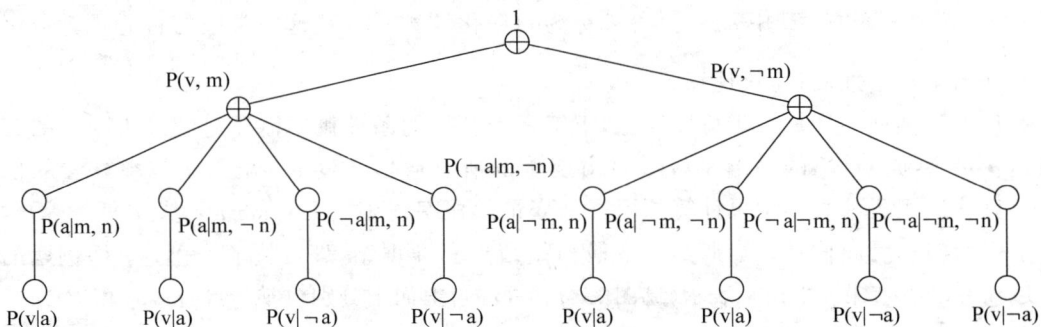

图 7-2　粮食产量问题的枚举树

7.1.3 贝叶斯网络的近似推理

变量枚举的精确推理算法复杂度是指数级的。从算法分析角度看,这并不是一个好算法。退而求其次,人们开发出了近似推理方法。近似推理的基本思想是用随机采样得到一组样本集合,然后将特定样本的频率作为查询概率的近似。即将看到,这样的近似是有理论依据的。

首先要介绍的是直接采样。仍然考虑粮食产量问题。第一步,我们从 M 和 N 的先验概率中随机生成一个样本,假设为 $\langle m, \neg n \rangle$;然后以该取值为条件,按照 A 的条件概率 $P(A|m, \neg n)$ 生成样本,假设为 $\langle a, m, \neg n \rangle$;最后由独立性,分别以 $P(U|a)$ 和 $P(V|a)$ 为条件概率生成样本,假设为 $\langle \neg u, \neg v, a, m, \neg n \rangle$。上述采样过程能够简便快捷地在计算机中完成。产生大量样本后,我们直接统计取值为 $\langle *, v, *, \neg m, * \rangle$ 和 $\langle *, v, *, *, * \rangle$ 的样本个数,并将 $\dfrac{N(*, v, *, \neg m, *)}{N(*, v, *, *, *)}$ 作为最终结果输出。这里简单分析直接采样的理论依据。令 $S(x_1, \cdots, x_n)$ 是算法生成取值为 $\langle x_1, \cdots, x_n \rangle$ 样本的概率。由采样过程及链式法则有

$$S(x_1, \cdots, x_n) = \prod_{i=1}^{n} P(x_i \mid Parents(X_i)) = P(x_1, \cdots, x_n)$$

再令 $N(x_1, \cdots, x_n)$ 为取值 $\langle x_1, \cdots, x_n \rangle$ 在样本集合中出现的次数,根据概率的定义,当样本总量趋于无穷时

$$\lim_{N \to \infty} \frac{N(x_1, \cdots, x_n)}{N} = S(x_1, \cdots, x_n) = P(x_1, \cdots, x_n)$$

因此采样数越多,近似效果越好。

拒绝采样是另一种简单采样方法。它与直接采样的区别在于,若每次生成样本的证据变量取值不符合给定观测,则拒绝该样本[3]。这样做的目的是在采样时刻就过滤掉与考察无关的样本,使得后续统计条件频率时更简单,直接计算 $X = x$ 的频率即可。例如对于随机生成的样本 $\langle \neg u, \neg v, a, m, \neg n \rangle$,算法直接将其丢弃,因为它不符合给定证据取值 v。拒绝采样的理论依据与直接采样类似。以 $\hat{P}(X = x | e)$ 表示算法返回的查询概率。根据算法定义

$$\hat{P}(X = x \mid e) = \frac{N(x, e)}{N(e)}$$

前面已经得到

$$\frac{N(x_1, \cdots, x_n)}{N} \approx P(x_1, \cdots, x_n)$$

因此

$$\hat{P}(X = x \mid e) = \frac{N(x, e)}{N(e)} = \frac{\dfrac{N(x, e)}{N}}{\dfrac{N(e)}{N}} \approx \frac{P(x, e)}{P(e)} = P(x \mid e)$$

上式在样本量取无穷大时变成严格相等。拒绝采样的一个问题是可能会抛弃大量样本,使得计算过程太慢。这在采样概率较小时尤为明显。

吉布斯(Gibbs)采样是一种相对高效的采样方式。它属于马尔可夫链蒙特卡洛算法家族的一员(另外还有 Metropolis-Hastings 采样等)[4,5]。吉布斯采样首先固定证据变量的观测值,然后从任意状态出发,每次对一个非证据变量采样生成下一个状态。用前面的例子说明采样过程:

(1) 首先固定证据变量$\langle *,v,*,*,* \rangle$,随机初始化其他非证据变量。假设生成了初始状态$\langle \neg u,v,\neg a,m,\neg n \rangle$。

(2) 以当前状态为条件,对非证据变量 M 采样,采样概率为 $P(M|\neg u,v,\neg a,\neg n)$。假设得到的新样本为$\langle \neg u,v,\neg a,\neg m,\neg n \rangle$。

(3) 对非证据变量 N 采样,采样概率为 $P(N|\neg u,v,\neg a,\neg m)$。假设更新状态为$\langle \neg u, v,\neg a,\neg m,n \rangle$。

(4) 继续依次对非证据变量 A 和 U 更新状态。

(5) 重复 2～4 步直到获得指定规模的样本为止。

一个问题是,如何计算采样概率 $P(X_i|x_{-i},e)$(x_{-i} 是除去第 i 个变量剩余的非证据变量的一组取值)? 回答此问题之前,首先定义结点的马尔可夫覆盖(Markov Blanket,又称马尔可夫毯)。

定义 7-1(马尔可夫覆盖) 贝叶斯网络中,一个结点的父结点、子结点、子结点的其他父结点共同称为该结点的马尔可夫覆盖。

关于马尔可夫覆盖,我们不加证明地给出以下两个定理。

定理 7-1(马尔可夫覆盖条件独立性) 给定一个结点的马尔可夫覆盖,则该结点条件独立于网络中的其他结点。

定理 7-2(马尔可夫覆盖采样概率) 给定一个变量结点的马尔可夫覆盖,变量概率正比于给定其父结点的概率乘以每个子结点给定各自父结点的概率,即

$$P(x_i \mid mb(X_i)) = \alpha P(x_i \mid Parents(X_i)) \cdot \prod_{Y_i \in Children(X_i)} P(y_i \mid Parents(Y_i))$$

其中 $mb(X_i)$ 表示马尔可夫覆盖中的变量取值。

现在我们可以计算非证据变量的采样概率了。例如计算第二步中的 $P(M|\neg u,v,\neg a,\neg n)$,马尔可夫覆盖包括 A 和 N:

$$P(m \mid \neg u,v,\neg a,\neg n) = P(m \mid \neg a,\neg n) = \alpha \cdot P(\neg a \mid m,\neg n)$$

在介绍吉布斯采样的理论依据之前,先来看关于马尔可夫链的预备知识。马尔可夫链定义为满足条件 $P(X_{t+1}|X_t,X_{t-1},\cdots) = P(X_{t+1}|X_t)$ 的随机过程 X_t,即系统当前时刻的状态只与上一时刻状态有关,这称为马尔可夫性或无后效性。设状态变量在每个时刻可以取 n 个值,第 i 时刻每个值取到的概率组成 n 维向量 $\pi_i = [\pi_i(1) \quad \cdots \quad \pi_i(n)]^T$,则第$(i+1)$时刻每个值取到的概率

$$\pi_{i+1} = \begin{bmatrix} \pi_{i+1}(1) \\ \vdots \\ \pi_{i+1}(n) \end{bmatrix} = \begin{bmatrix} p_i(1,1) & \cdots & p_i(1,n) \\ \vdots & & \vdots \\ p_i(n,1) & \cdots & p_i(n,n) \end{bmatrix} \begin{bmatrix} \pi_i(1) \\ \vdots \\ \pi_i(n) \end{bmatrix} = P_i \cdot \pi_i$$

其中 $p_i(n,1)$ 表示第 1 个状态值到第 n 个状态值的转移概率。矩阵 $\boldsymbol{P}_i$ 称为第 i 到$(i+1)$

步的转移概率矩阵。进一步假定 P_i 不随时间变化，则可写成 $\boldsymbol{P}_i=P$。那么我们有

$$\pi_j=P\pi_{j-1}=\cdots=P^{j-i}\pi_i$$

即 i 时刻状态取值概率 π_i 经过 $(j-i)$ 步到达 j 时刻状态取值概率 π_j，其关系是连续乘以转移概率矩阵 $(j-i)$ 次。下面再给出稳态分布的定理。

定理 7-3（马尔可夫链收敛定理） 如果一个非周期马尔可夫链的状态转移矩阵是 $\boldsymbol{P}$，且它的任何两个状态是连通的，那么 $\lim\limits_{k\to\infty}P^k=\pi$ 存在，且有

$$(1)\ \lim_{k\to\infty}P^k=\begin{bmatrix}\pi(1) & \pi(1) & \cdots & \pi(1) & \cdots \\ \pi(2) & \pi(2) & \cdots & \pi(2) & \cdots \\ \vdots & \vdots & & \vdots & \\ \pi(j) & \pi(j) & \cdots & \pi(j) & \cdots \\ \vdots & \vdots & & \vdots & \end{bmatrix}$$

(2) $\pi=[\pi(1)\ \cdots\ \pi(j)\ \cdots]^{\mathrm{T}}$ 是方程组 $\pi=P\pi$ 的唯一非负解向量，且 $\sum_j\pi(j)=1$。称 π 是马尔科夫链的稳态分布。

定理中的状态连通是指任何一个状态都有非零概率转移到其他状态。另外，我们日常遇到的马尔可夫链绝大部分都是非周期的。注意定理中随机变量的状态可以是无限的，并且到达稳态分布与初始状态无关。

根据前面的预备知识，如果我们能构造一条马尔可夫链，让它的稳态分布是考察变量的联合分布，那么当转移达到稳态后，就可以直接采样得到联合分布的样本。吉布斯采样正是基于这样的想法。更进一步，如果我们能达到条件

$$\pi(i)P\{\pi(j)\mid\pi(i)\}=\pi(j)P\{\pi(i)\mid\pi(j)\} \tag{7-1-2}$$

那么 $\pi(i)=\pi(j)=\pi$ 是稳态分布。这是因为

$$\sum_{i=1}^{\infty}\pi(i)P\{\pi(j)\mid\pi(i)\}=\sum_{i=1}^{\infty}\pi(j)P\{\pi(i)\mid\pi(j)\}$$

$$=\pi(j)\sum_{i=1}^{\infty}P\{\pi(i)\mid\pi(j)\}=\pi(j)\Rightarrow\pi=P\pi$$

式(7-1-2)称为细致平稳条件。在吉布斯采样中，设当前状态为 $\pi(i)=(x_i,x_{-i},e)$（x_{-i} 是除去 X_i 的其他非证据变量取值），下一步采样变量为 X_i，采样值是 x_i'，状态变为 $\pi(j)=(x_i',x_{-i},e)$。那么有

$$\pi(i)P(x_i'\mid x_{-i},e)=P(e)P(x_i,x_{-i}\mid e)P(x_i'\mid x_{-i},e)$$

$$=P(e)P(x_i\mid x_{-i},e)P(x_{-i}\mid e)P(x_i'\mid x_{-i},e)$$

$$=P(e)P(x_i\mid x_{-i},e)P(x_i',x_{-i}\mid e)=\pi(j)P(x_i\mid x_{-i},e)$$

第一个和第四个等号是条件概率公式，中间两个等号是链式法则。至此，我们证明了吉布斯采样满足细致平稳条件。所以该方法取得的样本来自于马尔可夫链的稳态分布，即我们希望求得的联合分布。

吉布斯采样一般需要在初始化后经过多步转移，使马尔可夫链近似达到稳态，然后再提取样本。不过当达到稳态后，每一个状态都是一个样本，因此效率很高。采样完成后仍然返回特定样本的频率作为概率的估计值。

7.2 马尔可夫网络推理

贝叶斯网络能够简洁地将联合分布表示为一组条件分布的乘积。这给推理带来了方便。但是贝叶斯网络并不能表示所有的分布。这种局限性直接导致了马尔可夫网络的出现。先来看一个简单的例子。

例 7-2(作业问题) 假设一个班里有四位同学 Alice、Bob、Charles 和 Debby 要完成作业。他们各自都只与自己的朋友交流。Alice 的朋友是 Bob 和 Debbie。Charles 也与 Bob 和 Debbie 是朋友,但 Alice 和 Debbie 无法相处。Bob 和 Debbie 也没有影响。每个学生都可以一定的概率独立完成作业,也可以得到朋友的帮助而完成作业。用图模型表示相互影响关系。

我们需要用图来表示两组独立性关系:给定 A 和 C,B 和 D 条件独立;给定 B 和 D,A 和 C 条件独立。首先尝试用贝叶斯网络,如图 7-3 所示。图 7-3(a)中,给定 A,则 B 和 D 条件独立。但是给定 A 和 C,并不能得到 B 和 D 条件独立。同样,若表示成图 7-3(b),也无法得到两组独立性。事实上,这种循环依赖是贝叶斯网络无法处理的。为解决这类问题,人们引入了马尔可夫网络或马尔可夫随机场(Markov Random Field)[6]。

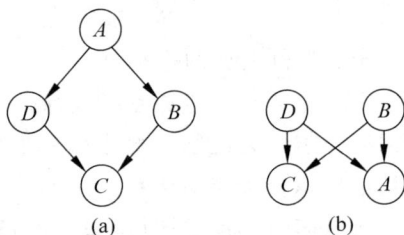

图 7-3 作业问题的两种贝叶斯网络

马尔可夫网络是无向图,每个结点只依赖于其邻结点。如果两个结点不相邻,那么给定其他所有结点时,它们一定条件独立。若图中结点的一个子集组成的子图是完全图,则称该子图为团。不能将另外的结点包含进来继续形成团的团称为最大团。图 7-4 展示了例题的马尔可夫网络表示及其中的四个最大团。马尔可夫网络将变量联合分布表示成

$$P(a,b,c,d) = \frac{1}{Z}\phi(a,b) \cdot \phi(b,c) \cdot \phi(c,d) \cdot \phi(d,a)$$

其中 $\phi(\cdot)$ 称为局部因子。$\phi(\cdot)$ 越大,代表团内变量的相互影响越强。Z 是归一化常数

$$Z = \sum_{a,b,c,d} \phi(a,b) \cdot \phi(b,c) \cdot \phi(c,d) \cdot \phi(d,a)$$

在马尔可夫网络表示下,可以验证给定 A 和 C 有

$$P(b,d \mid a,c) = \frac{1}{Z}[\phi(a,b) \cdot \phi(b,c)] \cdot [\phi(c,d) \cdot \phi(d,a)]$$

$$= P(b \mid a,c)P(d \mid a,c)$$

同样可以验证给定 B 和 D,A 和 C 条件独立。

马尔可夫网络的推理仍然是在给定证据变量赋值后,将其他变量求和消元,得到查询变量的概率。采用的算法是和积算法(又称置信传播算法)[7,8]。例如对图 7-5 所示的稍复杂网络,查询概率 $P(j|i)$。根据图中包含的 5 个最大团,将联合概率表示成

$$P(C,D,I,G,S,J,L,H)$$

$$= \frac{1}{Z}\phi_1(C,D) \cdot \phi_2(D,I,G) \cdot \phi_3(I,G,S) \cdot \phi_4(G,H,J) \cdot \phi_5(G,S,J,L)$$

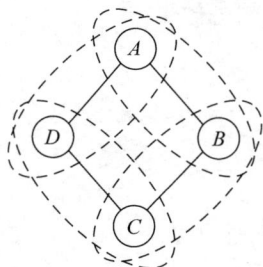

图 7-4 作业问题的马尔可夫网络及最大团

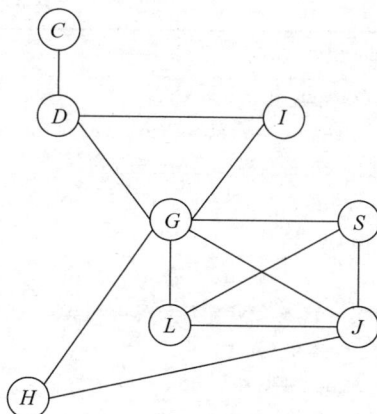

图 7-5 马尔可夫网络示意图

首先在 ϕ_1 中对 C 的所有取值求和消去该变量,得到新因子 $\psi_1(D)$

$$P(D,I,G,S,J,L,H)$$
$$=\frac{1}{Z}\psi_1(D) \cdot \phi_2(D,I,G) \cdot \phi_3(I,G,S) \cdot \phi_4(G,H,J) \cdot \phi_5(G,S,J,L)$$

其次对 $\psi_1(D) \cdot \phi_2(D,I,G)$ 中的 D 求和消去该变量,得到新因子 $\psi_2(I,G)$

$$P(I,G,S,J,L,H)=\frac{1}{Z}\psi_2(I,G) \cdot \phi_3(I,G,S) \cdot \phi_4(G,H,J) \cdot \phi_5(G,S,J,L)$$

第三步消去 ϕ_4 中变量 H,得到新因子 $\psi_3(G,J)$

$$P(I,G,S,J,L)=\frac{1}{Z}\psi_2(I,G) \cdot \phi_3(I,G,S) \cdot \psi_3(G,J) \cdot \phi_5(G,S,J,L)$$

第四步消去 ϕ_5 中变量 L,得到新因子 $\psi_4(G,S,J)$

$$P(I,G,S,J)=\frac{1}{Z}\psi_2(I,G) \cdot \phi_3(I,G,S) \cdot \psi_3(G,J) \cdot \psi_4(G,S,J)$$

最后消去变量 G 和 S

$$P(I,J)=\frac{1}{Z}\psi_5(I,J)$$

返回后验概率

$$P(j \mid i)=\frac{\psi_5(i,j)}{\sum_j \psi_5(i,j)}$$

和积算法的伪代码在表 7-2 中给出。计算过程是每一步对包含待消元变量的团求和,再将和与其余的团相乘。和积算法也因此而得名。算法的输入参数 O 指定了变量的消元顺序。需要说明,寻找最优消元顺序是困难的,一般采用贪心策略,消去使下一个将被构造的因子规模最小的变量。和积算法在本质上与枚举算法是一致的,只是应用领域稍有不同。

表 7-2   和积算法伪代码

SumProduct($\mathbf{\Phi}$, Z, O)
Input: $\mathbf{\Phi}$, set of factors;
Z, set of variables to be eliminated;
O, sequence of elimination.
Output: a set of factors after elimination.
1. Let $Z_1, \dots, Z_k$ be variables in the sequence of O;
2. **For** i=1, ..., k, **do**
3. $\mathbf{\Phi}' \longleftarrow \{ \phi \in \mathbf{\Phi} : Z_i \in Scope[\phi] \}$;
4. $\mathbf{\Phi}'' \longleftarrow \mathbf{\Phi} \backslash \mathbf{\Phi}'$;
5.   **For each** $\phi \in \mathbf{\Phi}'$, **do**
6. $\psi \longleftarrow \sum_{zi} \phi$;
7. $\mathbf{\Phi}'' \longleftarrow \mathbf{\Phi}'' \cup \psi$;
8. $\mathbf{\Phi} \longleftarrow \mathbf{\Phi}''$;
6. return $\mathbf{\Phi}$.

7.3   隐马尔可夫模型

接下来的三节将在前面的推理方法上,进一步考虑时间因素。我们尽可能由简单的例子入手,向读者清楚展示每种方法的计算过程,然后再给出一般理论推导。首先要介绍的是隐马尔可夫模型,它具有广泛的应用背景[9]。吉布斯采样的理论证明已经简单介绍了马尔可夫过程,即若状态转移矩阵 P 不随时间变化,则由初始取值概率 $X(0)$ 经过 k 步后的状态取值概率为

$$X(k) = P^k \cdot X(0)$$

现在进一步假设系统状态是不可观测的,且能够观测的变量 Y 依赖于系统状态。引入一个观测概率矩阵 O 来建立状态变量和观测变量间的联系:$Y = O \cdot X$。这里仍然考虑观测矩阵不随时间变化的情况。请看下面的例子。

例 7-3(感冒问题)   Teddy 是邻居家的一只宠物狗。它的身体可能处在健康、轻感冒和重感冒三种状态下。一定时期内,三种状态的转移概率是

	健康	轻感冒	重感冒
健康	$\begin{bmatrix} 0.5 \\ 0.375 \\ 0.125 \end{bmatrix}$	$\begin{matrix} 0.25 \\ 0.125 \\ 0.625 \end{matrix}$	$\begin{bmatrix} 0.25 \\ 0.375 \\ 0.375 \end{bmatrix}$

邻居只能通过观察 Teddy 的外部表现来判断它是否感冒了。这些表现包括多动、正常、发烧、打喷嚏。当 Teddy 处于各身体状态时,观察到每种外部表现的概率是

	健康	轻感冒	重感冒
多动	$\begin{bmatrix} 0.6 \\ 0.2 \\ 0.15 \\ 0.05 \end{bmatrix}$	$\begin{matrix} 0.2 \\ 0.3 \\ 0.3 \\ 0.2 \end{matrix}$	$\begin{bmatrix} 0.05 \\ 0.1 \\ 0.35 \\ 0.5 \end{bmatrix}$
正常			
喷嚏			
发烧			

昨天邻居观察到 Teddy 的表现是正常,那么请问明天 Teddy 表现是多动的概率是多少?

按照题意,$Y(0)=[0 \quad 1 \quad 0 \quad 0]^T$,那么 Teddy 处于三种身体状态的概率为 $X(0)=\alpha \cdot O^T Y(0)=\alpha[0.2 \quad 0.3 \quad 0.1]^T$。归一化后得到 $X(0)=[0.333 \quad 0.5 \quad 0.167]^T$。按照马尔可夫链状态转移规则

$$X(2)=P^2 \cdot X(0)$$

得到 $X(2)=[0.333 \quad 0.313 \quad 0.354]^T$。因此,$Y(2)=OX(2)=[0.280 \quad 0.196 \quad 0.268 \quad 0.256]^T$,即明天 Teddy 表现是多动的概率是 0.280。

当系统状态并不只依赖于前一步状态,而是依赖于前 k 步状态时,此时的马尔可夫链称为 k 阶马尔可夫链,相应的隐马尔可夫模型也称为 k 阶隐马尔可夫模型。总结起来,一阶隐马尔可夫模型需要满足以下三个假设条件才能按照上面的过程计算:

(1) 马尔可夫假设:

$$P(X(t) \mid X(t-1),X(t-2),\cdots,X(1))=P(X(t) \mid X(t-1));$$

(2) 不动性假设(即转移概率与时间无关):

$$P(X(i) \mid X(i-1))=P(X(j) \mid X(j-1)),\forall i,j;$$

(3) 输出独立性假设(即观测只与当前状态有关):

$$P(Y(1),\cdots,Y(T) \mid X(1),\cdots,X(T))=\prod_{i=1}^{T} P(Y(i) \mid X(i))。$$

一阶隐马尔可夫模型的状态转移过程如图 7-6 所示。

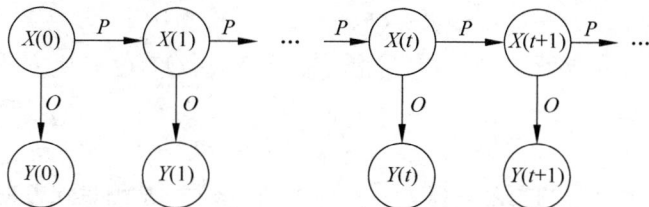

图 7-6　隐马尔可夫模型状态转移过程

7.4　卡尔曼滤波

隐马尔可夫模型处理的是离散型随机变量,而卡尔曼滤波则能够处理连续型变量的线性系统。卡尔曼滤波也可以被视为是一种数据融合方法,其应用范围极广,涵盖控制、测绘、金融与经济等多个领域。结合不同领域的具体特点,人们开发了多个卡尔曼滤波的改进版本。要完全清楚介绍这些方法需要另写一本著作。因此本节只介绍最基本的卡尔曼滤波方法[10,11]。与上一节一样,我们还是从一个简单例子开始。

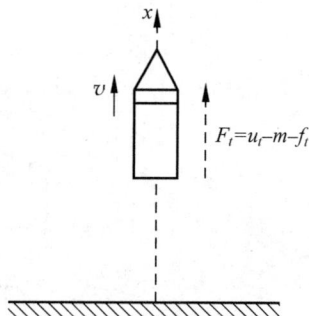

图 7-7　火箭发射问题

例 7-4(火箭发射)　图 7-7 是一个火箭发射过程,发射初期可简单认为是垂直上升阶段。以上升方向为 x 轴正方向,火箭速度为 $v(t)=\dot{x}(t)$,受到发动机推力 $u(t)$、重力 m、空气阻力 $f(t)$。以高度 $x(t)$ 和速度 $\dot{x}(t)$ 为状态变量,系统在这

两个自由度上均存在噪声。传感器可对系统状态进行测量,测量仍然包含噪声。若火箭进入匀速上升阶段,请动态估计火箭的状态。

先建立问题的数学模型。令火箭受到的合力 $F(t)=u(t)-m-f(t)$,根据牛顿第二定律,加速度

$$a(t)=\frac{F(t)}{m}$$

又由运动学定律知 k 时刻的速度和高度分别为

$$\dot{x}(k)=\dot{x}(k-1)+a(k-1)=\dot{x}(k-1)+\frac{F(k-1)}{m}$$

$$x(k)=x(k-1)+\dot{x}(k-1)+\frac{1}{2}a(k-1)$$

$$=x(k-1)+\dot{x}(k-1)+\frac{F(k-1)}{2m}$$

因此,系统 k 时刻的状态方程为

$$\begin{bmatrix} x(k) \\ \dot{x}(k) \end{bmatrix} = \begin{bmatrix} 1 & 1 \\ 0 & 1 \end{bmatrix} \cdot \begin{bmatrix} x(k-1) \\ \dot{x}(k-1) \end{bmatrix} + \begin{bmatrix} \frac{1}{2m} \\ \frac{1}{m} \end{bmatrix} \cdot F(k-1) + \begin{bmatrix} w_x(k) \\ w_v(k) \end{bmatrix}$$

上式简记为 $X(k)=A \cdot X(k-1)+B \cdot F(k-1)+w(k)$,称为系统状态方程。匀速上升阶段,加速度为 0,$F(k-1)=0$。$w(k)=[w_x(k) \quad w_v(k)]^T$ 是系统在高度和速度上的误差,服从均值为 0 的多元高斯分布。即 $w(k)\sim N(0,Q)$,Q 是协方差矩阵。类似地,可以写出测量方程

$$Y(k)=H \cdot X(k)+s(k)$$

其中,H 是 2×2 维单位观测矩阵,$s(k)=[s_x(k) \quad s_v(k)]^T$ 是测量误差向量,同样服从均值为 0 的多元高斯分布。即 $s(k)\sim N(0,R)$,R 是协方差矩阵。这里,系统误差和测量误差假设服从高斯分布是因为,中心极限定理保证大量相互独立的微小误差之和近似服从高斯分布(关于中心极限定理,读者可查阅任何一本概率论著作)。还要假定不同时刻的误差相互独立。

建立模型后,再次明确我们要完成的任务:利用 $(k-1)$ 时刻状态和 k 时刻测量,估计 k 时刻的系统状态。估计的原则是最小化估计值与真实值之间的误差(见图 7-8)。定义符号如下:

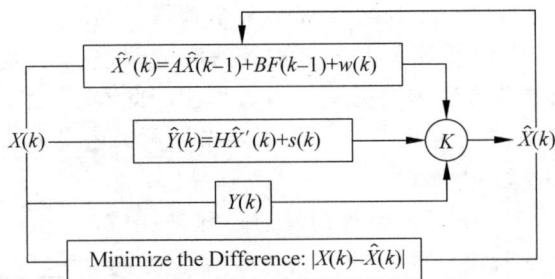

图 7-8 卡尔曼滤波过程

$\hat{X}'(k)$：k 时刻由系统模型得到的预测状态（已知）；

$\hat{X}(k)$：状态的估计值（待求）；

$\hat{Y}(k)$：由测量方程得到的测量预测值（已知）；

$Y(k)$：系统的真实测量值；

$X(k)$：系统的真实状态。

根据系统反馈有

$$\hat{X}(k) = \hat{X}'(k) + K(k)[Y(k) - \hat{Y}(k)] = \hat{X}'(k) + K(k)[Y(k) - H\hat{X}'(k)]$$

其中，$[Y(k) - H\hat{X}'(k)]$ 称为残差。当残差等于 0 时，表明预测测量值与真实测量值完全一致。当残差不等于 0 时，表明预测有偏差，用残差乘上卡尔曼增益矩阵 K 进行修正。下面为简化书写，我们略去表示时间的 (k)。我们的目标是确定增益矩阵 K 使得误差期望最小，写出误差协方差矩阵

$$P = E[ee^{\mathrm{T}}] = E\{[X - \hat{X}][X - \hat{X}]^{\mathrm{T}}\}$$

$e = X - \hat{X}$ 就是真实值和估计值之间的误差。代入前面的状态估计和测量方程

$$P = E\{[(I - KH)(X - \hat{X}') - KS][(I - KH)(X - \hat{X}') - KS]^{\mathrm{T}}\}$$

将 P 进一步展开整理

$$\begin{aligned} P &= (I - KH)E\{[X - \hat{X}'][X - \hat{X}']^{\mathrm{T}}\}(I - KH)^{\mathrm{T}} + KE[SS^{\mathrm{T}}]K^{\mathrm{T}} \\ &= (I - KH)P'(I - KH)^{\mathrm{T}} + KRK^{\mathrm{T}} \\ &= P' - KHP' - P'H^{\mathrm{T}}K^{\mathrm{T}} + K[HP'H^{\mathrm{T}} + R]K^{\mathrm{T}} \end{aligned}$$

其中 P' 为状态预测值与真实值之间的协方差矩阵。注意我们的目标是通过最小化 P 来确定 K，将上式两边对 K 求导并令导数等于 0 得到

$$\frac{\mathrm{d}tr(P)}{\mathrm{d}K} = -2(HP')^{\mathrm{T}} + 2K(HP'H^{\mathrm{T}} + R) = 0$$

$$\Rightarrow K = P'H^{\mathrm{T}}(HP'H^{\mathrm{T}} + R)^{-1}$$

再把极值点代回原误差表达式求得最小误差为

$$P = (I - KH)P'$$

注意这是第 k 步的极值。其中

$$\begin{aligned} P'(k) &= E\{[X(k) - \hat{X}'(k)][X(k) - \hat{X}'(k)]^{\mathrm{T}}\} \\ &= E\{[A(X(k-1) - \hat{X}'(k-1)) + S(k)][A(X(k-1) - \hat{X}'(k-1)) + S(k)]^{\mathrm{T}}\} \\ &= E[Ae(k-1)e(k-1)^{\mathrm{T}}A^{\mathrm{T}}] + E[SS^{\mathrm{T}}] \\ &= AP(k-1)A^{\mathrm{T}} + Q \end{aligned}$$

建立此递推公式的目的是使得对系统的状态估计能够持续。至此，我们可以由状态估计的公式计算每一步状态了。

卡尔曼滤波的过程可以总结为以下三步：

（1）计算状态预测值，真实值和预测值之间的误差协方差矩阵

$$\hat{X}'(k) = A\hat{X}(k-1) + BF(k-1)$$

$$P'(k) = AP(k-1)A^\mathrm{T} + Q$$

（2）计算卡尔曼增益矩阵，得到状态估计值

$$K(k) = P'(k)H^\mathrm{T}[HP'(k)H^\mathrm{T} + R]^{-1}$$

$$\hat{X}(k) = \hat{X}'(k) + K(k)[Y(k) - H\hat{X}'(k)]$$

（3）计算估计值和真实值之间的误差协方差矩阵，为下次递推做准备

$$P(k) = [I - K(k)H]P'(k)$$

7.5　动态贝叶斯网络

隐马尔可夫模型构建的是离散型随机变量的时序模型，而卡尔曼滤波构建的是连续型变量时序模型。它们都需要明确写出状态转移概率矩阵和测量矩阵（可以是时变的）。这实质上是要求所考察的系统是线性系统。本节将要介绍的动态贝叶斯网络（Dynamic Baysian Network，DBN）是更一般的情况[12-14]。所有适用于隐马尔可夫和卡尔曼滤波方法的系统，DBN 都可以等价建模。而且后者还能够建模非线性依赖关系。如图 7-9 所示，DBN 包含多个时间片，每个时间片内都是一个贝叶斯网络，变量有相互依赖关系。不同时间片之间的变

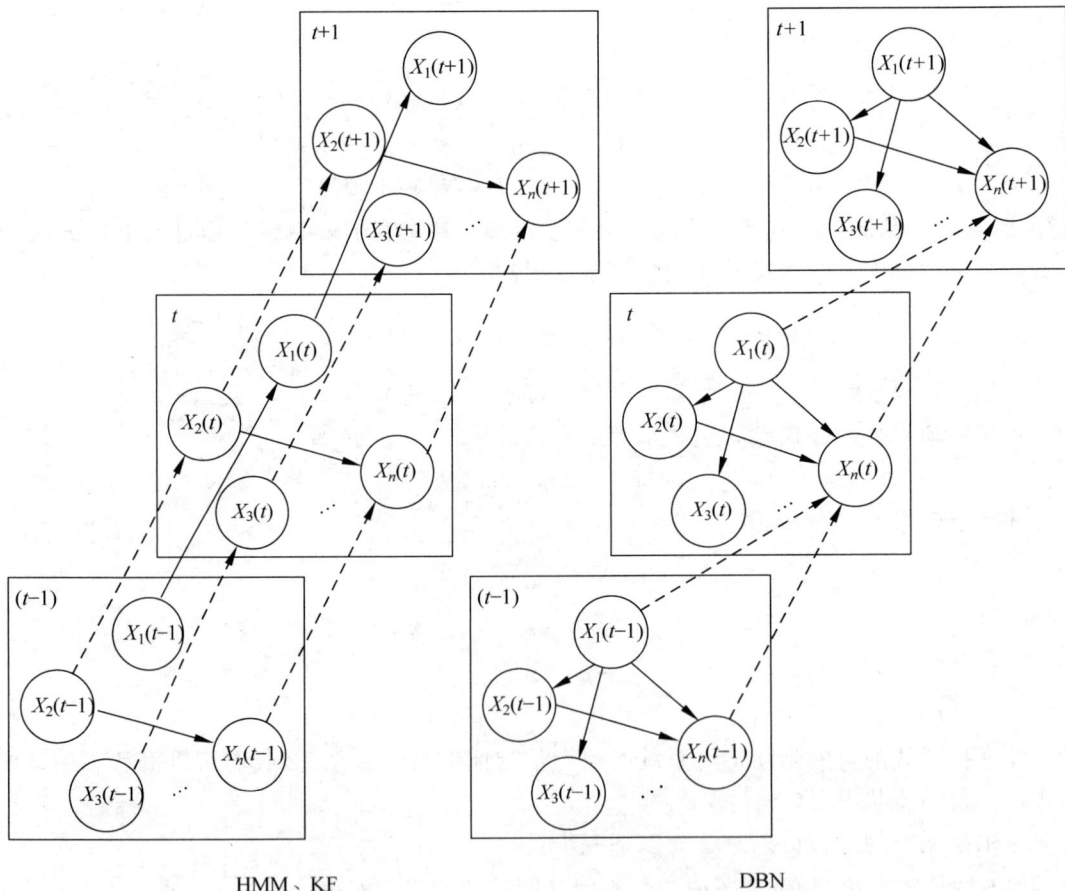

图 7-9　隐马尔可夫、卡尔曼滤波与动态贝叶斯网络的对比

量也有时序依赖关系。若某时间片内的变量依赖于前 k 个时间片内的变量,即满足

$$P\{X(t) \mid X(t-1), X(t-2), \cdots, X(1)\} = P\{X(t) \mid X(t-1), \cdots, X(t-k)\}$$

则称这样的网络为 k 阶动态贝叶斯网络。本节只讨论 $k=1$ 的情况。请看下面的例子。

例 7-5(车辆位置估计) 无人车控制的一个基本问题是估计车辆当前位置。为简化讨论,只考虑小车从原点沿 x 轴行驶到远处的 d 点一维情况(图 7-10)。车辆位置(Location)用坐标 x 表示(这里 x 只取整数,但也可推广到连续情况,只是计算更复杂)。t 时刻车辆的坐标有两种可能:以 0.9 的概率在 $t-1$ 时刻的坐标上向右移动 1 单位,或者以 0.1 的概率保持 $t-1$ 时刻的坐标不变。车上的传感器可获得车辆当前位置的观测值(Observation),且观测结果只取决于当前坐标。传感器可能出现故障($\neg$ Normal)。若上一时刻传感器故障,则本时刻仍然处于故障状态。若上一时刻正常(Normal),则本时刻出现故障的概率为 0.1。假设车辆的真实位置为 x,由于传感器可能出现故障并且存在误差,因此观测到的当前位置不确定。当出现故障时,有 40% 的可能性为真实坐标,各有 30% 的可能性分别观测到 $x-1$ 和 $x+1$。当未出现故障时,有 80% 的可能性为真实坐标,各有 10% 的可能性分别观测到 $x-1$ 和 $x+1$。假设起始时刻($t=0$),车辆的位置为 $X_0=0$,传感器运行正常,初始观测坐标 $O_0=0$。连续两个检测周期,传感器观测到位置 $O_1=1, O_2=1$,请计算 $t=2$ 时刻小车处于位置 1 的概率 $P(X_2=1 \mid O_{1,2})$。

图 7-10 小车运动状态估计示意图

一阶 DBN 有两个假设:①任意时间片内的变量依赖关系相同;②不同时间片的变量间是一阶马尔可夫过程。即每个变量的父结点,要么在同一个时间片中,要么在上一个时间片中。在上述两个假设下,若确定了单个时间片内和相邻两个时间片间的变量依赖关系和条件概率,就可以画出相邻两个时间片的概率图。重复该过程即可得到多个时间片序列。该过程称为 DBN 的摊开操作。图 7-11 画出了小车位置估计的 DBN。在这个简单的网络中,传感器状态和位置坐标相互独立,且各自构成一阶马尔可夫过程。位置坐标的观测只取决于当前位置和传感器状态。

在画出 DBN 后,我们可以进一步计算查询概率。

$$
\begin{aligned}
P\{X_2, N \mid o_{1,2}\} &= P\{X_2, N \mid o_1, o_2\} \\
&= \frac{P\{o_1\}}{P\{o_1, o_2\}} P\{o_2 \mid X_2, N, o_1\} P\{X_2, N \mid o_1\} \\
&= \alpha \cdot P\{o_2 \mid X_2, N\} P\{X_2, N \mid o_1\} \\
&= \alpha \cdot P\{o_2 \mid X_2, N\} \sum_{x_1, n} P\{X_2, N \mid x_1, n\} P\{x_1, n \mid o_1\}
\end{aligned}
$$

等式中第一个等号是证据分离;第二个等号是应用了贝叶斯公式;第三个等号是应用了传感器假设,即观测只与当前状态有关;最后一个等号是全概率公式。注意,只包含证据变量的项才能并入归一化常数。这是因为一旦给证据变量赋值,相应的概率项就是一个常数。对于小车运动的例题而言,我们有

$$P\{X_1=0 \mid o_1\} = P\{X_1=0, n \mid o_1\} + P\{X_1=0, \neg n \mid o_1\} \tag{7-5-1}$$

N_t	N_{t+1}	P
t	t	0.9
t	f	0.1
f	f	1.0

X_t	X_{t+1}	P
x	x	0.1
x	$x+1$	0.9

N_{t+1}	X_{t+1}	O_{t+1}	P
t	x	x	0.8
t	x	$x-1$	0.1
t	x	$x+1$	0.1
f	x	x	0.4
f	x	$x-1$	0.3
f	x	$x+1$	0.3

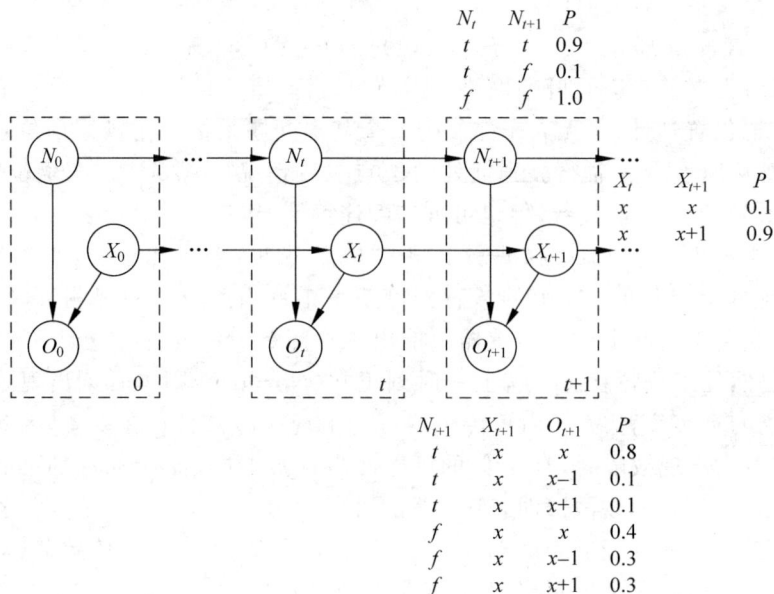

图 7-11　车辆位置估计的 DBN

使用贝叶斯公式

$$P\{X_1=0,n \mid o_1\}=\frac{P\{o_1 \mid X_1=0,n\}P(X_1=0,n \mid X_0=0,n)P(X_0=0,n)}{P\{o_1\}}$$

其中

$$P\{o_1\}=P\{o_1 \mid X_1=0,n\}P(X_1=0,n \mid X_0=0,n)+$$
$$P\{o_1 \mid X_1=1,n\}P(X_1=1,n \mid X_0=0,n)+$$
$$P\{o_1 \mid X_1=0,\neg n\}P(X_1=0,\neg n \mid X_0=0,n)+$$
$$P\{o_1 \mid X_1=1,\neg n\}P(X_1=1,\neg n \mid X_0=0,n)$$
$$=0.1\times0.1\times0.9+0.8\times0.9\times0.9+0.3\times0.9\times0.1+$$
$$0.4\times0.9\times0.1=0.72$$

所以 $P\{X_1=0,n|o_1\}=0.0125$。同理可计算 $P\{X_1=0,\neg n|o_1\}=0.0375$。代入式(7-5-1)得到 $P\{X_1=0|o_1\}=0.05$。同理可计算 $P\{X_1=1|o_1\}=0.95$。第二步转移后的位置可能为 0、1 或 2，因此

$$P\{X_2=0,n \mid o_{1:2}\}=\alpha \cdot P\{o_2 \mid X_2=0,n\}P\{X_2=0,n \mid X_1=0,n\}P\{X_1=0,n \mid o_1\}$$
$$=\alpha \cdot 0.1\times0.1\times0.0125=0.000125\alpha$$

$$P\{X_2=0,\neg n \mid o_{1:2}\}=\alpha \cdot P\{o_2 \mid X_2=0,\neg n\}$$
$$[P\{X_2=0,\neg n \mid X_1=0,n\}P\{X_1=0,n \mid o_1\}+$$
$$P\{X_2=0,\neg n \mid X_1=0,\neg n\}P\{X_1=0,\neg n \mid o_1\}]$$
$$=\alpha \cdot 0.3\times(0.1\times0.1\times0.0125+0.1\times0.0375)=0.00116\alpha$$

$$P\{X_2=1,n \mid o_{1:2}\}=\alpha \cdot P\{o_2 \mid X_2=1,n\}[P\{X_2=1,n \mid X_1=0,n\}P\{X_1=0,n \mid o_1\}+$$
$$P\{X_2=1,n \mid X_1=1,n\}P\{X_1=1,n \mid o_1\}]$$
$$=\alpha \cdot 0.8\times(0.9\times0.9\times0.0125+0.1\times0.9\times0.9)=0.0729\alpha$$

$$P\{X_2=1,\neg n\mid o_{1,2}\}=\alpha\cdot P\{o_2\mid X_2=1,\neg n\}[P\{X_2=1,\neg n\mid X_1=0,n\}$$
$$P\{X_1=0,n\mid o_1\}+P\{X_2=1,\neg n\mid X_1=0,\neg n\}$$
$$P\{X_1=0,\neg n\mid o_1\}+P\{X_2=1,\neg n\mid X_1=1,n\}$$
$$P\{X_1=1,n\mid o_1\}+P\{X_2=1,\neg n\mid X_1=1,\neg n\}$$
$$P\{X_1=1,\neg n\mid o_1\}]$$
$$=\alpha\cdot0.4\times(0.9\times0.1\times0.0125+0.9\times0.0375+$$
$$0.1\times0.1\times0.9+0.1\times0.05)=0.0196\alpha$$
$$P\{X_2=2,n\mid o_{1,2}\}=\alpha\cdot P\{o_2\mid X_2=2,n\}P\{X_2=2,n\mid X_1=1,n\}P\{X_1=1,n\mid o_1\}$$
$$=\alpha\cdot0.1\times0.9\times0.9\times0.9=0.0729\alpha$$
$$P\{X_2=2,\neg n\mid o_{1,2}\}=\alpha\cdot P\{o_2\mid X_2=2,\neg n\}[P\{X_2=2,\neg n\mid X_1=1,n\}$$
$$P\{X_1=1,n\mid o_1\}+P\{X_2=2,\neg n\mid X_1=1,\neg n\}$$
$$P\{X_1=1,\neg n\mid o_1\}]=\alpha\cdot0.3\times(0.9\times0.1\times0.9+$$
$$0.9\times0.3\times0.05)=0.0284\alpha$$

由概率归一有 $\alpha=5.1256$。所以

$$P\{X_2=1\mid o_{1,2}\}=P\{X_2=1,n\mid o_{1,2}\}+P\{X_2=1,\neg n\mid o_{1,2}\}=0.474$$

可以看到,在有限的时间片内,摊开之后的 DBN 仍然可被视为是一个大的贝叶斯网络。变量消元枚举算法依然适用于精确推理。然而,正如 7.1 节讲到的一样,这样的枚举算法具有指数级复杂度。因此基于采样的近似推理依然是主要办法,基本过程是根据已知概率分布生成随机样本,再用样本计数来近似其他目标分布。下面介绍一种用于 DBN 采样的粒子滤波算法。基本思想是将采样聚焦于状态空间的高概率区域,这相当于给样本加权。算法如下:

(1) 首先从先验分布 $P(X_0)$ 中采样得到 N 个初始样本构成的总体。

(2) 对于每个样本,按转移模型 $P(X_{t+1}\mid x_t)$,在给定样本当前状态值 x_t 的条件下,采样下一个状态值 X_{t+1}。

(3) 对于每个样本,用它赋予新证据的似然值 $P(e_{t+1}\mid X_{t+1})$ 作为权值。

(4) 对总体样本重新采样以生成一个新的 N 样本总体。每个新样本从当前总体中选取,某特定样本被选中的概率与其权值成正比。新样本是没有被赋权的。

(5) 2～4 步循环进行使得样本不断向前传播。

就我们的例题而言,首先从 $P(X_0)$ 和 $P(N_0)$ 分布中采集 N 个初始样本。由于初始时刻小车停在原点,传感器正常,假设采集了 10 个样本,均为 $\langle0,n\rangle$。按状态转移概率 $P(X_{t+1},N\mid X_t,N)$ 更新这 10 个样本,假设得到 7 个 $\langle1,n\rangle$,2 个 $\langle0,n\rangle$,1 个 $\langle1,\neg n\rangle$。第一步观测为 $o_1=1$。三类样本的似然分别为 $P\{o_1=1\mid X_1=1,n\}=0.8$,$P\{o_1=1\mid X_1=0,n\}=0.1$,$P\{o_1=1\mid X_1=1,\neg n\}=0.4$。按上述概率给样本赋权。对当前样本加权随机采样得到新的样本。然后重复前面的过程。

下面简要证明粒子滤波算法的正确性。首先设 $N(x_t\mid e_{1,t})$ 是第 t 轮处理完观测 $e_{1,t}$ 后,具有状态 x_t 的样本个数。当 N 足够大时,有

$$\frac{N(x_t\mid e_{1,t})}{N}=P(x_t\mid e_{1,t})$$

接下来算法根据 t 时刻状态,按转移概率采样 $t+1$ 时刻样本,根据全概率公式,到达状

态 X_{t+1} 的总样本数是

$$N(X_{t+1} \mid e_{1:t}) = \sum_{x_t} P(X_{t+1} \mid x_t) N(x_t \mid e_{1:t})$$

对处于 X_{t+1} 状态的样本赋权 $P(e_{t+1} \mid X_{t+1})$。因此所有 X_{t+1} 状态的样本权值之和为

$$W(X_{t+1} \mid e_{1:t+1}) = P(e_{t+1} \mid X_{t+1}) N(X_{t+1} \mid e_{1:t})$$

最后考虑重采样步骤。每一个样本被获取的概率正比于其权值,因此重采样后处于状态 X_{t+1} 的样本数与重采样前处于状态 X_{t+1} 的总权值成正比

$$\frac{N(X_{t+1} \mid e_{1:t+1})}{N} = \alpha W(X_{t+1} \mid e_{1:t+1}) = \alpha P(e_{t+1} \mid X_{t+1}) N(X_{t+1} \mid e_{1:t})$$

$$= \alpha P(e_{t+1} \mid X_{t+1}) \sum_{x_t} P(X_{t+1} \mid x_t) N(x_t \mid e_{1:t})$$

$$= \alpha N P(e_{t+1} \mid X_{t+1}) \sum_{x_t} P(X_{t+1} \mid x_t) P(x_t \mid e_{1:t})$$

$$= \alpha' P(e_{t+1} \mid X_{t+1}) P(X_{t+1} \mid e_{1:t}) \quad \text{全概率公式}$$

$$= \alpha'' P(e_{t+1} \mid X_{t+1}) P(e_{1:t} \mid X_{t+1}) P(X_{t+1}) \quad \text{贝叶斯公式}$$

$$= \alpha'' P(e_{1:t+1} \mid X_{t+1}) P(X_{t+1}) \quad \text{证据独立性}$$

$$= \alpha''' P(X_{t+1} \mid e_{1:t+1}) \quad \text{贝叶斯公式}$$

可见,在样本量很大的情况下,样本频率可以逼近后验概率。

7.6　时序概率推理的一般方法

前面三节通过应用实例讲述了隐马尔可夫模型、卡尔曼滤波、动态贝叶斯网络三种时序概率推理方法。本节将对时序概率推理做一个总结,给出一般处理方法和理论推导。让我们从回顾马尔可夫假设和传感器模型开始。以 X_t 表示 t 时刻的系统状态,$X_{1:t}$ 表示 1 到 t 时刻的状态。马尔可夫假设认为,当前状态只依赖于有限的固定数量的过去状态

$$P(X_t X_{1:t-1}) = P(X_t \mid X_{t-k:t-1})$$

满足马尔可夫假设的随机过程称为马尔可夫过程或马尔可夫链。特别的,当前状态只依赖于上一个状态 $(k=1)$ 时称为一阶马尔可夫链。以 E_t 表示 t 时刻的证据变量取值,$E_{1:t}$ 表示 1 到 t 时刻证据变量的取值。类似地可引入马尔可夫假设

$$P(E_t \mid X_{1:t}, E_{1:t-1}) = P(E_t \mid X_t)$$

这称为传感器模型。注意状态变量和证据变量是不相同的。在一阶马尔可夫假设和传感器模型下,若给定变量的初始分布 $P(X_0)$,那么完整的联合概率分布可表示成

$$P(X_{0:t}, E_{0:t}) = P(X_0) \prod_{i=1}^{t} P(X_i \mid X_{i-1}) P(E_i \mid X_i)$$

等式右侧三项分别称为初始状态、转移模型和传感器模型。

时序概率推理通常要解决的基本推理任务有四类,分别是:

(1) 状态估计,也称为滤波。即给定目前为止的所有证据,计算当前状态的后验概率 $P(X_t \mid e_{1:t})$。

(2) 预测。即给定目前为止的所有证据,计算未来状态的后验概率 $P(X_{t+k} \mid e_{1:t})$,

$k > 0$。

（3）平滑。即给定目前为止的所有证据，计算过去某一状态的后验概率 $P(X_k \mid e_{1:t})$，$0 \leq k < t$。

（4）最可能解释。给定观察序列，找出最可能生成这些观察结果的状态序列，即计算

$$\underset{x_{1:t}}{\operatorname{argmax}} P(X_{1:t} \mid e_{1:t})$$

下面我们分别考察四种推理任务的计算方法。

首先看状态估计。由于引入了马尔可夫假设，状态估计可以维护一个当前状态作为每次推理的起点，而不是回溯整个历史。这有效避免了搜索空间随时间推移迅速增大的问题。

$$P(X_{t+1} \mid e_{1:t+1}) = P(X_{t+1} \mid e_{1:t}, e_{t+1}) \quad 证据分解$$

$$= \frac{P(e_{1:t})}{P(e_{1:t}, e_{t+1})} P(e_{t+1} \mid X_{t+1}, e_{1:t}) P(X_{t+1} \mid e_{1:t}) \quad 贝叶斯公式$$

$$= \alpha P(e_{t+1} \mid X_{t+1}) P(X_{t+1} \mid e_{1:t}) \quad 传感器马尔可夫假设$$

$$= \alpha P(e_{t+1} \mid X_{t+1}) \sum_{x_t} P(X_{t+1} \mid x_t, e_{1:t}) P(x_t \mid e_{1:t}) \quad 全概率公式$$

$$= \alpha P(e_{t+1} \mid X_{t+1}) \sum_{x_t} P(X_{t+1} \mid x_t) P(x_t \mid e_{1:t}) \quad 马尔可夫假设$$

从上面的公式看出，状态的每一次前向更新只需要从上一个状态出发，通过全概率公式和证据似然即可完成。因此程序可只记录当前状态的估计分布，而忽略证据观测历史。

再考察第二类预测问题。预测可被视为是没有增加新证据的状态估计。实际上，上面状态估计的推导已经隐含了一个一步预测的办法

$$P(X_{t+1} \mid e_{1:t}) = \sum_{x_t} P(X_{t+1} \mid x_t, e_{1:t}) P(x_t \mid e_{1:t})$$

由此推广可得到任意 $k > 0$ 步的预测递推式

$$P(X_{t+k+1} \mid e_{1:t}) = \sum_{x_{t+k}} P(X_{t+k+1} \mid x_{t+k}) P(x_{t+k} \mid e_{1:t})$$

当 $t \to \infty$ 时，若分布 $\lim_{t \to \infty} P(X_t)$ 存在，则称此极限分布为马尔可夫过程的稳态分布（Stationary Distribution）。我们已经在吉布斯采样一节介绍过此概念。

第三类要考察的推理问题是平滑。平滑的后验概率分为两部分计算

$$P(X_k \mid e_{1:t}) = P(X_k \mid e_{1:k}, e_{k+1:t}) = \alpha P(X_k \mid e_{1:k}) P(e_{k+1:t} \mid X_k, e_{1:k})$$

$$= \alpha P(X_k \mid e_{1:k}) P(e_{k+1:t} \mid X_k)$$

第一个等号是证据分离；第二个等号是运用了贝叶斯公式；最后一个等号是不同时刻观测变量的条件独立性。等式中 $P(X_k \mid e_{1:k})$ 是前 k 步的状态估计，$P(e_{k+1:t} \mid X_k)$ 是从 k 步向后的递归计算

$$P(e_{k+1:t} \mid X_k) = \sum_{x_{k+1}} P(e_{k+1:t} \mid x_{k+1}) P(x_{k+1} \mid X_k)$$

$$= \sum_{x_{k+1}} P(e_{k+1}, e_{k+2:t} \mid x_{k+1}) P(x_{k+1} \mid X_k)$$

$$= \sum_{x_{k+1}} P(e_{k+1} \mid x_{k+1}) P(e_{k+2:t} \mid x_{k+1}) P(x_{k+1} \mid X_k)$$

三个等号分别运用了全概率公式、证据分解和证据条件独立性。最后的表达式中，第一项

和第三项可由观测方程和状态转移方程直接得到,第二项则是递归调用,可由程序递归实现。

最后一类推理问题是寻找最可能解释。对于有限状态空间中的每一组状态取值$(x_1, x_2, \cdots, x_t)$,我们有

$$\max_{x_1, \cdots, x_t} P(x_1, \cdots, x_t, x_{t+1} \mid e_{1:t+1})$$

$$= \alpha \max_{x_1, \cdots, x_t} P(e_{1:t+1} \mid x_1, \cdots, x_t, X_{t+1}) P(x_1, \cdots, x_t, X_{t+1}) \quad \text{贝叶斯公式}$$

$$= \alpha \max_{x_1, \cdots, x_t} P(e_{t+1} \mid X_{t+1}) P(e_{1:t}, x_1, \cdots, x_t, X_{t+1}) \quad \text{传感器模型}$$

$$= \alpha \max_{x_1, \cdots, x_t} P(e_{t+1} \mid X_{t+1}) P(X_{t+1} \mid x_1, \cdots, x_t, e_{1:t}) P(x_1, \cdots, x_t \mid e_{1:t})$$

$$= \alpha \max_{x_1, \cdots, x_t} P(e_{t+1} \mid X_{t+1}) P(X_{t+1} \mid x_t) P(x_1, \cdots, x_t \mid e_{1:t}) \quad \text{马尔可夫假设}$$

$$= \alpha P(e_{t+1} \mid X_{t+1}) \max_{x_t} \left[P(X_{t+1} \mid x_t) \max_{x_1, \cdots, x_{t-1}} P(x_1, \cdots, x_t \mid e_{1:t}) \right]$$

因此,寻找最可能解释仍然是一个递归模型,求解过程与状态估计类似。这在推理中被称为维特比(Viterbi)算法[15]。

7.7 证据理论

到目前为止,本章介绍的不确定性推理方法都是以变量的联合概率分布为基础的,因此也被称为概率推理方法,虽然概率是处理不确定性的一种有力工具,但也存在其他不确定性推理方法。证据理论和模糊逻辑就是两种并不直接考察概率分布的不确定性推理方法。本节将简要介绍证据理论,而模糊逻辑将在第 8 章介绍。

证据理论起源于 20 世纪 60 年代哈佛大学数学家 A. P. Dempster 使用概率范围而不是单个概率来解决多值映射问题。他的学生 G. Shafer 后来做了进一步推广,引入信任函数,形成了一整套通过"证据组合"来处理不确定性问题的推理方法。因此,证据理论又被称为Dempster-Shafer 理论或 D-S 理论[16,17]。与贝叶斯方法不同,证据理论并不直接计算命题的概率,而是计算"证据"可能支持命题的概率。该指标即称为信任函数。这可以处理不确定性和无知性的区别。例如,抛硬币试验中,如果硬币是均匀的,那么假设正面出现的概率为 0.5是合理的。但是当硬币有偏差时,0.5 的概率就有问题了。证据理论认为,在没有任何证据支持任何一种情况时,出现正面和反面的信任度分别是 $Bel(Head) = 0, Bel(\neg Head) = 0$。若有一个专家有 90% 的把握说这枚硬币是均匀的,即他 90% 地确信 $P(Head) = 0.5$,则证据理论认为"一定出现正面"的概率,$Bel(Head) = 0.9 \times 0.5 = 0.45$。"一定不出现正面"的概率 $Bel(\neg Head) = 0.9 \times 0.5 = 0.45$。有 0.1 的"缺口"表示"不知道"是否出现正面。这里,不确定性被表示为 $P(Head)$ 和 $P(\neg Head)$,而无知性被表示为 $[1 - P(Head) - P(\neg Head)]$。下面我们仍然通过一个例题来系统讲述证据理论的推理过程。这个例题改编自笔者曾参与的一个研究项目。

例 7-6(敌我识别问题) 在战场态势分析中,一项重要工作是识别战场目标的敌我属性。为简化讨论,假设敌我属性值可取{敌方(Enemy),我方(Alliance)}。对于某个目标,来自雷达(m_R)和电子侦察(m_I)两个独立的传感源给出的识别结果如表 7-3,请用证据理论计

算目标是敌方的信任区间。

表 7-3 两个独立的传感源给出的识别结果

	m_R	m_I
{Enemy}	0.3	0.6
{Alliance}	0.5	0.3
{Enemy，Alliance}	0.2	0.1

以 Ω 表示变量 X 的取值空间,称为样本空间或识别框架。样本空间中的每个取值独立。当 Ω 包含的元素个数是 N 时,它一共有 2^N 个子集。每个子集对应一个变量 X 可能取到的值域。将这些子集组成一个新的集合 2^Ω,称为 Ω 的幂集。本例的识别框架为{Enemy, Alliance},简记为{E,A}。它的幂集为{$E,A,(E,A),\phi$}(ϕ 表示空集)。定义函数 $m: 2^\Omega \rightarrow [0,1]$满足

$$m(\phi)=0, \sum_{\theta \subseteq 2^\Omega} m(\theta)=1$$

称为概率分配函数(mass 函数)。$m(\theta)$表示对取值集合 θ 的信任程度。当 θ 包含单个元素时,$m(\theta)$表示 X 取到该值的精确信任程度。当 θ 包含多个元素时,$m(\theta)$表示 X 的取值在 θ 中的信任程度,但是却不知道这些信任度应该分配给集合中的哪些元素。当 $\theta=\Omega$ 时,表示对 2^Ω 各个子集进行信任分配后的剩余信任度。这些信任度不知道如何分配。例如本例中的 $m_R(E)=0.3$ 表示对目标是敌方的精确信任度为 0.3。$m_R(E,A)=0.2$ 表示有 0.2 的信任度确认目标是敌方或者友方,但无法进一步分配。需要指出,概率分配函数是定义在幂集 2^Ω 上而不是 Ω 上。因此它表示的不是事件概率。在概率分配函数的基础上,我们进一步定义信任函数(Belief Function)$Bel: 2^\Omega \rightarrow [0,1]$,为对 $\forall \theta \subseteq \Omega$

$$Bel(\theta) = \sum_{\eta \subseteq \theta} m(\eta)$$

$Bel(\theta)$表示对 θ 的总信任程度,其值等于所有子集的基本分配概率之和。例如,本例中目标是敌方的总信任度 $Bel(E)=m_R(E)=0.3$。目标有可能是敌方的总信任度 $Bel(E,A)=m_R(E)+m_R(E,A)=0.5$。一般而言,若 θ 为单一元素,则 $Bel(\theta)=m(\theta)$。信任函数又称下限函数。与之对应,定义似然函数(Plausibility Function)$Pl: 2^\Omega \rightarrow [0,1]$,为对 $\forall \theta \subseteq \Omega$

$$Pl(\theta)=1-Bel(\neg \theta)$$

其中 $\neg \theta=\Omega-\theta$。由于 $Bel(\theta)$表示 θ 一定为真的信任度,所以 $Bel(\neg \theta)$表示 θ 一定为假的信任度。那么似然函数 $Pl(\theta)$就表示 θ 可能为真的信任度。本例中,$\neg E=\Omega-E=A$。有 $Bel(\neg E)=Bel(A)=m_R(A)=0.5$。所以 $Pl(E)=1-Bel(\neg E)=0.5$。信任函数和似然函数的关系如图7-12所示。$Pl(\theta)-$

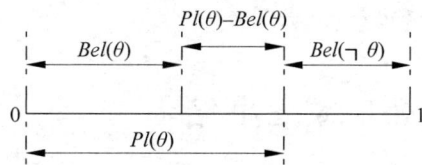

图 7-12 信任函数和似然函数的关系

$Bel(\theta)$的部分表示知道 θ 一定非假,但无法确定 θ 是否为真的部分。换言之,$Pl(\theta)-Bel(\theta)$表示既不信任"θ 为真",也不信任"θ 为假",即对 θ 的真假不知道的程度。

定义完信任函数和似然函数之后,下面将建立多个证据的合成规则。这是证据理论的核心。设 m_1 和 m_2 是同一识别框架上的两个不同概率分配函数,那么其合成规则为

$$m(\phi)=0, \quad m(\theta)=\frac{1}{K}\sum_{\alpha\cap\beta=\theta}m_1(\alpha)\cdot m_2(\beta)$$

其中

$$K=1-\sum_{\alpha\cap\beta=\phi}m_1(\alpha)\cdot m_2(\beta)=\sum_{\alpha\cap\beta\neq\phi}m_1(\alpha)\cdot m_2(\beta)$$

若 $K\neq0$,则合成之后的 $m(\theta)$ 仍然是一个概率分配函数。若 $K=0$,则 $m(\theta)$ 不存在,称 m_1 和 m_2 矛盾。对于我们的例子而言,先计算归一化常数

$$K=1-\sum_{\alpha\cap\beta=\phi}m_R(\alpha)\cdot m_I(\beta)=1-m_R(E)\cdot m_I(A)-m_R(A)\cdot m_I(E)$$
$$=1-0.3\times0.3-0.5\times0.6=0.61$$

目标是敌方属性的分配概率

$$m(E)=\frac{1}{K}\sum_{\alpha\cap\beta=E}m_R(\alpha)\cdot m_I(\beta)$$
$$=\frac{1}{K}[m_R(E)\cdot m_I(E)+m_R(E)\cdot m_I(E,A)+m_R(E,A)\cdot m_I(E)]$$
$$=\frac{0.3\times0.6+0.3\times0.1+0.2\times0.6}{0.61}=0.541$$

同理可计算合成之后的分配概率 $m(A)=0.426$ 和 $m(E,A)=0.033$。以新的分配概率为基础,计算信任区间 $Bel(E)=0.541,Pl(E)=0.574$。

证据合成规则可推广到一般情况。设 $m_1,m_2,\cdots,m_n$ 是同一识别框架上的有限个概率分配函数,则对 $\theta\subseteq\Omega$,合成规则为

$$m(\theta)=\frac{1}{K}\sum_{\alpha_1\cap\cdots\cap\alpha_n=\theta}m_1(\alpha_1)\cdot m_2(\alpha_2)\cdot\cdots\cdot m_n(\alpha_n)$$

其中

$$K=1-\sum_{\alpha_1\cap\cdots\cap\alpha_n=\phi}m_1(\alpha_1)\cdot m_2(\alpha_2)\cdot\cdots\cdot m_n(\alpha_n)$$

与概率推理方法相比,证据理论需要的先验信息更加直观,也更加容易获取。另外,合成规则能够处理来自不同信息源的证据,这使得证据理论在信息融合、专家系统、情报分析等领域具有更强的应用能力。但是,证据理论也存在一些不足。例如,其假设各证据相互独立,这在很多场景下无法实现。另外,合成规则没有较强的理论支撑,计算上也存在组合爆炸的可能。

7.8 本章小结

面对复杂而不确定的现实世界,不确定性推理为 AI 系统做出科学的预测结果提供了一般性方法。它是人工智能的重要组成部分。本章讲述了三类不确定性推理方法。首先介绍了基本的概率图推理模型——贝叶斯网络和马尔可夫网络,重点阐述了变量枚举的精确推理算法和以随机采样为基础的近似推理方法。然后,我们引入时间变量,考察时间序列下的概率推理。三类代表是隐马尔可夫模型、卡尔曼滤波以及动态贝叶斯网络。总结起来,概率推理的本质,是以特殊形式表示变量的联合分布,并以此为基础计算查询变量的条件概

率。概率计算的核心是灵活运用三条规则：模型隐含的变量独立性、链式法则、全概率公式和贝叶斯公式。本章最后给出了不确定性的另外一种建模方式——证据理论，它为不确定性推理提供了不同的思路。

参考文献

[1]　J. Pearl. Reverend Bayes on Inference Engines：A Distributed Hierarchical Approach. In Proceedings of the 2nd AAAI Conference on Artificial Intelligence［C］, Pittsburgh, Pennsylvania, USA, Aug. 18-20, 1982：133-136.

[2]　J. H. Kim and J. Pearl. A Computational Model for Combined Casual and Diagnostic Reasoning in Inference Systems. In Proceedings of International Joint Conference on Artificial Intelligence［C］, Karlsruhe, West Germany, 1983：190-193.

[3]　M. Henrion. Propagation of Uncertainty in Bayesian Networks by Probabilistic Logic Sampling. In J. F. Lemmer and L. N. Kanal eds. , Uncertainty in Artificial Intelligence 2［M］, Elsevier, Amsterdam, NL, 1988：149-163.

[4]　S. Geman and D. Geman. Stochastic Relaxation, Gibbs Distributions, and Bayesian Restoration of Images［J］. IEEE Transactions on Pattern Recognition and Machine Intelligence, 1984, 6(6)：721-741.

[5]　J. Pearl. Evidential Reasoning Using Stochastic Simulation of Casual Models ［J］. Artificial Intelligence, 1987, 32：247-257.

[6]　S. Lauritzen and D. J. Spiegelhalter. Local Computations with Probabilities on Graphical Structures and Their Application to Expert Systems ［J］. Journal of Royal Statistical Society, 1988, 50(2)：157-224.

[7]　P. Shenoy and G. Shafer. Axioms for probability and belief-function propagation. In Proceedings of the 6th Conference on Uncertainty in Artificial Intelligence (UAI) ［C］, Cambridge, Massachusetts, USA, 1990：169-198.

[8]　G. Shafer and P. Shenoy. Probability propagation ［J］. Annals of Mathematics and Artificial Intelligence, 1990, 2(1)：327-352.

[9]　D. A. Levin, Y. Peres and E. L. Wilmer. Markov Chains and Mixing Times ［M］. American Mathematical Society, 2008.

[10]　R. Kalman. A New Approach to Linear Filtering and Prediction Problems ［J］. Journal of Basic Engineering, 1960, 82：35-46.

[11]　H. E. Rauch, F. Tung and C. T. Striebel. Maximum Likelihood Estimates of Linear Dynamic Systems ［J］. AIAA Journal, 1965, 3(8)：1445-1450.

[12]　A. Nicholson and J. M. Brady. The Data Association Problem When Monitoring Robot Vehicles Using Dynamic Belief Networks ［J］. In Proceedings of European Conference on Artificial Intelligence, 1992：689-693.

[13]　T. Dean and M. P. Wellman. Planning and Control［M］. Morgan Kaufmann, 1991.

[14]　K. Murphy. Dynamic Bayesian Networks：Representation, Inference and Learning. Ph. D. Thesis ［M］, University of California Berkeley, 2002.

[15]　A. J. Viterbi. Error Bounds for Convolutional Codes and An Asymptotically Optimum Decoding Algorithm ［J］. IEEE Transactions on Information Theory, 1967, 13(2)：260-269.

[16]　J. Pearl. Probabilistic Reasoning in Intelligent Systems：Network of Plausible Inference［M］. Morgan Kaufmann, 1988.

[17]　E. H. Ruspini, J. D. Lowrance and T. M. Strat. Understanding Evidential Reasoning ［J］. International Journal of Approximate Reasoning, 1992, 6(3)：401-424.

第 **8** 章

模 糊 系 统

第 7 章引入了概率这一有力工具来表征现实世界的不确定性,而最后一节的证据理论则为我们展示了不同于概率的另一种表示思路。与证据理论类似,本章将要介绍的模糊系统也是一类采用非概率方式描述不确定性的系统。自 1965 年美国自动控制专家 L. A. Zadeh 提出模糊逻辑以来,模糊系统在推理、控制等领域越来越多地得到应用,逐渐发展成为一个相对独立的研究领域。本章将对该领域的模糊逻辑和粗糙集做简要介绍。

8.1 模糊逻辑

在第 3 章中,我们讲到任何命题的真值都是确定的,要么为真要么为假。这样的逻辑也被称为二值逻辑。但是,人类语言表达和信息处理的模糊性,使得二值逻辑在面对很多不确定性问题时存在困难。例如,命题"小李是个高个子"的真值就会因人而异。原因在于人们对"高"这个概念,没有一个统一而明确的标准。模糊集合试图引入一种可量化的指标来表征这种模糊性。这个指标称为隶属度。例如,假定 1.6m 以下的都不是高个子,1.8m 以上的都是高个子,介于中间的身高给出隶属函数

$$\mu(x) = \begin{cases} 0 & x < 1.6 \\ 2\left(\dfrac{x-1.6}{0.2}\right)^2 & 1.6 \leqslant x < 1.7 \\ 1 - 2\left(\dfrac{x-1.8}{0.2}\right)^2 & 1.7 \leqslant x < 1.8 \\ 1 & 1.8 \leqslant x \end{cases}$$

隶属函数刻画的是元素属于某个集合的程度。对于二值逻辑来说,界限是明显的。即要么有 $x \in A$,要么有 $x \notin A$。但对模糊集合而言,这条界限是"渐变"的,用隶属度表示。图 8-1 给出了经典集合和模糊集合对比的示意图。当集合 A 中的元素是离散的,A 被表示成

$$A = \frac{\mu_1}{x_1} + \frac{\mu_2}{x_2} + \cdots$$

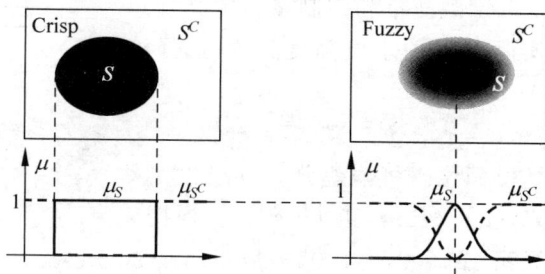

图 8-1　经典集合和模糊集合的对比

当集合 A 是连续的,则被表示成

$$A = \int \frac{\mu}{x}$$

其中的"—""+"和"$\int$"只是一种形式表示,并不代表传统意义上的除法、加法和积分。

读者可能会问,我们为什么不采用概率来表示这样的不确定性?这里需要理解随机性和模糊性的区别[1]。随机性是指样本落入指定范围内的可能性。这里样本是大量的,范围边界是固定的。用来表征随机性的概率在事件之前是有意义的,一旦事件发生,样本出现,概率就失去了意义。例如,从袋子中随机取出彩色球的试验,在取球之前,概率能够说明即将取到球的颜色。但取定球之后,其颜色就已经固定,不确定性不再存在。而隶属度是指一个样本属于某范围的程度。这里样本是固定的,范围边界是"变动"的。即使事件发生后,模糊集的隶属度函数仍然有意义。例如,小张身高 1.8m,给定隶属度函数之后,确定小张属于高个子人群的隶属度是 0.8。那么事件发生之后,"小张在该隶属度函数下,以 0.8 的隶属度属于高个子"仍然有意义,即不确定性仍然存在。

有了模糊集合的概念,我们可以参考一阶逻辑的思路,引入模糊谓词来表示模糊知识,将隶属度作为命题真值来表示模糊性。对复合命题,模糊逻辑有自己的真值计算方法如下:

(1) 若 A 为空集,则隶属度为 0:$A = \phi \Leftrightarrow \mu(A) = 0$;

(2) 若 A 为全集,则隶属度为 1:$A = \Omega \Leftrightarrow \mu(A) = 1$;

(3) 若模糊集 A 和 B 的所有元素的隶属函数 μ 相等,则 A 和 B 也相等:$A = B \Leftrightarrow \mu(A) = \mu(B)$;

(4) 若 $\neg A$ 是 A 的补集,则 $\mu(\neg A) = 1 - \mu(A)$;

(5) 若 B 是 A 的子集,则 $\mu(B) \leqslant \mu(A)$;

(6) A 和 B 交集的隶属度为 $\mu(A \wedge B) = \min\{\mu(A), \mu(B)\}$;

(7) A 和 B 并集的隶属度为 $\mu(A \vee B) = \max\{\mu(A), \mu(B)\}$。

模糊控制是模糊逻辑的主要应用领域。自 20 世纪 60 年代美国加州大学自动控制系 L. A. Zadeh 提出模糊逻辑以来,欧美和日本等国家先后开发出了模糊控制蒸汽机、模糊控制铁路系统等[2-4]。这类系统能够建模工程人员的模糊经验知识,并兼具逻辑推理的特性。因此在控制领域取得了出色的表现。我们以一个例子简单介绍模糊控制的基本步骤。

例 8-1(水箱控制)　如图 8-2 是一个水箱,通过调节阀可向内注水和向外抽水。设计一个模糊控制器,通过调节阀门将水位稳定在固定点附近。控制原则为:若水位高于 O 点,则向外排水,差值越大,排水越快;若水位低于 O 点,则向内注水,差值越大,注水越快。

模糊控制的第一步是确定观测量和控制量。定义理想液位 O 点的水位为 h_0，实际测得的水位高度为 h，选择液位偏差 e 作为观测量

$$e = \Delta h = h_0 - h$$

第二步将输入输出量模糊化。将偏差分为五级：负大（NB），负小（NS），零（O），正小（PS），正大（PB）。根据 e 的变化范围分为七个等级：$-3, -2, -1, 0, +1, +2, +3$。得到水位变化模糊表（表 8-1）。控制量 u 为调节阀门开度的变化，将其分为五级：负大（NB），负小（NS），零（O），正小（PS），正大（PB）。并根据 u 的变化范围分为九个等级：$-4, -3, -2, -1, 0, +1, +2, +3, +4$。得到控制量模糊划分表（表 8-2）。

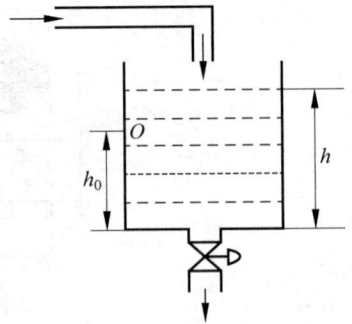

图 8-2　水箱控制问题示意图

表 8-1　水位变化模糊表

隶属度		变化等级						
		-3	-2	-1	0	1	2	3
模糊集	PB	0	0	0	0	0	0.5	1
	PS	0	0	0	0	1	0.5	0
	O	0	0	0.5	1	0.5	0	0
	NS	0	0.5	1	0	0	0	0
	NB	1	0.5	0	0	0	0	0

表 8-2　控制量模糊表

隶属度		变化等级								
		-4	-3	-2	-1	0	1	2	3	4
模糊集	PB	0	0	0	0	0	0	0	0.5	1
	PS	0	0	0	0	0	0.5	1	0.5	0
	O	0	0	0	0.5	1	0.5	0	0	0
	NS	0	0.5	1	0.5	0	0	0	0	0
	NB	1	0.5	0	0	0	0	0	0	0

第三步设计模糊控制规则。根据题意，模糊控制规则设计为五条：①若 e 负大，则 u 负大；②若 e 负小，则 u 负小；③若 e 为 0，则 u 为 0；④若 e 正小，则 u 正小；⑤若 e 正大，则 u 正大，如表 8-3 所示。

表 8-3　模糊控制规则

IF	NBe	NSe	Oe	PSe	PBe
Then	NBu	NSu	Ou	PSu	PBu

第四步求模糊推理关系。五条模糊控制规则可写成笛卡儿模糊子集的形式

$$R = (NBe \times NBu) \bigcup (NSe \times NSu) \bigcup (Oe \times Ou) \bigcup (PSe \times PSu) \bigcup (PBe \times PBu)$$

其中规则内的模糊集运算取交集（极小值），规则间的模糊集运算取并集（极大值）。

$$NBe \times NBu = [1 \quad 0.5 \quad 0 \quad \cdots]^T \times [1 \quad 0.5 \quad 0 \quad \cdots]$$

$$= \begin{bmatrix} 1 & 0.5 & 0 & \cdots \\ 0.5 & 0.5 & 0 & \cdots \\ 0 & 0 & 0 & \cdots \\ \vdots & \vdots & \vdots & \end{bmatrix}$$

同理可计算其余四项。再按模糊运算规则(五个模糊矩阵求并集)得到

$$R = \begin{bmatrix} 1 & 0.5 & 0 & 0 & 0 & 0 & 0 & 0 \\ 0.5 & 0.5 & 0.5 & 0.5 & 0 & 0 & 0 & 0 \\ 0 & 0.5 & 1 & 0.5 & 0.5 & 0.5 & 0 & 0 \\ 0 & 0 & 0 & 0.5 & 1 & 0.5 & 0 & 0 \\ 0 & 0 & 0 & 0.5 & 0.5 & 0.5 & 1 & 0.5 & 0 \\ 0 & 0 & 0 & 0 & 0.5 & 0.5 & 0.5 & 0.5 \\ 0 & 0 & 0 & 0 & 0 & 0 & 0.5 & 1 \end{bmatrix}$$

第五步是模糊决策。模糊控制器的输出为误差向量和模糊关系的合成

$$u = e \circ R$$

按照模糊集合运算规则,e 与 R 的每一列先取小再取大。当 e 为 NB 时,控制器输出为

$$u = e \circ R = [1 \quad 0.5 \quad 0 \quad 0 \quad 0 \quad 0 \quad 0 \quad 0] \circ R$$
$$= [1 \quad 0.5 \quad 0.5 \quad 0.5 \quad 0 \quad 0 \quad 0 \quad 0]$$

最后进行控制量的反模糊化。由模糊决策可知,当误差为负大时,实际液位远高于理想液位,控制器输出的模糊向量可表示为:

$$u = \frac{1}{-4} + \frac{0.5}{-3} + \frac{0.5}{-2} + \frac{0.5}{-1} + \frac{0}{0} + \frac{0}{1} + \frac{0}{2} + \frac{0}{3} + \frac{0}{4}$$

如果按照"隶属度最大原则"进行反模糊化,则选择控制量为-4,即阀门的开度应关大一些,减少进水量。

8.2 粗糙集

粗糙集(Rough Set)是除概率论、证据理论、模糊逻辑之外的又一种处理不确定性问题的方法。它吸收了模糊逻辑对不确定性的基本认识,即生活中的很多事物无法明确地归为某个集合。但是,粗糙集与模糊逻辑的联系仅此而已。它们处理问题的方法存在着巨大差别[5]。模糊逻辑的隶属度函数通常是人们凭经验给出的。这种主观性往往并不准确。粗糙集则试图将这种模糊性从数据中计算得到,从而降低了主观偏差。

粗糙集理论认为,知识就是人类(或其他生物)对事物固有的分类能力[6]。正是对各种各样的外来信号进行分类,才导致了人们的智能行为。例如,在十字路口看到红灯停车等待,看到绿灯继续通行。这就将红、绿信号灯归为了两类。需要明确的是,这里的"事物"是一个宽泛的概念,它既可以指具体的客观实物,也可以指抽象的概念、状态、时刻、过程等。问题中所考察的事物的全集称为论域或全域(Universe)。下面我们结合一个具体的例子来讲述粗糙集的基本概念和方法。

例 8-2(风险评估) 表 8-4 是某银行对一些企业的贷款风险等级评估,试从中提取评判

知识。

表 8-4　企业风险等级记录

企业编号	成立年限	资产规模	现金流量	是否上市	风险等级
1	短	大	少	否	高
2	短	中	少	否	较高
3	长	小	较多	否	较高
4	长	小	较多	是	低
5	较长	大	少	否	较高
6	短	中	少	否	高
7	较长	大	少	否	较高

　　与表 8-4 类似的信息表称为决策表(也称信息系统)。决策表考察的所有对象组成论域 U,表中的每一行代表一个对象,每一列代表一个属性。属性集合 R 可分为条件属性 C 和决策属性 D 两部分,且 $R=C\cup D$,$C\cap D=\varnothing$。由于决策表的行数和列数通常是有限的,因此基本的粗糙集理论讨论的是有限离散的情况。表 8-4 中,论域 U 是考察的 7 个企业,属性集合 $R=\{$ 成立年限,资产规模,现金流量,是否上市,风险等级 $\}$,其中前四个属性是条件属性,最后一个风险等级是决策属性。需要说明的是,决策属性可以包含多个属性。决策表中,由相同属性取值决定的某个类别(类别在数学上也称为等价关系)称为一个概念(Concept)。如根据风险等级,可以将论域分为 3 个类别,相应的就有 3 个概念。另外,规定空集也是一个概念。一般而言,将决策表写成二元组 $K=(U,R)$ 的形式,$U\neq\varnothing$ 为论域,R 是属性集合,K 称为知识库或近似空间,指决策表中由 R 定义的分类方法。有了上述基本概念,下面定义不可区分关系。

　　定义 8-1(不可区分关系)　设 $P\subseteq R$ 是一非空条件属性集合,P 中所有类别对象集合的交集称为 P 上的一种不可区分关系(Indiscernibility Relation),记作 $IND(P)$,即

$$[x]_{IND(P)}=\bigcap_R[x]_R$$

$[x]_R$ 表示按属性 R 分类的对象。注意,$IND(P)$ 也是一个对象集合,且是唯一的。例如在表 8-4 中,当 $P=\{$ 成立年限,资产规模,现金流量,是否上市 $\}$ 时,有

$$IND(P)=\{\{1\},\{2,6\},\{3\},\{4\},\{5,7\}\}$$

　　存在不可区分两个对象 2 和 6,它们的条件属性相同,但同时被分为风险等级"较高"和"高"两类中。若 $P=\{$ 成立年限,资产规模 $\}$,则

$$IND(P)=\{\{1\},\{2,6\},\{3,4\},\{5,7\}\}$$

　　此时 3 和 4 变成不可区分。从集合论的观点出发,诸如 2 和 6 的相同对象,既可能属于概念"较高",也可能属于概念"高"。这表明集合"较高"和集合"高"的边界是不精确的。我们称这样的边界是模糊的集合为粗糙集。这就是粗糙集名词的来源。为进一步刻画粗糙集的模糊性,定义集合的上近似和下近似:

　　定义 8-2(上近似和下近似)　设集合 $X\subseteq U$ 是论域子集,定义属性 R 分类下 X 的下近似集合为

$$\underline{R}X=\{x\mid x\in U,[x]_R\subseteq X\}$$

　　X 的上近似集合为

$$\overline{R}X = \{x \mid x \in U, [x]_R \bigcap X \neq \varnothing\}$$

X 的边界域为

$$BN_R(X) = \overline{R}X - \underline{R}X$$

当 $BN_R(X) = \varnothing$ 时，X 是精确的。当 $BN_R(X) \neq \varnothing$ 时，X 是粗糙的。直观上看，X 的下近似是指那些能够被准确分类到 X 上的对象集合，而 X 的上近似是指可能被分类到 X 上的对象集合。有了上近似和下近似，我们可以进一步定义 X 的正区域和负区域分别为

$$POS_R(X) = \underline{R}X, \quad NEG_R(X) = U - \overline{R}X$$

对于风险评估实例而言，假定 X 代表被分类到风险等级为"较高"的对象集合，那么

$$\underline{R}X = \{3,5,7\}, \quad \overline{R}X = \{2,3,5,6,7\}, \quad POS_R(X) = \{3,5,7\}, \quad NEG_R(X) = \{1,4\}$$

图 8-3 给出了上近似、下近似、正区域和负区域等概念的示意图，其中阴影部分代表 X 的边界区域。边界区域内的元素无法明确确定属于或不属于 X。对于概念集合 X 和论域上某元素 $x \in U$，我们还可以定义粗糙隶属函数为

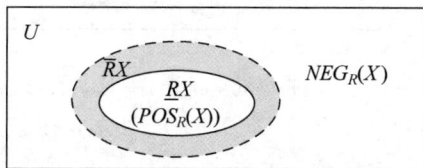

图 8-3 粗糙集基本概念示意图

$$\mu_X^R(x) = \frac{card([x]_R \bigcap X)}{card([x]_R)}$$

若 $x \in POS_R(X)$，$[x]_R$（指按照 R 分类的所有对象）全部落在 X 中，$\mu_X^R(x) = 1$；若 $x \in NEG_R(X)$，$[x]_R$ 全部落在 X 外，$\mu_X^R(x) = 0$；若 $x \in BN_R(X)$，$[x]_R$ 部分落在 X 中，$0 < \mu_X^R(x) < 1$。按照该公式，可以计算表 8-4 中 2 号对象的关于概念集合"较高"的隶属度为

$$\mu_X^R(x) = \frac{card(\{2\})}{card(\{2,6\})} = 0.5$$

显然，这种隶属度函数计算类似于条件概率，从而避免了主观因素带来的偏差。

关于粗糙集的近似表示，这里再给出几条运算性质：

(1) $\underline{R}(X) \subseteq X \subseteq \overline{R}(X), \underline{R}(\varnothing) = \overline{R}(\varnothing) = \varnothing, \underline{R}(U) = \overline{R}(U) = U$；

(2) $\underline{R}(U - X) = U - \overline{R}(X), \overline{R}(U - X) = U - \underline{R}(X)$；

(3) $\underline{R}(\underline{R}(X)) = \overline{R}(\underline{R}(X)) = \underline{R}(X), \overline{R}(\overline{R}(X)) = \underline{R}(\overline{R}(X)) = \overline{R}(X)$；

(4) $X \subseteq Y \Rightarrow \underline{R}(X) \subseteq \underline{R}(Y) \ and \ \overline{R}(X) \subseteq \overline{R}(Y)$；

(5) $\underline{R}(X \bigcap Y) = \underline{R}(X) \bigcap \underline{R}(Y), \overline{R}(X \bigcup Y) = \overline{R}(X) \bigcup \overline{R}(Y)$；

(6) $\underline{R}(X \bigcup Y) \supseteq \underline{R}(X) \bigcup \underline{R}(Y), \overline{R}(X \bigcap Y) \subseteq \overline{R}(X) \bigcap \overline{R}(Y)$。

粗糙集研究的一个重点是知识约简。所谓知识约简，是指在不改变分类关系的前提下，尽可能去除决策表中的多余信息，从而获得完整的最小知识库[7]。知识约简通常包括三个方面：属性约简、属性值约简和重复记录约简。重复记录约简很好理解，即将决策表中完全相同的行予以删除，只保留一条记录作为知识。例如表 8-4 中的 5 号和 7 号记录完全相同，保留一条即可。而属性约简和属性值约简则稍显麻烦。它们针对的是一致性决策表。一致性决策表（有时也称完全一致决策表）指的是能够精确确定分类关系的决策表，即不存在不可区分对象的决策表。与之相对，存在不可区分对象的决策表称为非一致决策表。若某决策表中只包含不可区分对象，则称它是完全非一致的。已经证明，每一张非一致决策表可唯

一地分解成一张完全一致的和一张完全非一致的决策表。例如,考虑表 8-4 中的 1 到 6 行(经过重复记录约简后)的部分。它是非一致决策表,可分解成一张完全一致表{{1},{3},{4},{5}}和一张完全非一致表{{2,6}}。我们将分解得到的一致决策表绘制于表 8-5 中,其中条件属性附上字母表示。

表 8-5　分解后的一致决策表

企业编号	成立年限(a)	资产规模(b)	现金流量(c)	是否上市(d)	风险等级
1	短	大	少	否	高
3	长	小	较多	否	较高
4	长	小	较多	是	低
5	较长	大	少	否	较高

关于属性约简,首先给出其形式化定义。设 $r \in R$ 是分类簇集 R 中的一个属性,若 $IND(R) = IND(R-r)$,则称 r 在簇集 R 中是可省的,否则称为不可省的。若 R 中的每一个属性都是不可省的,则称 R 是独立的,否则称 R 是依赖的或非独立的。

定义 8-3(约简、核)　设 $P \subseteq R$ 是两个属性分类关系,若满足 $IND(P) = IND(R)$,则称 P 分类关系是 R 的一个约简(Reduct),记为 $RED(R)$。分类关系 P 中所有的不可省的属性集合称为 P 的核(Core),记作 $CORE(P)$。

显然,分类簇集 P 的约简有多个,但是核只有一个,二者的关系由下面的定理给出:

定理 8-1(核与约简的关系)　分类簇集 P 的核等于其所有约简的交集,即

$$CORE(P) = \bigcap RED(P)$$

由核的定义及核与约简的关系,可以得到两种计算核的方法,下面结合例子分别介绍。

第一种方法是按照定义逐个尝试条件属性,观察删除某属性后,分类关系是否改变。例如,首先考察表 8-5 中 a 属性。若去掉该属性,则 1 号和 5 号企业相同但分类不同,出现冲突。因此,a 是不可省的。同样,若分别去掉属性 b 和 c,未出现冲突记录,说明它们是可省的。当去掉属性 d 时,3 号和 4 号企业出现冲突,因此 d 也是不可省的。所以核是 $\{a,d\}$。这种试算法较为直观,适合规模较小的决策表。

第二种方法是计算分明矩阵(Discernibility Matrix)。假设一致决策表共有 m 行记录,则分明矩阵是一个 $m \times m$ 的对称矩阵。它的行和列依次代表 m 个考察对象,元素为相应两个对象出现差异的属性。例如,表 8-5 的分明矩阵为

$$D = \begin{array}{c} \\ 1 \\ 3 \\ 4 \\ 5 \end{array} \begin{array}{cccc} 1 & 3 & 4 & 5 \\ \left[\begin{array}{cccc} \varnothing & abc & abcd & a \\ abc & \varnothing & d & abc \\ abcd & d & \varnothing & abcd \\ a & abc & abcd & \varnothing \end{array}\right] \end{array}$$

D 的主对角线是空集,其余每个元素是行和列所对应对象的差异属性集合。由于 D 是对角阵,我们只需要考察上三角阵或者下三角阵即可。决策表的核就是分明矩阵中所有只包含一个属性的元素集合。显然,D 中只包含一个属性的元素有 $\{a\}$ 和 $\{d\}$,故核就是 $\{a,d\}$。分明矩阵法适合编程使用,可计算大规模决策表。

计算一致决策表的所有约简是一个 NP-hard 问题。A. Skowron 提出了根据分明函数

来计算约简的方法。分明函数是一个合取式逻辑函数,每一个合取项对应分明矩阵中一个元素的所有属性的析取。比如上面 D 的分明函数是

$$f_D = a \wedge d \wedge (a \vee b \vee c) \wedge (a \vee b \vee c \vee d)$$

将分明函数化成析取式,每一个析取项对应一个约简,即

$$f_D = (a \wedge d) \vee (a \wedge b \wedge d) \vee (a \wedge c \wedge d) \vee (a \wedge b \wedge c) \vee (a \wedge b \wedge c \wedge d)$$

因此有 5 个约简分别是 $\{a,d\}$、$\{a,b,d\}$、$\{a,b,c\}$、$\{a,c,d\}$、$\{a,b,c,d\}$。根据定理 8-1,核是所有约简中都必须出现的属性,因此可作为计算约简的起点,采用启发式搜索逐步加入属性,直至获得最小的或指定的最优约简。

在完成属性约简后,决策表的每一行可写成一条逻辑决策规则。属性值的约简就是针对每一条具体规则的。比如,判断公司风险时,是否上市是主要指标。若公司未上市,那么风险等级一定不低。此时其他属性的取值已不再重要,可以将其约简。

8.3 本章小结

人类对事物的认知存在非精确性。不同于概率方法,模糊系统采用了自己的一套模式来表示这种非精确性。模糊系统要解决的主要问题仍然是基于不确定性知识做出决策。模糊规则运算和冲突决策表维护是模糊知识推理的基本表现形式。模糊系统在自动控制应用中取得了巨大的成功。它能够将人类专家的模糊经验直接写入知识库,进而构建专家系统。粗糙集给出了描述集合不可分辨关系的方法。与模糊集合相比,粗糙集的一大优势是直接从数据出发,不需要隶属度函数等其他先验知识。从此意义上讲,粗糙集方法比模糊集合更加客观。

参考文献

[1] D. Dubois and H. Prade. A Survey of Belief Revision And Updating Rules in Various Uncertainty Models [J]. International Journal on Intelligent Systems,1994,9(1):61-100.

[2] L. A. Zadeh. Fuzzy Sets [J]. Information And Control,1965,8:338-353.

[3] L. A. Zadeh. Fuzzy Sets as a Basis for a Theory of Possibility [J]. Fuzzy Sets and Systems,1978,1:3-28.

[4] H. -J. Zimmermann. Fuzzy Set Theory And Its Applications (4th Edition)[M]. Kluwer,2001.

[5] D. Dubois and H. Prade. Rough Fuzzy Sets and Fuzzy Rough Sets [J]. International Journal of General Systems,1990,17(2-3):191-209.

[6] Z. Pawlak. Rough Sets:Theoretical Aspects of Reasoning About Data [M]. Kluwer Academic Publishing,Dordrecht,1991.

[7] J. Stefanowski. On Rough Set Based Approaches to Induction of Decision Rules. In L. Polkowski and A. Skowron eds. ,Rough Sets in Knowledge Discovery 1:Methodology and Applications. Physica-Verlag[M],Heidelberg,1998:500-529.

第 **9** 章

样 例 学 习

作为人工智能研究的热点方向之一,机器学习问题在第 1 篇已经作了基本介绍。然而,更多的机器学习方法是基于数值计算的。概括起来,这些方法可以大致分为几类。一类是监督学习。基本特点是训练样本带有标签,机器从中拟合一个学习模型,进而对测试样例分类或预测标签值。我们在逻辑系统学习章节看到的例子就属于此类。第二类是无监督学习。基本特点是训练样本没有类别标签。机器需要自主确定类别并学习,再对测试样例做判别。例如,在给定的案例中自动寻找相似度高的案例,并完成分类。第三类是半监督学习。这类方法主要针对训练数据仅有少部分有标签的情况。例如,受人力和财力限制,我们可能对众多的历史案件只人为标注了少部分。这时就需要半监督学习来获取学习模型。最后一类是强化学习。这种方法主要以回报最大化的原则,学习如何制定理性行为决策。本章中,我们先介绍监督学习和无监督学习两类。

9.1 决策树

分类要解决的基本问题可以表示为

$$Y = f(X)$$

其中,X 代表测试样例,Y 代表类别标签,f 代表分类模型(又称分类假说)。比如引言中提到的甄别罪犯问题,可定义 $Y=1$ 表示"X 是罪犯",$Y=-1$ 表示"X 不是罪犯"。此时 Y 的取值是离散的。但 X 的取值可以是连续的。不同的 f 代表了不同的分类模型。决策树就是其中一种。

9.1.1 决策树的学习算法

决策树是最简单的、也是应用最广泛的分类模型之一。决策树的输入是一组决策属性的取值(通常为离散型),输出是单个决策值,即类别。决策树采用"树"的形式表示知识,这也是其得名的原因[1]。下面看一个例子。

例 9-1（贷款决策）　某商业银行需要根据客户个人资料决定是否批准其贷款请求。表 9-1 是部分历史记录。我们的目标是根据数据拟合决策树。

表 9-1　客户贷款批准记录

编号	信用历史	债务	抵押	年收入	是否批准	编号	信用历史	债务	抵押	年收入	是否批准
1	坏	高	无	10 万元以下	No	8	坏	低	充分	25 万元以上	No
2	未知	高	无	10~25 万元	No	9	好	低	无	25 万元以上	Yes
3	未知	低	无	10~25 万元	No	10	好	高	充分	25 万元以上	Yes
4	未知	低	无	10 万元以下	No	11	好	高	无	10 万元以下	No
5	未知	低	无	25 万元以上	Yes	12	好	高	无	10~25 万元	No
6	未知	低	充分	25 万元以上	Yes	13	好	高	无	25 万元以上	Yes
7	坏	低	无	10 万元以下	No	14	坏	高	无	10~25 万元	No

这里的决策属性包含四个变量。每条训练数据带有对应的决策结果，即标签。结果为"Yes"的称为正例，为"No"的称为反例。决策树就是要将不同属性值下的样例分为"Yes"和"No"两类。图 9-1 是一棵拟合完成的决策树。结点代表属性，分支代表属性的不同取值。叶结点是最终的决策结果。每项决策结果下面都标出了支持该结果的训练样例编号。决策树中，每一条从根结点到叶结点的路径表示一组特定变量取值下的决策。这条知识可以写成合取形式的逻辑表达式。例如最右侧的路径可以写成

（信用历史＝好）∧（抵押＝无）∧（债务＝高）∧（年收入＝25 万元以上）

$\Rightarrow$（是否批准＝Yes）

可见，决策树具有很好的可解释性。

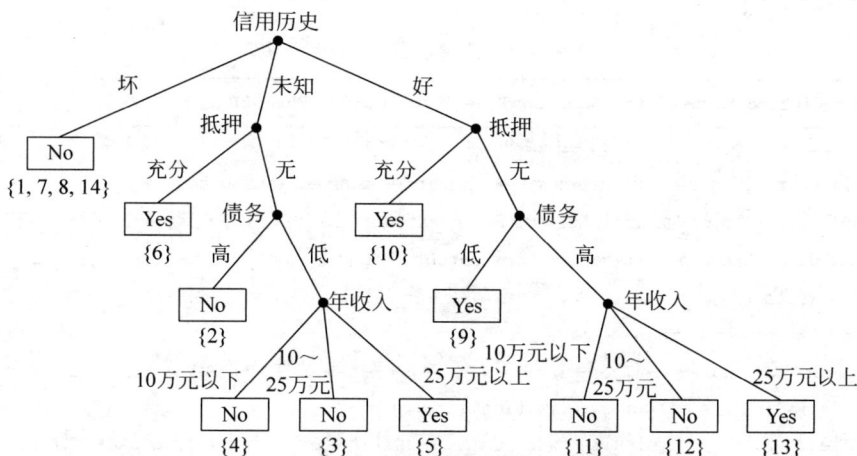

图 9-1　一棵贷款决策问题的决策树

决策树的拟合过程实质上是一个递归过程。在每个属性结点上，按照其不同取值将训练样本分裂成对应的多个子集。若每个子集仅包含正例或者反例，则生成叶结点，给出决策结果。若样本子集中既包含正例又包含反例，则需要继续往下拟合。此时问题又

转化为一个新的决策树拟合问题。具体而言,对于每个属性取值的样本子集,需考虑以下几种情况:

(1) 若样本子集都是正例或者反例,则学习结束,可以生成叶结点,回答 Yes 或 No。

(2) 若样本子集既有正例又有反例,则需进入下一轮递归,继续选择属性分裂样本。

(3) 若样本子集不包含任何实例,则表明对于这个属性值组合未观察到样例,返回构造其父结点用到的所有样本中得票最多的分类(得票数为相应类别下的样例数)。

(4) 若样本子集既有正例又有反例,但没有属性可用,则意味着这些样本描述相同而分类相异。这是由于训练数据存在错误或噪声,或者是因为没有能够观察到能够区分样本的属性。通常返回样本中得票最多的分类。

决策树算法的伪代码由表 9-2 给出。其中函数 DominantClassification 计算输入样本集中票数最多的类别。函数 Importance 根据输入的样本集和属性集合,计算每个属性重要度。属性重要度的确定将在稍后讨论。现在先看看前面例题决策树的拟合过程。算法首先选择"信用历史"作为结点。根据三个不同的取值,初始样本分为三个子集:"好"{9,10,11,12,13},"坏"{1,7,8,14},"未知"{2,3,4,5,6}。由于分支"坏"对应的样例均为反例,因此可以做出决策"No"并添加叶结点。分支"好"和"未知"下的样例既包含正例又有反例,无法决策,故进入第二轮递归。以分支"好"为例,进入第二轮递归后,算法选择"抵押"作为属性结点,将样本集合{9,10,11,12,13}分为两类:"充分"{10},"无"{9,11,12,13}。前者可以做出决策"Yes"。后者则继续进入递归。第三轮计算中,算法按照"债务"属性分裂样本{9,11,12,13},得到:"低"{9},"高"{11,12,13}。同样,前者可以做决策,后者继续递归。最后一轮,算法按照"年收入"属性将样本分裂为"10 万元以下"{11},"10~25 万元"{12},"25 万元以上"{13}。此时,三种情况均可做出决策,决策树的一个分支拟合完成,算法回溯继续进行其他分支的拟合。可以看出,决策树拟合其实是深度优先搜索下的树生长,因此其复杂度与深度优先搜索一致。

表 9-2　决策树算法伪代码

DecisionTreeFitting (TrainData, DecisionTree, Attributes, ParentData)

Input: TrainData, samples for current node;

　　　DecisionTree, current decision tree with investigated attributes;

　　　Attributes, the rest attributes to be investigated;

　　　ParentData, the training samples for parent node;

Output: a decision tree.

1. **If** TrainData is empty, **Then**

2. 　Add a leaf node to DecisionTree with DominantClassification(ParentData) and return DecisionTree;

3. **Else If** TrainData has only one classification, **Then**

4. 　Add a leaf node to DecisionTree with this classification and return DecisionTree;

5. **Else If** Attributes is empty, **Then**

6. 　Add a leaf node to DecisionTree with DominantClassification(TrainData) and return DecisionTree;

7. **Else**

8. 　Attr $<--$ $argmax_a$ *Importance(Attributes, TrainData)*;

续表

9.	Add a node to DecisionTree with Attr;
10.	Attributes <-- Attributes\{Attr};
11.	**For** each value v of Attr, **do**
12.	newTrainData <-- Samples from TrainData where Attr = v;
13.	DecisionTree <-- DecisionTreeFitting(newTrainData, DecisionTree, Attributes, TrainData);
14.	return DecisionTree;

9.1.2　属性重要度计算

现在来讨论算法中 Importance 函数的实现方式。显然,递归中如果选择属性的顺序不同,将导致某属性结点位于不同深度的层上,从而最终得到不同的决策树。对于如何评判属性的优劣,思路与归纳逻辑程序设计一样,仍然是计算属性的信息增益。对于例题的初始数据集,"信用历史"属性有三个取值 $d=3$。类别数 $m=2$。E_1("好")中正例数为 3,反例数为 2。E_2("坏")中正例数为 0,反例数为 4。E_3("未知")中正例数为 2,反例数为 3。固定该属性后的熵为

$$H(E \mid 信用历史) = \frac{3+2}{14}B\left(\frac{3}{3+2}\right) + \frac{0+4}{14}B\left(\frac{0}{0+4}\right) + \frac{2+3}{14}B\left(\frac{2}{2+3}\right) = 0.019$$

固定该属性前的熵

$$H(E) = B\left(\frac{5}{5+9}\right) = 0.283$$

信息增益 $Gain$ 为 $0.283 - 0.019 = 0.264$。这就是函数 Importance 的计算方法。以属性固定前后熵的差值作为信息增益的方法称为 ID3 决策树[2]。还有其他计算信息增益的方法。例如 C4.5 算法以信息增益比作为衡量指标,CART 算法以基尼指数作为评价标准等[3,4]。

9.1.3　泛化与过拟合

前面讲到,决策树根结点到叶结点的路径代表了一条分类知识(又称为模式)。当训练样本根本不存在这样的知识时,决策树算法仍然可以执行,但结果会得到一棵庞大的树。仍然思考抛硬币的例子。假设硬币匀质,选择"重量""光泽度""大小""上抛力量"等属性,通过一部分统计样例,训练得到是否出现正面的决策树。显然,这些属性并不影响结果(糟糕的是,很多情况下我们对所选属性并没有先验知识),即不存在这样的决策树。然而,ID3 算法仍然能够得到一棵庞大的决策树。这是我们不希望看到的。机器学习的最终目标是从训练样本中提取通用知识,以最大程度指导未来测试样例的判定。知识的通用性越高,称其泛化能力越强。产生如此庞大的决策树是因为算法过于关注样例的细节。极端情况下,每一个叶结点下的支持样例只有一个。因此,该模式只能解释一个样例。当这条知识不存在时,即使新的测试样本匹配该知识的条件也极有可能导致分类错误。这种情况称为过拟合或过学习。

直观上,如果不存在属性到类别的分类模式,当训练样本容量无限时(确切地讲此时是在总体数据集上学习),总会出现新的样例来推翻之前学习得到的分类模式。因此学习算法

将永远不会停止。这可以看成是一种无法学习到知识的状态。但是实际中训练样本总是有限的。推翻之前分类模式的样例可能并未被观测到,或者已被噪声所污染。这就导致了过学习。需要指出,过学习在所有机器学习方法中是普遍存在的。只要训练样本有限,就会有过学习的风险。但这种风险可以通过增大样本容量降低。

对决策树学习而言,减轻过学习的一种方法是对其进行剪枝,即删除不明显相关的结点。剪枝开始于叶结点,并考察叶结点的直接父结点。如果判定直接父结点是不相关属性,则删除它并用叶结点代替。判定结点是否不相关的一个思路是判断该属性分裂样本的子集中各类别的样例数比例是否与原样本接近。如果接近,则代表信息收益接近于 0。我们采用假设检验完成此项任务。这里零假设为属性不相关,备择假设为属性相关,将实际类别样本数与期望样本数的偏差作为统计量

$$\chi^2 = \sum_{k=1}^{d} \frac{(n_k^{(1)} - \hat{n}_k^{(1)})^2}{\hat{n}_k^{(1)}} + \cdots + \frac{(n_k^{(m)} - \hat{n}_k^{(m)})^2}{\hat{n}_k^{(m)}}$$

其中

$$\hat{n}_k^{(j)} = \frac{n_k^{(1)} + \cdots + n_k^{(m)}}{n^{(1)} + \cdots + n^{(m)}} n^{(j)}$$

是期望样本数。上述统计量服从自由度为 $[n^{(1)} + \cdots + n^{(m)} - 1]$ 的 χ^2 分布,可用 χ^2 检验确定拒绝域,进而判定相关性。需要说明的是,根据假设检验理论,零假设是受保护的。除非有很强的证据,否则倾向于接受零假设。这意味着我们更加倾向于选择属性较少的决策树模型。通常情况下,在能够解释训练数据的模型中,假设较少的模型其泛化能力也越高,应该优先被选择。这个原则称为奥坎姆剃刀(Ockham's Razor)。

9.2 回归

回到上一节开头的分类基本问题。对于离散情况(如决策树),学习算法确定了一个模型 f,将输入 X 映射成有限的几个离散取值 Y(即分类类别)。而当值域是连续的,问题转化成依据输入的 X 和 Y 值,拟合一个函数。这在机器学习中称为回归[5]。

9.2.1 线性回归

思考有 m 个训练样例的回归问题。将训练数据记为 $[(\boldsymbol{x}_1, y_1), (\boldsymbol{x}_2, y_2), \cdots, (\boldsymbol{x}_m, y_m)]$,其中 $\boldsymbol{x}_i$ 是 n 维(列)向量(用粗体表示),表示 n 个输入属性,$x_{i,j}$ 代表 $\boldsymbol{x}_i$ 的第 j 维分量。y_i 是一个标量,是函数值。数学上,存在很多种函数能够拟合这样的数据集,本小节选取线性函数作为模型,即寻求一组参数 $\boldsymbol{\alpha} = (\alpha_0, \alpha_1, \cdots, \alpha_n)^T$ 满足

$$y_i = \alpha_0 + \alpha_1 x_{i,1} + \cdots + \alpha_n x_{i,n}, \quad i = 1, 2, \cdots, m$$

为简化表示,给每个训练样例增加一维 $x_{i,0}$,它恒等于 1,则上式可写为

$$y_i = \alpha_0 x_{i,0} + \alpha_1 x_{i,1} + \cdots + \alpha_n x_{i,n}, \quad i = 1, 2, \cdots, m$$

理想情况下,等式应该严格相等。但实际训练数据可能存在噪声,或者并不包含严格的线性关系。因此需要定义一个损失函数来考察上式右侧对左侧函数值的逼近程度。这里损失函数定义为

$$L(\pmb{\alpha}) = \frac{1}{2}\sum_{i=1}^{m}[y_i - (\alpha_0 x_{i,0} + \alpha_1 x_{i,1} + \cdots + \alpha_n x_{i,n})]^2 = \frac{1}{2}\sum_{i=1}^{m}[y_i - \pmb{\alpha}^T \cdot \pmb{x}_i]^2$$

我们的目标是寻找 α 使得损失函数达到最小。由高等数学中多元函数求极值的知识知道，目标函数在驻点处取得极值。因此对损失函数求偏导

$$\frac{\partial L(\pmb{\alpha})}{\partial \alpha_j} = -\sum_{i=1}^{m} x_{i,j} \cdot [y_i - (\alpha_0 x_{i,0} + \alpha_1 x_{i,1} + \cdots + \alpha_n x_{i,n})] = 0, \quad j = 0, 1, \cdots, n$$

$$(9\text{-}2\text{-}1)$$

这是一个含 n 个未知数、n 个方程的方程组。将训练数据集表示成矩阵形式 $\pmb{X} = [\pmb{x}_1, \pmb{x}_2, \cdots, \pmb{x}_m]$, $\pmb{Y} = [y_1, y_2, \cdots, y_m]^T$, 则上面偏导方程的解为

$$\pmb{\alpha} = (\pmb{X} \cdot \pmb{X}^T)^{-1} \cdot \pmb{X} \cdot \pmb{Y}$$

需要指出，实际训练样本数往往大于属性个数，即 $m > n$。所以 $\pmb{X} \cdot \pmb{X}^T$ 通常是满秩的，其逆存在。在编程计算时，我们可以设计算法迭代改进 α，使得其梯度不断减小并最终降为 0。具体而言，就是

$$\alpha_j \leftarrow \alpha_j - \gamma \cdot \frac{\partial L(\pmb{\alpha})}{\partial \alpha_j} = \alpha_j + \gamma \cdot \sum_{i=1}^{m}(x_{i,j} \cdot y_i - x_{i,j} \cdot \pmb{\alpha}^T \cdot \pmb{x}_i)$$

γ 称为学习速率。γ 可以采用常数，也可以随迭代次数增加而逐渐减小。该算法即为第 4 章介绍的梯度下降算法。

9.2.2 逻辑回归

线性回归得到的线性函数也可以用来做分类。例如，假定一个测试样例为 x，带入线性函数得到预测值 $y = f(\pmb{x})$，那么我们可以设定一个阈值 y_0，若 $y > y_0$ 则认为是正例，$y \leqslant y_0$ 则认为是反例。该操作相当于将值域离散化，对应不同的类别标签。然而，这种硬阈值分类法无法完全体现不同样例间的差别。直观上理解，靠近阈值边界的样例与远离阈值边界的样例被正确分类的可能性是不一样的。因此，我们更多地使用一种称为 Sigmoid 函数（又称 Logistic 函数）的非线性模型。相应的函数拟合过程称为逻辑回归。Sigmoid 函数的表达式为

$$g(z) = \frac{1}{1 + e^{-z}}$$

它将实数定义域映射为 $(0,1)$ 区间，也可以视为是一种概率形式。进一步令 $z = \pmb{\alpha}^T \cdot \pmb{x}$，则预测函数为

$$y = g(\pmb{\alpha}, \pmb{x}) = \frac{1}{1 + e^{-\pmb{\alpha}^T \cdot \pmb{x}}}$$

我们需要通过训练数据来确定参数 α。与线性回归类似，定义损失函数

$$L(\pmb{\alpha}) = \frac{1}{2}\sum_{i=1}^{m}[y_i - g(\pmb{\alpha}, \pmb{x}_i)]^2$$

运用求导法则有

$$\frac{\partial L(\pmb{\alpha})}{\partial \alpha_j} = -\sum_{i=1}^{m}[y_i - g(\pmb{\alpha}, \pmb{x}_i)]\frac{\partial g(\pmb{\alpha}, \pmb{x}_i)}{\partial \alpha_j}$$

$$= -\sum_{i=1}^{m} x_{i,j} \cdot [y_i - g(\pmb{\alpha}, \pmb{x}_i)]g(\pmb{\alpha}, \pmb{x}_i)[1 - g(\pmb{\alpha}, \pmb{x}_i)]$$

按梯度下降的参数更新规则

$$\alpha_j \leftarrow \alpha_j - \gamma \cdot \frac{\partial L(\pmb{\alpha})}{\partial \alpha_j} = \alpha_j + \gamma \cdot \sum_{i=1}^m x_{i,j} \cdot [y_i - g(\pmb{\alpha}, \pmb{x}_i)] g(\pmb{\alpha}, \pmb{x}_i)[1 - g(\pmb{\alpha}, \pmb{x}_i)]$$

Sigmoid 分类器在医疗、营销等领域有着广泛的应用。后面的章节也会对其进一步讨论。

9.2.3　正则化

思考用线性回归模型预测某人收入的例子。历史数据中,可使用的属性很多,例如年龄、性别、学历、工作年限等。究竟哪一些属性与收入有关不得而知。根据奥坎姆剃刀原则,应该在拟合数据的前提下,选择尽可能少的属性。因此,一种办法是在损失函数中加入一个惩罚项

$$L(\pmb{\alpha}) = \frac{1}{2} \sum_{i=1}^m [y_i - \pmb{\alpha}^{\mathrm{T}} \cdot \pmb{x}_i]^2 + \lambda \cdot \|\alpha\|_1$$

其中,$\|\alpha\|_1 = \sum_j |\alpha_j|$ 称为 $\pmb{\alpha}$ 的 L_1 范数,λ 是一个超参数,用来控制数据拟合精准性和模型简单性之间的相对权重。显然,最小化该损失函数同时也最小化了参数个数,倾向于产生更加稀疏的模型,使得假设更简单。更加通用的损失函数形为

$$L(\pmb{\alpha}) = Loss(\pmb{\alpha}) + \lambda \cdot \|\pmb{\alpha}\|_p$$

其中 $\|\pmb{\alpha}\|_p = \left(\sum_j |\alpha_j|^p\right)^{\frac{1}{p}}$ 称为 L_p 范数。这种加入惩罚项的方法称为正则化[6]。

9.3　支持向量机

9.2 节已经讲到,基于硬阈值的线性分类器无法提供除类别外的样例区分信息。这限制了它的应用。沿着线性分类器的思路继续前进,思考图 9-2 的情况。两类训练数据分别用黑点和白点表示。如果采用虚线所示的线性函数作为分类器,当然能够正确分类已有数据。但是,此分类器的缺点是它离黑点太近。当训练模型不十分准确或新的测试样例含有噪声时,它很容易将其误分为白点所属的类别。因此,我们很自然地希望在黑白两类数据之间的区域寻找一个距离两类样本都很远的线性分类器。图 9-2 中两条细实

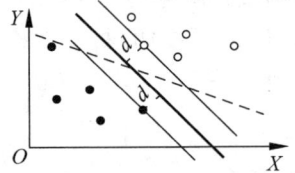

图 9-2　极大边距分类器

线之间的区域是能够完全分离样本的区域,最优分类器被选取为该区域的中线,即它到两条细直线的距离相等。这样的分类器被称为极大边距分类器。而距离极大边距分类器最近的两个样本称为支持向量。这就是支持向量机(Support Vector Machine,SVM)名称的由来[7]。对于拥有多个属性的高维数据,极大边距分类器是一个超平面。它仍然距离两类样本最远。下面先讨论如何求取极大边距分类器,然后再进入更加一般的情况。

请回忆分类要解决的基本问题。对于有限个类别,学习过程将 $Y = f(X)$ 的值域离散化为有限的几个点。每个点对应一个类别。例如,可以建立函数关系将贷款决策问题的值域规定为 $y = 1$(批准)和 $y = 0$(不批准)。Y 的取值是人为赋予的代表不同类别的一个符号。比如我们也可以规定 $y = 1$ 表示批准,$y = -1$ 表示不批准。SVM 选择了后者。设二分类问

题的训练样本是$[(\boldsymbol{x}_1,y_1),(\boldsymbol{x}_2,y_2),\cdots,(\boldsymbol{x}_m,y_m)]$,其中 y_i 的取值为 1(正例)和-1(反例)。$\boldsymbol{x}_i$ 是 n 维向量。分离平面表示为 $y(\boldsymbol{w}^{\mathrm{T}}\cdot\boldsymbol{x}+b)$。其中,$\boldsymbol{w}$ 是法向量,b 是截距。那么由解析几何中点到平面距离公式知,样本点$(\boldsymbol{x}_i,y_i)$到分离面的距离为

$$\gamma_i = y_i\cdot\frac{\boldsymbol{w}^{\mathrm{T}}\cdot\boldsymbol{x}_i+b}{\|\boldsymbol{w}\|}$$

这里的一个技巧是用定义的 y 的符号来去掉距离公式中的绝对值符号,以保证距离恒为正。定义所有样本到分离平面距离的最小值

$$\hat{\gamma} = \min_{i=1,\cdots,m}\gamma_i$$

按照 SVM 的思想,需要最大化最小距离

$$\max_{\boldsymbol{w},b}\hat{\gamma}$$

$$s.\ t.\ y_i(\boldsymbol{w}^{\mathrm{T}}\cdot\boldsymbol{x}_i+b)=\gamma_i\geqslant\hat{\gamma},\quad i=1,\cdots,m$$

假设 γ_i 中的最小值在样例$(\boldsymbol{x}_k,y_k)$处取到,即

$$\hat{\gamma} = y_k\cdot\frac{\boldsymbol{w}^{\mathrm{T}}\cdot\boldsymbol{x}_k+b}{\|\boldsymbol{w}\|}$$

注意,设函数值 $z_k=y_k(\boldsymbol{w}^{\mathrm{T}}\cdot\boldsymbol{x}_k+b)$。若 $z_k=0$,则表示平面过$(\boldsymbol{x}_k,y_k)$。这意味着两类训练数据存在重合,不存在分离平面。因此 $z_k\neq0$。那么有

$$1 = y_k\left(\frac{\boldsymbol{w}^{\mathrm{T}}}{z_k}\cdot\boldsymbol{x}_k+\frac{b}{z_k}\right)$$

定义新的 $\boldsymbol{w}'=\dfrac{\boldsymbol{w}}{z_k}$,$b'=\dfrac{b}{z_k}$,代入原目标函数得到

$$\max_{\boldsymbol{w},b}\hat{\gamma}=\max y_k\cdot\frac{\boldsymbol{w}^{\mathrm{T}}\cdot\boldsymbol{x}_k+b}{\|\boldsymbol{w}\|}=\max_{\boldsymbol{w}',b'}\frac{y_k(\boldsymbol{w}'^{\mathrm{T}}\cdot\boldsymbol{x}_k+b')}{\|\boldsymbol{w}'\|}=\max_{\boldsymbol{w}'}\frac{1}{\|\boldsymbol{w}'\|}$$

$$s.\ t.\ y_i(\boldsymbol{w}'^{\mathrm{T}}\cdot\boldsymbol{x}_i+b')\geqslant1,\quad i=1,\cdots,m$$

再转化为凸优化问题

$$\min_{\boldsymbol{w}'}\frac{1}{2}\|\boldsymbol{w}'\|^2$$

$$s.\ t.\ y_i(\boldsymbol{w}'^{\mathrm{T}}\cdot\boldsymbol{x}_i+b')\geqslant1,\quad i=1,\cdots,m$$

用拉格朗日乘子法求对偶问题

$$\max_{\alpha}L(\boldsymbol{w}',b',\boldsymbol{\alpha})=\frac{1}{2}\|\boldsymbol{w}'\|^2-\sum_{i=1}^{m}\alpha_i[y_i(\boldsymbol{w}'^{\mathrm{T}}\cdot\boldsymbol{x}_i+b')-1]$$

KKT(Karush-Kuhn-Tucker)条件

$$\frac{\partial L}{\partial\boldsymbol{w}'}=0\Rightarrow\boldsymbol{w}'=\sum_{i=1}^{m}\alpha_iy_i\boldsymbol{x}_i$$

$$\frac{\partial L}{\partial b'}=0\Rightarrow\sum_{i=1}^{m}\alpha_iy_i=0$$

$$\frac{\partial L}{\partial\boldsymbol{\alpha}}=0\Rightarrow y_i(\boldsymbol{w}'^{\mathrm{T}}\cdot\boldsymbol{x}_i+b')-1=0$$

代回目标函数整理得到

$$\max_{\boldsymbol{\alpha}} L(\boldsymbol{w}',b',\boldsymbol{\alpha}) = \sum_{i=1}^{m} \alpha_i - \frac{1}{2}\sum_{i,j=1}^{m}\alpha_i\alpha_j y_i y_j \langle \boldsymbol{x}_i,\boldsymbol{x}_j\rangle \tag{9-3-1}$$

$\langle \boldsymbol{x}_i,\boldsymbol{x}_j\rangle$ 表示内积。现在,目标函数的参数只剩下 $\boldsymbol{\alpha}$。并且这是个约束二次规划问题,约束条件即 KKT 条件。一旦确定 α,利用 KKT 条件就可以确定其余参数,从而得到分离平面。有很多经典的办法能够求解这样的二次规划。一种称为 SMO(Sequential Minimal Optimization)的迭代算法能够快速求得最优解。该算法每次改进两个分量,直到迭代至收敛[8]。

上面给出了 SVM 求解极大边距分离平面的过程。然而,实际训练数据可能并不存在线性分类器,如图 9-3 所示。对于这类情况,SVM 的想法是将其映射到更高维的空间,在高维空间中让数据变得线性可分,从而寻找分离超平面。再思考式(9-3-1),如果我们在 $\boldsymbol{x}_i$ 中增加一维,而这一维的取值由其他维计算得到。那么目标函数变成

$$\max_{\boldsymbol{\alpha}} L(\boldsymbol{w}',b',\boldsymbol{\alpha}) = \sum_{i=1}^{m} \alpha_i - \frac{1}{2}\sum_{i,j=1}^{m}\alpha_i\alpha_j y_i y_j K(\boldsymbol{x}_i,\boldsymbol{x}_j)$$

$K(\boldsymbol{x}_i,\boldsymbol{x}_j)$ 称为核函数。它代表了由两个原向量构造的更高维空间上的"内积"。通常并不显式地构造出高维向量,而是直接计算核函数取值。一个常用的核函数是高斯核

$$K(\boldsymbol{x}_i,\boldsymbol{x}_j) = \exp\left[-\frac{\|\boldsymbol{x}_i - \boldsymbol{x}_j\|^2}{2\sigma^2}\right]$$

映射为高维空间的分类示意如图 9-4 所示。

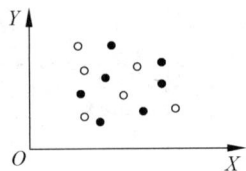

图 9-3 线性不可分的数据集示例　　图 9-4 映射到高维空间的分离平面

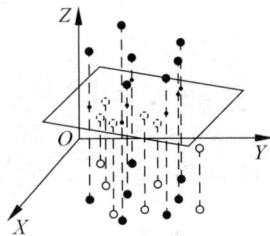

9.4 非参数化学习

从前两节的内容可以看出,回归和 SVM 寻求参数 $\boldsymbol{\alpha}$ 和 w 以确定分类器,这被称为参数化模型。本节将讨论非参数化模型。其特点是分类模型隐含在所有训练样本中,无法显式地表示成函数形式。因此,非参数化学习也被称为基于实例的学习。下面我们讨论非参数化学习的一个典型代表,K 最近邻方法[9]。

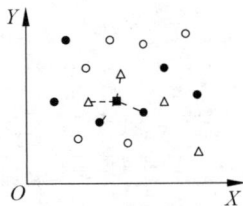

图 9-5 K 最近邻模型

K 最近邻(K Nearest Neighbor, KNN)方法的基本思想很简单。思考图 9-5 的情况。假设训练样本是带有三类标签的数据,用黑圈、白圈和三角形表示。黑色正方形表示新加入的一个测试样例。那么对测试样例的类别判定依据离它最近的 k 个样本决定。图 9-5 中给出的是 $k=4$ 的情况。可见,KNN 并不像本章前面的机器学习方法——先用样本生成显式的判别模型,然后根据模型判

定测试样例的类别,而是直接依据部分样本分类。根据是否生成显式的模型,机器学习方法又被分为生成式模型和判别式模型。KNN 就是一种判别式模型。它将学习过程推迟到测试样例分类时进行,因此是一种被动式学习(Lazy Learning)。

具体而言,KNN 选取特征空间中距离测试样例最近的 k 个训练样本。距离的计算公式为

$$L^p(\boldsymbol{x}_i, \boldsymbol{x}_j) = \left(\sum_l \mid x_{i,l} - x_{j,l} \mid^p \right)^{\frac{1}{p}}$$

称为 L^p 型范数。当 $p=1$ 时称为曼哈顿距离。$p=2$ 时就是我们熟知的欧式距离。需要指出,若 $\boldsymbol{x}_i$ 中不同维度的量纲不同,那么它们对最终 k 个近邻的选取结果影响程度不一样。此时,需首先统一量纲再计算距离。一种量纲统一的方法是对每个维度归一化

$$x_{i,l} = \sum_l \frac{x_{i,l} - \mu_i}{\sigma_i}$$

选定 k 个最近邻样本后,统计每个样本的所属类别,并返回票数最多的类别作为结果,即返回

$$y^* = \underset{y}{\operatorname{argmax}} \sum_{i=1}^{k} \delta[y, f(\boldsymbol{x}_i)]$$

其中当 $y = y_i = f(\boldsymbol{x}_i)$ 时,对应的 δ 函数为 1,否则为 0。KNN 算法的伪代码在表 9-3 中给出。KNN 算法的一个改进是对 k 个近邻的贡献进行加权,从而降低样本噪声对结果的影响。即

$$y^* = \underset{y}{\operatorname{argmax}} \sum_{i=1}^{k} w_i \cdot \delta[y, f(\boldsymbol{x}_i)]$$

通常选取测试样例到每个近邻距离的倒数作为权重值。

$$w_i = \frac{1}{L^p(\boldsymbol{x}_i, \boldsymbol{x}_{test})}$$

表 9-3　KNN 算法伪代码

KNearestNeighbor (TrainData, TestSample)
Input: TrainData, labeled samples for training;
TestSample, sample for test;
Output: label of TestSample;
1. Compute distance between TestSample and each training sample in TrainData;
2. $\boldsymbol{N}_k = \{f(\boldsymbol{x}_1), f(\boldsymbol{x}_2), \cdots, f(\boldsymbol{x}_k)\}$ <-- Select k samples with smallest distances from TrainData;
3. return $\boldsymbol{y}^* = \operatorname{argmax}_y \sum_{(i=1)}^{k} \boldsymbol{\delta}[\boldsymbol{y}, f(\boldsymbol{x}_i)]$

KNN 是一种非常有效的归纳方法。对多个近邻的加权使得它能很大程度上克服单一样本的噪声影响。KNN 算法背后的假设是:特征属性空间中距离越近的样例,其类别越趋于相同。该距离定义在全维属性上。但这带来了一个问题:如果类别并不依赖于某些属性,那么分类结果可能会出现偏差。一个解决办法是对各属性进行加权,改变属性对距离的贡献。权重值的确定采用交叉验证法。随机选取一部分训练样本,然后优化每个属性的权重,使得 KNN 算法对剩余样本的分类错误率最小。重复这一过程多次以提高权重值的准

确性。属性加权计算距离实际上是对特征空间的坐标轴按重要度进行缩放。这种方法被称为优化 KNN 算法。

9.5　集成学习

到目前为止,本章讨论了四类学习模型。它们试图从不同的角度来解决基本分类问题。一个很自然的想法是,如果同时使用这些模型,学习效果是否将出现提升? 在大多数情况下,答案是肯定的。这种被称为集成学习的方法近年来在许多机器学习算法竞赛中大放异彩,因而引起了不少研究人员的注意。集成学习的基本思想很直观,就是综合多个学习器的结果来减小误分类率[10]。图 9-6 展示了集成学习的分类方式,其中每个独立做出判断的分类模块称为个体学习器或基学习器,集成模块按照一定的规则组合分类结果以得到最终的输出。假设第 i 个个体学习器的错误分类率是 p_i,如果集成模块采用投票法确定多数分类为最终结果,那么当超过一半的个体学习器分类错误时,最终结果出现错误。因此最终的误分类率是

$$P(error) \leqslant C_k^{\lceil k/2 \rceil} p_{\max}^{\lceil k/2 \rceil} (1-p_{\min})^{k-\lceil k/2 \rceil} +$$
$$C_k^{\lceil k/2 \rceil+1} p_{\max}^{\lceil k/2 \rceil+1} (1-p_{\min})^{k-\lceil k/2 \rceil-1} + \cdots +$$
$$C_k^k p_{\max}^k (1-p_{\min})^0$$

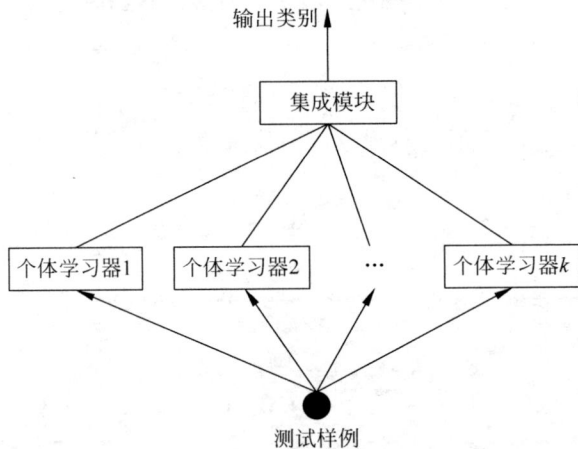

输出类别

集成模块

个体学习器1　　个体学习器2　　…　　个体学习器k

测试样例

图 9-6　集成学习的分类方式

其中,$p_{\min} = \min_i p_i$,$p_{\max} = \max_i p_i$。$\lceil \cdot \rceil$表示向上取整。再令 $p = \max\{p_{\max}, (1-p_{\min})\}$,有

$$P(error) \leqslant \sum_{i=0}^{\lceil k/2 \rceil} C_k^{\lceil k/2 \rceil+i} p_{\max}^{\lceil k/2 \rceil+i} (1-p_{\min})^{k-\lceil k/2 \rceil-i} \leqslant p^k \sum_{i=0}^{\lceil k/2 \rceil} C_k^{\lceil k/2 \rceil+i}$$
$$= \frac{1}{2} p^k 2^k = \frac{1}{2} (2p)^k$$

所以当 $p < 0.5$ 时,$P(error)$随 k 增大而减小。亦即 $p_{\max} < 0.5$ 时,最终的误分类率随个体学习器的增多而下降。事实上,集成学习能够根据工作需要满足两个条件:

(1) 个体学习器的误分类率低于 0.5;

(2) 个体学习器之间存在差异。

第一点由前面的误分类率估计就可以得到。它表明个体学习器应该是"较好"的。直观上，若误分类率高于0.5，则集成模块在大多数时候得到的多数结果都是错误的，显然不能生成正确类别。第二点更容易理解。设想每个学习器对每个测试样例的输出结果都一样，那么就失去了综合选优的优势。集成学习的关键问题有两个：一个是如何获得有差异性的个体学习器；另一个是集成模块如何组合结果。下面分别讨论。

9.5.1　Boosting

Boosting 是一类常用的个体学习器产生方法[11]。主要思想是通过赋予分类错误的样本更高权值，来产生与前面分类正确学习器互补的学习器。具体操作如图 9-7 所示。首先基于初始样本集(可视为权重为1)训练分类模型，得到学习器 1。然后增加学习器 1 的分类错误样本的权重，产生带权重的样本集 2，并训练得到个体学习器 2。这个过程重复 k 次，即可得到 k 个个体学习器。对样本赋权的操作，也可以通过多次复制样例实现。Boosting 家族中最著名的两个算法是自适应提升(AdaBoost)和梯度提升(GradientBoost)。表 9-4 给出了 AdaBoost 的伪代码。算法共循环 T 轮。每一轮调整样本权重并训练生成学习器 $f(t)$。算法最后返回一个集成模型，它取各学习器加权投票结果的多数作为分类结果。

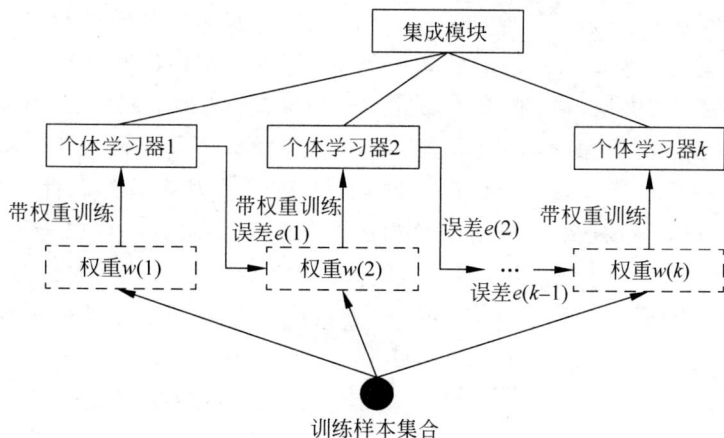

图 9-7　Boosting 训练过程

表 9-4　AdaBoost 算法伪代码

AdaBoost(TrainData, LearnAlg, T)

Input: TrainData, m labeled samples for training;

LearnAlg, learning algorithm;

T, number of basic learners;

Output: weighted major hypothesis.

1. $w(1) = \frac{1}{m}$;

2. **For** t = 1 to T, **do**

3. f(t)<-- Learning(TrainData, w(t));

4. e(t)<-- m($y_i \neq f(t, x_i)$)/m;

5. **If** e(t)> 0.5

续表

6.	break;
7.	$\alpha_t \leftarrow \dfrac{1}{2}\ln\dfrac{1-e(t)}{e(t)}$;
8.	**For** i = 1 to m, do
9.	**If** $y_i \neq f(t, x_i)$
10.	$w(t+1) <-- w(t)e^{-\alpha_t}$;
11.	**Else**
12.	$w(t+1) <-- w(t)\cdot e^{\alpha_t}$;
13.	Normalize($w(t+1)$);
14.	return $h(x) = \arg\max\limits_{y}\sum\limits_{t=1}^{T}\alpha_t\delta[y, f(t, x)]$

9.5.2　Bagging

Bagging 是另一类主要的个体学习器生成方法[12,13]。与 Boosting 不同，Bagging 的个体学习器之间不存在依赖关系，而是相互并行的(见图 9-8)。k 个学习器的训练输入，是通过对原样本集有放回随机采样生成的。Bagging 家族中最著名的算法是随机森林(Random Forest)，它是以决策树为基础的。前面我们提到，决策树容易出现过拟合。除已经介绍的剪枝技术外，使用多棵决策树也能有效降低过学习风险。随机森林的伪代码在表 9-5 中给出。函数 RandomSample 采用有放回方式抽样得到样本子集。函数 RandomAttribute 随机选择属性集的一个子集。函数 Map 将全维样本数据映射成只与属性子集相关的数据。函数 DecisionTreeFitting 是本章 9.1 节给出的决策树训练函数。可以看到，算法分别训练 T 个个体学习器，最终返回一个集成模型，将多数投票分类结果作为最终输出。一般而言，每棵决策树的训练特征数 n 取总特征数的平方根或三分之一。在随机采样生成样本子集时，相应地可以得到未使用的样本集(称为袋外数据，out-of-bag)。这些数据可用来检验随机森林的效果。

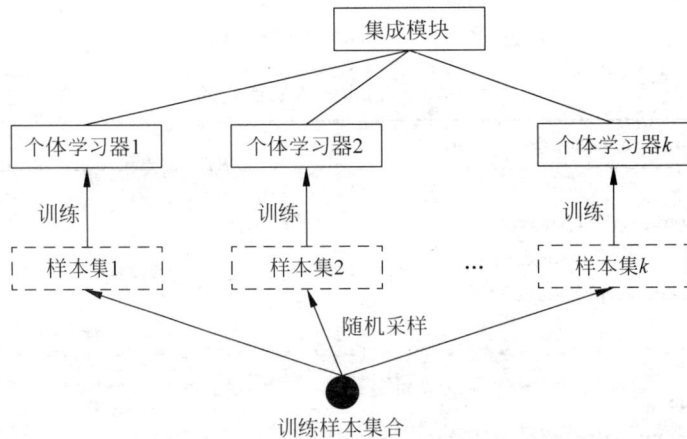

图 9-8　Bagging 训练过程

表 9-5 随机森林算法伪代码

RandomForest(TrainData, LearnAlg, T, d, n)

Input: TrainData, m labeled samples for training;

LearnAlg, learning algorithm;

T, number of basic learners;

d, number of training samples for each learner;

n, number of attributes in each learner;

Output: major hypothesis.

1. **For** t = 1 to T, **do**

2.   TrainDataSubset(t)<-- RandomSample(TrainData, d);

3.   A(t)<-- RandomAttribute(TrainData, d);

4.   Data(t)<-- Map(TrainDataSubset(t), A(t));

5.   f(t)<-- DecisionTreeFitting(Data(t), {t}, A(t), Data(t));

6. return $h(x) = \arg \max\limits_{y} \sum\limits_{t=1}^{T} \delta [y, f(t, x)]$

在确定基学习器后,集成学习的第二个问题是如何组合多个结果。通常我们有三种方法。第一种是加权法。它适用于数值类回归预测。即

$$h(x) = \sum_{i=1}^{T} w_i f_i(x)$$

$f_i(x)$是第 i 个个体学习器的结果。第二种是投票法,即选取个体学习器输出中占大多数的结果

$$h(x) = \arg \max_{y} \sum_{t=1}^{T} \delta [y, f(t, x)]$$

第三种是学习法,即集成模块仍然是一个学习器。它将个体学习器的输出作为输入,训练样本的类别标签作为输出,再进行一次学习,从而综合各个结果。集成模块学习器可以使用逻辑回归模型,也可以使用后面将介绍的神经网络。

9.6 统计机器学习

逻辑回归中已经讲到 Sigmoid 函数将测试样例映射为一个(0,1)区间上的实数。这与其他的分类模型不大一样,因为它并不直接回答样例的类别,而是提供一个间接结果——样例属于某类别的概率。沿此思路可以建立另一套机器学习理论——统计机器学习。统计机器学习吸收了概率论与数理统计的成果,认为分类模型 f 是一个概率分布,学习算法需要利用训练样本估计该分布,并用该分布预测测试样例属于不同类别的概率[14]。因此,问题的核心在于如何拟合样本分布。本节将关注完全观测下的概率学习和部分观测下的概率学习。

9.6.1 完全观测下的概率学习

在9.2.1节,我们使用了线性函数作为模型来预测测试样例的取值(连续的或离散的),

而训练样本用于确定模型的参数。这种在观测到样本之前就给出的模型形式,称为先验模型。当存在多个先验模型时,以 f_i 表示第 i 个模型,与之对应的是取得每个模型的概率分布,称为先验(Prior)分布,用 $P(f_i)$ 表示。在观测到样本数据 $X=(x_1,x_2,\cdots,x_m)$ 后,某个先验模型出现的概率是 $P(f_i|X)$,称为后验(Posterior)概率。在模型 f_i 下出现数据 X 的概率称为似然(Likelihood)。完全观测是指先验分布的所有变量都包含在训练样本中。这种情况下,学习就转化为估计先验分布或分布簇中的参数。下面结合例子具体介绍。

例 9-2(客户类型问题) 投资某基金的客户可分为激进型(rad)、稳健型(mod)和保守型(con)三类。基金公司需要根据客户的类型来制定营销计划。该基金公司的客户主要是两家大型公司的员工。两家公司的客户类型比例分别是 f_1:20%激进型、30%稳健型、50%保守型和 f_2:30%激进型、60%稳健型、10%保守型。基金公司取得了一批客户样本。从样本中逐一抽样,分析客户类型。需要做的是通过观测已有客户类型,预测下一位到来的客户的类型。

在本例中,先验模型有两个,即 f_1 和 f_2。但我们并不知道样本来自于哪个模型,需要根据观测到的数据,计算每个模型出现的概率,并用这个模型分布来预测下一个样例的类别。仍然以 X 表示观测数据集,则根据贝叶斯公式有

$$P(f_i|X)=\frac{P(X|f_i)P(f_i)}{P(X)}=\alpha P(X|f_i)P(f_i)$$

这个等式将先验概率、似然和后验概率联系起来。对测试样例 y 的预测

$$P(y|X)=\sum_i P(y|f_i)P(f_i|X)=\sum_i \alpha P(y|f_i)P(X|f_i)P(f_i) \tag{9-6-1}$$

由此可见,如果每个先验模型都给定了 y 的分布,那么其预测概率是每个模型预测值的加权平均。在无任何先验信息下,可以认为 $P(f_i)$ 都相等。再根据观测的独立同分布性,似然可以计算为

$$P(X|f_i)=P(x_1,x_2,\cdots,x_m|f_i)=\prod_j P(x_j|f_i)$$

假设观察到前三个客户分别是 $\langle$con,con,mod$\rangle$,则

$$P(X|f_1)=0.5\times0.5\times0.3=0.075, \quad P(X|f_2)=0.1\times0.1\times0.6=0.006$$

$$P(\text{con}|X)=\alpha[P(\text{con}|f_1)P(X|f_1)+P(\text{con}|f_2)P(X|f_2)]$$
$$=\alpha(0.5\times0.075+0.1\times0.006)=0.0381\alpha$$

$$P(\text{mod}|X)=\alpha[P(\text{mod}|f_1)P(X|f_1)+P(\text{mod}|f_2)P(X|f_2)]$$
$$=\alpha(0.3\times0.075+0.6\times0.006)=0.0261\alpha$$

$$P(\text{rad}|X)=\alpha[P(\text{rad}|f_1)P(X|f_1)+P(\text{rad}|f_2)P(X|f_2)]$$
$$=\alpha(0.2\times0.075+0.3\times0.006)=0.0168\alpha$$

归一化之后得到 $P(\text{con}|X)=0.47,P(\text{mod}|X)=0.32,P(\text{rad}|X)=0.21$。

上面的计算过程称为贝叶斯预测,其基本思想是利用贝叶斯公式由先验和似然的乘积计算后验概率。无论训练数据集规模多大,贝叶斯预测总是最优的。但是,如果先验模型空间太大甚至无穷时,式(9-6-1)中遍历每个模型求和或者积分是困难的。因此常将后验概率最大的单一模型作为替代,称为极大后验估计(Maximum A Posterior,MAP),即

$$f_{\text{MAP}}=\arg\max_{f_i}P(f_i|X)=\arg\max_{f_i}P(f_i)\prod_j P(x_j|f_i)$$

$$P(y \mid X) \approx P(y \mid f_{\text{MAP}})$$

随着观测数据的增多,MAP 逐渐逼近贝叶斯预测。当无任何先验信息时,可认为 $P(f_i)$ 均相等,问题变为

$$f_{\text{MAP}} = f_{\text{ML}} = \arg \max_{f_i} \prod_j P(x_j \mid f_i)$$

这被称为极大似然估计(Maximum Likelihood,ML)。

除计算先验模型出现的概率外,极大似然估计也可以逆向应用,计算模型中的参数值。例如当我们不知道客户分布时,即激进型、稳健型和保守型三种分别占比为 θ,λ 和 $(1-\theta-\lambda)$,观测到 r 个激进型,d 个稳健型,c 个保守型,根据样本的独立性,总样本数据集出现的概率是

$$P(X) = \theta^r \cdot \lambda^d \cdot (1-\theta-\lambda)^c$$

既然已经观测到这样的样本组成,可以认为该样本出现的概率最大,那么我们可以选择适当的参数值 $\hat{\theta}$ 和 $\hat{\lambda}$ 使得上式(称为似然函数)取得最大值。为计算方便,对上式两端取对数

$$\ln P(X) = r\ln\theta + d\ln\lambda + c\ln(1-\theta-\lambda)$$

求偏导数并令其为 0 得到

$$\frac{\partial \ln P(X)}{\partial \theta} = \frac{r}{\theta} - \frac{c}{1-\theta-\lambda} = 0$$

$$\frac{\partial \ln P(X)}{\partial \theta} = \frac{d}{\lambda} - \frac{c}{1-\theta-\lambda} = 0$$

解得

$$\hat{\theta} = \frac{r}{r+d+c}, \quad \hat{\lambda} = \frac{d}{r+d+c}$$

可见,在无先验信息下,极大似然估计认为三种类型的客户比例与样本一致。对于连续型变量,极大似然参数估计的方法类似。比如我们再考察客户的收入情况。假设收入服从正态分布 $N(\mu,\sigma^2)$,观测到 m 个样本为 $X = (x_1,x_2,\cdots,x_m)$,那么

$$P(X) = \prod_{i=1}^{m} \frac{1}{\sqrt{2\pi}\sigma} e^{-\frac{(x_i-\mu)^2}{2\sigma^2}}$$

取对数得到对数似然函数

$$\ln P(\dot{X}) = -m(\ln\sqrt{2\pi} + \ln\sigma) - \sum_{i=1}^{m} \frac{(x_i-\mu)^2}{2\sigma^2}$$

求偏导并令其为 0 可解得

$$\mu = \frac{\sum_i x_i}{m}, \quad \sigma = \sqrt{\frac{\sum_i (x_i-\mu)^2}{m}}$$

在参数估计中,需要注意的是参数的取值范围,避免出现分母为 0 等异常情况。

在基于概率模型的分类中,朴素贝叶斯方法是另一种较常用的技术。该方法假设样例的各属性取值相互独立,利用贝叶斯公式就能将测试样例的所属类别概率转化为样本频率乘积[15]。请再思考 9.1 节的例子——贷款决策问题。假定一位新的客户为 $x = \langle$信用历史 $=$

未知,债务=低,抵押=无,年收入=25万元以上〉,计算批准贷款的概率

$$P(\text{Yes} \mid \text{信用}=\text{未知},\text{债务}=\text{低},\text{抵押}=\text{无},\text{年收入}=25\text{万元以上})$$

$$=\alpha P(\text{信用}=\text{未知},\text{债务}=\text{低},\text{抵押}=\text{无},\text{年收入}=25\text{万元以上} \mid \text{Yes})$$

$$P(\text{Yes})$$

$$=\alpha P(\text{信用}=\text{未知} \mid \text{Yes})P(\text{债务}=\text{低} \mid \text{Yes})P(\text{抵押}=\text{无} \mid \text{Yes})$$

$$P(\text{年收入}=25\text{万元以上} \mid \text{Yes})P(\text{Yes})$$

$$=\alpha \cdot \frac{2}{5} \cdot \frac{3}{5} \cdot \frac{3}{5} \cdot \frac{5}{5} \cdot \frac{5}{14} = \frac{9}{175}\alpha$$

第一个等号是贝叶斯公式。第二个等号是属性的独立性假设。在贷款批准为〈Yes〉的样本中(共5个),属性为〈信用历史=未知〉的样本一共有2个,占总样本的频率为 $\frac{2}{5}$。用这个样本频率来作为 $P(\text{信用历史}=\text{未知} \mid \text{Yes})$ 的近似。其余概率也照此计算。类似地,

$$P(\text{No} \mid \text{信用历史}=\text{未知},\text{债务}=\text{低},\text{抵押}=\text{无},\text{年收入}=25\text{万元以上})$$

$$=\alpha P(\text{信用历史}=\text{未知} \mid \text{No})P(\text{债务}=\text{低} \mid \text{No})P(\text{抵押}=\text{无} \mid \text{No})$$

$$P(\text{年收入}=25\text{万元以上} \mid \text{No})P(\text{No})$$

$$=\alpha \cdot \frac{3}{9} \cdot \frac{4}{9} \cdot \frac{8}{9} \cdot \frac{1}{9} \cdot \frac{9}{14} = \frac{16}{1701}\alpha$$

归一化得到 $P(\text{Yes} \mid \boldsymbol{x})=0.8454$, $P(\text{No} \mid \boldsymbol{x})=0.1546$。显然,更倾向于批准该客户的贷款申请。一般的,朴素贝叶斯方法计算

$$P(y \mid \boldsymbol{x}) = \prod_{j=1}^{n} P(x_{\cdot,j} \mid y)$$

通过统计类别 y 下第 j 个属性 $x_{\cdot,j}$ 的样本频率,上式可直接作为分类概率而省去归一化的步骤。朴素贝叶斯方法不需要遍历所有的先验模型,也能应对样本噪声,是最有效的通用学习方法之一。

9.6.2 部分观测下的概率学习

当观测数据并不能完全覆盖先验分布中的属性变量时,此时称观测为部分观测。处理部分观测下概率学习问题的一个有效方法是期望最大化(Expectation Maximization,EM)算法。它也是机器学习的经典算法之一。仍然思考客户类型判定的例子。现在我们将问题更一般化,假设两家公司的客户类型分布是 f_1: θ_1 激进型、λ_1 稳健型、$(1-\theta_1-\lambda_1)$ 保守型和 f_2: θ_2 激进型、λ_2 稳健型、$(1-\theta_2-\lambda_2)$ 保守型。样本数据的生成过程是首先随机选取一家客户公司,然后在此公司内随机选取一名客户的资料分析。选取第一家公司和第二家公司的概率分别是 ε 和 $1-\varepsilon$。现在需要根据观测到的样本,采用极大似然估计确定这些先验分布的参数。

在这个一般化的例子中,最终可观察的属性只有客户类型,而对于每个样本来自于哪个公司无从所知。这实质上是多加入了一个隐变量。以 x_i 表示客户类型,z_i 表示样本来自于哪家公司(取值为1或2,分别代表两家公司)。$\boldsymbol{\theta}=(\theta_1,\lambda_1,\theta_2,\lambda_2,\varepsilon)$ 是先验分布中的参数。θ 一旦确定,先验分布也就随之确定。写出似然函数

$$L(\boldsymbol{\theta}) = P(X \mid \boldsymbol{\theta}) = \prod_i P(x_i \mid \boldsymbol{\theta})$$

对数似然函数为

$$\ln L(\boldsymbol{\theta}) = \sum_i \ln P(x_i \mid \boldsymbol{\theta}) = \sum_i \ln \left[\sum_{z_i} P(x_i, z_i \mid \boldsymbol{\theta}) \right]$$

按照极大似然估计,我们的目标是寻找参数值 $\boldsymbol{\theta}$ 使得上式达到最大。与完全观测的情况不一样,这里 z_i 也是变量。若用求偏导令其为 0 的方法,会使得分母含有变量求和式,求解极其困难。如果 z_i 取一个固定值,问题则会简单许多,转化为完全观测的情况直接用求偏导的方法确定参数。但是,z_i 的取值又依赖于先验分布参数 $\boldsymbol{\theta}$。这就导致了循环依赖。EM 算法的基本思想是:

(1) 给先验分布中的参数 $\boldsymbol{\theta}$ 赋初值,用该分布求 z_i 的期望分布;

(2) 将 z_i 按期望分布取值,用完全观测下的极大似然估计确定参数 $\boldsymbol{\theta}$;

(3) 将估计得到的参数值作为 $\boldsymbol{\theta}$ 新的取值,转第 1 步进入下一轮迭代。

前两个步骤分别称为 E 步和 M 步。它们交替进行迭代至收敛。这里存在两个问题:首先,这样的迭代是否能收敛;其次,如果收敛最后得到的解是否是似然函数的极值点。要回答这两个问题需要作一点理论分析。下面先从一个引理开始。

引理 9-1(琴生不等式) 设 g 是定义在实数域的下凸函数,则对于随机变量 V,有

$$E[g(V)] \geqslant g[E(V)]$$

特别地,若 g 是严格下凸的,上式取等号的充分必要条件是 V 是常量。若 g 是上凸的,则不等号反向。琴生不等式是函数凹凸性应用的一个基本定理,证明过程很容易在有关的数学资料中找到,这里不再赘述。

现在回到我们的问题,考察收敛性和最优性。EM 算法的基本思路是利用琴生不等式建立似然函数的下界,然后不断迭代提高下界,直至到达极限。由于似然函数的极值是存在的(即有限的),所以随着下界的不断增大,似然函数的取值也逐渐逼近其极大值(理论基础是高等数学中的极限夹逼定理)。照此思路,我们首先执行 E 步:给定参数值 $\boldsymbol{\theta}$,求 z_i 的分布。对似然函数做一点技巧性的变形,并利用琴生不等式建立下界

$$\ln L(\boldsymbol{\theta}) = \sum_i \ln \left[\sum_{z_i} P(x_i, z_i \mid \boldsymbol{\theta}) \right] = \sum_i \ln \left[\sum_{z_i} \frac{P(x_i, z_i \mid \boldsymbol{\theta})}{P(z_i \mid \boldsymbol{\theta})} P(z_i \mid \boldsymbol{\theta}) \right]$$

$$= \sum_i \ln E\left[\frac{P(x_i, z_i \mid \boldsymbol{\theta})}{P(z_i \mid \boldsymbol{\theta})} \right] \geqslant \sum_i E\left[\ln \frac{P(x_i, z_i \mid \boldsymbol{\theta})}{P(z_i \mid \boldsymbol{\theta})} \right]$$

$$= \sum_i \sum_{z_i} P(z_i \mid \boldsymbol{\theta}) \ln \frac{P(x_i, z_i \mid \boldsymbol{\theta})}{P(z_i \mid \boldsymbol{\theta})} \tag{9-6-2}$$

等号成立的条件是随机变量为常量,即

$$\frac{P(x_i, z_i \mid \boldsymbol{\theta})}{P(z_i \mid \boldsymbol{\theta})} = c$$

为常数。因此

$$P(x_i \mid \boldsymbol{\theta}) = \sum_{z_i} P(x_i, z_i \mid \boldsymbol{\theta}) = c \sum_{z_i} P(z_i \mid \boldsymbol{\theta}) = c$$

$$\Rightarrow P(z_i \mid \boldsymbol{\theta}) = \frac{P(x_i, z_i \mid \boldsymbol{\theta})}{\sum_{z_i} P(x_i, z_i \mid \boldsymbol{\theta})} = \frac{P(x_i, z_i \mid \boldsymbol{\theta})}{P(x_i \mid \boldsymbol{\theta})} = P(z_i \mid x_i, \boldsymbol{\theta}) \tag{9-6-3}$$

这里可以看出,E 步的计算是保证在给定的 $\boldsymbol{\theta}$ 下,琴生不等式取等号。下面执行 M 步:按 E 步求得的 z_i 的分布,估计参数 $\boldsymbol{\theta}$ 的值。由于式(9-6-2)最后一个表达式中的 $P(z_i|\boldsymbol{\theta})$ 已经由式(9-6-3)给定,因此是一个完全观测的似然函数,用极大似然估计即可计算新的参数值,记为

$$\hat{\boldsymbol{\theta}} = \arg\max_{\theta} \sum_i \sum_{z_i} P(z_i \mid \boldsymbol{\theta}) \ln \frac{P(x_i, z_i \mid \boldsymbol{\theta})}{P(z_i \mid \boldsymbol{\theta})}$$

因此

$$\ln L(\hat{\boldsymbol{\theta}}) \geqslant \sum_i \sum_{z_i} P(z_i \mid \hat{\boldsymbol{\theta}}) \ln \frac{P(x_i, z_i \mid \hat{\boldsymbol{\theta}})}{P(z_i \mid \hat{\boldsymbol{\theta}})} \geqslant \sum_i \sum_{z_i} P(z_i \mid \boldsymbol{\theta}) \ln \frac{P(x_i, z_i \mid \boldsymbol{\theta})}{P(z_i \mid \boldsymbol{\theta})}$$

$$= \ln L(\boldsymbol{\theta})$$

第一个不等号是琴生不等式。第二个不等号是似然函数极大化的结果。最后一个等号是优化前琴生不等式取等号。从这个式子可以看出,似然函数在迭代一轮后将增大。这就证明了 EM 算法的收敛性。用数学式子表示 EM 算法就是:

E 步:给定 $\boldsymbol{\theta}$,求 $P(z_i|x_i, \boldsymbol{\theta})$;

M 步:基于求得的 $P(z_i|x_i, \boldsymbol{\theta})$,最大化似然函数下界

$$\hat{\boldsymbol{\theta}} = \arg\max_{\boldsymbol{\theta}} \sum_i \sum_{z_i} P(z_i \mid x_i, \boldsymbol{\theta}) \ln \frac{P(x_i, z_i \mid \boldsymbol{\theta})}{P(z_i \mid x_i, \boldsymbol{\theta})} \tag{9-6-4}$$

下面结合例子展示 EM 算法的计算过程。假设真实的参数值是 $\boldsymbol{\theta} = (\theta_1, \lambda_1, \theta_2, \lambda_2, \varepsilon) = (0.2, 0.3, 0.3, 0.6, 0.4)$,按此分布生成 1000 份客户资料作为观测数据,其中激进型、稳健型、保守型的分别有 241、491、248 份。计算开始时,我们并不知道参数值,任意给定一个初值 $\boldsymbol{\theta}^{(0)} = (0.15, 0.22, 0.36, 0.53, 0.5)$。进入 E 步,计算客户来自第一个公司的概率。

$$P(z_i = 1 \mid x_i, \boldsymbol{\theta}^{(0)}) = \frac{P(x_i \mid z_i = 1, \boldsymbol{\theta}^{(0)}) P(z_i = 1, \boldsymbol{\theta}^{(0)})}{P(x_i \mid z_i = 1, \boldsymbol{\theta}^{(0)}) P(z_i = 1, \boldsymbol{\theta}^{(0)}) + P(x_i \mid z_i = 2, \boldsymbol{\theta}^{(0)}) P(z_i = 2, \boldsymbol{\theta}^{(0)})}$$

所以

$$P(z_i = 1 \mid x_i = \text{rad}, \boldsymbol{\theta}^{(0)}) = \frac{\theta_1^{(0)} \varepsilon^{(0)}}{\theta_1^{(0)} \varepsilon^{(0)} + \theta_2^{(0)} (1 - \varepsilon^{(0)})}$$

$$= \frac{0.15 \times 0.5}{0.15 \times 0.5 + 0.36 \times 0.5} = 0.2941$$

$$P(z_i = 1 \mid x_i = \text{mod}, \boldsymbol{\theta}^{(0)}) = \frac{\lambda_1^{(0)} \varepsilon^{(0)}}{\lambda_1^{(0)} \varepsilon^{(0)} + \lambda_2^{(0)} (1 - \varepsilon^{(0)})}$$

$$= \frac{0.22 \times 0.5}{0.22 \times 0.5 + 0.53 \times 0.5} = 0.3235$$

$$P(z_i = 1 \mid x_i = \text{con}, \boldsymbol{\theta}^{(0)})$$

$$= \frac{(1 - \theta_1^{(0)} - \lambda_1^{(0)}) \varepsilon^{(0)}}{(1 - \theta_1^{(0)} - \lambda_1^{(0)}) \varepsilon^{(0)} + (1 - \theta_2^{(0)} - \lambda_2^{(0)}) (1 - \varepsilon^{(0)})}$$

$$= \frac{0.63 \times 0.5}{0.63 \times 0.5 + 0.11 \times 0.5} = 0.8514$$

同理可计算

$$P(z_i = 2 \mid x_i = \text{rad}, \boldsymbol{\theta}^{(0)}) = \frac{\theta_2^{(0)}(1 - \varepsilon^{(0)})}{\theta_1^{(0)}\varepsilon^{(0)} + \theta_2^{(0)}(1 - \varepsilon^{(0)})} = 0.7059$$

$$P(z_i = 2 \mid x_i = \text{mod}, \boldsymbol{\theta}^{(0)}) = \frac{\lambda_2^{(0)}(1 - \varepsilon^{(0)})}{\lambda_1^{(0)}\varepsilon^{(0)} + \lambda_2^{(0)}(1 - \varepsilon^{(0)})} = 0.7794$$

$$P(z_i = 2 \mid x_i = \text{con}, \boldsymbol{\theta}^{(0)})$$

$$= \frac{(1 - \theta_2^{(0)} - \lambda_2^{(0)})(1 - \varepsilon^{(0)})}{(1 - \theta_1^{(0)} - \lambda_1^{(0)})\varepsilon^{(0)} + (1 - \theta_2^{(0)} - \lambda_2^{(0)})(1 - \varepsilon^{(0)})}$$

$$= 0.1486$$

进入 M 步。将上面的概率代入式(9-6-4)并根据样本频数有

$$\ln L(\boldsymbol{\theta}) = \sum_{i=1}^{1000} P(z_i = 1 \mid x_i, \boldsymbol{\theta}^{(0)}) \ln \frac{P(x_i, z_i = 1 \mid \boldsymbol{\theta})}{P(z_i = 1 \mid x_i, \boldsymbol{\theta}^{(0)})} +$$

$$P(z_i = 2 \mid x_i, \boldsymbol{\theta}^{(0)}) \ln \frac{P(x_i, z_i = 2 \mid \boldsymbol{\theta})}{P(z_i = 2 \mid x_i, \boldsymbol{\theta}^{(0)})}$$

$$= N_{\text{rad}} \left[P(z_i = 1 \mid x_i = \text{rad}, \boldsymbol{\theta}^{(0)}) \ln \frac{P(x_i = \text{rad}, z_i = 1 \mid \boldsymbol{\theta})}{P(z_i = 1 \mid x_i = \text{rad}, \boldsymbol{\theta}^{(0)})} + \right.$$

$$\left. P(z_i = 2 \mid x_i = \text{rad}, \boldsymbol{\theta}^{(0)}) \ln \frac{P(x_i = \text{rad}, z_i = 2 \mid \boldsymbol{\theta})}{P(z_i = 2 \mid x_i = \text{rad}, \boldsymbol{\theta}^{(0)})} \right] +$$

$$N_{\text{mod}} \left[P(z_i = 1 \mid x_i = \text{mod}, \theta^{(0)}) \ln \frac{P(x_i = \text{mod}, z_i = 1 \mid \theta)}{P(z_i = 1 \mid x_i = \text{mod}, \theta^{(0)})} + \right.$$

$$\left. P(z_i = 2 \mid x_i = \text{mod}, \theta^{(0)}) \ln \frac{P(x_i = \text{mod}, z_i = 2 \mid \boldsymbol{\theta})}{P(z_i = 2 \mid x_i = \text{mod}, \boldsymbol{\theta}^{(0)})} \right] +$$

$$N_{\text{con}} \left[P(z_i = 1 \mid x_i = \text{con}, \boldsymbol{\theta}^{(0)}) \ln \frac{P(x_i = \text{con}, z_i = 1 \mid \boldsymbol{\theta})}{P(z_i = 1 \mid x_i = \text{con}, \boldsymbol{\theta}^{(0)})} + \right.$$

$$\left. P(z_i = 2 \mid x_i = \text{con}, \boldsymbol{\theta}^{(0)}) \ln \frac{P(x_i = \text{con}, z_i = 2 \mid \boldsymbol{\theta})}{P(z_i = 2 \mid x_i = \text{con}, \boldsymbol{\theta}^{(0)})} \right]$$

求偏导令其为 0 解得

$$\theta_1^{(1)} = \frac{N_{\text{rad}} P(z_i = 1 \mid x_i = \text{rad}, \boldsymbol{\theta}^{(0)})}{E(z_i = 1)}$$

$$\lambda_1^{(1)} = \frac{N_{\text{mod}} P(z_i = 1 \mid x_i = \text{mod}, \boldsymbol{\theta}^{(0)})}{E(z_i = 1)}$$

$$\theta_2^{(1)} = \frac{N_{\text{rad}} P(z_i = 2 \mid x_i = \text{rad}, \boldsymbol{\theta}^{(0)})}{E(z_i = 2)}$$

$$\lambda_2^{(1)} = \frac{N_{\text{mod}} P(z_i = 2 \mid x_i = \text{mod}, \boldsymbol{\theta}^{(0)})}{E(z_i = 2)}$$

$$\varepsilon^{(1)} = \frac{E(z_i = 1)}{E(z_i = 1) + E(z_i = 2)}$$

其中

$$E(z_i = 1) = N_{\text{rad}} P(z_i = 1 \mid x_i = \text{rad}, \boldsymbol{\theta}^{(0)}) + N_{\text{mod}} P(z_i = 1 \mid x_i = \text{mod}, \boldsymbol{\theta}^{(0)}) +$$

$$N_{\text{con}} P(z_i = 1 \mid x_i = \text{con}, \boldsymbol{\theta}^{(0)})$$

$$E(z_i = 2) = N_{\text{rad}} P(z_i = 2 \mid x_i = \text{rad}, \boldsymbol{\theta}^{(0)}) + N_{\text{mod}} P(z_i = 2 \mid x_i = \text{mod}, \boldsymbol{\theta}^{(0)}) +$$
$$N_{\text{con}} P(z_i = 2 \mid x_i = \text{con}, \boldsymbol{\theta}^{(0)})$$

分别是来自第一家公司和第二家公司的样本数期望。代入数值计算得到 $\boldsymbol{\theta}^{(1)} = (0.1548,$ $0.3469, 0.2870, 0.6457, 0.4359)$。E 步和 M 步交替迭代至似然函数不再变化为止。最终得到参数值为 $\boldsymbol{\theta} = (0.1497, 0.3683, 0.2700, 0.6668, 0.4290)$。对数似然函数最大值为 -1.05。EM 算法的一个缺陷是容易陷入局部最优,在使用时应注意。

9.6.3　无向概率图学习

在马尔可夫网络中,极大似然估计和 EM 算法仍然适用于参数估计。这里只做简要介绍[16]。考虑简单的无向图 A-B-C,先验分布表示成

$$P(a, b, c, \boldsymbol{\theta}) = \frac{1}{Z} \phi_1(a, b, \boldsymbol{\theta}) \cdot \phi_2(b, c, \boldsymbol{\theta})$$

$Z = \sum\limits_{a,b,c} \phi_1(a, b, \boldsymbol{\theta}) \cdot \phi_2(b, c, \boldsymbol{\theta})$ 为全局归一化函数。$\boldsymbol{\theta}$ 是参数。在计算机视觉和模式识别领域,一种常用的因子函数形式是

$$\phi(X_i) = e^{\theta_i \cdot g_i(X_i)}$$

其中,X_i 是属性变量集合的一个子集,$g_i(X_i)$ 称为 X_i 的特征函数,是 X_i 的定义域到实数域上的一个映射。每个 X_i 对应马尔可夫网络中的一个完全子图。因此全局联合分布变为

$$P(a, b, c, \boldsymbol{\theta}) = \frac{1}{Z(\boldsymbol{\theta})} e^{\theta_{ab} \cdot g_{ab}(x_{ab}) + \theta_{bc} \cdot g_{bc}(x_{bc})}$$

设 d 是包含 m 个样本的训练数据集,则对数似然函数可写为

$$L(\boldsymbol{\theta}, d) = \ln P(a, b, c, \boldsymbol{\theta})$$
$$= \sum_{a,b} \theta_{ab} \cdot m(a, b) \cdot g_{ab}(d_{ab}) + \sum_{b,c} \theta_{bc} \cdot m(b, c) \cdot g_{bc}(d_{bc}) - m \ln Z(\boldsymbol{\theta})$$

其中,$m(a, b)$ 表示取值为 a, b 的样本频数,d_{ab} 表示相应的属性子集取值为 a, b。两边除以样本数 m,得到平均对数似然函数

$$\frac{1}{m} L(\boldsymbol{\theta}, d) = \sum_{a,b} \theta_{ab} \cdot \frac{m(a, b)}{m} \cdot g_{ab}(d_{ab}) + \sum_{b,c} \theta_{bc} \cdot \frac{m(b, c)}{m} \cdot g_{bc}(d_{bc}) - \ln Z(\boldsymbol{\theta})$$
$$= \theta_{ab} \cdot E_d [g_{ab}(d_{ab})] + \theta_{bc} \cdot E_d [g_{bc}(d_{bc})] - \ln Z(\boldsymbol{\theta})$$

$E_d [g_{ab}(d_{ab})]$ 是 $g_{ab}(d_{ab})$ 在数据集上的经验期望。最后一项

$$\ln Z(\boldsymbol{\theta}) = \ln \sum_{a,b,c} e^{\theta_{ab} \cdot g_{ab}(d) + \theta_{bc} \cdot g_{bc}(d)}$$

似然函数求偏导并令其等于 0

$$\frac{\partial}{\partial \theta_{ab}} \frac{1}{m} L(\boldsymbol{\theta}, d) = E_d [g_{ab}(d_{ab})] - \frac{1}{Z} \sum_{a,b,c} g_{ab}(d) \cdot e^{\theta_{ab} \cdot g_{ab}(d) + \theta_{bc} \cdot g_{bc}(d)}$$
$$\Rightarrow E_d [g_{ab}(d_{ab})] = E_\theta [g_{ab}]$$

可以看到,对于给定的特征子集 (a, b) 和特征函数 g_{ab},极大似然估计下的 $\hat{\boldsymbol{\theta}}$ 中,每个参数的特征期望与样本集中经验期望一致。若 g_{ab} 采用示性函数,即只在 $(a = a_0, b = b_0)$ 处为 1,其余点为 0,那么经验分布就是 $(a = a_0, b = b_0)$ 的样本频数,特征期望就是 $\hat{P}(a_0, b_0)$。一般情况下,$\hat{\boldsymbol{\theta}}$ 并不存在解析表达式,需要用数值方法计算。

9.7 无监督学习

对于分类问题,我们目前的解决办法是基于训练样本学习分类模型。这些样本是带有类别标签的。当样本不包含类别标签时,实现分类就要用到本节即将介绍的无监督学习方法。与监督学习相比,无监督学习可利用的信息更少,因此要有效完成分类任务也更加困难。本节主要讨论聚类和降维两类方法。

9.7.1 聚类

我们先从一种简单的聚类方法——K 均值聚类开始[17]。给定一组无标签的训练样本 $X=(x_1,x_2,\cdots,x_m)$,K 均值聚类希望将它们按相似度分为 k 个类别。这里,我们可以给每个样本加上一个类别标签,得到与监督学习中一样的样本集 $X=[(x_1,y_1),(x_2,y_2),\cdots,(x_m,y_m)]$。那么问题就变成了一个部分观测下的概率学习问题,隐变量是样本标签 y。自然地,EM 算法是处理这种问题的最直接手段。事实上,K 均值聚类正是基于 EM 思想设计的。算法首先随机指定 k 个类别的中心点,计算每个样本到所有中心点的距离,并选取距离最小的中心点类别作为该样本的类别。然后,对于每个类别,算法计算属于该类别的所有样本的中心点,并将其结果作为新的类别中心点。重复以上两个步骤直至类别中心点不再变化。表 9-6 展示了 K 均值算法的伪代码。其中函数 Distance 计算样本到每个中心点的距离。常用的距离有欧式距离、曼哈顿距离、闵可夫斯基距离、皮尔逊相关系数等。函数 ComputeCentroid 计算属于某个类别的所有样本的中心点坐标。显然,K 均值算法的两步正是对应了 EM 算法的 E 步和 M 步。其收敛性的理论基础与 EM 算法相同,这里不再赘述。

表 9-6 K 均值聚类算法伪代码

K - Means(TrainData, Centrods)

Input: TrainData, training samples;
  Centroids, k initial cluster centroids, $C=\{c_1,c_2,\cdots,c_k\}$;
Output: samples with cluster labels.

1. **Repeat**
2. LabeledSample $<--$ { };
3. **For** each sample in TrainData, **do**
4.   cluster $<--$ **argmin**$_{c\in\{c_1,c_2,\cdots,c_k\}}$ *Distance*(*sample*,*C*);
5.   LabeledSample $<--$ LabeledSample$\bigcup<$*sample*,*cluster*$>$;
6. **For** each c in C, **do**
7.   c $<--$ ComputeCentroid(LabeledSample,c);
8. Until C does not change.

应用 K 均值算法需要特别注意数据之间的距离计算方式。不恰当的距离计算公式将导致结果不可靠。一般而言,K 均值算法适合处理连续型属性的样本,对离散型属性样本的效果不够理想。另外,样本各属性对最终距离的贡献也可能不一样。取值范围大的属性

对距离的影响高于取值范围小的属性。为消除这种影响,一般采用下面的规格化操作将各属性的取值范围按比例映射到相同区间

$$x'_{.j} = \frac{x_{.j} - \min_j x_{.j}}{\max_j x_{.j} - \min_j x_{.j}}$$

K 均值算法引入了几个看似不太合理的假设。首先,它用 k 个中心点代表 k 个类别,这实质上是假设同类别的数据成球形(高维情况是超球)分布。实际中该假设往往无法满足。其次,它默认样本数据是均匀的,即从不同类别采样的先验概率是相等的。这也不符合很多应用场景。第三,K 均值算法通常在计算样本到中心点的距离时,将各属性同等对待。这无法体现出属性之间的差异。针对这些不足,研究人员对 K 均值算法作了一些改进,提出了高斯混合模型(Gaussian Mixture Model,GMM)。顾名思义,GMM 不同于 K 均值的硬分类方法,是一种概率模型[18]。它假设样本数据来源于 k 个服从高斯分布的类,其概率密度函数为

$$p(\boldsymbol{x}) = \sum_{i=1}^{k} w_i \cdot \phi_i(\boldsymbol{x}), \quad \sum_{i=1}^{k} w_i = 1$$

w_i 是样本来自第 i 类的概率,$\phi_i(\boldsymbol{x})$ 是第 i 个类别的高斯分布密度函数。注意式中的自变量 $\boldsymbol{x}$ 是向量,由样本的各属性维度组成。从理论上讲,我们可以假设这 k 个类别服从任意分布。但由于高斯分布具有良好的计算特性,加之有中心极限定理保证高斯分布随机变量的和能够逼近其他分布,所以高斯分布应用最广泛。事实上,只要 k 取值足够大,上式能够逼近任意分布。由高斯分布函数知,$\phi_i(\boldsymbol{x})$ 只与均值向量 $\boldsymbol{\mu}_i$ 和协方差矩阵 $\boldsymbol{\Sigma}_i$ 有关。因此上面的概率密度可进一步写成

$$p(\boldsymbol{x}; \boldsymbol{w}, \boldsymbol{\mu}, \boldsymbol{\Sigma}) = \sum_{i=1}^{k} w_i \cdot \phi(\boldsymbol{x}; \boldsymbol{\mu}_i, \boldsymbol{\Sigma}_i), \sum_{i=1}^{k} w_i = 1$$

现在问题变成了由样本数据集估计上述分布密度。这同样是一个部分观测下的概率学习,仍然可以采用 EM 算法解决。此处不再详述。学习得到概率分布后,用贝叶斯公式分别计算测试样例属于每个类别的概率

$$P(c_i \mid \boldsymbol{x}) \propto P(\boldsymbol{x} \mid c_i) P(c_i) = w_i \cdot \phi(\boldsymbol{x}; \boldsymbol{\mu}_i, \boldsymbol{\Sigma}_i)$$

选取概率最大的类别作为分类结果。

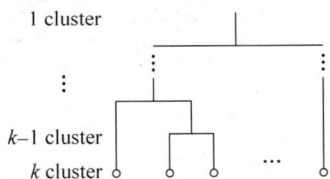

图 9-9　层次聚类的聚类树

K 均值和 GMM 需要事先指定类别个数 k,可看作是一种自顶向下的聚类方式。如果无法事先确定 k 的值,则可以采用自下而上的层次聚类。层次聚类的基本思想很简单。首先将每个样本都视为单独的一类。其次计算每两个类之间的距离。然后将距离最近的两类合并成一类。重复上述第二步和第三步直到最后只剩下一类为止。层次聚类最后生成了一棵聚类树(图 9-9)。可以在第二步计算类别之间的距离时,设置一个阈值。当最近两个类的距离大于该阈值,则提前停止,得到聚类结果。常用的类别距离计算方法有单连接(Single Linkage,即以最近的两个样本距离为类别距离)、全连接(Complete Linkage,即以最远的两个样本距离为类别距离)、平均连接(Average Linkage,即以样本中心点距离为类别距离)等。

9.7.2 降维

降维的思想与 SVM 相反,其目标是将高维数据压缩成低维数据,并保留其主要数据特征。降维技术在图像处理、信号分析、大规模数据挖掘等很多领域都有应用。降维技术的代表是主成分分析(Principal Component Analysis,PCA)方法。考虑 m 个 n 维向量组成的样本集合 $\boldsymbol{X}=(\boldsymbol{x}_1,\boldsymbol{x}_2,\cdots,\boldsymbol{x}_m)$,如果将它们处于 r 维的一个超平面上$(r<n)$,那么意味着虽然每个数据用 n 个维度表示,但这其中存在冗余信息。可以将坐标轴进行旋转平移到超平面,用 r 个维度表示这些数据。如果这些数据不是处在 r 维超平面上,我们的想法是寻找一个 r 维超平面,使得它们在该平面的投影能够显著区分(否则无法恢复到原高维数据进行分类)。一个直观的想法就是投影后的方差最大。另外,为了使得投影之后的数据之间不含冗余信息,r 维超平面的基底要正交。此要求意味着各维之间的协方差为 0。这就是 PCA 的基本思想。样本数据集的协方差矩阵可写为

$$\frac{1}{m}\boldsymbol{X}\boldsymbol{X}^{\mathrm{T}}=\frac{1}{m}\begin{bmatrix}\sum_{i=1}^{m}x_{i\cdot1}^2 & \cdots & \sum_{i=1}^{m}x_{i\cdot1}x_{i\cdot n} \\ \vdots & & \vdots \\ \sum_{i=1}^{m}x_{i\cdot n}x_{i\cdot1} & \cdots & \sum_{i=1}^{m}x_{i\cdot n}^2 \end{bmatrix}$$

其中对角线是每个样本维度自身的方差,其他元素是不同维度之间的协方差。我们的目标是寻找变换矩阵 $\boldsymbol{P}$ 使得变换后的协方差矩阵

$$\frac{1}{m}\boldsymbol{P}\boldsymbol{X}(\boldsymbol{P}\boldsymbol{X})^{\mathrm{T}}=\boldsymbol{P}\left(\frac{1}{m}\boldsymbol{X}\boldsymbol{X}^{\mathrm{T}}\right)\boldsymbol{P}^{\mathrm{T}}$$

为对角阵。显然,这样的 $\boldsymbol{P}$ 是实对称矩阵 $\frac{1}{m}\boldsymbol{X}\boldsymbol{X}^{\mathrm{T}}$ 的特征向量矩阵。因此,取 $\boldsymbol{P}$ 的前 r 个特征向量组成 r 维超平面的基底即可满足要求。

上面的过程展示了样本集或者矩阵 $\boldsymbol{X}$ 在行上的压缩。若进一步在列上压缩,其冗余信息会更少。列上的压缩可视为是选取少量样本的线性组合来近似代表全部样本集。这就是奇异值分解,即将 $n\times m$ 维的 $\boldsymbol{X}$ 分解为

$$\boldsymbol{X}=\boldsymbol{U}\cdot\boldsymbol{\Sigma}\cdot\boldsymbol{V}^{\mathrm{T}}$$

其中,$\boldsymbol{U}$ 是 $n\times n$ 维左奇异向量矩阵,$\boldsymbol{V}$ 是 $m\times m$ 右奇异向量矩阵,$\boldsymbol{\Sigma}$ 是 $n\times m$ 的对角阵,对角线上是 $\boldsymbol{X}$ 的奇异值。根据前面的 PCA 分析过程,可以得到第 i 个特征值 λ_i 和第 i 个奇异值 σ_i 的关系

$$\sigma_i=\sqrt{\lambda_i}$$

在很多情况下,少数最大的几个奇异值之和占据了全部的奇异值之和大部分。也就是说,我们也可以用前 r 个最大的奇异值来近似描述矩阵。这时相应地取前 r 个左奇异向量和右奇异向量,得到近似表示

$$\boldsymbol{X}_{n\times m}\approx\boldsymbol{U}_{n\times r}\cdot\boldsymbol{\Sigma}_{r\times r}\cdot\boldsymbol{V}_{r\times m}^{\mathrm{T}}$$

因此原数据集即可用低维逼近。r 越大,逼近效果越好。

9.8　本章小结

　　一直以来,机器学习是人工智能领域研究热度最高的方向之一。特别是监督学习,无论是在理论研究上还是商业应用上,都取得了巨大的成功。相比之下,无监督学习进展要缓慢得多。这主要是受学习参数不好确定、学习效果不好评价等问题的限制。监督学习的主要任务是分类。决策树、回归、支持向量机、K 最近邻法以及本书前面介绍的归纳逻辑程序设计等,都可看作是"硬"分类方法,而统计机器学习则是以概率分布的形式对测试样例进行"软"分类。在实际处理不同的数据集时,不同的学习算法各有优势,可采用集成学习综合尝试,以求取得最佳效果。

参考文献

[1]　J. R. Quinlan. Induction of Decision Trees[J]. Machine Learning,1986,1：81-106.

[2]　J. R. Quinlan. Discovering Rules from Large Collections of Examples：A Case Study. In D. Michie eds. ,Expert Systems in the Microelectronic Age[M],Edinburgh University Press,1979.

[3]　J. R. Quinlan. C4. 5：Programs for Machine Learning[M]. Morgan Kaufmann,1993.

[4]　L. Breiman,J. Friedman, R. A. Olshen, et al. Classification and Regression Trees[M]. Wadsworth International Group,1984.

[5]　C. M. Bishop. Pattern Recognition and Machine Learning[M]. Springer-Verlag,New York,USA,2007.

[6]　A. Y. Ng. Feature Selection,L1 vs L2 Regularization,And Rotational Invariance. In Proceedings of the 21st International Conference on Machine Learning[C],Banff,Alberta,Canada,Jul. 04-08,2004：78.

[7]　C. Cortes and V. N. Vapnik. Support-Vector Networks[J]. Machine Learning,1995,20(3)：273-297.

[8]　J. C. Platt. Sequential Minimal Optimization：A Fast Algorithm for Training Support Vector Machines[R]. Microsoft Research Technical Report MSR-TR-98-14,Apr. 21,1998.

[9]　N. S. Altman. An Introduction to Kernel and NearestNeighbor Nonparametric Regression[J]. The American Statistician,1992,46(3)：175-185.

[10]　L. Rokach. Ensemble-Based Classifiers[J]. Artificial Intelligence Review,2010,33(1-2)：1-39.

[11]　L. Breiman. Arcing Classifier (with Discussion and a Rejoinder by the Author)[J]. The Annals of Statistics,1998,26(3)：801-849.

[12]　L. Breiman. Bagging Predictors[J]. Machine Learning,1996,24(2)：123-140.

[13]　S. Kotsiantis. Bagging and Boosting Variants for Handling Classifications Problems：A Survey[J]. Knowledge Engineering Review,2014,29(1)：78-100.

[14]　李航. 统计学习方法[M]. 北京：清华大学出版社,2012.

[15]　G. I. Webb,J. Boughton and Z. Wang. Not So Naive Bayes：Aggregating One-Dependence Estimators[J]. Machine Learning,2005,58(1)：5-24.

[16]　D. Koller and N. Friedman. Probabilistic Graphical Models：Principles and Techniques[M]. 王飞跃,韩素青,译. 北京：清华大学出版社,2015：928-937.

[17]　M. E. Celebi, H. A. Kingravi and P. A. Vela. A Comparative Study of Efficient Initialization Methods for The K-Means Clustering Algorithm[J]. Expert Systems with Applications,2013,40 (1)：200-210.

[18]　C. Amendola,J. -C. Faugere and B. Sturmfels. Moment Varieties of Gaussian Mixtures[J]. Journal of Algebraic Statistics,2016,7(1)：14-28.

第 10 章

人工神经网络

作为人类进行规划、推理、学习等思维活动的重要器官,大脑一直是生物学家、医学家、神经学家、计算机科学家的重点研究对象。人工智能最初的研究就瞄准了这一领域,试图用一些相互连接的简单数学模型来模拟人类大脑中的神经运动,从而产生智能。这类研究也被称为连接主义或神经计算。所构建的计算模型相应地称为人工神经网络。人工神经网络是知识获取与存储的重要手段之一,在近年的发展中取得了重大突破。本质上讲,神经网络仍然是一种分类模型,只是这种模型采用了网络结构表示。不同于前面讲的线性回归模型,神经网络能够有效逼近非线性函数,因而具有更加广泛的适用性。本章将从最简单的单层网络开始,讲述神经网络的基本模型和训练算法,然后过渡到近几年取得成功的深度神经网络,介绍在计算机的视觉、语音、文本处理等领域广泛应用的几种典型网络,最后介绍一种带有博弈思想的生成式对抗网络。

10.1 单/多层前馈神经网络

神经网络中最基本的是单层和多层前馈神经网络。下面分别介绍。

10.1.1 单层前馈神经网络

神经网络的基本组成单元称为神经元,又称感知器,如图 10-1 所示。神经元有 $(n+1)$ 个输入,其中 x_0 是哑输入,值恒为 1,用来模拟常数项。$\boldsymbol{a}=\begin{bmatrix} a_0 & \cdots & a_n \end{bmatrix}^{\mathrm{T}}$ 是权重向量,函数 g 称为激活函数。输出信号

$$y = g(a_0 + a_1 x_1 + \cdots + a_n x_n) = g\left(\sum_{i=0}^{n} a_i x_i \right)$$

因此,神经元的运算规则是先做线性变换,再通过激活函数进行激活。常用的激活函数有阈值函数

$$g(x) = \begin{cases} 1 & x \geqslant 0 \\ 0 & x < 0 \end{cases}$$

和 Sigmoid 函数

$$g(x) = \frac{1}{1 + e^{-x}}$$

一个神经元的输出信号可以作为另一个神经元的输入。因此可以按照这种方式将多个神经元连接起来,组成一个有向无环图,这就是前馈神经网络。若网络的输入到输出之间只经过了一次神经元传递,则称为单层前馈神经网络,又称感知器网络。如图 10-2 所示,给出了一个简单的单层前馈神经网路,三个输入信号直接连接到两个神经元上,经过一次传递,变成两个最终的网络输出信号。

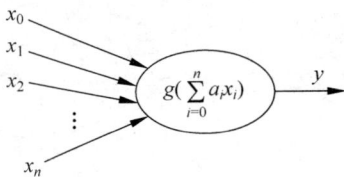

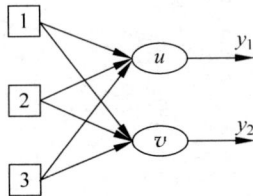

图 10-1 神经元   图 10-2 单层前馈神经网络

在单层前馈神经网络中,一旦确定每个神经元的权重向量和激活函数,整个网络就随之确定。激活函数一般事先选定,因此网络训练的主要任务就是学习参数 $\boldsymbol{a}$。梯度下降仍然是可以采用的方法,即

$$\boldsymbol{a}(t+1) \leftarrow \boldsymbol{a}(t) - \gamma \cdot \sum_{i=1}^{m} \left[g(\boldsymbol{a}^{\mathrm{T}} \cdot \boldsymbol{x}_i) - y_i \right] \cdot g'(\boldsymbol{a}^{\mathrm{T}} \cdot \boldsymbol{x}_i) \cdot \boldsymbol{x}_i$$

参数 γ 称为学习速率。如果是采用阈值函数作为函数的神经元,上式中导数不存在。此时的训练规则变成

$$\boldsymbol{a}(t+1) \leftarrow \boldsymbol{a}(t) - \gamma \cdot \sum_{i=1}^{m} \left[g(\boldsymbol{a}^{\mathrm{T}} \cdot \boldsymbol{x}_i) - y_i \right] \cdot \boldsymbol{x}_i$$

这被称为感知器训练法则。注意阈值激活函数下,$g(\boldsymbol{a}^{\mathrm{T}} \cdot \boldsymbol{x}_i)$ 的输出和样本标签都是 1 或 -1。因此上式中 $[g(\boldsymbol{a}^{\mathrm{T}} \cdot \boldsymbol{x}_i) - y_i]$ 的值是 -2、0 或 2。需要指出,单层前馈神经网络的每个神经元具有独立的输入和输出。因此,每个神经元的训练也是相互独立的,可以分别进行。

下面用一个例子来说明神经元的训练过程。假设我们使用表 10-1 给出的数据训练神经元。激活函数选取阈值函数,权重向量初值为 $\boldsymbol{a}(0) = \begin{bmatrix} a_1 & a_2 & a_3 & a_0 \end{bmatrix}^{\mathrm{T}} = \begin{bmatrix} 2 & 3 & 4 & 5 \end{bmatrix}^{\mathrm{T}}$,学习速率取 0.1。对于第一个样本,

$$g(\boldsymbol{a}^{\mathrm{T}} \boldsymbol{x}_1) = g(290.2) = 1$$

分类错误,所以调整权重

$$\boldsymbol{a} = \boldsymbol{a} - 0.1 \times 2\boldsymbol{x}_1 = \begin{bmatrix} -4.5 & -4.32 & -1.52 & 4.8 \end{bmatrix}^{\mathrm{T}}$$

用新的权重考察第二个样本,

$$g(\boldsymbol{a}^{\mathrm{T}} \boldsymbol{x}_2) = g(-270.12) = -1$$

分类正确,所以保持权重不变。对第三个样本

$$g(\boldsymbol{a}^{\mathrm{T}} \boldsymbol{x}_3) = g(-122.41) = -1$$

分类错误,调整权重

$$\boldsymbol{a} = \boldsymbol{a} - 0.1 \times (-2)\boldsymbol{x}_3 = \begin{bmatrix} 0.96 & -1.36 & -9.36 & 5 \end{bmatrix}^{\mathrm{T}}$$

依此过程继续调整权重,得到训练结果

$$a = \begin{bmatrix} 0.9789 & -1.354 & -9.3664 & 5 \end{bmatrix}^T$$

可以正确分类所有样本。已经证明,如果样本集线性可分,则梯度下降和感知器训练法则将收敛到一个正确的分类超平面[1]。

表 10-1　神经元训练数据

No.	x_1	x_2	x_3	Class
1	32.5	36.6	27.6	−1
2	32.4	22.5	21.0	−1
3	27.3	14.8	−39.2	1
4	37.2	9.4	−36.5	1
5	34.3	9.2	−42.6	1
6	18.4	31.3	17.1	−1

10.1.2　多层前馈神经网络

当样本数据线性不可分时,感知器无法学习到一个有用的分类模型。例如,对于表 10-2 的异或问题,感知器就无能为力。这种情况下,人们寻求增加网络层数,从而提高网络的表达能力。图 10-3 给出了含有一个隐藏层的多层神经网络。如果选取相同的激活函数 g,根据神经元的计算规则有

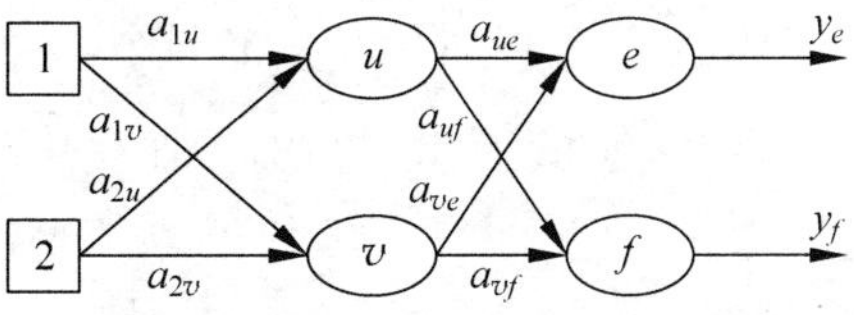

图 10-3　一个隐藏层的神经网络

$$
\begin{aligned}
y_e &= g(a_{ue} \cdot y_u + a_{ve} \cdot y_v + a_e) \\
&= g(a_{ue} \cdot g(a_{1u} \cdot x_1 + a_{2u} \cdot x_2 + a_u) + a_{ve} \cdot \\
&\quad g(a_{1v} \cdot x_1 + a_{2v} \cdot x_2 + a_v) + a_e)
\end{aligned}
$$

其中 a_e, a_u, a_f 是相应神经元的哑变量输入对应的权重,图 10-3 中并未画出。对于神经元 f 有类似的结论

$$
\begin{aligned}
y_f &= g(a_{uf} \cdot y_u + a_{vf} \cdot y_v + a_f) \\
&= g(a_{uf} \cdot g(a_{1u} \cdot x_1 + a_{2u} \cdot x_2 + a_u) + a_{vf} \cdot g(a_{1v} \cdot x_1 + a_{2v} \cdot x_2 + a_v) + a_f)
\end{aligned}
$$

表 10-2　异或问题训练样例

x_1	x_2	Class
0	0	0
0	1	1
1	0	1
1	1	0

这里可以看到,多层神经网络的输出是激活函数的复合,它实质上定义了一个函数向量,能够作为非线性函数的逼近。定义误差函数为

$$J = \frac{1}{2}(y_e - y_1)^2 + \frac{1}{2}(y_f - y_2)^2$$

其中 y_1 和 y_2 代表样本的真实类别标签(已知)。对于输出层,依据梯度下降方法,

$$a_{ue} \leftarrow a_{ue} - \gamma \cdot [g(a_{ue} \cdot y_u + a_{ve} \cdot y_v + a_e) - y_1] \cdot g'(a_{ue} \cdot y_u + a_{ve} \cdot y_v + a_e) \cdot y_u$$

同样,当采用阈值激活函数时,g' 不存在,上式变成感知器训练规则。再考察上式,y_u 和 y_v 是隐藏层的输出,可以通过隐藏层的当前权重值计算。对于 a_{ve}、a_e、a_{uf}、a_{vf}、a_f 等其他参数有类似的结论。因此,我们得到了输出层各权重值的更新规则。当进一步更新隐藏层的连接权重时,需要首先解决的一个问题是如何计算每个隐藏层神经元的输出误差。方法是按照输出层的连接权重将输出层的误差分配给隐藏层。对图 10-3 的例子而言,即

$$\Delta_u = g'(a_{1u} \cdot x_1 + a_{2u} \cdot x_2 + a_u)(a_{ue} \cdot \Delta_e + a_{uf} \cdot \Delta_f)$$
$$= g'(a_{1u} \cdot x_1 + a_{2u} \cdot x_2 + a_u)[a_{ue} \cdot (y_e - y_1) + a_{uf} \cdot (y_f - y_2)]$$
$$\Delta_v = g'(a_{1v} \cdot x_1 + a_{2v} \cdot x_2 + a_v)(a_{ve} \cdot \Delta_e + a_{vf} \cdot \Delta_f)$$
$$= g'(a_{1v} \cdot x_1 + a_{2v} \cdot x_2 + a_v)[a_{ve} \cdot (y_e - y_1) + a_{vf} \cdot (y_f - y_2)]$$

这样我们可以继续用梯度下降方法更新隐藏层的权重值了。例如

$$a_{1u} \leftarrow a_{1u} - \gamma \cdot \Delta_u \cdot x_1$$

从上面的例子能够看出训练图 10-3 网络的核心,是梯度下降更新规则加误差按权重分配。事实上,这种方法适用于多个隐藏层。下面给出一般性的理论推导,以证明该方法的正确性。参照图 10-4,首先定义第 j 层网络中第 v 个神经元的输出误差为

$$\Delta_{j,v} = g'(\boldsymbol{a}_v^{\mathrm{T}} \cdot \hat{\boldsymbol{y}}_{j-1})(\hat{y}_{j,v} - y_{j,v})$$

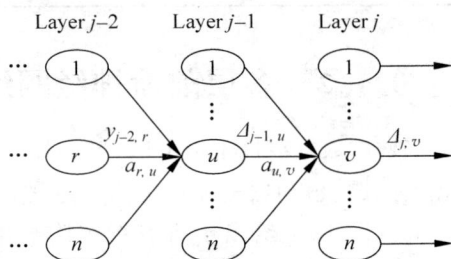

图 10-4　多层神经网络的误差传播

$\hat{y}_{j,v}$ 是神经元的输出,可由当前连接权重和输入信号计算。$y_{j,v}$ 是样本对应的真实输出。对于输出层,该值即为样本标签,对于隐藏层,该值需要进一步计算获得。$\boldsymbol{a}_v$ 是神经元 v 的输入权重向量,$\hat{\boldsymbol{y}}_{j-1}$ 表示第 $j-1$ 层的输出向量。再定义误差函数

$$J(j) = \sum_v J(j,v) = \sum_v \frac{1}{2}(\hat{y}_{j,v} - y_{j,v})^2 = \sum_v \frac{1}{2}[g(\boldsymbol{a}_v^{\mathrm{T}} \cdot \hat{\boldsymbol{y}}_{j-1}) - y_{j,v}]^2$$

第 j 层权重的梯度为

$$\frac{\partial J(j)}{\partial a_{u,v}} = \frac{\partial J(j,v)}{\partial a_{u,v}} = [g(\boldsymbol{a}_v^{\mathrm{T}} \cdot \hat{\boldsymbol{y}}_{j-1}) - y_{j,v}] \cdot g'(\boldsymbol{a}_v^{\mathrm{T}} \cdot \hat{\boldsymbol{y}}_{j-1}) \cdot \hat{y}_{j-1,u}$$
$$= \Delta_{j,v} \cdot \hat{y}_{j-1,u}$$

u 是第 $j-1$ 层中的神经元。对于第 $j-1$ 层的权重 $a_{r,u}$

$$\frac{\partial J(j,v)}{\partial a_{r,u}} = \Delta_{j,v} \cdot \frac{\partial \hat{y}_{j,v}}{\partial a_{r,u}} = \Delta_{j,v} \cdot \frac{\partial(\boldsymbol{a}_v^{\mathrm{T}} \cdot \hat{\boldsymbol{y}}_{j-1})}{\partial a_{r,u}} = \Delta_{j,v} \cdot a_{u,v} \cdot \frac{\partial}{\partial a_{r,u}}[g(\boldsymbol{a}_u^{\mathrm{T}} \cdot \hat{\boldsymbol{y}}_{j-2})]$$
$$= \Delta_{j,v} \cdot a_{u,v} \cdot g'(\boldsymbol{a}_u^{\mathrm{T}} \cdot \hat{\boldsymbol{y}}_{j-2}) \cdot \hat{y}_{j-2,r}$$

所以

$$\frac{\partial J(j)}{\partial a_{r,u}} = \sum_v \frac{\partial J(j,v)}{\partial a_{r,u}} = g'(\boldsymbol{a}_u^{\mathrm{T}} \cdot \hat{\boldsymbol{y}}_{j-2}) \cdot \left(\sum_v a_{u,v} \cdot \Delta_{j,v}\right) \cdot \hat{y}_{j-2,r} = \Delta_{j-1,u} \cdot \hat{y}_{j-2,r}$$

可见,由第 j 层传递到第 $j-1$ 层的误差计算公式正是

$$\Delta_{j-1,u} = g'(\boldsymbol{a}_u^{\mathrm{T}} \cdot \hat{\boldsymbol{y}}_{j-2}) \cdot \left(\sum_v a_{u,v} \cdot \Delta_{j,v}\right)$$

由此,可以设计多层神经网络的训练算法,称为反向传播算法(Back Propagation,BP),如

表 10-3 所示[2]。第 4～7 行正向计算每个神经元的输出，第 8～14 行从最后的输出层开始，反向传播误差至每一层并调整每层的权重向量

$$a_{u,v} \leftarrow a_{u,v} - \gamma \cdot \hat{y}_u \cdot \Delta_v$$

表 10-3　多层神经网络反向传播算法伪代码

BackPropagation(TrainData, Network)

Input: TrainData, samples for network training;

　　　Network, artificial neural network;

Output: trained network.

1. Initialize all the weights with small numbers;

2. **Repeat**

3. 　**For** each sample (x,y), do

4. 　　$\hat{y}_0 \leftarrow x$;

5. 　　**For** layer l = 1 to L, do

6. 　　　**For** each neuron u in layer l, do

7. 　　　　$\hat{y}_{l,u} \leftarrow g(a_u^T \cdot \hat{y}_{j-1})$

8. 　　**For** each neuron v in layer **L**, do

9. 　　　$\Delta_{L,v} = g'(a_v^T \cdot \hat{y}_{L-1})(\hat{y}_{L,v} - y_v)$;

10. 　　$a_{r,v} \leftarrow a_{r,v} - \gamma \cdot \hat{y}_{j-1,r} \cdot \Delta_{L,v}$

11. 　　**For** layer l = L-1 to 1, do

12. 　　　**For** each neuron u in layer l, do

13. 　　　　$\Delta_{l,u} = g'(a_u^T \cdot \hat{y}_{l-1}) \cdot \left(\sum_v a_{u,v} \cdot \Delta_{l+1,v} \right)$;

14. 　　　$a_{r,u} \leftarrow a_{r,u} - \gamma \cdot \hat{y}_{l-1,r} \cdot \Delta_{l,u}$

15. **Until** Convergence;

16. Return network.

　　反向传播算法是以梯度下降为基础的，因此它仅能保证收敛到一个误差极小值，但不能保证该极小值是全局最优的。然而，实际使用中，局部最优问题往往并不是致命的。例如我们可以增加神经元数目，以增加梯度下降避开单个权值局部极小的可能性。另外，我们也可以采用随机梯度下降来避免陷入局部最优。

　　多层神经网络具有良好的逼近能力。首先，一个两层网络可以逼近任意布尔函数，这使得两层网络在处理分类问题时具有优势。其次，对于有界连续函数，Cybenko 给出的以下定理表明它可被多层神经网络以任意精度逼近[3]。

　　定理 10-1　给定 $I_m = [0,1]^m$ 上的任意连续函数 g 和常数 $\varepsilon > 0$，存在含有 N 个隐藏层、权重参数为 w、以 Sigmoid 为激活函数的多层神经网络 h，满足

$$\| h(x,w) - g(x) \| < \varepsilon, \quad \forall x \in I_m$$

特别地，如果隐藏层采用 Sigmoid 激活函数，输出层采用非阈值函数的线性神经元，那么有界连续函数能够被两层网络逼近。基于这个定理，我们可以进一步得到：任意有界连续函数可以被一个三层网络（两层 Sigmoid 隐藏层，一层线性单元输出层）以任意精度逼近。

10.2　深度神经网络

前面已经证明过,两层或三层神经网络能够逼近许多函数,深度神经网络是隐藏层数更多的网络,其在近年的各产业应用中取得了显著进步。本质上看,深度网络仍然是多层神经网络的一种,只不过随着隐藏层数的增加,可以逼近更加复杂的非线性关系,甚至拟合目前人类暂时还不能理解的规律。这一点很容易理解。随着网络层数增加,权重参数也随之增加,因此拟合能力得到增强(例如三维坐标系比二维坐标系有更强的函数表达能力)。一定程度上讲,深度网络可以看作是一个级联的集成学习器。后一层在前一层分类的结果上再学习。这更容易减小总体误差。

图 10-5 给出了前馈深度网络的结构。一般而言,深度网络仍然采用全连接。理论上讲,n 个输出可以是任意值。但是这些值难以解释。因此常采用 Softmax 作为输出层,即将 n 个输出取指数并归一化

$$y_i \leftarrow \frac{e^{y_i}}{\sum_{i=1}^{n} e^{y_i}}$$

这样就可将每一项输出视为相应的概率进行处理。下面介绍几类典型的深度神经网络。

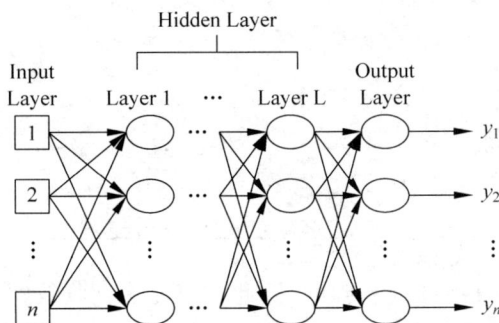

图 10-5　深度神经网络结构

10.2.1　卷积神经网络

卷积神经网络(Convolutional Neural Network,CNN)也称为卷积网络,是一种专门用来处理具有类似网格结构数据的神经网络,在计算机视觉领域有广泛应用[4]。顾名思义,CNN 中的一层或多层使用了卷积运算这种特殊的线性运算。卷积在数学上的定义为

$$s(t) = (x * w)(t) = \int x(a)w(t-a)\mathrm{d}a$$

这里 $x(t)$ 可以看作是一个连续信号,而 $w(t)$ 可看作是 t 时刻的信号权重。显然,上式的物理意义是对信号作加权平滑。$w(t)$ 必须是一个有效的概率密度。对于离散信号,卷积式变为

$$s(t) = (x * w)(t) = \sum_{a=-\infty}^{+\infty} x(a)w(t-a)$$

信号 $x(t)$ 又称为输入，权重 $w(t)$ 又称为核函数。

卷积运算可以推广到高维情况。例如图 10-6 给出了在一个矩阵上的二维卷积运算。二维核函数将相邻的四个元素映射成一个输出元素。这种操作在图像处理中经常采用，目的是减少输入参数，加快训练。试想，一张 1000 像素×1000 像素的图片，直接输入是一个 10^6 维的向量。对图像先求卷积再输入可有效减少输入维数。卷积核可以看作是图像的特征通道。卷积运算就是将原图像按照该通道过滤提取特征的操作。卷积运算在图像处理中的另一个优势是它具有等变表示的特性。如果一个函数的输入改变时，其输出也以同样的方式改变，则称这样的函数具有等变性。特别的，如果函数 $f(x)$ 和 $g(x)$ 满足 $f(g(x)) = g(f(x))$，那么称 $f(x)$ 对于变换 g 具有等变性。对于卷积操作，令 g 是输入的平移函数，则卷积对于 g 有等变性。这个性质意味着对图像作某种变换和求卷积可以不依赖于顺序进行。

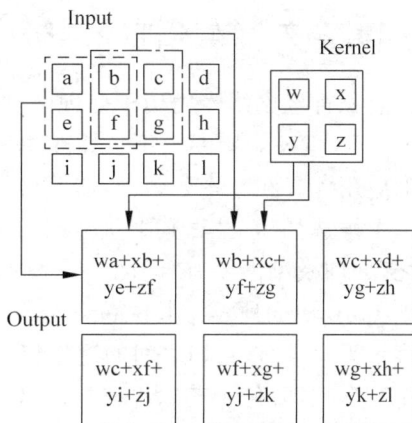

图 10-6 矩阵上的二维卷积运算

CNN 的基本结构如图 10-7 所示。在原始图片到前馈深度神经网络输入之间，一般要经过求卷积和池化(Pooling)两步操作。卷积前面已经介绍过了。实际中可以用多个卷积核并行地计算多个卷积，相当于使用不同的通道同时提取图片特征。设计合适的卷积核是 CNN 的关键，一般有多种方法。比如可以先用一小块图像聚类，将聚类中心作为卷积核。也可以像感知器训练那样，用监督学习的方式学习得到卷积核。池化是用某一位置相邻输出的总体统计特征来代替该位置的输出。例如，最大池化函数给出相邻矩形区域内的最大值，平均池化函数以相邻区域的平均值作为该位置的输出。无论采用哪种池化函数，一个需要遵循的原则是必须具有对少量平移的不变性。即当输入有少量平移，池化后的输出大部分元素不会改变。例如当识别人脸时，我们只关心图像中是否有人脸，而并不关心人脸出现在什么位置。显然，池化极大地提高了网络的统计效率。另外，可以仅保留少量的统计特征而舍弃原始像素，从而进一步减小输入深度神经网络的规模。卷积和池化可以重复多次使用，以最大限度提取图像特征。卷积和池化完成后，将结果平铺(Flatten)成向量即可作为前馈深度网络的输入。

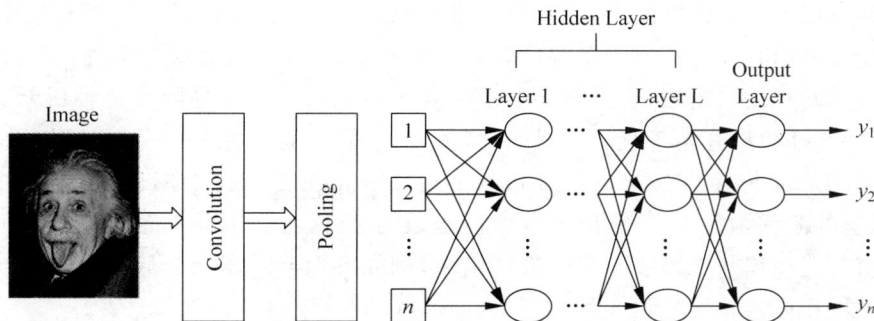

图 10-7 卷积神经网络的基本结构

卷积网络是早期取得成功的一种深度神经网络。它比全连接网络计算效率更高,能够处理大规模任务。在多个机器学习和计算机视觉领域的竞赛中,卷积神经网络都表现出色。

10.2.2 循环神经网络

卷积神经网络专门用于处理网格化数据(如图像),而循环神经网络(Recurrent Neural Network,RNN)则专门用于处理序列数据。循环神经网络在语音和文本处理领域有着重要的应用[5]。在文本处理中,需要根据前面的一组给定词来预测下一个可能的词。一般采用一个候选词集,计算其中每个词出现的概率。而这个概率依赖于前面已经出现的词。换言之,处理模型需要有"记忆"。RNN 就是这样一种具备"记忆"功能的神经网络,其基本结构如图 10-8(a)所示。其中包含全连接的一个隐藏层,简化表示为 h,输入向量和输出层简化表示为 x 和 o,它们之间的连接权重用矩阵 A 和 B 表示(这并不困难,只需将线性变化写成矩阵形式即可)。若除去权重为 W 的环,图 10-8(a)就是一个普通的多层前馈神经网络。而权重为 W 的环表示其隐藏层的输出将会经过线性变换 W 再重新作为输入。将该网络按时间序列展开,可以得到更清晰的表示,如图 10-8(b)。接触过动态贝叶斯网络的读者对这种结构应该并不陌生。每个时间片都有隐藏变量(即这里的隐藏层),输出依赖于片内的隐藏层网络。上一个时间片的隐藏层输出和本时间片的输入共同构成当前隐藏层的输入。

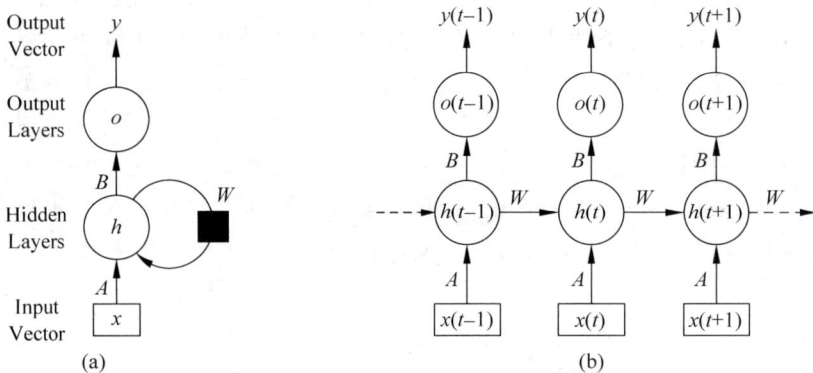

图 10-8 循环神经网络的基本结构

下面考察 RNN 的训练过程。直观上看,RNN 是处理序列数据的网络,因此其训练样本也应该是一组序列数据 $\{\langle \boldsymbol{x}(1), \boldsymbol{y}(1)\rangle, \langle \boldsymbol{x}(2), \boldsymbol{y}(2)\rangle, \cdots, \langle \boldsymbol{x}(T), \boldsymbol{y}(T)\rangle\}$,$\boldsymbol{x}$ 和 $\boldsymbol{y}$ 都是 n 维向量。根据误差反向传播的思想,我们应该首先按时间顺序依次计算每个时间片的输出,然后最小化该输出与样本标签的误差值。所不同的是,在反向传播误差时,前一层的误差不仅来源于本时间片的输出层,也来源于下一时间片的输入层。正是因为这种误差的时序依赖关系,误差传播只能开始于最后的时间片,依次向前,并且不能并行化。这种反向传播被称为时间序列反向传播算法(Back Propagation Through Time,BPTT)[6]。如图 10-9 所示,记隐藏层的激活函数为 g,输出层的激活函数为 o(注意它们是向量函数。分开表示是因为输出层可能使用与隐藏层不同的激活函数,例如 Softmax 函数),隐藏层的输出向量记为 $\boldsymbol{h}$。时间片 t 的更新方程是

$$\boldsymbol{h}(t) = \boldsymbol{g}\left[A^{\mathrm{T}}\boldsymbol{x}(t) + W^{\mathrm{T}}\boldsymbol{h}(t-1)\right]$$

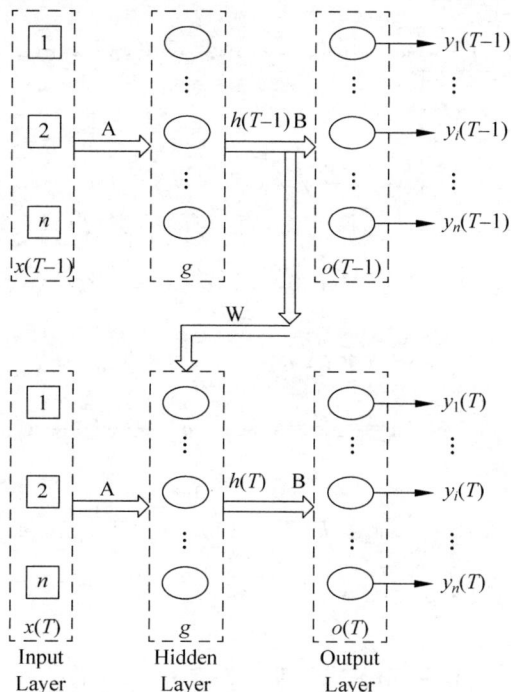

图 10-9　循环神经网络的最后两个时间片

$$\hat{\boldsymbol{y}}(t)=\boldsymbol{o}\big[B^{\mathrm{T}}\boldsymbol{h}(t)\big]$$

$A=\begin{bmatrix}\boldsymbol{a}_1 & \boldsymbol{a}_2 & \cdots & \boldsymbol{a}_n\end{bmatrix}$，$\boldsymbol{a}_n$ 表示第 n 个神经元的所有输入权重向量（列向量）。W 和 B 的表示方法类似。注意隐藏层和输出层的哑输入包含在输入向量中，此处未明确列出。正向依次计算输出很容易，只需要将上式依次迭代即可

$$h(t)=\boldsymbol{g}\big[A^{\mathrm{T}}\boldsymbol{x}(t)+W^{\mathrm{T}}\boldsymbol{h}(t-1)\big]$$
$$=\boldsymbol{g}\big[A^{\mathrm{T}}\boldsymbol{x}(t)+W^{\mathrm{T}}\boldsymbol{g}\big[A^{\mathrm{T}}\boldsymbol{x}(t-1)+W^{\mathrm{T}}\boldsymbol{h}(t-2)\big]\big]$$
$$=\boldsymbol{g}\big[A^{\mathrm{T}}\boldsymbol{x}(t)+W^{\mathrm{T}}\boldsymbol{g}\big[A^{\mathrm{T}}\boldsymbol{x}(t-1)+W^{\mathrm{T}}\boldsymbol{g}\big[\cdots\boldsymbol{g}\big[A^{\mathrm{T}}\boldsymbol{x}(2)+W^{\mathrm{T}}\boldsymbol{g}\big[\boldsymbol{x}(1)\big]\big]\big]\big]\big]$$

可见某时刻的输出由前面 $t-1$ 步共同决定。这也是为什么 RNN 带有"记忆"的原因。下面进行误差反向传播。先考察最后一个时间片 T。仍然将误差定义为

$$J(T)=\frac{1}{2}\big[\hat{\boldsymbol{y}}(T)-\boldsymbol{y}(T)\big]^{\mathrm{T}}\big[\hat{\boldsymbol{y}}(T)-\boldsymbol{y}(T)\big]=\sum_{v=1}^{n}\frac{1}{2}\big[\hat{\boldsymbol{y}}_v(T)-\boldsymbol{y}_v(T)\big]^2$$

传播的方向有两个：一是传播至本时间片的输入端，这只与 A 有关；另一个是传播至上一个时间片，这只与 W 有关。先看传播至本时间片输入端，这和多层前馈神经网络的反向传播相同。

$$\frac{\partial J(T)}{\partial b_{u,v}}=\big[\hat{y}_v(T)-y_v(T)\big]\cdot o'\big(\boldsymbol{b}_v^{\mathrm{T}}\cdot\boldsymbol{h}(T)\big)\cdot h_u(T)=\Delta_{o,v}(T)\cdot h_u(T)$$

梯度下降更新规则为

$$b_{u,v}\leftarrow b_{u,v}-\gamma\cdot h_u(T)\cdot\Delta_{o,v}(T)$$

写成矩阵形式

$$B\leftarrow B-\gamma\cdot\boldsymbol{h}(T)\cdot\Delta_o^{\mathrm{T}}(T) \tag{10-2-1}$$

前馈网络隐藏层的误差传递为

$$\Delta_h(T) = \text{diag}[g'(\boldsymbol{a}_1^{\mathrm{T}} \cdot \boldsymbol{x}(T) + \boldsymbol{w}_1^{\mathrm{T}} \cdot \boldsymbol{h}(T-1)), \cdots, g'(\boldsymbol{a}_n^{\mathrm{T}} \cdot \boldsymbol{x}(T) + \boldsymbol{w}_n^{\mathrm{T}} \cdot \boldsymbol{h}(T-1))] \cdot$$
$$B^{\mathrm{T}} \cdot \Delta_o(T)$$

所以隐藏层权重更新

$$A \leftarrow A - \gamma \cdot \boldsymbol{x}(T) \cdot \Delta_h^{\mathrm{T}}(T) \tag{10-2-2}$$

再考察误差传播至上一时间片。计算梯度的过程与前面类似,只是输入变成了 $\boldsymbol{h}(T-1)$。

$$\frac{\partial}{\partial w_{r.u}}\left[\frac{1}{2}[\hat{y}_v(T) - y_v(T)]^2\right] = \Delta_{o.v}(T) \cdot \frac{\partial h_u(T)}{\partial w_{r.u}}$$
$$= \Delta_{o.v}(T) \cdot b_{u.v} \cdot \frac{\partial}{\partial w_{r.u}}[g(\boldsymbol{a}_u^{\mathrm{T}} \cdot \boldsymbol{x}(T) + \boldsymbol{w}_u^{\mathrm{T}} \cdot \boldsymbol{h}(T-1))]$$
$$= b_{u.v} \cdot \Delta_{o.v}(T) \cdot g'(\boldsymbol{a}_u^{\mathrm{T}} \cdot x(T) + \boldsymbol{w}_u^{\mathrm{T}} \cdot \boldsymbol{h}(T-1)) \cdot h_r(T-1)$$

所以

$$\frac{\partial J(T)}{\partial w_{r.u}} = g'(\boldsymbol{a}_u^{\mathrm{T}} \cdot \boldsymbol{x}(T) + \boldsymbol{w}_u^{\mathrm{T}} \cdot \boldsymbol{h}(T-1)) \cdot h_r(T-1) \cdot \sum_{v=1}^{n} b_{u.v} \cdot \Delta_{o.v}(T)$$
$$= h_r(T-1) \cdot \Delta_{h.u}(T)$$

更新公式

$$W \leftarrow W - \gamma \cdot \boldsymbol{h}(T-1) \cdot \Delta_h^{\mathrm{T}}(T) \tag{10-2-3}$$

以上考察了时间片 T 的误差反向传播过程。对于所有时间片 $t=1,\cdots,T$,定义总误差

$$J = \sum_{t=1}^{T} J(t)$$

相应地,总的梯度变成各时间片梯度之和。于是 A、B、W 的参数更新公式变成

$$A \leftarrow A - \gamma \cdot \sum_{t=1}^{T} \boldsymbol{x}(t) \cdot \Delta_h^{\mathrm{T}}(t)$$
$$B \leftarrow B - \gamma \cdot \sum_{t=1}^{T} \boldsymbol{h}(t) \cdot \Delta_o^{\mathrm{T}}(t)$$
$$W \leftarrow W - \gamma \cdot \sum_{t=1}^{T} \boldsymbol{h}(t-1) \cdot \Delta_h^{\mathrm{T}}(t)$$

$\boldsymbol{h}(0)$ 是隐藏层的初始状态。表 10-4 给出了 BPTT 算法的伪代码,整个过程仍然分为前向计算输出和反向传播误差两部分。

表 10-4 时间序列反向传播算法伪代码

BackPropagationThroughTime(TrainData, Network)
Input: TrainData, samples for network training, $\{<\boldsymbol{x}(1),\boldsymbol{y}(1)>,<\boldsymbol{x}(2),\boldsymbol{y}(2)>,\cdots,<\boldsymbol{x}(T),\boldsymbol{y}(T)>\}$;   Network, recurrent neural network with weights **A, B, W**, and initial state of hidden layer **h(0)**;
Output: trained network.
1. Initialize the weights **A, B** and **W** with *small numbers*;
2. **Repeat**
3. **For** t = 1 to T, do
4. $h(t) \leftarrow g[A^{\mathrm{T}}x(t) + W^{\mathrm{T}}h(t-1)]$;
5. $\hat{y}(t) \leftarrow o[B^{\mathrm{T}}h(t)]$;

续表

6.	**For** $t = T$ to 1, do
7.	$\boldsymbol{\Delta}_o(t) \leftarrow o'(\boldsymbol{B}^T \cdot h(t)) \cdot [\hat{\boldsymbol{y}}(t) - \boldsymbol{y}(t)]^T$;
8.	$\boldsymbol{B} \leftarrow \boldsymbol{B} - \boldsymbol{\gamma} \cdot h(t) \cdot \boldsymbol{\Delta}_o^T(t)$;
9.	$\boldsymbol{\Delta}_h(t) \leftarrow \mathrm{diag}[(g'(\boldsymbol{a}_1^T \cdot \boldsymbol{x}(t) + \boldsymbol{w}_1^T \cdot h(t-1)), \cdots, g'(\boldsymbol{a}_n^T \cdot \boldsymbol{x}(t) + \boldsymbol{w}_n^T \cdot h(t-1))] \cdot \boldsymbol{B}^T \cdot \boldsymbol{\Delta}_o(t)$;
10.	$\boldsymbol{A} \leftarrow \boldsymbol{A} - \boldsymbol{\gamma} \cdot \boldsymbol{x}(t) \cdot \boldsymbol{\Delta}_h^T(t)$;
11.	$\boldsymbol{W} \leftarrow \boldsymbol{W} - \boldsymbol{\gamma} \cdot h(t-1) \cdot \boldsymbol{\Delta}_h^T(t)$;
12.	**Until** Convergence;
13.	Return network.

循环神经网络有多种扩展。例如可以采用多个隐藏层,变成循环深度神经网络,其训练算法与 BPTT 类似。也可以将 $(t-1)$ 到 t 时间片的输入改为双向传递,称为双向循环神经网络。另外,针对训练中因为梯度连乘可能出现的误差消失问题,常引入长短记忆(Long Short Term Memory,LSTM)门来控制[7]。根据实际应用情况,还可以只回传指定步时间片计算误差。

10.3　神经网络的生成式模型

9.6 节指出,处理不确定性学习问题的核心是通过某种方式估计考察变量的联合概率分布。一旦概率分布确定,就可以用该分布模型来预测测试样例。这种先生成模型,再判别测试样例的方法称为生成式判别法。人工神经网络也能够学习变量的分布模型。本节介绍两类重要的学习方法。

10.3.1　受限玻尔兹曼机

玻尔兹曼机(Boltzmann Machine,BM)最早用来学习二值向量上的概率分布。它将变量的联合概率建模为一个无向图网络,即马尔可夫网。在 7.2 节,联合概率分布被表示为

$$P(\boldsymbol{x}_1, \boldsymbol{x}_2, \cdots, \boldsymbol{x}_c) = \frac{1}{Z} \prod_{i=1}^{c} \phi(\boldsymbol{x}_i)$$

$\boldsymbol{x}_i$ 是马尔可夫网络中的极大团变量,$\phi(\boldsymbol{x}_i)$ 是极大团对应的因子函数。在计算机视觉等领域,因子函数通常选用

$$\phi(\boldsymbol{x}_i) = \mathrm{e}^{-E(\boldsymbol{x}_i)}$$

其中 $E(\boldsymbol{x}_i) = -\boldsymbol{x}_i^T \cdot \boldsymbol{U}_i \cdot \boldsymbol{x}_i - \boldsymbol{b}_i^T \cdot \boldsymbol{x}_i$ 称为能量函数(借鉴了物理中的一个概念)。于是,所有变量的联合分布可写成

$$P(\boldsymbol{x}) = \frac{1}{Z} \mathrm{e}^{-E(\boldsymbol{x})}$$

$$E(\boldsymbol{x}) = -\boldsymbol{x}^T \cdot \boldsymbol{U} \cdot \boldsymbol{x} - \boldsymbol{b}^T \cdot \boldsymbol{x}$$

$\boldsymbol{U}$ 和 $\boldsymbol{b}$ 称为权重矩阵和偏置向量。

对于有部分变量无法观测的情况,将所有变量区分为两类:一类是可观测变量集 $\boldsymbol{v}$;另一类是隐藏变量集 $\boldsymbol{h}$。相应地,能量函数变成

$$E(v,h) = -v^{\mathrm{T}}Rv - v^{\mathrm{T}}Wh - h^{\mathrm{T}}Sh - b^{\mathrm{T}}v - c^{\mathrm{T}}h$$

受限玻尔兹曼机(Restricted Boltzmann Machine，RBM)假设各观测变量之间相互独立，各隐藏变量之间也相互独立，将观测变量和隐藏变量用完全二部图表示，如图 10-10 所示[8,9]。此时能量函数中的 R 和 S 等于 0，W 的行数等于观测变量数，列数等于隐藏变量数，即

$$E(v,h) = -v^{\mathrm{T}}Wh - b^{\mathrm{T}}v - c^{\mathrm{T}}h \qquad (10\text{-}3\text{-}1)$$

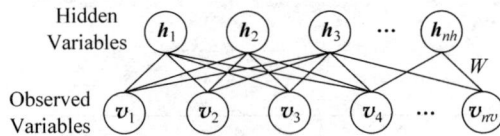

图 10-10　受限玻尔兹曼机结构

既然 RBM 的目标是学习一组变量的联合分布，因此需要在给定一组训练样本 $V=\{v_1,v_2,\cdots,v_m\}$ 下，选择参数 $\boldsymbol{\theta}=(W,b,c)$ 使得下面的对数似然函数达到最大

$$\ln L(\boldsymbol{\theta}) = \sum_{i=1}^{m}\ln P(v_i) = \sum_{i=1}^{m}\ln\left[\frac{1}{Z}\sum_{h}\mathrm{e}^{-E(v_i,h)}\right]$$

这是一个部分观测下的优化问题，很自然地应该想到 EM 算法。对于 EM 算法，我们在 9.6 节详细介绍过，此处不再赘述。这里再介绍一种梯度上升(Gradient Ascent)方法。与梯度下降正好相反，梯度上升的更新公式是

$$\boldsymbol{\theta} \leftarrow \boldsymbol{\theta} + \gamma \cdot \frac{\partial \ln L(\boldsymbol{\theta})}{\partial \boldsymbol{\theta}}$$

γ 称为学习速率。因此，问题的关键仍然是求梯度。先将对数似然函数变形

$$\ln L(\boldsymbol{\theta}) = \sum_{i=1}^{m}\ln\left[\frac{1}{Z}\sum_{h}\mathrm{e}^{-E(v_i,h)}\right] = \sum_{i=1}^{m}\ln\left[\sum_{h}\mathrm{e}^{-E(v_i,h)}\right] - \sum_{i=1}^{m}\ln Z$$

$$= \sum_{i=1}^{m}\ln\left[\sum_{h}\mathrm{e}^{-E(v_i,h)}\right] - m\ln Z \qquad (10\text{-}3\text{-}2)$$

先对一个样本，分别计算两项的偏导数

$$\frac{\partial}{\partial \boldsymbol{\theta}}\ln\left[\sum_{h}\mathrm{e}^{-E(v_i,h)}\right] = -\frac{1}{\sum_{h'}\mathrm{e}^{-E(v_i,h')}} \cdot \sum_{h}\mathrm{e}^{-E(v_i,h)} \cdot \frac{\partial E(v_i,h)}{\partial \boldsymbol{\theta}}$$

$$= -\sum_{h}\frac{\dfrac{\mathrm{e}^{-E(v_i,h)}}{Z}}{\dfrac{\sum_{h'}\mathrm{e}^{-E(v_i,h')}}{Z}} \cdot \frac{\partial E(v_i,h)}{\partial \boldsymbol{\theta}}$$

$$= -\sum_{h}\frac{P(v_i,h)}{P(v_i)} \cdot \frac{\partial E(v_i,h)}{\partial \boldsymbol{\theta}} = -\sum_{h}P(h \mid v_i) \cdot \frac{\partial E(v_i,h)}{\partial \boldsymbol{\theta}}$$

$$(10\text{-}3\text{-}3)$$

$$\frac{\partial \ln Z}{\partial \boldsymbol{\theta}} = \frac{\partial}{\partial \boldsymbol{\theta}}\ln\left[\sum_{v,h}e^{-E(v,h)}\right] = -\frac{1}{\sum_{v',h'}\mathrm{e}^{-E(v',h')}}\sum_{v,h}\mathrm{e}^{-E(v,h)} \cdot \frac{\partial E(v,h)}{\partial \boldsymbol{\theta}}$$

$$= -\sum_{v,h}P(v,h) \cdot \frac{\partial E(v,h)}{\partial \boldsymbol{\theta}} \qquad (10\text{-}3\text{-}4)$$

注意这两个偏导数可以看作是两个期望,前者是能量梯度 $\dfrac{\partial E(v_i,h)}{\partial \theta}$ 在条件分布 $P(h\mid v_i)$ 下的期望,后者是能量梯度 $\dfrac{\partial E(v,h)}{\partial \theta}$ 在联合分布 $P(v,h)$ 下的期望。下面需要进一步将θ展开,求出具体的 W、b、c 的梯度。先将式(10-3-4)作一点变形

$$\sum_{v,h} P(v,h)\cdot\frac{\partial E(v,h)}{\partial \theta}=\sum_v\sum_h P(v)P(h\mid v)\cdot\frac{\partial E(v,h)}{\partial \theta}$$
$$=\sum_v P(v)\sum_h P(h\mid v)\cdot\frac{\partial E(v,h)}{\partial \theta}$$

因此只需要讨论最后一项中的第二个求和式。将θ展开分别计算

$$\sum_h P(h\mid v)\cdot\frac{\partial E(v,h)}{\partial w_{ij}}=-\sum_h P(h\mid v)v_i h_j=-\sum_h P(h_1,\cdots,h_{nh}\mid v)v_i h_j$$
$$=-\sum_h P(h_j\mid v)P(h_{-j}\mid v)v_i h_j$$
$$=-\sum_{h_j}\sum_{h_{-j}} P(h_j\mid v)P(h_{-j}\mid v)v_i h_j$$
$$=-\sum_{h_j} P(h_j\mid v)v_i h_j\sum_{h_{-j}} P(h_{-j}\mid v)=-\sum_{h_j} P(h_j\mid v)v_i h_j$$

$$(10\text{-}3\text{-}5)$$

其中 $h_{-j}=[h_1,\cdots,h_{j-1},h_{j+1},\cdots,h_{nh}]^{\mathrm{T}}$,即隐藏变量集中去掉第 j 个变量之后的集合,V_i 是持定样本 V 下的第 i 个分量。第三个等号是应用了各隐藏变量独立的假设。最后一个等号是因为 $\sum_{h_{-j}} P(h_{-j}\mid v)=1$。

$$\sum_h P(h\mid v)\cdot\frac{\partial E(v,h)}{\partial b_i}=-\sum_h P(h\mid v)v_i=-v_i\sum_h P(h\mid v)=-v_i \quad(10\text{-}3\text{-}6)$$

c_i 偏导数的计算与 w_{ij} 类似

$$\sum_h P(h\mid v)\cdot\frac{\partial E(v,h)}{\partial c_i}=-\sum_h P(h\mid v)h_i=-\sum_{h_i}\sum_{h_{-i}} P(h_i\mid v)P(h_{-i}\mid v)h_i$$
$$=-\sum_{h_i} P(h_i\mid v)h_i\sum_{h_{-i}} P(h_{-i}\mid v)=-\sum_{h_i} P(h_i\mid v)h_i$$

$$(10\text{-}3\text{-}7)$$

至此,我们完成了对单个样本的梯度计算。当所有变量取值为 0 或 1 时(这种情况称为二进制受限玻尔兹曼机),对于含 m 个样本的数据集 $V=\{v_1,v_2,\cdots,v_m\}$,将式(10-3-5)、式(10-3-6)、式(10-3-7)代入式(10-3-3)和式(10-3-4),再代入式(10-3-2)得到

$$\frac{\partial \ln L(\boldsymbol{\theta})}{\partial w_{ij}}=\sum_{k=1}^m P(h_i=1\mid v_k)v_{k,j}-m\sum_v P(v)P(h_i=1\mid v)v_j$$
$$\frac{\partial \ln L(\boldsymbol{\theta})}{\partial b_i}=\sum_{k=1}^m v_{k,i}-m\sum_v P(v)v_i$$
$$\frac{\partial \ln L(\boldsymbol{\theta})}{\partial c_i}=\sum_{k=1}^m P(h_i=1\mid v_k)-m\sum_v P(v)P(h_i=1\mid v)$$

上述三个式子中的求和符号在实际计算时需要遍历所有可能取值,一般采用 MCMC 采样来近似。在不确定性推理章节,我们知道 MCMC 采样需要经过很长时间的转移过程才能到达稳

态,从而采样出近似样本。为提高效率,研究人员开发了对比散度(Contrastive Divergence, CD)算法,主要思想是从样本出发,加快到达稳态的速度[10]。CD 算法的步骤为:

(1) 任意取样本集中的某个样本作为初始值 v_0;

(2) 利用 $P(h_{t-1} | v_{t-1})$ 采样得到 h_{t-1};

(3) 利用 $P(v_t | h_{t-1})$ 采样得到 v_t;

(4) 2~3 步循环执行 k 次。

然后用 s 步采样后得到的 v_s 来近似上面三个式子中的求和项

$$\frac{\partial \ln L(\boldsymbol{\theta})}{\partial w_{ij}} = \sum_{k=1}^{m} \left[P(h_i = 1 \mid \boldsymbol{v}_k) v_{k,j} - P(h_i = 1 \mid \boldsymbol{v}_s) v_{s,j} \right]$$

$$\frac{\partial \ln L(\boldsymbol{\theta})}{\partial b_i} = \sum_{k=1}^{m} \left[v_{k,i} - v_{s,i} \right]$$

$$\frac{\partial \ln L(\boldsymbol{\theta})}{\partial c_i} = \sum_{k=1}^{m} \left[P(h_i = 1 \mid \boldsymbol{v}_k) - P(h_i = 1 \mid \boldsymbol{v}_s) \right]$$

10.3.2 生成式对抗网络

生成式对抗网络(Generative Adversarial Network, GAN)是近年来提出的一种生成式建模方法,用于生成大量训练数据,从而加快学习速度。它的主要思想源于博弈论(本书后面将详细讨论)。GAN 有一个生成器(Generator)和一个判别器(Discriminator),两个网络(一般都采用深度网络,如卷积神经网络等)。生成器基于自己的生成模型产生样本,判别器试图区分输入的样本来源于真实数据还是生成器"伪造"的数据。当两个网络达到均衡点时,生成器产生的样本与实际数据不可区分,这样就达到了拟合模型的目的[11,12]。

形式化地,以 $\boldsymbol{\theta}^{(g)}$ 和 $\boldsymbol{\theta}^{(d)}$ 表示生成器和判别器的参数,$v(\boldsymbol{\theta}^{(g)}, \boldsymbol{\theta}^{(d)})$ 表示判别器的收益函数。在最简单的零和博弈下(即两个玩家的收益之和为 0),生成器的收益函数为 $-v(\boldsymbol{\theta}^{(g)}, \boldsymbol{\theta}^{(d)})$。在学习过程中,两个网络都尽可能最大化自身的收益。当达到均衡点时有

$$g^* = \arg \min_g \max_d v(\boldsymbol{\theta}^{(g)}, \boldsymbol{\theta}^{(d)})$$

通常选择

$$v(\boldsymbol{\theta}^{(g)}, \boldsymbol{\theta}^{(d)}) = \mathbb{E}_{X \sim P_{\text{data}}} \ln d(x) + \mathbb{E}_{x \sim g_{\text{model}}} \ln [1 - d(\boldsymbol{x})]$$

其中 $d(\boldsymbol{x})$ 是判别器给出的数据 $\boldsymbol{x}$ 属于实际数据集的概率。在该优化问题中,P_{data}(即真实数据的分布)是已知的,g_{model}(即生成器的数据生成模型)和 $d(\boldsymbol{x})$(即判别器的概率计算公式)是未知的。通常的办法是先固定 g_{model} 优化 $d(\boldsymbol{x})$,然后再固定 $d(\boldsymbol{x})$ 优化 g_{model}。当 g 和 d 是凸函数时,此过程交替进行可达到收敛。此时,$d(\boldsymbol{x})$ 对于所有输入 $\boldsymbol{x}$ 均得到 0.5。GAN 的训练方法仍然是以梯度下降和随机梯度下降为基础的,表 10-5 给出了伪代码。算法第 3 行和第 4 行分别在生成模型和真实数据集上采样,第 6 行和第 7 行采用随机梯度上升和下降优化判别器和生成器。

表 10-5 GAN 的随机梯度下降训练算法伪代码

```
StochasticGradientDecentForGAN(TrainData,GenNet,DisNet,K)
```

Input: TrainData, real samples for training;
GenNet, generative network;
DisNet, discriminative network;

续表

K, maximum steps for discriminative network optimization;
Output: trained generative and discriminative networks.
1. **Repeat**
2.   **For** k = 1 to K, do
3. $\{z^{(1)}, z^{(2)}, \cdots, z^{(m)}\} \leftarrow GenerateSamples(GenNet, m)$;
4. $\{x^{(1)}, x^{(2)}, \cdots, x^{(m)}\} \leftarrow ExtractSamples(TrainData, m)$;
5.   **For** i = 1 to m, do
6. $DisNet \leftarrow StochGradientAcend(DisNet, \nabla_{\theta}^{(d)}[\ln d(x^{(i)} + \ln(1 - d(z^{(i)}))])$;
7. $\{z^{(1)}, z^{(2)}, \cdots, z^{(m)}\} \leftarrow GenerateSamples(GenNet, m)$;
8. $GenNet \leftarrow StochGradientDecent(GenNet, \nabla_{\theta}^{(d)}))[\ln(1 - d(z^{(i)}))])$;
9. **Until** Convergence.
10. Return GenNet and DisNet.

GAN 在图像、文本处理方面有许多应用。它能够生成大量质量优良的样本,无须通过马尔可夫链反复采样来近似计算概率。理论上,GAN 能训练任意的生成器,不需要假设生成模型满足某些条件(如服从高斯分布)。GAN 目前仍处于发展初期,尚存在一些问题有待解决。例如,当 g 和 d 非凸时,网络训练可能无法达到收敛。由于训练中没有损失函数,取而代之的是极小或极大化收益函数,因此训练中可能会出现无法判断是否学习正确的情况。此时生成器退化,总是生成相同的样本,而判别器也总是指向相同方向,无法继续训练。

10.4　本章小结

人工神经网络是被称为连接主义的机器学习方式,主要通过将众多神经元连成网络并拟合权重参数来达到学习分类模型的目的。最简单的两层前馈神经网络已经能够解决特定分类问题,而深度神经网络则是拟合更加复杂的非线性模型的有力手段。用于实现生成式模型的网络种类很多,本章介绍了受限玻尔兹曼机和生成式对抗网络两种。梯度下降法及其衍生算法是训练各种神经网络的核心方法,但在实际使用中需要注意学习速率等参数的调优。总的来看,随着近年的深度学习研究热潮兴起,人工神经网络在沉寂多年之后又迎来了一段快速发展期。

参考文献

[1] A. B. Novikoff. On Convergence Proofs on Perceptrons[J]. Symposium on the Mathematical Theory of Automata, 1962, 12: 615-622.

[2] I. Goodfellow, Y. Bengio and A. Courville. Deep Learning[M]. MIT Press, 2016: 196.

[3] G. Cybenko. Approximation by Superposition of A Sigmoidal Function[J]. Mathematics of Control, Signals, and Systems, 1989, 2: 303-314.

[4] H. H. Aghdam and E. J. Heravi. Guide to Convolutional Neural Networks : A Practical Application to Traffic-Sign Detection And Classification[M]. Springer International Publishing, Switzerland, 2017.

[5] A. Graves, M. Liwicki, S. Fernandez, et al. A Novel Connectionist System for Improved Unconstrained

Handwriting Recognition[J]. IEEE Transactions on Pattern Analysis and Machine Intelligence,2009,31(5): 855-868.

[6] M. P. Cuellar,M. Delgado,M. C. Pegalajar,et al. An Application of Nonlinear Programming to Train Recurrent Neural Networks in Time Series Prediction Problems. [M] In C.-S. Chen, J. Filipe, I. Seruca,et al. ,eds. ,Enterprise Information Systems VII,Springer Netherlands,2006: 95-102.

[7] S. Hochreiter and J. Schmidhuber. Long Shortterm Memory[J]. Neural Computation,1997,9(8): 1735-1780.

[8] R. Salakhutdinov,A. Mnih and G. Hinton. Restricted Boltzmann Machines for Collaborative Filtering. In Proceedings of the 24th International Conference on Machine Learning[C],Corvallis,Oregon,USA, Jun. 20-24,2007: 791-798.

[9] H. Larochelle and Y. Bengio. Classification Using Discriminative Restricted Boltzmann Machines. In Proceedings of the 25th International Conference on Machine Learning[C],Helsinki,Finland,Jul. 5-9, 2008: 536-543.

[10] M. A. Carreira-Perpinan and G. E. Hinton. On contrastive divergence learning. In Proceedings of the 10th International Conference on Artificial Intelligence and Statistics[C],Barbados,Jan. 6-8,2005: 33-40.

[11] I. Goodfellow,J. Pouget-Abadie,M. Mirza,et al. Generative Adversarial Networks. In Proceedings of the 28th International Conference on Neural Information Processing Systems[C],Kuching,Malaysia, Nov. 3-6,2014: 2672-2680.

[12] T. Salimans, I. Goodfellow, W. Zaremba, et al. Improved Techniques for Training GANs. In Proceedings of the 30th International Conference on Neural Information Processing Systems[C], Barcelona,Spain,Dec. 5-10,2016: 2234-2242.

第 11 章

强 化 学 习

第 5 章介绍了机器人通过实施一系列动作,改变自身和外部环境的状态,从而实现目标。在规划中,机器人每一步动作之后的状态是已知的,因此能够用搜索的方法求得一个规划解。当特定动作之后的状态具有不确定性时,机器人需要尝试不同动作,进而选择最可能实现期望目标的动作序列。此过程就像人类学习某种技能一样,从最初的"一无所知"到不断尝试总结,最后逐渐向回报最大的方向前进。这种学习机制在人工智能中称为强化学习(Reinforcement Learning)。不同于前面章节介绍的监督学习和非监督学习,强化学习是机器学习大家族中的另一个重要分支。在监督学习中,机器需要通过拟合带类别标签的训练数据来得到一个分类模型。而强化学习可以更进一步,直接从环境中感知数据,并学习能够获得高分的行为(如分类正确的行为)。从这个意义上讲,强化学习更加"智能"。本章将从马尔可夫决策过程入手,讲述强化学习建立的基础,随后转入讨论被动强化学习和主动强化学习,最后介绍深度神经网络与强化学习的结合——深度强化学习。

11.1 马尔可夫决策过程

马尔可夫决策过程(Markov Decision Process,MDP)建立在决策具有马尔可夫性的假设之上。它围绕动作、回报、状态转移概率等要素给出了一个实际决策过程的基本模型。本节考查完全可观察和部分可观察的马尔可夫决策过程。

11.1.1 完全可观察的马尔可夫决策过程

我们从一个简单的例子开始,这个例子改编自著名的"糖境"(Sugarscape)实验[1]。如图 11-1,假设有一能自主决策的个体,这里称之为代理或智能体(Agent),它具有观察周围环境,判断推理并做出相应动作的能力(关于 Agent 的技术实现将在本书的后续章节系统介绍)。Agent 可以对应现实中具有实体形态的机器人,也可以对应网络虚拟环境下的自主决策个体。Agent 处于一个 3×5 的方格环境中。每一单位时间,Agent 可以自主选择上、下、左、右四个方向移动,并且只能移动一步。若 Agent 选择朝某个方向移动,则由于执行机构存在不确定性,Agent 会以 0.8 的概率朝所选择的方向移动一步,各以 0.1 的概率向垂直于所选择方向的两个方向移动一步。若移动的方向是边界(墙),则 Agent 会以相同概率撞墙并停留在原地。每单位时间内,Agent 需要消耗 1 单位的糖用来维持"生命"。环境中有一个方格有蛋糕,有一个方格有陷阱。若 Agent 进入有蛋糕的方格,则可以获得蛋糕,从而获得 20 单位的糖,游戏结束。若进入陷阱方格则会掉入陷阱,获得 −20 的奖励,游戏结束。起始时,Agent 处于$(x,y)=(3,1)$方格内,目标是寻找到蛋糕并使收益最大。

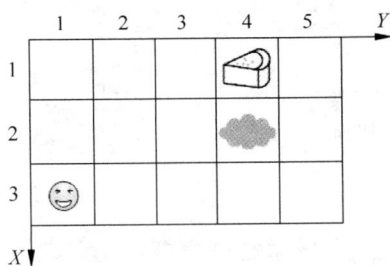

图 11-1　Agent 寻找蛋糕的环境

这个例子足够代表现实生活中的很多问题。首先,人们在实际中总是从一个行为集合中选取某个行为以期望实现预定的目标,比如投资于股市、楼市或存款以期望获得最大化的资金利息。这里的行为集合是有限的(连续集合可离散化为有限集)。其次,选择股市、楼市或存款中的任何一项都存在风险。这表明特定的行为并不一定能带来期望的结果。这种不确定性在这里用了概率方法来描述。再次,对于一个能够自主决策的 Agent 而言,每一个行为都能为其带来收益,只是相对大小不同。比如股市收益高但风险大,存款利息低但风险小。因此喜好高收益的 Agent 可能对投资股票更加满意。这表明不同的 Agent 对相同行为的满意程度是不一样的。我们用效用函数$U(s)$来表示 Agent 对状态s的满意程度。通常情况下,这种满意程度与获得的收益是正相关的。比如在本例中,Agent 的最终目标是获取蛋糕。因此,如果离蛋糕越近,那么越容易到达蛋糕所在方格,其状态的效用就应该越高。Agent 同时要避免掉入陷阱,因此离陷阱方格越远的状态效用应该越高。基于以上特征的描述,我们给出几个概念的符号定义。

定义 11-1　给定有限状态集合S,定义$U(s),s\in S$是 Agent 对状态s的满意程度,称为效用函数。Agent 所有可选择的动作集合记为A。特别地,当 Agent 处于状态s时,可选择的动作集合记为$A(s)$。当 Agent 处于状态s下,并执行动作$a\in A(s)$后,状态由s转移到s'的概率记为$P(s'|s,a)$。

需要注意的是,此处的$U(s)$和$P(s'|s,a)$都只与当前状态有关,而与过去的历史状态无关。这相当于引入了一步马尔可夫假设。更一般地,可以定义多步马尔可夫假设下的相应概念,此处不再赘述。在某个决策时刻,由于每个动作的结果具有不确定性,因此理性决策者会选择期望效用最大的动作,这被称为**期望效用最大原则**(Maximum Expected Utility,MEU),数学上表示为

$$a^* = \arg\max_a E\{U(a\mid s)\} = \arg\max_a \sum_{s'} P(s'\mid s,a)U(s')$$

如果 Agent 在时间序列上多次决策,那么总效用包括当前状态获得的直接效用和未来可能状态获得的期望效用两部分。称某状态s下获得的直接效用为回报,用$R(s)$表示(也可以更一般地表示为$R(s,a,s')$)。在我们的例子中,$R(s)$是用糖来刻画的。当然,即使是相同的状态,出现在不同时刻所具有的效用值也是不一样的。例如,一个十分饥饿的人连续吃了两个面包,显然第一个面包对他的效用更大,因为那时他比吃第二个面包时更饥饿。这在经济学上称为边际效用递减。类似地,今天的一元钱比一年后的一元钱价值更大,因为前者不

受通胀等因素影响，且可用于投资赚取额外回报。相比未来不确定的期望收益，人们总是更在乎眼前的直接收益。因此，总效用的计算通常使用下面的公式

$$U(s_0,s_1,s_2,\cdots)=R(s_0)+\gamma R(s_1)+\gamma^2 R(s_2)+\cdots$$

其中，s_0 是当前状态，s_1 是未来一步的期望状态，s_2 是未来两步的期望状态，以此类推。参数 $\gamma\in(0,1]$ 称为折扣因子，它反映了 Agent 对于当前回报和未来回报的相对偏好。当 $\gamma=1$ 时，称为累加回报，当 $0<\gamma<1$ 时称为折扣回报。如果决策序列无限时，上式是一个无穷级数，通常使用折扣回报以避免级数和发散。总结起来，马尔可夫决策过程可视为包含上述各要素的五元组。

定义 11-2（马尔可夫决策过程）　马尔可夫决策过程是一个由有限状态集合 S，有限动作集合 $A(s)$，状态转移概率 $P(s'|s,a)$，回报函数 $R(s)$ 和折扣因子 γ 组成的五元组 $\langle S,A,P,R,\gamma\rangle$。

用 $\pi(s)=a$ 表示在状态 s 下 Agent 应该采取的行动（依据 MEU 原则）是 a，那么对于所有的 $s\in S$，$\boldsymbol{\pi}=\{\pi(s)\}$ 是一个向量，称为策略（Policy）。从当前状态 s 出发，可以计算策略 π 的期望效用

$$U^\pi(s)=E\left[\sum_{t=0}^{\infty}\gamma^t R(S_t)\right]$$

其中，$S_0=s$ 是初始状态，S_t 是 t 时刻 Agent 到达的状态，它的概率分布由初始状态、策略 π 和环境状态转移概率共同决定。对于所有从状态 s 出发的策略，具有最大期望效用的策略称为最优策略，用 π_s^* 表示，即

$$\pi_s^*=\arg\max_\pi U^\pi(s)$$

直观上理解，π_s^* 表示的是以 s 为初始状态，Agent 处于每个状态下的一组推荐行动。该推荐行动具有最大期望效用。若 Agent 处于无限决策过程中，且采用折扣回报时，最优策略将不依赖于初始状态，即 $\pi_s^*=\pi^*$。这一点可简单证明如下。

假设 Agent 从初始状态 s_1 经 t_1 步转移到状态 s_2，那么

$$U^{\pi_1^*}(s_1)=E\left[\sum_{t=0}^{\infty}\gamma^t R(S_t)\right]=E\left[\sum_{t=0}^{t_1}\gamma^t R(S_t)\right]+E\left[\sum_{t=t_1+1}^{\infty}\gamma^t R(S_t)\right]$$

$$=E\left[\sum_{t=0}^{t_1}\gamma^t R(S_t)\right]+\gamma^{t_1+1}U^{\pi_2^*}(s_2)$$

在执行 s_1 对应的最优策略 π_1^* 时，$U^{\pi_1^*}(s_1)$ 达到最大，因此上式表明 $U^{\pi_2^*}(s_2)$ 必然达到最大，所以 π_2^* 必然是初始状态 s_2 对应的最优策略。另一方面，注意 π_1^* 和 π_2^* 是两个策略，它们给出的是每个状态下的推荐动作。因此有 $\pi_1^*=\pi_2^*=\pi^*$（否则上面的等式不成立）。这表明，π^* 既是初态 s_1 的最优策略，也是初态 s_2 的最优策略。

基于上述结论，我们将状态的效用重新定义为：从 s 出发执行最优策略的折扣回报之和的期望

$$U(s)=U^{\pi^*}(s)=E\left[\sum_{t=0}^{\infty}\gamma^t R(S_t)\right]$$

状态的效用又称为状态的价值（Value）。本章的剩余部分将不加区分地使用这两个名词。下面考虑如何计算最优策略。假设 Agent 选择了最优行动，那么一个状态的效用值等于立

即回报加上下一个状态的期望效用

$$U(s) = R(s) + \gamma \max_{a \in A(s)} \sum_{s'} P(s' \mid s, a) U(s') \tag{11-1-1}$$

上式称为贝尔曼(Bellman)方程。若状态集合中总共有 $|S| = n$ 个状态,则每个状态都有一个对应的贝尔曼方程。于是联立这些方程将得到含有 n 个未知数 n 个方程的贝尔曼方程组。状态效用就是此贝尔曼方程组的解。但是,贝尔曼方程组中带有 max 非线性算子,直接求解并不方便,因此一般采用迭代法

$$U_{i+1}(s) \leftarrow R(s) + \gamma \max_{a \in A(s)} \sum_{s'} P(s' \mid s, a) U_i(s')$$

每一轮迭代将更新所有的状态效用,经过足够多轮,最终将收敛到唯一的解,对应的策略也是最优策略。此算法称为价值迭代(Value Iteration)算法[2]。

价值迭代算法的收敛性可由泛函分析中的压缩映射定理证明。设 n 个状态对应的效用组成价值向量 $\boldsymbol{u} = [u(s_1), u(s_2), \cdots, u(s_n)]^{\mathrm{T}}$。定义两个价值向量之间的距离为无穷大范数

$$\| u - v \|_\infty = \max_{s \in S} | u(s) - v(s) |$$

称向量空间上的算子 T 是 $\gamma(\gamma < 1)$ 收缩的,如果

$$\| T(u) - T(v) \|_\infty \leqslant \gamma \| u - v \|_\infty$$

定理 11-1(压缩映射定理) 对于任意完备的测度空间,及其 γ 收缩算子 T,有

(1) T 收敛到唯一的不动点;

(2) 收敛速度为 γ。

其中,不动点是满足 $T(u) = u$ 的点。定理证明请参阅泛函分析的有关文献。显然 u 是唯一的,否则假设 $T(u) = u$,$T(v) = v$,$u \neq v$,由

$$\| u - v \|_\infty = \| T(u) - T(v) \|_\infty \leqslant \gamma \| u - v \|_\infty < \| u - v \|_\infty$$

得到矛盾。现在取算子 T 为策略$\boldsymbol{\pi}$ 下的贝尔曼方程更新操作,则

$$T_\pi(u) = R_\pi + \gamma P_\pi \cdot u$$

$T_\pi(u)$ 是更新后的价值向量,R_π 是状态回报向量,P_π 是状态转移矩阵,则有

$$\| T_\pi(u) - T_\pi(v) \|_\infty = \| (R_\pi + \gamma P_\pi \cdot u) - (R_\pi + \gamma P_\pi \cdot v) \|_\infty$$
$$= \| \gamma P_\pi(u - v) \|_\infty \leqslant \| \gamma P_\pi \max_{s \in S} | u(s) - v(s) | \|_\infty$$
$$= \| \gamma P_\pi \| u(s) - v(s) \|_\infty \|_\infty \leqslant \gamma \| u(s) - v(s) \|_\infty$$

根据压缩映射定理,价值迭代收敛到唯一的不动点,且收敛速度为 γ。

现在回到前面的例子,计算最优策略。前面已经证明了最优策略与初始状态无关。根据题意,将各方格的直接回报和转移概率代入贝尔曼更新方程得到方程组。例如方格(3,1)的更新方程是

$$U(3,1) \longleftarrow 1 + \gamma \max\{0.8U(2,1) + 0.1U(3,2) + 0.1U(3,1), 0.8U(3,1) + 0.1U(3,1) + 0.1U(3,2),$$
$$0.8U(3,1) + 0.1U(3,1) + 0.1U(2,1), 0.8U(3,2) + 0.1U(2,1) + 0.1U(3,1)\}$$

最大值算子中的四个期望效用项依次对应 Up、Down、Left、Right 策略。取折扣因子 $\gamma = 0.7$,将初值赋为每个方格的直接回报,迭代至收敛可以得到最终的期望效用和最优策略,如图 11-2 所示。表 11-1 给出了价值迭代算法的伪代码,其收敛条件一般设定为当前迭代结果与上一轮迭代结果之差小于某阈值。函数 GetRandPolicy 从给定动作集合 $A(s)$ 中随机

选择一个动作作为初始化值。对价值迭代算法的最大迭代次数可做一简单估计。首先，对于初始状态为 s_0 的总效用

$$U(s_0) = \sum_{t=0}^{\infty} \gamma^t R(s_t) \leqslant R_{\max} \sum_{t=0}^{\infty} \gamma^t = \frac{R_{\max}}{1-\gamma}$$

	1	2	3	4	5
1	2.53	5.91	11.28	20	11.29
2	0.65	2.64	4.10	−20	4.21
3	−0.64	0.52	1.21	−1.78	1.33

(a)

	1	2	3	4	5
1	Right	Right	Right		Left
2	Up	Up	Up		Up
3	Up	Up	Up	Right	Up

(b)

图 11-2　价值迭代的最终效用和最优策略

表 11-1　价值迭代算法伪代码

ValueIteration(States, Actions, TransProb, Rewards, Gamma)

Input: States, all possible states of agent;
　　　Actions, all possible actions of agent, represented as $A(s)$;
　　　TransProb, transition probabilities of each state, represented as $P(s'|s,a)$;
　　　Rewards, direct reward in each state, represented as $R(s)$;
　　　Gamma, discount factor, represented as γ;
Output: Utilities and polices for all states.
1. **For** each state s in States, do
2. 　$U(s) \leftarrow 0$;
3. 　$Policy(s) \leftarrow GetRandPolicy(A(s))$;
4. **Repeat**
5. **For** each state s in States, do
6. 　$U(s) \leftarrow R(s) + \gamma \cdot \max_{a \in A(s)} \sum_{s'} P(s'|s,a) U(s')$;
7. 　$Policy(s) \leftarrow arg\ \max_{a \in A(s)} \sum_{s'} P(s'|s,a) U(s')$;
8. **Until** Convergence;
9. Return $U(s)$ and $Policy(s)$.

由于状态数是有限的，上式中回报的最大值 $R_{\max}$ 总是存在。因此，迭代 N 轮后的误差 $|U_N - U_0| \leqslant 2R_{\max}/(1-\gamma)$。假设该误差小于给定的收敛阈值 ε，且每一轮迭代误差是前一轮的 γ 倍，故

$$\gamma^N \cdot 2R_{\max}/(1-\gamma) \leqslant \varepsilon$$

两边取对数得到

$$N \leqslant \frac{\ln(\varepsilon(1-\gamma)) - \ln(2R_{\max})}{\ln\gamma}$$

所以至多迭代 $\lceil [\ln(\varepsilon(1-\gamma)) - \ln(2R_{\max})]/\ln\gamma \rceil$ 次即可保证收敛到指定误差。

价值迭代通过计算每一状态的期望效用来间接获得最优策略。在效用变化并不明显的情况下，我们也可以直接考查策略，相应的算法称为策略迭代（Policy Iteration）算法[3]。策

略迭代的基本思想是先给定一个策略 π，计算执行 π 后每个状态的效用值。然后再根据效用值采用 MEU 原则更新策略。上述过程重复至效用值不再改变为止。对于有限动作集合和有限状态集合，策略数也是有限的。所以每一步改进策略将使得价值逐渐逼近并最终收敛到最优解。策略迭代的伪代码由表 11-2 给出。最大迭代次数一般设为 MaxIter $=$ $\prod_{i=1}^{|S|} A(s_i)$，这样可保证计算搜索到所有策略空间。可以看出，策略迭代的价值更新是

$$U'(s) \leftarrow R(s) + \gamma \cdot \sum_{s'} P(s' \mid s, Policy(s)) U(s')$$

这消除了价值迭代中的最大化非线性算子，显然是更加容易计算的。另外，策略更新也可以是异步的，即每次迭代并不更新所有状态的效用和策略，而只更新某个状态子集的效用和策略。

表 11-2　策略迭代算法伪代码

PolicyIteration(States, Actions, TransProb, Rewards, Gamma)

Input: States, all possible states of agent;

　　　　Actions, all possible actions of agent, represented as $A(s)$;

　　　　TransProb, transition probabilities of each state, represented as $P(s'|s,a)$;

　　　　Rewards, direct reward in each state, represented as $R(s)$;

　　　　Gamma, discount factor, represented as γ;

Output: Polices and utilities for all states.

1. **For** each state s in States, do
2. 　$Policy(s) \leftarrow GetRandPolicy(A(s))$;
3. 　$U(s) \leftarrow R(s)$;
4. **Repeat**
5. 　**For** each state s in States, do
6. 　　$U'(s) \leftarrow R(s) + \gamma \cdot \sum_{s'} P(s'|s, Policy(s)) U(s')$;
7. 　**If** all $|U'(s) - U(s)| < \varepsilon$
8. 　　Break;
9. 　**For** each state s in States, do
10. 　　$U(s) \leftarrow U'(s)$;
11. 　　$Policy(s) \leftarrow \arg \max_{a \in A(s)} \sum_{s'} P(s'|s,a) U(s')$;
12. **Until** maximum iterations
13. Return $Policy(s)$ and $U(s)$.

11.1.2　部分可观察的马尔可夫决策过程

在环境完全可观察时，Agent 任何时候都能明确知道自己处于何种状态。现在去掉这一条件，考虑部分可观察的 MDP[4]。在部分可观察 MDP 中，Agent 实际所处的状态可被视为是一个隐变量。而 Agent 对自身所处状态的认识则变成了所有状态集合上的一个分布，这个分布称为 Agent 的信念(Belief)，记作 $b(s)$。与不确定性推理类似，我们还需要引入一个传感器模型表示 Agent 在真实状态 s 下感知到可观察证据 e 的概率，记为 $P(e|s)$。当观察到证据时，Agent 的信念更新可表示为

$$b'(s') = \alpha P(e \mid s') \sum_s P(s' \mid s, a) b(s) \qquad (11\text{-}1\text{-}2)$$

这实质上是概率推理中的滤波问题。另一方面,在部分可观察 MDP 中,Agent 做出决策的依据全部来源于自身的信念,而与真实状态完全无关。因此每个决策周期包含三步:

(1) 给定信念状态 b,计算并执行最优策略 $a = \pi^*(b)$;

(2) 观察新证据 e;

(3) 依据新证据更新信念状态。

上述三步不断重复形成时间序列上的决策过程。下面详细讨论此过程。

假设 Agent 在信念状态 b 下执行动作 a,那么它观察到新证据 e 的概率是

$$P(e \mid b, a) = \sum_{s'} P(e \mid s') P(s' \mid b, a) = \sum_{s'} P(e \mid s') \sum_s P(s' \mid s, a) b(s)$$

执行动作 a 后,信念状态由 b 到 b' 的转移概率是

$$P(b' \mid b, a) = \sum_e P(b' \mid e, b, a) P(e \mid b, a)$$

$$= \sum_e P(b' \mid e, b, a) \sum_{s'} P(e \mid s') \sum_s P(s' \mid s, a) b(s) \qquad (11\text{-}1\text{-}3)$$

一旦观察到特定的证据 e_0,则式(11-1-3)所有的 $P(b' \mid e, b, a)$ 中,只有 $e = e_0$ 的项非零。式(11-1-3)可以看作 b 到 b' 的转移概率模型。再定义一个信念状态 b 下的期望回报函数

$$\rho(b) = \sum_s b(s) R(s) \qquad (11\text{-}1\text{-}4)$$

那么式(11-1-3)和式(11-1-4)共同组成了一个完全可观察的 MDP。Agent 的最优策略就是该完全可观察 MDP 的最优策略(因为所有决策依据均来源于信念)。然而,仔细观察发现,此 MDP 定义在分布 b 上,是一个连续域(因而有无限个信念状态)。这使得前面介绍的价值迭代和策略迭代算法无法应用。

求解由式(11-1-3)和式(11-1-4)组成的 MDP 需要更加复杂的价值迭代算法。考虑 Agent 从信念状态 $b(s)$ 开始的决策过程。首先,它需要依据 b 计算下一步的最优行动。然后根据所有可能出现的观察证据 e,更新信念状态。再依据新的信念状态计算向前两步的最优行动。如此继续下去。显然此过程是个无穷递归。但是如果我们设定向前计算的步数最多为 d,则此过程就是一个深度为 d 的条件规划,产生的规划序列数也是有限的。对于只含一步动作的一个条件规划 a(a 是从每个真实状态对应的行动集合 $A(s)$ 中选出的行动向量),它的效用表示为向量 $\boldsymbol{U}_a$,那么 Agent 在信念状态 b 下获得的期望效用是 $\sum_s b(s) U_a(s)$,从而最优策略是具有最大期望效用的条件规划

$$\pi^* = \arg\max_a \sum_s b(s) U_a(s) = \arg\max_a \boldsymbol{b}^{\mathrm{T}} \cdot \boldsymbol{U}_a$$

b 是信念分布向量。上式中的目标函数 $\boldsymbol{b}^{\mathrm{T}} \cdot \boldsymbol{U}_a$ 是一个线性函数,对应到空间中的超平面。对于不同的信念分布,相应的多个超平面组成了一个凸多面体。每个面上的最优策略都是不一样的。为说明这一点,仍然以前面的 Agent 寻找蛋糕为例。假设 Agent 有一定的概率将自己所处的位置感知为相邻的方格(若存在相邻方格为边界,则不予考虑)。那么起始时,Agent 位于(3,1)内,感知到位于(3,1)、(2,1)、(3,2)的概率分别为 $b(3,1)$、$b(2,1)$、$b(3,2)$。为更清楚地考查不同动作的效用差异,假设除蛋糕和陷阱所在的方格外,其余方格的直接回报 $R(x, y) = -|x-1| - 2|y-4|$。若 Agent 感知到位于(3,1),那么每个动作的效用是

$$U_{\text{up}}(3,1) = R(3,1) + \gamma[0.8 \cdot R(2,1) + 0.1 \cdot R(3,2) + 0.1 \cdot R(3,1)]$$
$$= -12.9$$

$$U_{\text{down}}(3,1) = R(3,1) + \gamma[0.8 \cdot R(3,1) + 0.1 \cdot R(3,2) + 0.1 \cdot R(3,1)]$$
$$= -13.46$$

$$U_{\text{left}}(3,1) = R(3,1) + \gamma[0.8 \cdot R(3,1) + 0.1 \cdot R(2,1) + 0.1 \cdot R(3,1)]$$
$$= -13.53$$

$$U_{\text{right}}(3,1) = R(3,1) + \gamma[0.8 \cdot R(3,2) + 0.1 \cdot R(2,1) + 0.1 \cdot R(3,1)]$$
$$= -12.41$$

类似地可计算 $U_{\text{up}}(2,1) = -11.2$,$U_{\text{down}}(2,1) = -12.32$,$U_{\text{left}}(2,1) = -11.9$,$U_{\text{right}}(2,1) = -10.43$,$U_{\text{up}}(3,2) = -9.64$,$U_{\text{down}}(3,2) = -10.2$,$U_{\text{left}}(3,2) = -11.25$,$U_{\text{right}}(3,2) = -9.01$。
所以四个动作的期望效用是

$$U^{\pi_{\text{up}}} = b(3,1)U_{\text{up}}(3,1) + b(2,1)U_{\text{up}}(2,1) + b(3,2)U_{\text{up}}(3,2)$$
$$= \begin{bmatrix} -12.9 & -11.2 & -9.64 \end{bmatrix} \boldsymbol{b}$$

$$U^{\pi_{\text{down}}} = b(3,1)U_{\text{down}}(3,1) + b(2,1)U_{\text{down}}(2,1) + b(3,2)U_{\text{down}}(3,2)$$
$$= \begin{bmatrix} -13.46 & -12.32 & -10.2 \end{bmatrix} \boldsymbol{b}$$

$$U^{\pi_{\text{left}}} = b(3,1)U_{\text{left}}(3,1) + b(2,1)U_{\text{left}}(2,1) + b(3,2)U_{\text{left}}(3,2)$$
$$= \begin{bmatrix} -13.53 & -11.9 & -11.25 \end{bmatrix} \boldsymbol{b}$$

$$U^{\pi_{\text{right}}} = b(3,1)U_{\text{right}}(3,1) + b(2,1)U_{\text{right}}(2,1) + b(3,2)U_{\text{right}}(3,2)$$
$$= \begin{bmatrix} -12.41 & -10.43 & -9.01 \end{bmatrix} \boldsymbol{b}$$

注意到 $b(3,1) + b(2,1) + b(3,2) = 1$,将上述四个平面绘制出来如图 11-3 所示(图中对效用取了相反数绘制以更好区分)。显然,在信念分布的全定义域上,$-U^{\pi_{\text{right}}}$ 最小,则 $U^{\pi_{\text{right}}}$ 最大,π_{right} 是最优策略。一般情况下,$\max\limits_{a} \boldsymbol{b}^{\text{T}} \cdot \boldsymbol{U}_a$ 可能是定义域上的分段函数,最优策略将在不同的信念分布区间取到不同的行动。

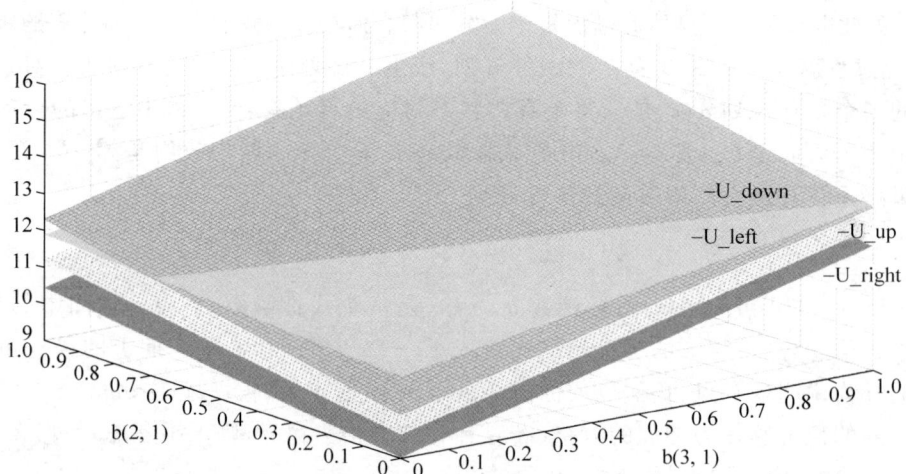

图 11-3 Agent 一步规划的期望效用

在计算完一步规划后,可以继续考虑深度为 2 的条件规划。这需要考查第一步的每个可能动作,以及一步动作之后的每个可能观察,得到以下形式的策略

$$[Up ; If\ Percept = (2,1)Then Up ;] \sim U[up ; (2,1),up]$$

$$[Down ; If\ Percept = (2,1)Then Up ;] \sim U[down ; (2,1),up]$$

$$[Left ; If\ Percept = (2,1)Then Down ;] \sim U[left ; (2,1),down]$$

一般地,记 $U_{a,d-1}$ 是 $(d-1)$ 层条件规划的效用向量,观察到的新证据为 e,则 d 层条件规划的效用为

$$U_{a,d}(s) = R(s) + \gamma \left[\sum_{s'} P(s' \mid s,a) \sum_e P(e \mid s')U_{a,d-1}(s') \right]$$

上式实质上给出了一个递推算法,其伪代码如表 11-3。该算法向前规划 D 层,计算策略的期望效用。最优策略可根据返回效用值获取[5]。

表 11-3　部分观测 MDP 的价值迭代算法伪代码

POMDPValueIteration(States, Actions, TransProb, Rewards, PerceptProb, Belief, Gamma, D)

Input: States, all possible states of agent;

　　　Actions, all possible actions of agent, represented as $A(s)$;

　　　TransProb, transition probabilities of each state, represented as $P(s' \mid s,a)$;

　　　Rewards, direct reward in each state, represented as $R(s)$;

　　　PerceptProb, percept probabilities of each state, represented as $P(e \mid s)$;

　　　Belief, belief distribution, represented as $b(s)$;

　　　Gamma, discount factor, represented as γ;

　　　D, depth of planning;

Output: Utilities.

1. **For** each state $s \in S$, do
2. 　**For** each $a \in A(s)$, do
3. 　　$U_a(s) \leftarrow R(s) + \gamma \sum_{s'} P(s' \mid s,a)R(s')$;
4. **For** each $a \in A$, do
5. 　$U_{a,1} \leftarrow \sum_s b(s)U_a(s)$;
6. **For** d = 1 to D − 1, do
7. 　**For** each $a \in A$, do
8. 　　**For** each state $s \in S$, do
9. 　　　$U_{a,d}(s) \leftarrow R(s) + \gamma [\sum_{s'} P(s' \mid s,a) \sum_e P(e \mid s')U_{a,d-1}(s')]$;
10. **Return** $U_{a,D}$.

11.2　被动强化学习

本节我们从 Agent 的角度考虑问题。对于一个 Agent 而言,一个策略的好坏程度取决于其效用值。而策略的效用可以通过下式计算

$$U(s) = R(s) + \gamma \sum_{s'} P(s' \mid s,\pi(s))U(s') \tag{11-2-1}$$

这其实就是求贝尔曼方程组的解。然而在实际问题建模中,状态转移概率往往并不能事先精确获取。这导致应用式(11-2-1)计算效用时遇到困难。被动强化学习主要就是用来学习

此转移概率的。本节介绍两种解决方法。

11.2.1 蒙特卡洛学习

第一种常用的方法称为蒙特卡洛（Monte Carlo，MC）学习。其基本思想是 Agent 在给定策略 π 下，通过大量的试验状态转移的频率来逼近转移概率。这相当于在未知的状态空间上采样[6]。例如，对于前面 Agent 寻找蛋糕的例子，假设事先并不知道选取某方向后，以 0.8 的概率移动到该方向相邻的方格，各以 0.1 的概率移动到垂直方向的相邻方格。给定策略如图 11-2(b)所示，可以采用(3,1)作为初始状态多次试验。表 11-4 给出了 10 次试验的结果，使用的策略标记为下标。试验开始于初始状态，结束于终止状态，称为一个回合（Episode）。可以看到，状态(1,2)的转移频数分别是

$$N[(3,1)\mid(1,2),Right]=10,\ N[(1,2)\mid(1,2),Right]=2$$

据此可估计转移概率

$$P[(3,1)\mid(1,2),Right]$$
$$=10/12,\ P[(1,2)\mid(1,2),Right]=2/12$$

根据转移概率和每一个状态下观察到的回报，即可用式(11-1-1)计算状态效用。图 11-4 给出 10 次迭代之后学到的效用值。其中空的方格表示 Agent 尚未转移到该状态，因此没有观察到对应的回报值。表 11-5 展示了 MC 学习的算法。每当转移到新的状态时，Agent 将其计入自身的状态集合，并将观察到的回报作为该新状态的初始效用。

	1	2	3	4	5
1	223.0	106.3	39.3	20	
2	467.3	223.0	15.8	−20	
3	1002	465.3			

图 11-4 10 次试验之后学习到的效用值

表 11-4 Agent 的 10 次试验

编号	状态转移	编号	状态转移
1	$(3,1)_U-(2,1)_U-(1,1)_R-(1,2)_R-$ $(1,3)_R-(1,4)$	6	$(3,1)_U-(2,1)_U-(1,1)_R-(1,2)_R-(1,3)_R-$ $(2,3)_U-(1,3)_R-(1,4)$
2	$(3,1)_U-(2,1)_U-(2,2)_U-(1,2)_R-$ $(1,3)_R-(1,4)$	7	$(3,1)_U-(2,1)_U-(1,1)_R-(1,2)_R-(1,3)_R-$ $(1,4)$
3	$(3,1)_U-(2,1)_U-(1,1)_R-(1,2)_R-$ $(1,3)_R-(1,4)$	8	$(3,1)_U-(3,2)_U-(2,2)_U-(1,2)_R-(1,3)_R-$ $(1,4)$
4	$(3,1)_U-(2,1)_U-(2,2)_U-(1,2)_R-$ $(1,2)_R-(1,2)_R-(1,3)_R-(1,4)$	9	$(3,1)_U-(3,2)_U-(2,2)_U-(1,2)_R-(1,3)_R-$ $(1,4)$
5	$(3,1)_U-(2,1)_U-(1,1)_R-(1,2)_R-$ $(1,3)_R-(2,3)_U-(2,4)$	10	$(3,1)_U-(2,1)_U-(1,1)_R-(1,2)_R-(1,3)_R-$ $(1,4)$

表 11-5 Agent 的蒙特卡洛学习算法伪代码

```
MonteCarloLearning(State)
```
Input: State, agent's current state from perception;

Output: Action.

Internal variables: preState, agent's previous state, initialized as *null*;

$A(s)$, action set of state s;	
$U(s)$, utility of state s, initialized as $null$;	
$Freq(s)$, frequency of state s;	
$Freq(s'\mid s,a)$, frequency of s' from s and action a;	
π, a specific policy for test by the agent;	
γ, discount factor;	

1. **If** State is a new state
2. 　$U(State) \leftarrow R(State)$;
3. **If** $preState \neq null$
4. 　$Freq(preState) \leftarrow Freq(preState) + 1$;
5.
$Freq[State \mid preState, \pi(preState)] \leftarrow$
$Freq[State \mid preState, \pi(preState)] + 1$;
6. **For** each $U(s)$, do
7. 　$U'(s) \leftarrow R(s) + \gamma \sum_{s'} \dfrac{Freq(s'\mid s,a)}{Freq(s)} \cdot U(s)$;
8. $U \leftarrow U'$;
9. **If** State is terminal state
10. 　$preState \leftarrow null$;
11. 　Return $null$;
12. **Else**
13. 　$preState \leftarrow State$;
14. 　Return $\pi(State)$.

11.2.2　时序差分学习

在 MC 学习中,Agent 需要遍历所有出现的后继状态以更新效用(表 11-5 算法第 7 行)。如果后继状态较多,这种方法无疑是低效的。时序差分(Temporal Difference,TD)学习对这一点进行了改进[7]。仍然考虑给定策略 π 下的状态效用,所有的效用需要满足式(11-2-1)所示的贝尔曼方程。那么对于某一个局部状态而言,其效用也同样满足贝尔曼方程。基于此,时序差分学习的基本思想是每次朝贝尔曼方程成立的方向改进一个状态的效用值,经过多次迭代,最终使得所有状态的贝尔曼方程成立。改进办法是当状态从 s 转移到 s' 时,状态效用更新为

$$U^{\pi}(s) \leftarrow U^{\pi}(s) + \eta \cdot [R(s) + \gamma \cdot U^{\pi}(s') - U^{\pi}(s)]$$

其中的 η 称为学习速率。显然,当 $\eta = 1$ 时,就每一次状态转移而言,s' 是 s 的唯一后继,上述更新使得局部贝尔曼方程成立。表 11-6 给出了 TD 学习算法的伪代码。其中的学习速率 η 需要精心设定,才能使 TD 学习算法收敛到贝尔曼方程的解。具体而言,每一次更新的 η_t 要满足两个条件

$$\eta_t > 0, \qquad \sum_{t=0}^{\infty} \eta_t = \infty$$

另外,为了提高收敛速度,一般还要求

$$\sum_{t=0}^{\infty} \eta_t^2 < \infty$$

通常选取 $\eta_t = A/(B+t)$，其中 A 和 B 是正常数。随着更新次数的增加，η_t 逐渐减小，效用的调整幅度也越来越小，向使贝尔曼方程成立的方向调整的次数也越来越多。TD 学习算法有很多改进版本，例如上面讲到的是每完成一步状态转移就更新效用，这称为一步 TD 学习。也可以完成 k 步状态转移之后再更新效用，相应地被称为 k 步 TD 学习。

表 11-6　时序差分学习算法伪代码

TDLearning(State)

Input: State, agent's current state from perception;

Output: Action.

Internal variables: preState, agent's previous state, initialized as *null*;

$A(s)$, action set of state s;

$U(s)$, utility of state s, initialized as *null*;

π, a specific policy for test by the agent;

γ, discount factor;

1. **If** State is a new state
2. 　$U(State) \leftarrow R(State)$;
3. **If** $preState \neq null$
4. 　$U'(s) \leftarrow U(s) + \eta \cdot [R(s) + \gamma \cdot U(s') - U(s)]$;
5. **If** State is terminal state
6. 　$preState \leftarrow null$;
7. 　Return *null*;
8. **Else**
9. 　$preState \leftarrow State$;
10. 　Return $\pi(State)$.

　　对比 TD 学习和 MC 学习，可以看到前者具有更简洁的形式，因为 MC 学习需要计算所有出现的后继状态频率，而 TD 学习则只使用一个后继状态更新，相当于使用了粗略的一阶近似。受状态转移模型的约束（该模型未知），这样的近似在大量更新下会逐渐逼近真实值，即便有少数低概率的状态转移发生。虽然从这个角度讲，TD 学习可能需要比 MC 学习更多的试验次数才能学习到良好结果，但是由于它避免了所有后继状态的遍历，在实际大规模问题中往往表现更加出色。TD 学习与 MC 学习的区别还在于，MC 学习必须等到从初始状态到终止状态的试验完成时才能学习，即是一种事后学习，而 TD 学习则可以在试验执行过程中就完成学习，更加灵活。

11.3　主动强化学习

　　如果被动强化学习可被视为是评估单个策略，那么主动强化学习则需要 Agent 自己决定选择哪种策略。一个直接的想法是利用上一节的被动强化学习方法对策略空间中的所有策略进行评价，然后选取最优策略。但是当策略空间很大时，穷尽所有策略就不太现实了。因此需要平衡两个相互矛盾的方面：选择已知的最优策略和探索未知策略的效用。在强化学习中，这两个方面被称作利用已知（Exploitation）和探索未知（Exploration）。选择已知的最优策略意味着 Agent 能够根据已有经验获得最大回报。而探索未知策略则可能取得比当前最优回报更好的策略。当然,也可能达不到当前的最优回报。特别是在学习初期,若过早地选择已知最优策略,那么学习到效用的策略将很少。这也意味着尚有大多数策略没有被尝试,当前已知的最优策略很有可能并不是策略空间中的最优策略。平衡已知和未知的方法很多。最简单的是 ε 贪婪法。Agent 每一次决策以 ε 的概率随机尝试所有行动,以 $(1-ε)$ 的概率贪婪地选取当前已知的最优策略(通常 ε 需要随尝试次数增加而逐渐减小以保证学习收敛到最优行动)。也可以给那些很少尝试的行动人为赋予一个相对较高的效用,记为 $U^+(s)$,然后再将价值更新为

$$U^+(s) \leftarrow R(s) + \gamma \cdot \max_a f\left(\sum_{s'} P(s' \mid s,a)U^+(s'), N(s,a)\right)$$

函数 $f(u,v)$ 称为探索函数。它决定如何在当前最大效用和未探索的行动间作取舍。$N(s,a)$ 表示状态 s 对行动 a 的尝试次数。一般而言,$f(u,v)$ 设置为 u 的增函数,v 的减函数。一个常用的形式是

$$f(u,v) = \begin{cases} R^+, & \text{当 } v < N_e \\ u, & \text{其他} \end{cases}$$

R^+ 是大于或等于所有状态最优效用的一个估计值。这样的设定保证了 Agent 对每个动作至少尝试 N_e 次。另外,价值更新中采用 $U^+(s')$ 保证了 Agent 更愿意探索离初始状态较远的状态。

在处理好利用已知和探索未知的效用计算后,接下来进一步讨论 Agent 如何选择动作。正如马尔可夫决策过程中讲到的一样,最优策略仍然是基于 MEU 原则决定的

$$a^* = \text{argmax}_a E\{U(a \mid s)\} = \text{argmax}_a \sum_{s'} P(s' \mid s,a)U(s')$$

对于 MC 学习,Agent 可以通过状态的转移频率来近似上式中的转移概率。而对于 TD 学习,还有更一般的处理办法。

Q 学习是 TD 学习方法的一种,它将行动也考虑进效用的计算中,直接学习行动-效用函数[8]。记 $Q(s,a)$ 为在状态 s 下采取动作 a 的效用。那么状态效用和 Q 值的关系是

$$U(s) = \max_a Q(s,a)$$

将这个关系代入贝尔曼方程,在 Q 值达到最大时应满足

$$Q(s,a) = R(s) + \gamma \sum_{s'} P(s' \mid s,a) \max_{a'} Q(s',a')$$

与上一节类似,可以采用时序差分学习来避免上式中的概率计算。更新公式简化为

$$Q(s,a) \leftarrow Q(s,a) + \eta \cdot [R(s) + \gamma \cdot \max_{a'} Q(s',a') - Q(s,a)]$$

s' 是 s 的后继状态。表 11-7 给出了算法伪代码。$R(State)$ 仍然是当前状态所观察到的回报。第 7 行采用探索函数,返回效用最大的行动,此处也可以用其他方式,比如 ε 贪婪法随机返回一个行动。

表 11-7　Q 学习算法伪代码

```
QLearning(State)
```

Input: State, agent's current state from perception;

Output: Action.

续表

Internal variables: preState, agent's previous state, initialized as *null*;
$A(s)$, action set of state s;
$Q(s,a)$, utility of state s with action a, initialized as 0;
$Freq(s,a)$, frequency of s with action a;
γ, discount factor;

1. **If** State is terminal
2. $Q(State, null) \leftarrow R(State)$;
3. **If** $preState \neq null$
4. $Freq(s,a) \leftarrow Freq(s,a) + 1$;
5. $Q(s,a) \leftarrow Q(s,a) + \eta \cdot [R(s) + \gamma \cdot \max_{a'} Q(s',a') - Q(s,a)]$;
6. $preState \leftarrow State$;
7. $a \leftarrow \arg\max_a 'f[Q(State, a'), Freq(State, a')]$.
8. Return a.

    作为 TD 学习方法的一种,Q 学习也是一种无模型学习,即它不需要学习 $P(s'|s,a)$ 的状态转移模型。更进一步,如果去掉 Q 值更新中的最大化算子,转而采用在后继状态 s' 下执行动作 a' 的 Q 值,这也是可行的。此时更新公式简化为

$$Q(s,a) \leftarrow Q(s,a) + \eta \cdot [R(s) + \gamma \cdot Q(s',a') - Q(s,a)]$$

这个算法称为 SARSA 算法(State-Action-Reward-State-Action)。仔细观察它与 Q 学习的区别。Q 学习是通过预测下一步动作来更新 Q 值,而 SARSA 则需要确定执行了下一步动作之后再更新 Q 值。当然,二者都能学习到最优策略。与 TD 学习类似,SARSA 算法可以往前执行 λ 步再更新 Q 值,这被称为 SARSA(λ)[9]。在极端情况下,当 λ 取为从初始状态到终止状态试验的步数时,更新称为回合更新。回合更新比单步更新更快地收敛到最优解。其原因是当 Agent 完成任务后,回过头来"总结"走过的路径,能够更直接地丢弃那些与任务无关的状态。

11.4 深度强化学习

    我们已经看到,建立在马尔可夫决策过程之上的强化学习,处理的状态和策略是有限且离散的。以 Q 学习为例,在实现中常常将状态、动作和 Q 值存储到一张二维表中(如表 11-8),然后在每一个试验回合中应用更新公式更新 Q 值直至收敛。此时每个状态下对应最大 Q 值的动作就是最优策略。然而,如果问题的状态空间包含很多甚至是无穷个元素,表格存储结构会耗尽内存。例如,Agent 需要根据一幅 256×256 像素的图像做出行动,若每一像素可取 R、G、B 三个值,那么一共有 $3^{256 \times 256}$ 种状态。另一方面,如果问题的策略空间包含很多甚至无穷个策略时,在选取最优策略时遍历所有策略显然也是不可实现的。对于此类状态或策略空间无限的情况,本节将分别予以讨论。

表 11-8 状态、动作和 Q 值的二维存储表

State	Action			
	a_1	a_2	$\cdots$	a_n
s_1	$Q(s_1,a_1)$	$Q(s_1,a_2)$	$\cdots$	$Q(s_1,a_n)$
s_2	$Q(s_2,a_1)$	$Q(s_2,a_2)$	$\cdots$	$Q(s_2,a_n)$
$\cdots$	$\cdots$	$\cdots$	$\cdots$	$\cdots$
s_m	$Q(s_m,a_1)$	$Q(s_m,a_2)$	$\cdots$	$Q(s_m,a_n)$

11.4.1 基于价值的深度强化学习

首先考虑状态空间无限(状态很多无法用表格存储也可视为无限)而策略空间有限的情况。此种情况,我们希望寻找一个函数关系,直接从状态-动作的定义域上计算出 Q 值。例如采用一个线性函数

$$Q(s,a)=w_1s+w_2a+b$$

尽管该函数过于简单,但它提供了一个思路。就是当建立了状态-动作与 Q 值的关系时,可以抛弃表格存储形式。此时表 11-8 退化为只有一行 n 列,且状态 s 是变量。对于复杂的函数关系,一个自然的想法是利用神经网络的逼近能力。深度 Q 网络(Deep Q Network,DQN)就是由此思想发展而来的。它用一个深度神经网络来表示 (s,a) 到 Q 值的映射关系[10]。DQN 有两种形式。一种是以状态和动作为输入,Q 值为输出,如图 11-5(a)所示。另一种更简洁,只输入状态,输出为该状态下每个动作的 Q 值,如图 11-5(b)所示。图中的 $s_1,\cdots,s_m$ 表示状态 s 在 m 个维度上的取值。比如采用图像作为状态输入,那么可以将每个像素作为一个特征维。当然,$s_1,\cdots,s_m$ 也可以代表经过卷积神经网络预处理之后的特征。通常更多地采用第二种形式,即只以状态作为输入。这主要是由于策略空间有限,相应输出的 Q 值个数也不会很多。

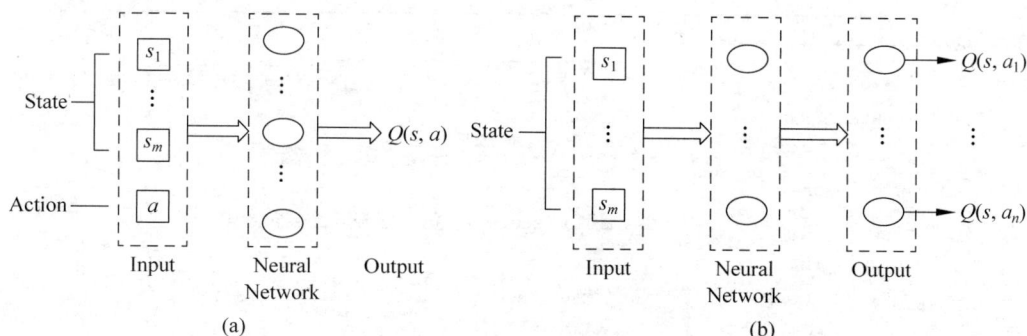

图 11-5 深度 Q 网络的两种形式

下面考查深度 Q 网络的训练。DQN 仍然是一种神经网络,因此仍然可采用梯度下降方法。首先需要明确输出的目标值。按照 Q 学习的更新公式,最终状态要达到

$$Q(s,a)=R(s)+\gamma\cdot\max_{a'}Q(s',a')$$

这就是目标值(即样本标签)。s',a' 是 s 的后继状态和动作。因此定义损失函数

$$L(\boldsymbol{\theta}) = \mathbb{E}_{\text{data}}\left[\frac{1}{2}(R(s) + \gamma \cdot \max_{a'} Q(s',a') - Q(s,a))^2\right] \quad (11\text{-}4\text{-}1)$$

$\boldsymbol{\theta}$ 表示神经网络的参数。此处的期望是在训练数据集上的经验期望。注意,式(11-4-1)中 $R(s) + \gamma \cdot \max_{a'} Q(s',a')$ 是目标输出(Q Target),涉及 Agent 在试验中观察到的回报和后继状态。其中 $Q(s',a')$ 是之前的网络计算得到的 (s',a') 的 Q 值(开始时使用初始值)。而 $Q(s,a)$ 是通过神经网络计算出来的当前状态 (s,a) 的 Q 值。采用历史网络得到的 Q 值作为目标值,这种办法称为固定 Q 目标值(Fixed Q Target)。为更加清楚地说明,请再次考虑本章开头 Agent 寻找蛋糕的例子。现在假设坐标 (x,y) 在 $[0,+\infty)$ 上连续取值。Agent 的初始坐标、蛋糕位置、陷阱位置及策略空间均不变。为简便记,仍假设前 10 次试验结果如表 11-4(在连续取值空间,状态转移并不能如此巧合的到达整数坐标,但这并不影响问题的本质)。那么在第 10 次试验由状态 $(1,2)$ 转移到 $(1,3)$ 时,$(1,2)$ 的目标输出是

$$R[(1,2)] + \gamma \cdot \max\{Q[(1,3),Up], Q[(1,3),Down],$$
$$Q[(1,3),Left], Q[(1,3),Right]\}$$

其中最大值符号中的 4 个 Q 值是上一轮更新后由网络算得的 Q 值。状态 $(1,2)$ 的频率仍然是样本频率 10/12。将所有的状态和后继状态及样本频率带入式(11-4-1)即可算得损失函数值。

这里还存在一个问题。神经网络的训练样本要求独立同分布。而 Q 学习得到的样本存在前后状态转移的依赖关系。因此需要打乱样本依赖关系。最直接的处理方法是将样本存储起来,然后随机采样。这种处理方式称为经验回放(Experience Replay)。表 11-9 给出了伪代码,第 3 行仍然采用探索函数确定动作,第 6 行中每一个状态转移存储为元组 $(s_{j+1}|s_j, a_j, r_j)$,而参数 TrainData 是学习开始前已经储存的"记忆",第 8 行在"记忆"中随机采样,第 12 行采用当前已经计算好的 Q 值计算目标值,第 13 行用梯度下降训练网络。算法中使用的是每一步状态转移都进行学习,也可以采用间隔多次再学习的方式。

表 11-9 经历回放的深度 Q 网络学习算法伪代码

ExperienceReplayDQL(TrainData, NN, M)

Input: TrainData, experienced state transition for training, represented as $(s'|s,a,r)$;

NN, a neural network for training;

M, maximum number of learning episodes;

Output: trained network.

Internal variables: S, state set with initial state s_0 and terminal state s_T;

$A(s)$, action set of state s;

$Q(s,a)$, utility of state s with action a, initialized as 0;

$Freq(s,a)$, frequency action a in state s;

$Freq(s'|s,a,r)$, frequency of s' from s, action a and reward r, initialized by TrainData;

γ, discount factor;

N, maximum step of state transfer;

1. **For** episode=1 to M, do
2.   **For** t=1 to N, do
3. $a_{t-1} \leftarrow \arg\max_a f[Q(s_{t-1},a'), Freq(s_{t-1},a')]$;

4.	$s_t \leftarrow MDP(s_{t-1}, a_{t-1})$;
5.	$Freq(s_{t-1}, a_{t-1}) \leftarrow Freq(s_{t-1}, a_{t-1}) + 1$;
6.	$Freq(s_t \mid s_{t-1}, a_{t-1}, r_{t-1}) \leftarrow Freq(s_t \mid s_{t-1}, a_{t-1}, r_{t-1}) + 1$; /* store the transition */
7.	**For** j = 1 to K, do
8.	$(s_{j+1} \mid s_j, a_j, r_j) \leftarrow RandomSample(Freq(s' \mid s, a, r))$;
9.	**If** $s_{j+1} == s_T$
10.	$y_j \leftarrow r_j$;
11.	**Else**
12.	$y_j \leftarrow r_j + \gamma \cdot \max_a Q(s_{(j+1)}, a')$;
13.	$NN \leftarrow GradientDecent \left[\sum_{j=1}^{K} \frac{Freq(s_j, a_j)}{\sum_i Freq(s_i, a_i)} (NN(s_j, a_j) - y_j)^2 \right]$;
14.	$Q(s, a) \leftarrow NN(s, a)$;
15.	Return NN.

再次考查表 11-9 算法的第 12 行。其中的 $Q(s_{j+1}, a')$ 是用上一轮的网络计算的,将其记为 $Q(s_{j+1}, a'; \theta^-)$。θ^- 表示神经网络上一轮的参数取值。因此,此时的目标值是在过去的 Q 值基础上选取的,这在应用中可能会导致过拟合,因为正确的目标值应该基于未来的动作。该想法带来了一个 DQN 的改进版本,即目标值的计算变为

$$y_j \leftarrow r_j + \gamma \cdot Q(s_{j+1}, \mathrm{argmax}_a Q(s_{j+1}, a; \theta); \theta^-)$$

此改进被称为双 DQN(Double DQN)[11]。它与 DQN 的唯一区别就在于,目标值使用当前网络参数计算 Q 值,而不是过去的参数。DQN 的第二个改进版本被称为优先经验回放(Prioritized Experience Replay)[12]。请再考虑 Agent 寻找蛋糕的例子。当未找到蛋糕时,除陷阱外的每一个状态的回报都是 -1,而找到蛋糕的状态回报是 20。因此,经过多轮试验后,储存在"记忆"中的状态转移大多数回报都是 -1。这会使得采样-学习的效率变得非常低。优先经验回放 DQN 的想法就是基于每个状态转移的误差来采样。误差定义为

$$\delta_j = r_j + \gamma \cdot Q(s_{j+1}, \mathrm{argmax}_a Q(s_{j+1}, a; \theta); \theta^-) - Q(s_j, a_j; \theta)$$

采样概率与误差呈正相关关系。DQN 的改进版本还有 Dueling DQN 等,基本思想都是通过对某方面的改进来加快学习速度。

11.4.2 基于策略的深度强化学习

上一小节讨论了状态空间很大的情况,接下来讨论策略空间很大的处理方法。当策略空间很大甚至无限时,表 11-8 有无穷多列。借鉴 DQN 的思想,我们也可以用一个神经网络来直接计算策略。但策略是具体动作,计算中不好直接处理,因此往往转而计算不同动作的概率,即 $P(a \mid s, \theta)$,θ 是网络参数(见图 11-6)。在策略空间为无穷时,a 代表动作的抽象参数。策略神经网络仍然采用梯度法训练,首先定义一个损失函数 $L(\theta)$,然后作迭代更新。损失函数的一种定义思路是与动作的回报联系起来

$$L(\theta) = \sum_{s,a} P(a \mid s, \theta) \cdot Q(s, a)$$

$Q(s, a)$ 是状态-动作的回报。如果 Q 值越大,表明该动作越好,因此对应选择该动作的概率

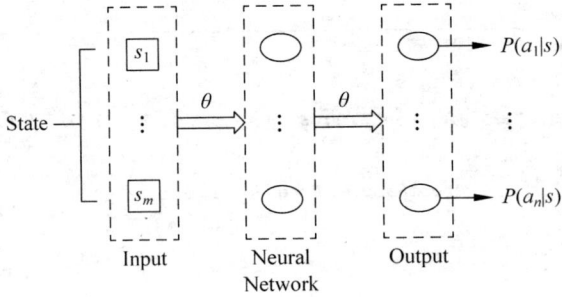

图 11-6　策略神经网络的结构

也应该越大。我们的目标是寻找参数 $\boldsymbol{\theta}$ 使得上面的目标函数最大。自然地,梯度上升是计算方法之一。梯度计算为

$$\nabla_{\boldsymbol{\theta}} L(\boldsymbol{\theta}) = \nabla_{\boldsymbol{\theta}} \sum_{s,a} P(a \mid s, \boldsymbol{\theta}) \cdot Q(s,a) = \sum_{s,a} \nabla_{\boldsymbol{\theta}} P(a \mid s, \boldsymbol{\theta}) \cdot Q(s,a)$$

$$= \sum_{s,a} P(a \mid s, \boldsymbol{\theta}) \cdot \frac{\nabla_{\boldsymbol{\theta}} P(a \mid s, \boldsymbol{\theta})}{P(a \mid s, \boldsymbol{\theta})} \cdot Q(s,a)$$

$$= \sum_{s,a} P(a \mid s, \boldsymbol{\theta}) \cdot \nabla_{\boldsymbol{\theta}} \ln P(a \mid s, \boldsymbol{\theta}) \cdot Q(s,a)$$

$$= \mathbb{E}_{\pi(\boldsymbol{\theta})} \left[\nabla_{\boldsymbol{\theta}} \ln P(a \mid s, \boldsymbol{\theta}) \cdot Q(s,a) \right]$$

式中 $\nabla_{\boldsymbol{\theta}}$ 是对参数向量 $\boldsymbol{\theta}$ 求梯度的算子。有了梯度,沿梯度上升方向逐步迭代改进参数即可得到所需要的解

$$\boldsymbol{\theta} \leftarrow \boldsymbol{\theta} + \eta \cdot \nabla_{\boldsymbol{\theta}} L(\boldsymbol{\theta})$$

若 Agent 能够完成回合状态转移,可借鉴 MC 学习的思想,相应的算法称为 Reinforce 算法,伪代码于表 11-10 给出。此处的 $Q(s_t, a_t)$ 依据 MC 学习的方法计算。算法中,$\ln P(a \mid s, \boldsymbol{\theta})$ 表示在状态 s 下对所选动作 a 的"吃惊度"。如果 $P(a \mid s, \boldsymbol{\theta})$ 概率越小,则 $-\ln P(a \mid s, \boldsymbol{\theta})$ 越大。如果在 $P(a \mid s, \boldsymbol{\theta})$ 很小的情况下,获得较大的回报 Q,那么参数改进幅度 $-\ln P(a \mid s, \boldsymbol{\theta}) \cdot Q(s,a)$ 就更大,表示更"吃惊"。直观上理解,此时 Agent 选择了一个不常选的动作,却发现原来得到了较好的回报,因此对这次的参数进行一个大幅修改。

表 11-10　Reinforce 参数学习算法伪代码

Reinforce(NN)
Input: NN, a neural network for training after random initialization;
Output: trained network.
1. **For** each episode $\{<s_1,a_1,r_1>, <s_2,a_2,r_2>, \ldots, <s_{T-1},a_{T-1},r_{T-1}>, <s_T, null, r_T>\} \sim \boldsymbol{\pi}(\boldsymbol{\theta})$, do
2. 　　**For** $t=1$ to $(T-1)$, do
3. 　　　　$\boldsymbol{\theta} \leftarrow \boldsymbol{\theta} + \eta \cdot \nabla_{\boldsymbol{\theta}} \ln P(a_t \mid s_t, \boldsymbol{\theta}) \cdot Q(s_t, a_t)$;
4. Return NN.

有了基于回合制的更新,当然也就很容易想到单步更新。这种情况是梯度上升与时序差分的结合,称为演员批评家(Actor-Critic)[13]。Actor-Critic 的基本思想是分别用独立的网络来计算动作概率和价值。Actor 即前面的策略神经网络,负责计算动作的选择概率,而 Critic 是用来计算价值 Q 的神经网络。在每一步状态转移时,策略网络和价值网络都进行

更新,从而 Agent 能够动态学习而不必等到回合结束。在实际使用中,由于 Actor 输出的是动作概率,因此价值网络的收敛会较为缓慢。为了加速学习过程,Google 公司提出采用确定性的动作输出,以提高 Actor-Critic 的收敛性和稳定性,这被称为 DDPG(Deep Deterministic Policy Gradient)方法。显然,Actor-Critic 方法比 Reinforce 更一般,它可以处理价值函数和策略函数同时为无穷的情况。

11.5 本章小结

强化学习又称再励学习,模拟的是人和动物的学习机制。它建立在 Agent 具有理性决策的假设之上,通过选择合适的动作来最大化获得的收益。与传统的机器学习不同,强化学习是一种交互式学习,基本要素包括环境、动作和回报(或价值)。Agent 需要在与环境的交互中探索出在各种状态下的最优动作,即最优策略。

价值和策略是强化学习的两个核心要素。价值的计算依赖于采取的策略,而最优策略的选取又取决于价值。无论是从价值入手还是从策略入手,最终的目标就是通过不断更新使得贝尔曼方程成立。蒙特卡洛和时序差分学习就是从这两个不同的角度完成更新。深度强化学习仍然是基于上述思路,只是引入了深度神经网络来直接计算价值或策略。另外,在动作选取中需要注意的一个问题是如何平衡"选择已知最优策略"和"探索未知策略"两个方面。

参考文献

[1] Epstein J M, R. Axtell. Growing Artificial Societies: Social Science from the Bottom up[M]. Brookings Institution Press,1996:21-53.

[2] L. Kallenberg. Finite State and Action MDPs. In E. A. Feinberg and A. Shwartz,eds.,Handbook of Markov Decision Processes: Methods And Applications[M]. New York:Springer,2002.

[3] M. L. Puterman and M. C. Shin. Modified Policy Iteration Algorithms for Discounted Markov Decision Problems[J]. Management Science,1978,24(11):1127-1137.

[4] L. P. Kaelbling,M. L. Littman, A. R. Cassandra (1998). Planning and Acting in Partially Observable Stochastic Domains[J]. Artificial Intelligence,1998,101(1-2):99-134.

[5] M. Hauskrecht. Value Function Approximations for Partially Observable Markov Decision Processes[J]. Journal of Artificial Intelligence Research,2000,13:33-94.

[6] R. S. Sutton, A. G. Barto. Reinforcement Learning:An Introduction[M]. 2nd Edition. The MIT Press,Cambridge,Massachusetts,2018:91-115.

[7] W. Schultz,P. Dayan and P. R. Montague. A Neural Substrate of Prediction And Reward[J]. Science,1997,275(5306):1593-1599.

[8] J. N. Tsitsiklis. Asynchronous Stochastic Approximation and Q-learning. In Proceedings of 32nd IEEE Conference on Decision and Control[C],San Antonio[C],TX,USA,Dec. 15-17,1993:395-400.

[9] M. Wiering and J. Schmidhuber. Fast Online Q(λ)[J]. Machine Learning,1998,33(1):105-115.

[10] V. Mnih, K. Kavukcuoglu, D. Silver, et al. Human-Level Control Through Deep Reinforcement Learning[J]. Nature,2015,518(7540):529-533.

[11]　H. van Hasselt. Double Q-Learning[J]. Advances in Neural Information Processing Systems,2011,23: 2613-2622.

[12]　T. Schaul,J. Quan,I. Antonoglou,et al. Prioritized Experience Replay. In Proceedings of the 4th International Conference on Learning Representation[C], San Juan,Puerto Rico,May 2-4,2016.

[13]　S. M. Mustapha and G. Lachiver. A modified Actor-Critic Reinforcement Learning Algorithm. Canadian Conference on Electrical and Computer Engineering [C], Halifax, NS, Canada, May 7-10,2000.

第 12 章

进化计算与群体智能

以神经网络为代表的连接主义学派选择了一条与符号处理不一样的道路：以大脑的生物特征为基础，采用数值计算的办法来模拟智能。沿此路线继续前进，人们研究了自然界多种多样的生物行为特点，并开发了计算方法来模拟智能行为。这个领域被称为计算智能（Computational Intelligence）。目前，计算智能不仅包括人工神经网络，还涉及以生物变异、自然选择为启发的进化计算，以群体协作为启发的生物群体智能算法，以及模糊系统等。人工神经网络和模糊系统在前面的章节中已经介绍过。本章将关注剩下的内容。

12.1 遗传算法

自然界的某些现象往往蕴含着智能行为。例如，松鼠会从松果缝隙中收集松子作为食物。这种智能行为的产生是成千上万年生物进化的结果。达尔文的自然选择学说是生物进化的基础。自然选择理论认为，在资源有限且种群稳定的环境中，不同个体之间存在相互竞争，性状优良的个体更容易获得生存和繁殖机会，从而将这种优良性状遗传给下一代。经过一段时间后，这种性状就会成为种群中的主要性状。自然选择学说概括起来就是物竞天择，适者生存。那么，这种生物进化或者自然界中的其他机制是否能用于智能系统的设计中？本节就将讨论该问题。

从大范围上看，生物进化史其实是一个搜索过程。这个过程在自然选择的作用下逐渐淘汰不太满足自然条件约束的个体，而剩下越来越符合自然约束的"解"个体。遗传算法（Genetic Algorithm）就是参考这种机制设计的[1]。一般而言，遗传算法分为以下几步：

(1) 将问题的解空间进行编码，称这样的编码串为染色体；

(2) 随机产生数量为 k 的初始种群作为亲代，并计算每个个体的适应度；

(3) 对亲代作交叉、变异操作，得到子代种群；

(4) 计算子代种群每个个体的适应度；

(5) 将亲代和子代混合，选取 k 个适应度最高的个体作为新的亲代；

(6) 转步骤(3)，直到个体适应度达到要求；

（7）将适应度最高的个体解码，得到原问题的解。

实质上，遗传算法是通过交叉和变异，产生新的解，而通过基于适应度的选择来逐步优化解。下面以一个例题来说明该算法的搜索过程。

例 12-1 求二元函数 $z=(x^2-2x)\mathrm{e}^{-x^2-y^2-xy}$ 在 $-4\leqslant x\leqslant4,-3\leqslant y\leqslant3$ 上的最大值。

解：闭区间上的多元函数求最值有经典解法，但本题所给函数稍显复杂，故采用遗传算法较简便。

（1）编码。求解第一步需要设计编码格式来表示解。编码原则是要能覆盖全部解空间。这里采用二进制编码格式。将计算精度设置为 3 位小数，由自变量取值范围知，需要 3 位二进制码表示整数部分，11 位二进制码表示小数部分，1 位二进制码表示符号。所以，用 30 位 0-1 字符串表示解。图 12-1 是 $x=-2.258,y=0.668$ 的编码串（称为染色体）。

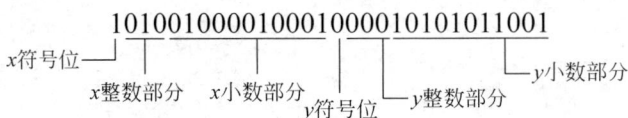

图 12-1 解的二进制编码字符串

（2）产生初始种群。随机产生 $k=500$ 个个体，计算每个个体的适应度。适应度设置为函数值。

（3）交叉和变异。将个体两两配对，按照均匀分布随机选取交叉点，并将交叉点之后的字符串交换，得到两个新的个体，如图 12-2 所示。

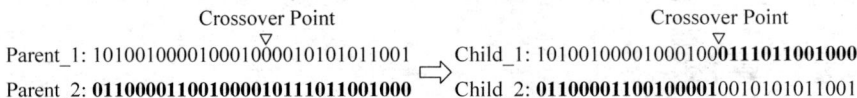

图 12-2 交叉操作

每个子代个体按均匀分布随机选择变异点。在变异点处，将编码由 0 变为 1 或由 1 变为 0，如图 12-3 所示。

图 12-3 变异操作

（4）计算子代适应度。这一步计算每个新个体的适应度。

（5）选择。将亲代和子代混合，选择适应度较高的 k 个个体作为新的亲代。一般采用轮盘赌的方式选择。

（6）迭代。重复步骤（3）～（5）50 次。

（7）解码。将最后得到的种群中适应度最高的个体解码，得到解。

图 12-4 给出了函数图像以及算法一次运行的结果，可见在进化到 15 代以后，适应度基本收敛到最值。最终的解为 $x=-0.938,y=0.469,z=1.42453$。

遗传算法过程简单且容易并行化等优点，使其在函数优化、组合优化、进化编程、人工生命、机器学习等多个领域都有应用。但在处理大规模问题时，遗传算法的收敛速度较慢。另外，算法还受初值影响，可能陷入局部最优。

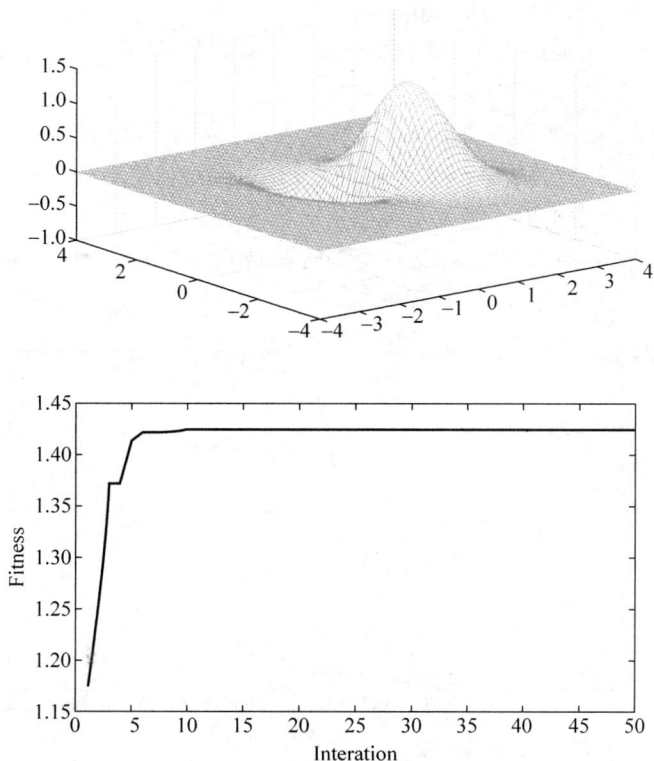

图 12-4 遗传算法求函数最大值的运行结果

12.2 模拟退火算法

模拟退火算法,顾名思义,来源于固体退火原理。按照热力学原理,物体在常温时倾向于达到内能最小的状态。人们参考该过程,将固体加温至充分高,再让其徐徐冷却。加温时,固体内部粒子随温升变为无序状,内能增大,而徐徐冷却时粒子渐趋有序,在每个温度都达到平衡态,最后在常温时达到基态,内能减为最小。模拟退火算法遵循的同样是这一过程。它只保留当前解的状态和评价函数。每一步更新时,算法只考虑当前解和相邻解,并将当前解更新为使评价函数变好的相邻解。上述过程重复迭代,评价函数就不断改进,直至收敛[2]。需要指出的是,当随机生成的相邻解使评价函数变坏时,模拟退火算法并不总是拒绝它,而是以一定的概率接受。此概率值将随着迭代次数的增加而逐渐减小。因此,模拟退火算法在计算初期会很容易接受较差的解。这使得算法有能力在全部解空间上试探,从而避免收敛到局部最优。仍以 12.1 节遗传算法的函数求最值为例,给出模拟退火算法的计算过程:

(1) 参数设定。设置温度最大值 $Temp\_Max$ 为 $100°$,迭代次数 $T=10000$,随机搜索步长 $stepLen=0.01$。

(2) 生成初始解。在定义域范围内随机生成初始解 (x,y),并依照函数表达式计算适应度。

(3) 更新温度值。温度应随迭代次数的增加而逐渐减小,这里设为 $temp=\dfrac{(T-iter)}{T}$ ·

$Temp\_Max$。其中 $iter$ 是当前迭代次数。

(4) 产生相邻解。这里产生 $stepLen$ 范围内的随机步长 $(\Delta x, \Delta y)$，并计算适应度增加值 $\Delta z = z(x + \Delta x, y + \Delta y) - z(x, y)$。

(5) 更新当前解。若 $\Delta z \geqslant 0$，则将 $(x + \Delta x, y + \Delta y)$ 作为新的 (x, y)，否则以一定概率接受 $(x + \Delta x, y + \Delta y)$ 作为当前解。本例我们将概率计算为 $e^{iter * \Delta z / temp}$。

(6) 重复步骤(3)~(6)直到达到最大迭代次数为止。

图 12-5 给出了算法的一次运行结果，可见在迭代 6000 次后基本收敛。最终的解为 $(x, y, z) = (-0.9384, 0.4689, 1.424517)$。

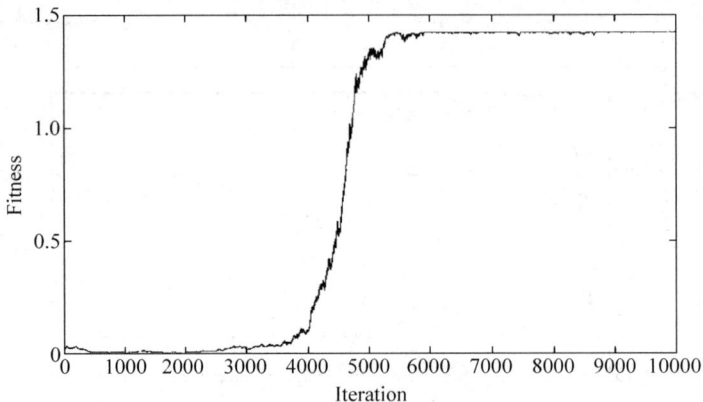

图 12-5　模拟退火算法的运行结果

模拟退火算法简单易用，对初值不敏感，能避免陷入局部最优。但它一般要求有较高的初始温度和较低的终止温度，且温度下降要缓慢。因此优化过程较长。另外，模拟退火算法受参数影响也比较剧烈。

12.3　蚁群算法

不同于进化计算，生物群体智能是指一个种群中各个具有自治性的个体相互影响，共同求解问题的行为。生物群体智能与下一章将要介绍的分布式问题求解有着相似之处，即都是通过多个个体的交互来优化生成解。二者的区别在于，分布式问题求解算法是确定性的，而生物群体智能算法是概率性的。换言之，后者能够找到全局最优解在很大程度上依赖于初始值和参数的设定。本章接下来的三节讨论三种生物智能算法。

蚁群算法(Ant Colony Optimization)是受蚂蚁觅食的启发而开发的智能算法[3]。在蚁群中，每只蚂蚁都是独立自治的个体。它们只活动在二维平面上，无法获得全局信息，即什么地方有食物？哪条路径能够最容易地取得食物并搬运回蚁巢？另外，蚁群中不存在协调所有蚂蚁的"中心"，也没有诸如"语言"的直接交流机制。然而，科学家经过长时间的观察后发现，蚂蚁初始阶段寻找食物呈现分散状态，一旦发现食物，蚂蚁的行动就逐渐展现出智能性——聚集到最优路径上。显然，其背后是获得食物的蚂蚁释放了某种启发信息以召集同伴。这种信息的载体被称为信息素。当蚂蚁取得食物并搬运回巢时，它会在沿途留下信息素。同伴们就会沿着信息素的方向寻找食物。信息素的浓度越大，则相应路径被选择的概率越大。因此,当越来越多的蚂蚁通过最优路径时,其信息素的浓度也会显著提高,从而影响更多的蚂蚁选择此最优路径。每一只蚂蚁可被看作具有简单行为的 Agent,它只需要在分岔路口按照信息素的浓度概率选择路径,然而最终的系统行为却非常智能。

下面以一个简单的最短路径问题来说明蚁群算法的基本过程。如图 12-6 所示,假设蚂蚁的出发点为 S 结点,食物在 T 结点,每条边上标注了长度(也可以是另外的某种代价)。起始时,所有蚂蚁都被放置于 S 处,每一只蚂蚁都随机地选取一个相邻结点作为前进方向。设 t 时刻蚂蚁处于结点 i 处,记 i 的相邻结点集合为 N_i,则选取邻结点 j 的概率为

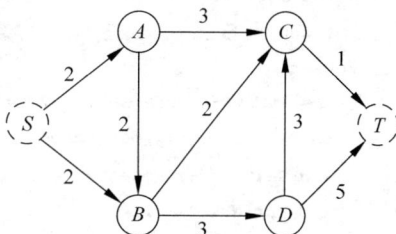

图 12-6　抽象的蚂蚁觅食路径

$$P_{j|i} = \frac{\tau_{ij}^{\alpha}(t)}{\sum_k \tau_{ik}^{\alpha}(t)}, \quad k \in N_i \qquad (12\text{-}3\text{-}1)$$

其中,$P_{j|i}$ 代表选择 i 到 j 的边的概率,$\tau_{ij}(t)$ 表示 i 到 j 的边上留下的信息素浓度,α 是参数,称为信息素的放大因子。初始化阶段,所有边上的信息素浓度均被设为一个极小的正数(为计算方便),蚂蚁的路径选择也是随机的。当蚂蚁到达 T 结点并获得食物后,将沿着原路径将食物搬运回 S 结点,并沿途留下信息素。假设蚂蚁在某一条路径上释放的信息素增量 $\Delta\tau_{ij}$ 是该路径长度 L 的减函数:

$$\Delta\tau_{ij} = f(L)$$

$\Delta\tau_{ij}$ 随 L 的增大而减小,那么距离越长的路径,信息素浓度增加得越慢。从而更多的蚂蚁倾向于选择信息素浓度增长较快,也就是距离较短的路径。因此,整个蚁群系统实现了优良的路径选择。

蚁群算法的具体实现由表 12-1 给出。其中第 8 行中函数 $SelectNode$ 按照式(12-3-1)计算的邻结点概率选择邻结点。为了避免路径出现环,在选择邻结点时需要排除已经出现在当前路径中的候选结点,这就是 $SelectNode$ 函数需要传入 $path_k$ 参数的原因。第 12 行中函数 $ComputeLength$ 用于计算完整路径的长度(或其他代价指标)。第 14 行中信息素的增加量是路径长度的减函数。关于蚁群算法的收敛条件,有多个选择,常用的有三个:

(1)预先设定最大迭代次数 T,当达到最大迭代次数时,算法停止;

(2)预先设定计算精度 δ,当 $L(path_k) \leqslant \delta$ 时,计算停止;

(3)预先设定单一路径蚂蚁比例 η,当选择相同路径的蚂蚁占比达到 η 时,计算停止。

表 12-1　蚁群优化算法伪代码

```
AntColonyOptimization(graph, S, T, K)
```

Input: graph, adjacent matrix of the graph;
S, start node;
T, destination node;
K, number of ants;
Output: optimal path or failure;
1. $\forall\, i,j,\ \tau_{ij}(0) \leftarrow \varepsilon$;
2. $t \leftarrow 0$;

续表

3. **Repeat**

4. **For** $k = 1, 2, \cdots, K,$ *do*

5. $path_k \leftarrow \{\ S\ \};$

6. $currNode \leftarrow S;$

7.   *Repeat*

8. $nextNode \leftarrow SelectNode(graph, \boldsymbol{\tau}(t), currNode, path_k);$

9. $path_k \leftarrow path_k \bigcup \{\ nextNode\ \};$

10. $currNode \leftarrow nextNode;$

11.   *Until* $currNode$ is $T;$

12. $L(path_k) = ComputeLength(path_k);$

13.   **For** each edge $(i, j) \in path_k,$ *do*

14. $\Delta\boldsymbol{\tau}_{ij} \leftarrow f(L(path_k));$

15. $\boldsymbol{\tau}_{ij}(t+1) \leftarrow \boldsymbol{\tau}_{ij}(t) + \Delta\boldsymbol{\tau}_{ij};$

16. $t \leftarrow t+1;$

17. **Until** convergence;

18. Return $path_k$ with minimum $L(path_k)$.

采用最大迭代次数作为收敛条件时,需要避免次数设置过低从而导致算法仅收敛到次优解。采用计算精度作为收敛条件时,需要对问题有一定的先验知识。若 δ 过小会导致算法无法停止,δ 过大则可能无法得到全局最优解。实际中可以结合多种上述条件来控制算法停止。另外,我们也可以设置一个挥发率参数 ρ 来控制信息素的挥发,即将表 12-1 第 15 行改为

$$\tau_{ij}(t+1) \leftarrow (1-\rho)\tau_{ij}(t) + \Delta\tau_{ij}$$

挥发率代表了蚂蚁系统对历史信息的遗忘。

上面给出了最基本的蚁群优化算法,在较简单的图中,它足够有效。当面对较复杂的问题时,则需要对它进行改进。一个直接的改进是针对式(12-3-1)中的选择概率。可以利用已知(Exploitation)和探索未知(Exploration)的平衡,选择已知的最优策略意味着能够根据已有经验获得最大回报;而探索未知策略则可能取得比当前最优回报更好的策略。因此,可以采用与主动强化学习类似的策略,将选择邻结点 j 的概率修改为

$$j = \begin{cases} \underset{j \in N_i}{\mathrm{argmax}}\, \tau_{ij}^{\alpha}(t) \cdot \eta_{ij}^{\beta}(t), & u < 1-\varepsilon \\ J, & u \geqslant 1-\varepsilon \end{cases} \tag{12-3-2}$$

其中 $u(0,1)$ 为服从均匀分布的随机变量,ε 是随机探索的概率,η_{ij}^{β} 代表结点 j 的吸引度,可设置启发式规则计算,β 是放大因子,J 代表式(12-3-1)加入吸引度后按概率选择的结果,即

$$P_{j|i} = \frac{\tau_{ij}^{\alpha}(t) \cdot \eta_{ij}^{\beta}(t)}{\sum\limits_{k} \tau_{ik}^{\alpha}(t) \cdot \eta_{ik}^{\beta}(t)}, \quad k \in N_i$$

式(12-3-2)的选择规则意味着蚂蚁以 $1-\varepsilon$ 的概率采用贪婪策略选择最近的邻结点,以 ε 的概率按照信息素浓度随机探索。改进的蚁群算法能够用于较为复杂的问题,但需要小心确定参数取值。

12.4　粒子群优化

粒子群优化(Particle Swarm Optimization，PSO)是另外一种群体优化算法，最早是受鸟类群体行为的启发而开发的。基本策略是，在粒子群中，假定每个粒子只受到自己"周围"的粒子影响，并且该粒子试图学习"周围"粒子中的优秀个体来使得自己更优秀。这种"周围"的邻居关系是以抽象的网络连接刻画的[4]。在一个高维问题域中，粒子的特征采用位置 $x(t)$ 和速度 $v(t)$ 表示。x 和 v 是高维向量，t 是时间。位置和速度存在以下关系

$$x(t+1)=x(t)+v(t+1)$$

即粒子位置是通过速度来更新的。粒子的速度更新公式为

$$v(t+1)=v(t)+c_1R[y(t)-x(t)]+c_2Q[\bar{y}(t)-x(t)] \tag{12-4-1}$$

式中，$R=\mathrm{diag}(r_1,r_2,\cdots,r_N)$，$Q=\mathrm{diag}(q_1,q_2,\cdots,q_N)$ 是对角矩阵，对角线元素服从 $(0,1)$ 上的均匀分布。它们的存在为搜索引入了随机性。c_1 和 c_2 是正常数。$y(t)$ 是指到 t 时刻，该粒子经过的最佳位置，$\bar{y}(t)$ 是指到 t 时刻，整个粒子群中所有粒子经过的最佳位置。例如，在最小化评价函数的优化中，粒子个体最佳位置

$$y(t+1)=\begin{cases} y(t), & f[x(t+1)]>f[y(t)] \\ x(t+1), & f[x(t+1)]\leqslant f[y(t)] \end{cases}$$

其中 $f[\cdot]$ 是评价函数。全局最佳位置

$$\bar{y}(t)=\underset{y(t)}{\mathrm{argmin}}\{f[y_1(t)],f[y_2(t)],\cdots,f[y_M(t)]\}$$

$y_i(t)$ 代表第 i 个粒子的最佳位置。

式(12-4-1)表明，粒子的移动受到自身历史最佳位置和全局最佳位置的影响。这会使得粒子逐渐趋近于全局最优点。另一方面，速度更新公式中的随机项又使得粒子可能越过最优点，从而探索新的解。我们将上述过程写成如表 12-2 所示的算法伪代码。算法第 2 行随机初始化粒子的位置，然后经过迭代收敛之后返回最佳位置解。算法的收敛性判定仍然可以采用 12.3 节提到的三个条件。

表 12-2　全局粒子群优化算法伪代码

```
GlobalParticleSwarmOptimization(M, N)
```

Input: M, number of particles;
　　　　N, number of dimensions;

Output: optimal solution;

1. **For** each $i\in\{1,2,\cdots,M\}$, do
2. 　$x_i(0)=RandInit(N)$;
3. 　$y_i(0)\leftarrow x_i(0)$;
4. 　$\bar{y}(0)\leftarrow\arg\min_{y(0)},\{f[y_1(0)],f[y_2(0)],\cdots,f[y_M(0)]\}$;
5. $t\leftarrow0$;
6. **Repeat**
7. 　**For** each $i\in\{1,2,\cdots,M\}$, do
8. 　　$v_i(t+1)\leftarrow v_i(t)+c_1R[y_i(t)-x_i(t)]+c_2Q[\bar{y}(t)-x_i(t)]$;

续表

9.	$x_i(t+1) = x_i(t) + v_i(t+1);$
10.	If $f[x_i(t+1)] \leqslant f[y_i(t)]$
11.	$y_i(t+1) = x_i(t+1);$
12.	Else
13.	$y_i(t+1) = y_i(t);$
14.	$\bar{y}(t+1) \leftarrow \arg\min_{y(t)}\{f[y_1(t+1)], f[y_2(t+1)], \cdots, f[y_M(t+1)]\};$
15.	$t \leftarrow t+1;$
16.	Until Convergence;
17.	Return $\bar{y}(t+1).$

读者可能已经注意到,表 12-2 给出的算法称为全局粒子优化算法。由于速度更新中的全局最优位置由所有粒子共同决定,这相当于每个粒子在运动时都受到其他所有粒子的影响。从关系网络角度看,此时所有其他粒子都是该粒子的"邻居",即网络是一个全连接的星型网络。另一种与之对应的算法称为局部粒子优化。它采用环型网络结构,即每个粒子只与少部分粒子相邻。相应的,速度更新公式(12-4-1)中的 $\bar{y}(t)$ 代表粒子及其相邻粒子的最佳位置,计算为

$$\bar{y}_i(t) = \arg\min_{y(t) \in \{i \cup Neighbour(i)\}} \{f[y(t)]\}$$

实现中,一般将粒子编号,采用编号索引来保存粒子的相邻网络关系。

与全局粒子优化相比,局部粒子优化保持了更多的粒子多样性,致使搜索能够覆盖大部分候选空间,因此不容易陷入局部最优点。但是,局部粒子优化中的粒子互联度更低,粒子无法快速地向全局最优点靠拢,因此收敛速度不如全局粒子优化。另外,还需要指出的是,两种优化方法都依赖于粒子的初始分布。通常将粒子初始化为均匀分布于候选空间中。若初始分布并未覆盖最优解区域,那么算法只能依靠粒子的随机速度进入该区域。这将导致算法效率降低甚至无法找到最优解。

12.5 人工免疫系统

顾名思义,人工免疫系统是按照生物(主要是哺乳动物)免疫系统运行机制而设计的优化算法。其特点是能够对多峰值函数进行多峰值搜索和全局优化。对于不同的约束条件,人工免疫算法的收敛速度也较快[5]。为准确理解人工免疫算法,首先简要叙述免疫系统的生物基础。如图 12-7 所示,生物体具有识别自己和异己细胞的功能。当异己细胞进入体内,免疫系统将其作为抗原,并启动免疫响应将其清除。若该类型的抗原第一次进入体内,则发育成熟的 B 细胞(由骨髓生成的白细胞转化成的淋巴细胞发育而来)会结合抗原形成受体,然后将抗原分解为多肽。多肽会被传输到受体表面,从而与成熟的 T 细胞(同样由淋巴细胞发育而来)绑定。当所绑定的 T 细胞与多肽匹配程度(称为亲和度)较高时,受体 B 细胞经过增殖并进入记忆细胞库。当亲和度较低时,B 细胞和 T 细胞分泌淋巴因子,然后生成浆细胞和针对该种抗原的抗体。浆细胞和抗体能够将抗原灭活,从而加以清除。当有相同的抗原第二次进入体内,由于记忆细胞的存在,免疫系统不再进行 T 细胞绑定等操作,直接由记忆细胞产生抗体,清除抗原。该过程比 T 细胞绑定快很多,保证了免疫的高效性。

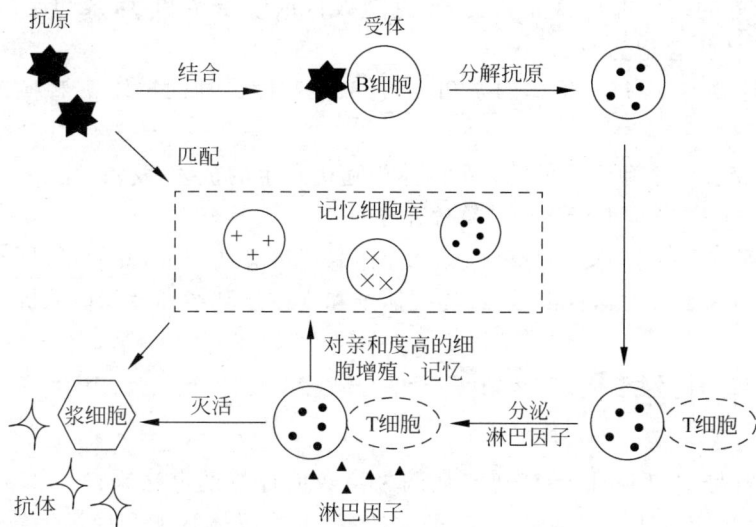

图 12-7　简化的生物免疫系统运行机制

根据以上运行机制,人工免疫系统需要具备几个特征。首先,绑定 T 细胞的淋巴细胞能够变异、增殖,以学习适应不同抗原结构。其次,在变异增殖的基础上,免疫系统需要建立记忆,以长期保存抗原结构。第三,当相同的抗原再次出现时,记忆细胞应更加快速响应,产生抗体。对于优化问题而言,抗原对应解决的问题,即各种约束条件。抗体对应问题的解。亲和度对应评价函数,即抗体和抗原的匹配程度。优化过程实质上就是寻求与抗原匹配的亲和度最高的抗体。人工免疫系统的算法很多,基本的过程如下:

(1) 抗原识别:即输入优化问题的约束条件;

(2) 初始抗体种群生成:首先计算记忆抗体与抗原的亲和度。若存在亲和度较高的记忆抗体,则依据该抗体随机产生初始抗体种群;否则随机产生初始抗体;

(3) 抗体的促进和抑制:计算抗体被克隆和变异的概率。亲和度高的抗体,被克隆的概率较大,变异概率较小;相反,亲和度低的抗体,被克隆概率小,变异概率大;

(4) 抗体更新:依据相应概率,采用克隆、变异、交叉等手段更新抗体;

(5) 亲和度计算:计算当前抗体的亲和度;

(6) 记忆抗体更新:选取亲和度高的个体更新记忆库;

(7) 重复步骤(3)～(6)直至达到计算停止条件;

(8) 选取亲和度最高的抗体作为解返回。

从上述步骤中可以看出,人工免疫算法与遗传算法有类似的处理过程,只是额外维护了一个记忆抗体库,用于对相同抗原做出快速反应。另外,抗体变异的概率也依赖于其亲和度。当存在亲和度较高的记忆抗体时,步骤(2)中的初始抗体可在记忆抗体附近的领域内随机产生。这能够确保算法较快收敛。抗体更新主要采用克隆、变异和交叉方法,能够保持搜索的解具备多样性。该步操作通常使用克隆选择算法:

(1) 将当前的抗体种群分为两个子集:记忆集(M)和非记忆集(R),记忆集的大小通常由抗原条件的数目决定;

(2) 计算每个抗体的亲和度,并选取亲和度最高的 h 个抗体组成集合 H;

（3）对 H 中的抗体进行克隆和变异，克隆数目依赖于亲和度，亲和度越大，克隆数越多，所得到的抗体集合记为 W；

（4）再次计算 W 中每个抗体的亲和度，选取亲和度最高的抗体 x 替换 M 集合中亲和度最低的抗体；

（5）将 R 集合中亲和度最低的 l 个抗体用随机产生的抗体替换；

（6）重复（2）～（5）步直至达到计算停止条件。

免疫算法和克隆选择算法的变异、交叉操作与遗传算法类似，此处不再赘述。其计算停止条件通常采用预设最大迭代次数、最优抗体亲和度或达到亲和度阈值的抗体数来实现。

12.6　本章小结

与传统的符号推理不同，计算智能强调采用数值计算的办法来模拟生物的智能行为。一般而言，计算智能包括人工神经网络、进化计算、生物群体智能和模糊系统。本章介绍了进化计算和生物群体智能的基本内容。进化计算和生物群体智能都是以差异个体组成的群体为基础，前者利用迭代更新加自然选择的方法寻优，后者则通过个体间的学习和探索寻优。需要指出，在面对具体问题时，两类方法可以结合使用。对算法参数的选择也需要根据实际尝试调整。

参考文献

[1]　M. Mitchell. An Introduction to Genetic Algorithms[M]. Cambridge，MA：MIT Press，1996.

[2]　S. Kirkpatrick，C. D. Gelatt and M. P. Vecchi. Optimization by Simulated Annealing[J]. Science，1983，220(4598)：671-680.

[3]　M. Nicolas，G. Frederic and S. Patrick. Artificial Ants[M]. Wiley-ISTE，2010.

[4]　Y. Shi and R. C. Eberhart. A Modified Particle Swarm Optimizer. In Proceedings of IEEE International Conference on Evolutionary Computation[C]，Anchorage，May 4-9，1998：69-73.

[5]　M. Read，P. S. Andrews and J. Timmis. An Introduction to Artificial Immune Systems. In G. Rozenberg，T. Back and J. N. Kok （eds.），Handbook of Natural Computing[M]，Springer Berlin，Heidelberg，2012：1575-1597.

第三篇

平 行 智 能

第 13 章

分布式人工智能与多agent系统

事实上,本书前面介绍的所有智能算法都可以纳入到 agent 系统中,作为构建拥有智能行为个体的实现途径。然而,随着任务数量和复杂程度的增加,单个 agent 处理起来也越来越困难。因此需要引入多个 agent 分工合作,共同完成任务并取得共同收益,这也符合现实中多个个体或组织合作的实际情况。另一方面,合作和竞争是相辅相成的,建立在自身收益最大化之上的多 agent 竞争也是一个重要的研究课题。本章就从这两方面入手,首先讨论多 agent 的合作,即分布式问题求解,然后进入博弈搜索。基于理性行为分析的多 agent 系统也是研究人类社会和动物群体的适当方法,本章最后一节将介绍用于优化社会资源配置的机制设计。

13.1 分布式问题求解

本书前面的章节已经讲述了搜索和规划的基本内容。分布式问题求解则是采用多个设计相对简单的 agent 协作,在解空间中共同搜索满足条件的解。首先需要明确一点,这里的多 agent 协作并不是将任务简单地划分为多个部分,每个 agent 完成相应的部分即可。例如,在解决如图 13-1 所示的经典扫雷游戏时,可以将雷区划分为多个块,每个 agent 处理其中的一块。这种方式对于单个 agent 而言,仍然与前面章节讲到的搜索问题没有本质区别,因此不在分布式问题求解的考虑范围内。分布式多 agent 系统要求系统是完全分散的,即每个 agent 独立自治地决策行动,不存在全局控制中心。agent 的协作方式有两种:一种是黑板模型,即具有不同专门知识的 agent 共享一个公共工作区(称为黑板),各 agent 通过读取黑板信息并将自己的求解记录共享到黑板上,从而实现通信。美国麻萨

图 13-1 经典的扫雷游戏

诸塞州大学阿默斯特分校(University of Massachusets,Amherst)的 Victor R. Lesser 教授是此方向的奠基人之一,主持设计了第一个黑板系统[1](Lesser 教授也被誉为多 agent 系统之父[2])。另一种是消息机制,即不存在共享工作区,每个 agent 只能获取环境的局部信息,并且只能与自己"相邻"(体现为网路连接关系)的 agent 交互。消息机制又分为通信(Communication)和协定(Convention)。通信是 agent 将自己周围的感知信息传递给周围伙伴,并从伙伴那里获取更大范围内的信息。在本节接下来的内容中,我们将看到这种局部通信对解决很多问题是至关重要的。协定是预先将某种机制设置在 agent 内部,从而避免冲突的发生。例如,为了避免车辆在道路上发生碰撞,大多数国家采用了靠右行驶的交通法规,如果违反这一预设机制,agent 将受到惩罚。当这种预设机制被广泛采用时,它就上升为社会法则(Social Laws)或社会规范(Social Norms)。关于协定的讨论将在本章后面展开,现在先进入通信机制下的多 agent 问题求解。

13.1.1　分布式约束满足

考虑一个信道选择问题。图 13-2 是同一个区域内的三台移动电话。为保证三个用户同时通话互不干扰,一个简单的办法是分配不同的信道给不同的用户。假设可供选择的有三种信道,需要设计分布式信道选择算法。分布式算法的优势是当用户终端很多时,各终端可自适应选择信道。从数学上看,信道选择问题实质上是一个染色问题(见图 13-3),即寻找一种染色方案使得任何相邻的两个结点颜色不相同。一般地,对于 n 个变量$\{X_1,X_2,\cdots,X_n\}$,其定义域为$\{D_1,D_2,\cdots,D_n\}$,我们的目标是寻找一组解$\{x_1,x_2,\cdots,x_n\}\in\{D_1,D_2,\cdots,D_n\}$,满足约束$\{C_1,C_2,\cdots,C_m\}$(称为可行解)。其中,每个约束 C_i 都描述了变量的一组关系。对于信道选择例子而言,每个变量的定义域都是$\{Red,Yellow,Green\}$,共有三个约束关系,即 $X_1\neq X_2,X_2\neq X_3,X_3\neq X_1$。在分布式约束满足中,通常让每个 agent 持有一个变量,并且 agent 能够自主选择变量取值。分布式算法的目标是让所有 agent 的变量尽快收敛到一组稳定的可行解。下面介绍一种典型的算法,称为异步回溯算法[3,4]。

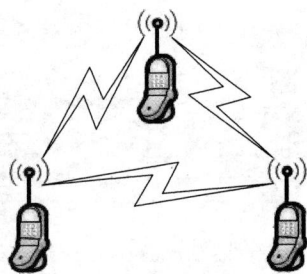

图 13-2　三个通信终端的信道选择

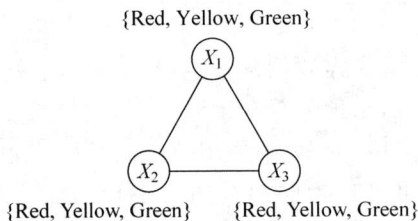

图 13-3　三结点染色问题

$\{Red, Yellow, Green\}$

X_1

X_2　　X_3

$\{Red, Yellow, Green\}$　　$\{Red, Yellow, Green\}$

异步回溯算法(Asynchronous Back Tracking,ABT)的基本思想是先将所有 agent 定义一个优先级,优先级高的 agent 在自身定义域内选择取值并发送给低优先级的 agent。低优先级的 agent 将收到的邻居的取值保存下来,再调整自身取值使其符合约束。ABT 算法中有两类消息。一种是 ok? 消息,是高优先级的 agent 用来将自己的编号和取值传递给低优先级 agent 的消息。另一类是 NoGood 消息,是低优先级 agent 用来报告冲突的消息。以信道选择为例,假设优先级随变量编号增大而依次降低。首先各 agent 随机初始化,假设均选择 Red。每个 agent 将自己的编号和取值通过 ok? 消息发送给低优先级的结点。agent 在收到 ok? 消息后,根据其取值在满足约束的自身定义域中选取变量值。因此,当 X_2 收到来自 X_1 的消息时,保存 X_1 的取值 Red,并在满足约束的定义域 $D_2 = \{Yellow, Green\}$ 中选择取值,假设选择了 Yellow。当 X_3 收到来自 X_1 和 X_2 的消息时,根据 X_1 的取值 Red 和 X_2 的取值 Yellow 在定义域 $D_3 = \{Yellow, Green\}$ 中选取值,假设仍然是 Yellow。进入第二轮计算,agent 再次发送 ok? 消息,此时 X_2 收到来自 X_1 的消息,发现自己的取值满足要求,于是不做处理。X_3 收到来自 X_1 和 X_2 的消息,将 X_2 的取值改为 Yellow(X_1 的取值不变),然后在满足约束的定义域 $D_3 = \{Green\}$ 中选择 Green。第三轮计算,当 agent 收到 ok? 消息后发现取值满足约束,因此获得一个解。表 13-1 列出了 agent 的 ABT 算法的伪代码。其中,agent 维护 agent_view 用于存储收到的相邻结点取值,函数 $GetInconsistSet$ 获取当前与约束不一致的集合作为 NoGood 消息,函数 $GetFeasibleValue$ 从当前的定义域中选取一个可行取值。

表 13-1　agent 的异步回溯算法伪代码

ReceiveOK(ok?, $< A_j, d_j >$)

1.　*agent_view $\leftarrow$ agent_view $\cup \{< A_j, d_j >\}$;*

2.　CheckAgentView;

ReceiveNoGood(NoGood)

1.　*NoGood_list $\leftarrow$ NoGood_list $\cup \{NoGood\}$;*

2.　**For** all $< A_k, d_k > \in$ *NoGood*, do

3.　　**If** A_k is not a neighbor

4.　　　*agent_view $\leftarrow$ agent_view $\cup \{< A_k, d_k >\}$;*

5.　　　Request to add A_k to neighbor;

6.　CheckAgentView;

CheckAgentView()

1.　**If** agent_view and current_value are inconsistent

2.　　**If** no value in D is consistent with agent_view

3.　　　Backtrack;

4.　　**Else**

5.　　　*current_value $\leftarrow$ GetFeasibleValue(D);*

6.　　　Send(ok?,$< A_i$, current_value $>$) to low - priority agent;

7.　**Else**

8.　　Send(ok?,$< A_i$, current_value $>$) to low - priority agent;

Backtrack()

1.　*NoGood $\leftarrow$ GetInconsistSet(current_value, agent_view);*

2.　**If** NoGood is empty

3.　　Broadcast to others that there is no solution;

4.**Else**

5.　　$< A_j, d_j > \leftarrow$ *GetLowestPriorNoGood(NoGood);*

6.　　Send(NoGood) to A_j;

7.　　Remove $< A_j, d_j >$ from agent_view;

8.　　CheckAgentView;

为更清楚地说明 NoGood 消息的传播,再看一个略复杂的四皇后问题。如图 13-4(a)所示,在 4×4 的国际棋盘中,如何放置 4 个皇后使得任意两个不出现相互攻击(国际象棋中皇后的走法是横向、纵向和斜向)。为表示方便,将位于第 i 行的皇后记为 Qi,列号采用 A 到 D 字母标记。假设初始状态是每个皇后都选择位于各自行的 A 列。按照优先级顺序,每个 agent 向编号大于自己的 agent 发送 ok? 消息,$Q1$ 发送三个,$Q2$ 发送两个,$Q3$ 发送一个(图 13-4(a))。

进入第二轮计算,当 $Q2$ 收到来自于 $Q1$ 的 ok? 消息后,选择一个与 $Q1$ 不冲突的位置,假设为 C,然后将自己的位置用 ok? 消息发送给 $Q3$ 和 $Q4$。当 $Q3$ 收到第一轮来自 $Q1$ 和 $Q2$ 的消息时,选择一个与 $Q1$ 和 $Q2$ 都不冲突的位置。注意第一轮的消息中,$Q1$ 和 $Q2$ 均位于 A 列,因此 $Q3$ 只能选择 D。当 $Q4$ 收到来自 $Q1$、$Q2$ 和 $Q3$ 的消息时,发现它们都位于 A 列,自身定义域中可选的 A、B、C、D 四个位置均无法满足约束,执行回溯,将 $Q3$ 的位置从 agent_view 中删除,并发送 NoGood 消息给 $Q3$,然后按照 $Q1$ 和 $Q2$ 的取值选择自己的可行解(假设 $Q3$ 会收到 NoGood 消息调整取值),即 B。此时,NoGood 消息是 $(Q1=A) \wedge (Q2=A) \rightarrow Q3 \neq A$。基于以上分析,我们得到如图 13-4(b)的状态。此轮中 $Q2$、$Q3$、$Q4$ 三个 agent 处于活跃状态,分别发送 ok? 消息和返回 NoGood 消息。

第三轮计算,$Q3$ 收到来自 $Q2$ 的 ok? 消息和来自 $Q4$ 的 NoGood 消息。此时它由消息知道 $Q2$ 位于 C,$Q4$ 位于 B。对 ok? 消息的处理发现定义域中没有符合条件的解,因此从 agent_view 中删除 $Q2$ 的取值,向 $Q2$ 发送 NoGood 消息,并选取与 $Q1$ 和 $Q4$ 都不冲突的位置,即当前位置 D。此时 NoGood 消息是 $Q1=A \rightarrow Q2 \neq C$。$Q4$ 收到来自 $Q2$ 和 $Q3$ 的 ok? 消息,发现自己的位置满足要求,故不做处理。基于上述分析我们得到图 13-4(c)。

第四轮计算,$Q2$ 收到来自 $Q3$ 的 NoGood 消息,排除位置 C,选取下一个可行解 D,然后发送 ok? 消息给 $Q3$ 和 $Q4$ 报告自己的新取值。第五轮计算,$Q3$ 收到来自 $Q2$ 的 ok? 消息,选取与 $Q1$ 和 $Q2$ 都不冲突的取值 B,并报告 $Q4$。$Q4$ 收到上一轮来自 $Q2$ 的 ok? 消息后,此时它的 agent_view 中显示 $Q2$ 和 $Q3$ 都位于 D,因此没有符合要求的取值,删除 $Q3$ 位置,选择与 $Q1$ 和 $Q2$ 都不冲突的位置 C,并返回 NoGood 消息 $(Q1=A) \wedge (Q2=D) \rightarrow Q3 \neq D$。所以我们得到图 13-4(d)。

考虑第六轮计算。先看 $Q4$。它接收到来自 $Q3$ 的新位置 B,发现没有可行解,因此返回 NoGood 并停留在满足要求的 C 列。NoGood 消息为 $(Q1=A) \wedge (Q2=D) \rightarrow Q3 \neq B$。再看 $Q3$。它收到上一轮来自 $Q4$ 的 NoGood,发现自己目前所处的 B 位置没有冲突,因此不予处理。如图 13-4(e)所示。

第七轮和第八轮如图 13-4(f)所示。$Q3$ 收到来自 $Q4$ 的 NoGood,发现没有可行的取值,因此删除 agent_view 中 $Q2$ 的位置并发送 NoGood 消息:$Q1=A \rightarrow Q2 \neq D$。同样,第八轮中 $Q2$ 收到来自 $Q3$ 的 NoGood 发现没有可行解(注意此时 $Q1=A \rightarrow Q2 \neq C$ 已经存储在 NoGood 集合中作为约束),因此删除 agent_view 中 $Q1$ 位置,返回 NoGood 消息:$Q1 \neq A$。这两轮计算中 $Q2$ 和 $Q3$ 都停留在当前位置,因为删除 agent_view 后,当前值不发生冲突。

进入第九轮,$Q1$ 收到来自 $Q2$ 的 NoGood,选择下一个可行解 B,并发送 ok? 消息报告新位置。如图 13-4(g)所示。第十轮计算中,$Q2$ 收到 $Q1$ 的 ok? 消息,发现 agent_view 与当前取值不冲突,因此将自己的取值发送给 $Q3$ 和 $Q4$。$Q2$ 收到 $Q1$ 的 ok? 消息,选择可行解 A,然后发送 ok? 消息给 $Q4$。$Q4$ 收到 $Q1$ 的 ok? 消息,不做处理。第十一轮中,$Q3$ 收到 $Q2$ 的 ok? 消息,未发现冲突,报告 $Q4$。$Q4$ 收到 $Q2$ 和 $Q3$ 的 ok? 消息,未发现冲突,不做处理。最终得到如图 13-4(h)的解。

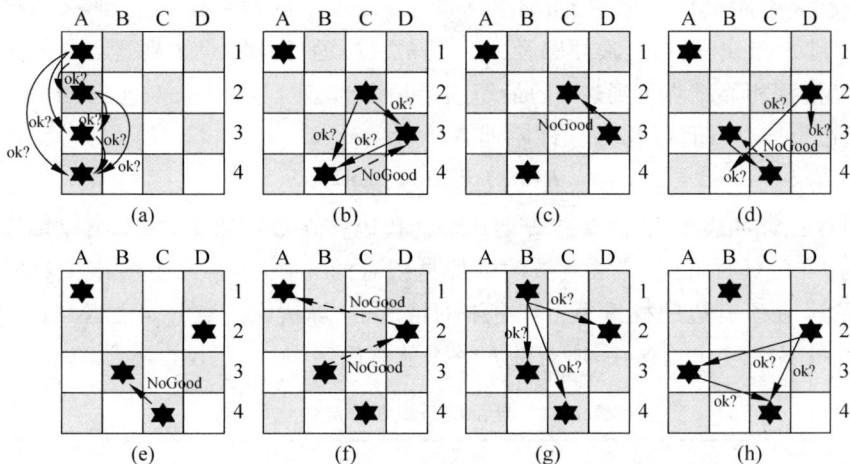

图 13-4　四皇后问题的异步回溯过程

异步回溯算法的完备性和正确性已经得到证明。它是很多分布式约束满足算法的基础。对该算法的一个改进集中在 NoGood 存储上。在最初的版本中，agent 存储所有的 NoGood 冲突集合。由于子集数量是问题规模的指数倍，因此其空间复杂度也是指数级的。一种改进办法是只存储与自身 agent_view 一致的 NoGood，这在一定程度上减轻了储存量。但在最坏的情况下仍然是指数级的。另一种办法是只存储与自身 agent_view 和当前取值同时保持一致的冲突集合，这保证了存储规模不会超过问题规模。

13.1.2　分布式优化

约束满足的目标是寻找一组可行解，而优化则是寻找性能指标最优的解。显然，在分布式环境下，后者要困难得多。所幸的是，人们已经开发出了一些这方面的算法。首先考虑一个分布式路径规划的问题。为便于与前面章节讲的集中式算法作对比，这里仍然采用路径搜索例子，原图重绘于图 13-5。问题的各种假设不变，目标是用分布式的方式寻找从西安到青岛的最短路径。与本章前面的定义类似，此处的分布式是指每个结点 agent 只知道相邻结点的状态，并且只开展本地计算。

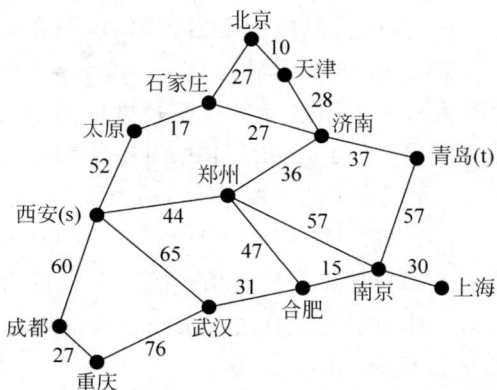

图 13-5　一幅简单的中国部分城市抽象地图

解决路径规划的一种方法是异步动态规划（Asynchronous Dynamic Programming），其基本思想仍然是基于最优性原理，即如果结点 x 在 s 到 t 的最短路径上，那么该路径的 x 到 t 部分（或 s 到 x 部分）仍然是最短路径[5]。记 $h^*(i)$ 为任意结点 i 到终点 t 的最短路径长度，那么 i 经由其相邻结点 j 到达 t 的最短路径长度为 $f^*(i,j)=w(i,j)+h^*(j)$，$w(i,j)$ 是 i 到 j 的边长度。并且根据最优性原理有

$$h^*(i)=\min_j f^*(i,j)$$

因此可以设计如表 13-2 的动态规划算法伪代码。在该算法中，每个结点都维护自己的 $h(i)$ 值作为 $h^*(i)$ 的估计。算法收敛的条件是所有的 $h(i)$ 不再发生变化。对于 n 个结点的连通图而言，在所有边的权重为正且有限的情况下，算法由终点开始由近及远地扩展确定 $h^*(i)$，因此最多经过 n 轮迭代，所有的 $h^*(i)$ 就将确定，最短路径也随之确定。

表 13-2　异步动态规划算法伪代码

```
AsynDP(node_i)

1. If node_i is goal node
2.    h(i)←0;
3. Else
4.    h(i)←∞;
5. Repeat
6.    For each neighbor j, do
7.       f(j)←w(i,j) + h(j);
8.    h(i)←min f(j);
          j
9. Until Convergence.
```

将异步动态规划应用到我们的例子上。首先初始化如图 13-6(a)所示。第一轮迭代济南和南京两个结点得到更新，h 值分别是到终点的边长，如图 13-6(b)所示。第二轮迭代中，与济南和南京相邻的结点得到更新，如图 13-6(c)所示。注意此轮中结点合肥更新时，邻结点郑州的 h 值仍然是无穷大。图 13-6(c)中的 h 值是由济南的相邻更新得来的。第三轮中与天津、石家庄、郑州、合肥、上海相邻的结点得到更新，如图 13-6(d)所示。虽然此时扩展已经到达起始点，但是仍然需要继续迭代直到所有结点的 h 值都不再发生变换为止（请思考这是为什么）。接下来还要进行两轮迭代以验证收敛条件，这里就不再列举了。

异步动态规划至多迭代 n 轮，这看似性能不错。然而，很多问题的结点规模远远超过该算法的有效处理范围。例如将每一种棋盘状态作为一个结点，搜索最优下棋步骤。那么结点规模将超过 10^{100}。此时为每一个结点分配程序并执行初始化都是无法接受的。另一种更高效的算法是学习实时 A^* 算法（Learning Real-Time A^*，LRTA*）。它是基于移动 agent 思想设计的[6,7]。考虑一个 agent 的情况，该 agent 从起始点出发，每一步完成以下操作：采用与异步动态规划一样的方法计算所在结点的 $h(i)$ 值，然后选取最近的路径移动到相邻的结点上。表 13-3 给出了一轮计算的核心伪代码。在执行 LRTA* 算法之前，需要首先初始化每个结点的 $h(i)$ 值。然而要保证算法收敛到正确的解，必须满足两个条件：一是图网络是连通的，且每条边的权重为有限的正数；二是每个 $h(i)$ 的初始值都是可采纳的。在没有更多的启发信息下，可以初始化为 0。迭代计算时，算法具备以下几条性质：

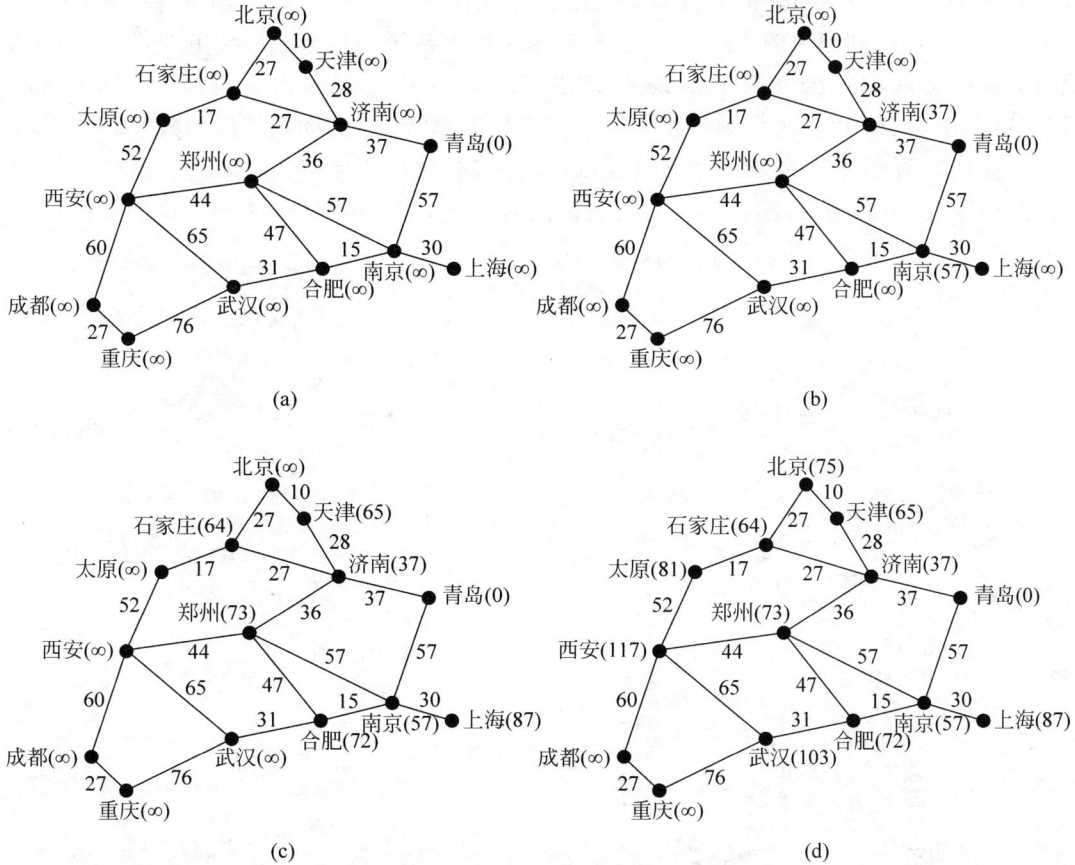

图 13-6　异步动态规划的搜索过程

表 13-3　实时学习 A* 算法伪代码

LearningRealTimeAStar(StartNode, Terminal, Network)

1. $i \leftarrow StartNode$;
2. **While** i is not Terminal, do
3. 　**For** each neighbor j, do
4. 　　$f(j) \leftarrow w(i,j) + h(j)$;
5. 　$i' \leftarrow \underset{j}{argmin} f(j)$;
6. 　$h(i) \leftarrow \max\{h(i), f(i')\}$;
7. 　$i \leftarrow i'$.

（1）每个 h 值单调非减，且始终是可采纳的；

（2）agent 将从起始结点开始移动到终止结点结束，此过程称为一次尝试；

（3）每一次尝试都是在上一轮计算的 h 值上进行更新；

（4）当 agent 前后两次尝试的路径相同时，该路径就是最短路径。

需要指出，满足第 4 点的最短路径可能在之前的计算中出现过，但没有连续出现两次。

从本质上讲，LRTA* 算法其实是集中式的，但我们可以引入多个独立的 agent 并发执行此算法。多 agent 并发执行下的算法仍然具备上面的 4 条性质，其收敛速度也会加快。

这主要是因为当多个 agent 同时探索最短路径,前期探索的经验会以 h 值保存下来,进而被后来的 agent 学习利用。图 13-7 展示了算法用于前面例子的搜索过程。其中图 13-7(a)所示的第一次尝试,agent 徘徊于太原-石家庄和北京-天津之间多次。同样,图 13-7(b)和图 13-7(d)中 agent 也多次徘徊于相邻两地。但是随着结点 h 值的提升,agent 将最终逃离循环。在到达图 13-7(f)所示的第六次尝试后,各结点的 h 值保持稳定,第七次尝试将重复出现此路径(图中未画出,读者可自行尝试),此时算法收敛,得到图 13-7(f)中的最短路径,起始点西安的 h 值就是最短路径的长度。

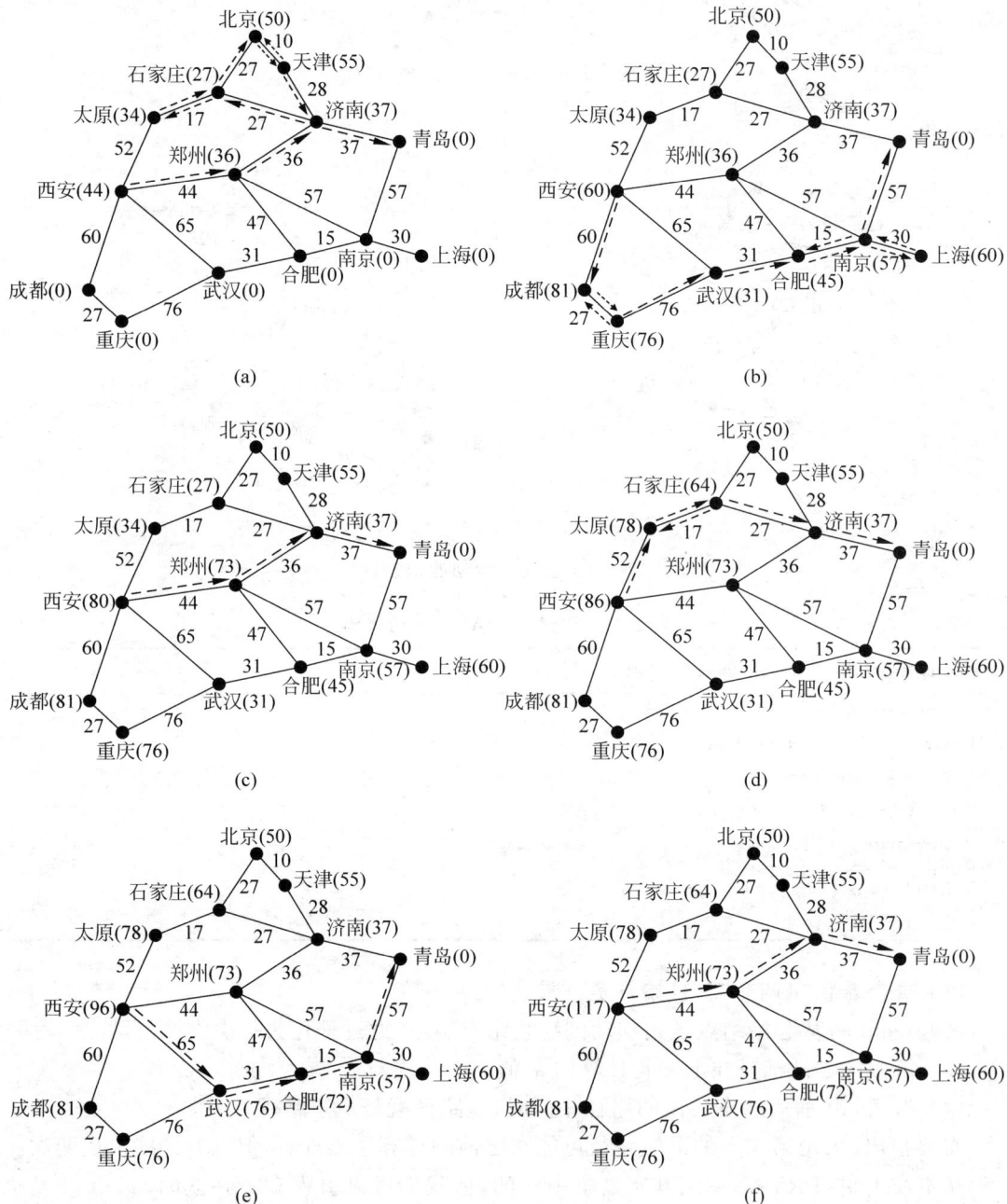

图 13-7　LRTA* 搜索过程

13.2　博弈搜索

本节将转向具有理性行为的多 agent 环境。有了马尔可夫决策过程的基础,本节的内容更容易理解。在 MDP 中,agent 的目标是寻找最优策略。当效用函数不仅取决于环境和自身状态,而且也受到其他 agent 行为的影响时,就会出现多 agent 之间的对抗与合作。对抗与合作中研究得较多的是前者。一些情况下,合作也可能是多个 agent 自发地组成集体,以对抗另外的 agent 或集体,从而使自己的收益获得最大化。根本上说,对抗的出现是因为在环境总效用一定的情况下,不同 agent 之间的效用函数产生了冲突。这在数学上称为博弈。博弈的英文单词是 Game,最初来源于对对抗类游戏的研究,是人工智能领域的一个重要议题。本节将关注几种典型的博弈类型及一些经典求解算法。

13.2.1　标准式博弈

博弈论的一个基本例子是囚徒困境,描述如下:警方抓获了抢劫珠宝店的两个嫌疑犯 A 和 B,但是不够证据起诉全部罪名。因此将他们分开审讯。若只有一个疑犯坦白,则坦白方获得轻判监禁 1 年,未坦白方则重判监禁 10 年;若两个疑犯都坦白,则各自获刑监禁 5 年;若双方都不坦白,则只能起诉部分罪名,各自获刑 2 年。问疑犯应该采取怎样的策略。此问题中,每个疑犯的策略回报都依赖于另一个疑犯。按照博弈论术语,不同策略下获得的回报称为支付函数(Payoff),可以写成如表 13-4 的矩阵形式称为支付矩阵。其中 A 和 B 是博弈的玩家或参与者(Player),NC 和 C 代表他们的策略空间,括号中的数值分别代表对应行玩家(A)和列玩家(B)采取相应策略时的回报。

表 13-4　囚徒困境问题的支付矩阵

A	B	
	NC(Not Confess)	C(Confess)
NC	$(-2,-2)$	$(-10,-1)$
C	$(-1,-10)$	$(-5,-5)$

形如表 13-4 的博弈称为标准式博弈(Normal-form Game),它的形式化定义是:

定义 13-1(标准式博弈)　n 个玩家(n 为自然数)的标准式博弈定义为一个三元组$\langle N, A, u \rangle$:N 是 n 个玩家集合,$A = A_1 \times A_2 \times \cdots \times A_n$ 是 n 个玩家的有限行动集合,$\boldsymbol{a} = (a_1, a_2, \cdots, a_n) \in A$ 代表每个玩家在各自的行动集合中选择一个行动,称为一个行动组合(Action Profile),$\boldsymbol{u} = (u_1, u_2, \cdots, u_n)$ 称为支付向量,其中 $u_i: A \to R$ 是一个实值函数,代表玩家 i 获得的效用或回报。

这里需要指出,MDP 中 agent(即此处的玩家)获得的效用与自身所处状态有关,而上述标准式博弈的定义实际上隐含了假设:每个 agent 按照行动组合 $\boldsymbol{a}$ 执行动作后的状态是可观察的,并且行动导致的可能状态转移也是可计算的。另外,定义中每个玩家的支付函数 u_i 都是所有玩家(而并非自身)行动集合上的函数,表明该玩家的回报受其他玩家行动影响。表示 n 玩家的标准式博弈可以采用 n 维矩阵,第 i 维代表玩家 i 的所有行动取值。二维的情况已经在前面的囚徒困境例子中展示过了。

定义 13-2（常数和博弈）　如果玩家数为 2，且对于任何行动组合 $a \in A_1 \times A_2$ 均有 $u_1(a) + u_2(a) = c$（c 为常数），则称这样的博弈为常数和博弈（Constant-sum Game）。特别地，当 $c = 0$ 时，称为零和博弈（Zero-sum Game）。

常数和博弈要求任何策略下的效用总和相等，该条件可放松为任何策略下效用总和是有限常数（不要求相等），这被称为一般和博弈（General-sum Game）。agent 的策略可以是动作集合中一个确定的动作，称为纯策略（Pure Strategy），也可以是多个动作的概率分布，称为混合策略（Mixed Strategy）。记 $s_i(a_i)$ 为玩家 i 行动集合中动作 a_i 的选择概率，则 s_i 是其所有行动上的一个概率分布，它对应了一个混合策略。称动作子集 $\{a_i | s_i(a_i) > 0\}$ 为混合策略 s_i 的支撑集。显然，如果混合策略支撑集中只包含一个概率为 1 的动作，混合策略就退化为纯策略。在 n 个玩家的标准式博弈 $\langle N, A, u \rangle$ 中，设每个玩家的混合策略构成了一个混合策略组合 $s = (s_1, s_2, \cdots, s_n)$，我们可以定义玩家 i 的期望效用为

$$u_i(s) = \sum_{a \in A} u_i(a) \prod_{j=1}^{n} s_j(a_j)$$

对于博弈中的每个玩家 i，如果混合策略组合 s 下的回报 $u_i(s)$ 和 s' 下的回报 $u_i(s')$ 满足 $u_i(s) \geq u_i(s')$，$\forall i \in N$，并且存在某个玩家 j，有 $u_j(s) > u_j(s')$，那么称 s 对 s' 帕累托占优（Pareto Dominant）。有了以上基础知识，现在我们定义博弈论中一个非常重要的概念——纳什均衡。

定义 13-3（纳什均衡）　记 s_{-i} 是除去玩家 i 的其他玩家的混合策略组合。如果对于玩家 i，有 $u_i(s_i, s_{-i}) \geq u_i(s_i', s_{-i})$，$s_i'$ 是玩家 i 的不同于 s_i 的混合策略，那么称 s_i 是玩家 i 对 s_{-i} 的最佳回应（Best Response）。如果一个混合策略组合 $s = (s_1, s_2, \cdots, s_n)$ 中，每个 s_i 都是玩家 i 对 s_{-i} 的最佳回应，那么 s 被称为纳什均衡（Nash Equilibrium）。

这个定义是以著名数学家和经济学家约翰·纳什命名的。纳什在他的博士论文中给出了存在性定理：任何有限玩家、有限行动集合的博弈都至少存在一个纳什均衡[8,9]。注意该定理只是指出存在纳什均衡，但并未说明是哪种均衡。有可能没有纯策略纳什均衡而只有混合策略纳什均衡。定义中的不等号若取严格大于号，即 $u_i(s_i, s_{-i}) > u_i(s_i', s_{-i})$，$\forall i \in N$，则称为严格纳什均衡（Strict Nash Equilibrium）。若至少存在一个玩家有 $u_i(s_i, s_{-i}) = u_i(s_i', s_{-i})$，且其余玩家都取严格大于号，则称为弱纳什均衡（Weak Nash Equilibrium）。混合策略的纳什均衡必然是弱纳什均衡，而纯策略纳什均衡可能是严格纳什均衡，也可能是弱纳什均衡。

求解一般 n 玩家博弈下的纳什均衡是困难的，目前只有几个近似算法。当 $n = 2$ 时，纯策略纳什均衡可以采用简单的画线法。操作如下：

（1）对玩家 1 的每个策略 α_i，寻找玩家 2 的最佳回应 β_j，在支付矩阵中对应的元素 b_{ij} 下画线；

（2）对玩家 2 的每个策略 β_j，寻找玩家 1 的最佳回应 α_i，在支付矩阵中对应的元素 a_{ij} 下画线；

（3）若支付矩阵元素 (a_{ij}, b_{ij}) 的每个分量下都有画线，则它对应的策略 (α_i, β_j) 就是纳什均衡。

仍然以囚徒困境为例，首先对 A 的两个策略分别寻找 B 回报最大的最佳回应动作，均

为C(因回报高于NC,表13-5实线)。然后再对B的两个策略分别寻找A的最佳回应,也均为C(表13-5虚线)。支付矩阵元素$(-5,-5)$两个分量下都有画线,因此对应策略(C,C)是一个纯策略纳什均衡。2玩家混合策略的纳什均衡要复杂一些。这里举一个如表13-6所示的简单例子。设玩家B采取行动L的概率为p,采取行动R的概率为$(1-p)$。对于玩家A而言,采取行动U和D获得的效用应该相等。否则A会选择效用大的行动从而导致纯策略。因此

$$u_A(U)=u_A(D) \Rightarrow 2 \cdot p + 0 \cdot (1-p) = 0 \cdot p + 1 \cdot (1-p) \Rightarrow p = \frac{1}{3}$$

同样可以计算 A 的行动概率为(2/3,1/3)。所以混合策略纳什均衡是$((U,D),(L,R))=((2/3,1/3),(1/3,2/3))$。

表 13-5　画线法求解 2 玩家纯策略纳什均衡

A	B	
	NC(Not Confess)	C(Confess)
NC	$(-2,-2)$	$(-10,\underline{-1})$
C	$(\underline{-1},-10)$	$(\underline{-5},\underline{-5})$

表 13-6　2 玩家混合策略的纳什均衡例子

A	B	
	L	R
U	(2,1)	(0,0)
D	(0,0)	(1,2)

13.2.2　扩展式博弈

标准式博弈的表示方式是多维矩阵。二维情况就是支付矩阵。扩展式博弈(Extensive Form Game)则进一步考虑了时间因素[10]。它假设玩家做出行动的时间是不一样的。与标准式博弈不同,典型的扩展式博弈常常表示为一棵博弈树,如图13-8所示。博弈树上的每个结点代表博弈达到的状态和相应玩家选择动作的时间点,结点下的分支代表玩家的可选动作集合,最终的叶结点下标有对应行动序列的支付向量。图13-8展示了三次博弈,分别由玩家1、玩家2、玩家1选择动作(黑色结点上方的数字代表玩家编号),每一次选择的可用动作用英文字母标示在边上,最后的空心叶结点下给出了两个玩家的支付向量。可以看到,位于同一层(从根结点开始计算)的结点代表了一个玩家在相应时刻的决策分支,它们被称为一个信息集(Information Set)。扩展式博弈可以转化成标准式博弈,方法是将每个玩家的选择结点动作组合作为动作集合,将支付向量作为支付矩阵的元素。图13-8可写成表13-7的标准式博弈。

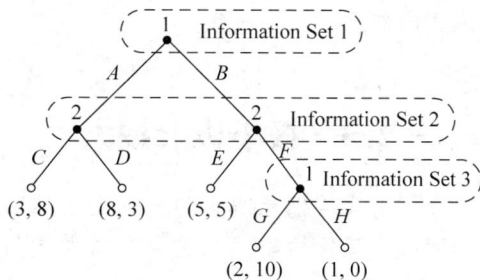

图 13-8　扩展式博弈的博弈树

表 13-7 扩展式博弈转化为标准式博弈

1	2			
	(C, E)	(C, F)	(D, E)	(D, F)
(A, G)	(3, 8)	(3, 8)	(8, 3)	(8, 3)
(A, H)	(3, 8)	(3, 8)	(8, 3)	(8, 3)
(B, G)	(5, 5)	(2, 10)	(5, 5)	(2, 10)
(B, H)	(5, 5)	(1, 0)	(5, 5)	(1, 0)

与马尔可夫决策过程类似,如果参与博弈的玩家能够准确观察到所处的环境,那么它就能判断自己目前处于博弈树上的哪个结点。这在博弈论中用术语完美信息博弈(Perfect Information Extensive Form Game)描述[11]。当环境不是完全可观察时,例如无法观察到其他玩家采取的动作,那么玩家在同一个信息集中就无法区分博弈位于哪个结点上。这种博弈称为不完美信息博弈(Imperfect Information Extensive Form Game)。我们这里只讨论完美信息博弈。完美信息博弈的形式化定义是

定义 13-4(完美信息扩展式博弈) 有限完美信息扩展式博弈定义为一个八元组$\langle N, A, H, Z, \chi, \rho, \sigma, u \rangle$:$N$ 是 n 个玩家集合;A 是一步动作集合;H 是非终止选择结点集合;Z 是与 H 不相交的终止结点集合;$\chi : H \to 2^A$ 是动作函数,它为每一个选择结点分配一个可选的动作集合;$\rho : H \to N$ 是玩家函数,它为每个选择结点分配一个在该结点选择动作的玩家;$\sigma : H \times A \to H \cup Z$ 是后继函数,它将每个选择结点和选择动作映射为另一个选择结点或终止结点,并且如果 $\sigma(h_1, a_1) = \sigma(h_2, a_2), \forall h_1, h_2 \in H, a_1 \in \chi(h_1), a_2 \in \chi(h_2)$,则有 $h_1 = h_2, a_1 = a_2$;$u = (u_1, u_2, \cdots, u_n)$ 是 Z 上的 n 个玩家支付向量,$u_i : Z \to \mathbb{R}$ 是第 i 个玩家的实值支付函数。

完美信息扩展式博弈的纯策略定义为 agent 在每个选择结点所选动作的笛卡儿积。例如图 13-8 博弈中玩家 1 的纯策略有

$$S_1 = \{(A, G), (A, H), (B, G), (B, H)\}$$

玩家 2 的纯策略有

$$S_2 = \{(C, E), (C, F), (D, E), (D, F)\}$$

注意玩家 1 的纯策略必须包含 (A, G) 和 (A, H),即使在第一步选择 A 后博弈就结束了。这是因为根据定义,纯策略是所有选择结点动作的笛卡儿积而不管该选择结点是否能够达到[12]。完美信息扩展式博弈的纳什均衡与标准式博弈的定义类似。可以看到,图 13-8 的扩展式博弈和表 13-7 的对应标准式博弈具有相同的纳什均衡

$$\{(A, G), (C, F)\}, \{(A, H), (C, F)\}, \{(B, H), (C, E)\}$$

13.2.3　极小极大搜索

在了解完美信息博弈的基本概念后,我们可以进一步从每个参与博弈的 agent 角度考察如何确定最优策略。首先来看两人常数和博弈的情况,相关工作来源于 AI 棋类算法的研究。假设两个玩家轮流行动,由于总效用是一定的,玩家 1 每一步都希望选择使自己回报最大的动作,同样的原则也适用于玩家 2,这相当于玩家 2 会选择使玩家 1 回报最小的动作。因此,当玩家 1 处于某个选择结点时,期望效用可以通过检查后继结点的极小极大值来确定:

$$MINIMAX(h) = \begin{cases} u_1(h), & h \text{ 是叶结点} \\ \max\limits_{a \in \chi(h)} MINIMAX(\sigma(h,a)), & h \text{ 是玩家 1 的选择结点} \\ \min\limits_{a \in \chi(h)} MINIMAX(\sigma(h,a)), & h \text{ 是玩家 2 的选择结点} \end{cases}$$

这其实提供了一个递归算法,称为极小极大算法,见表 13-8。函数 MIN_VALUE 和 MAX_VALUE 分别计算指定结点的极小和极大效用。这两个函数采用递归的方式一直推进到博弈树的叶结点,然后逐层将效用值回传[13]。MINIMAX 则选择最初结点中效用最大的行动作为最优行动。图 13-9 给出了一个两人常数和博弈的极小极大搜索树。在根结点 A 处,玩家 1 的效用可以自己选择下一层中的最大效用分支,而第二层 B、C、D 结点则返回下一层效用最小的分支。

表 13-8   两人常数和完美信息博弈的极小极大算法伪代码

MINIMAX(node)

Input: node, a node state in game tree;

Output: an action.

1. Return $\arg\max\limits_{a \in \chi(node)} MIN\_VALUE(\sigma(node,a))$;

MIN_VALUE(node)

Input: node, a node state in game tree;

Output: utility.

1. **If** node is a terminal
2.   Return $u_i(node)$;
3. $u \leftarrow +\infty$;
4. **For** each action $a \in \chi(node)$, do
5. $u \leftarrow \min\{u, MAX\_VALUE(\sigma(node,a))\}$;
6. Return u.

MAX_VALUE(node)

Input: node, a node state in game tree;

Output: utility.

1. **If** node is a terminal
2.   Return $u_i(node)$;
3. $u \leftarrow -\infty$;
4. **For** each action $a \in \chi(node)$, do
5. $u \leftarrow \max\{u, MIN\_VALUE(\sigma(node,a))\}$;
6. Return u.

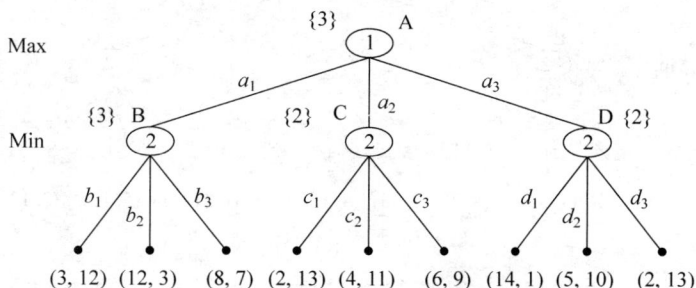

图 13-9   两人常数和博弈的极小极大搜索树

极小极大算法虽然给出了一种制定最优策略的方法,但是随着博弈树的加深,这种方法需要检查的结点是指数级的。更不幸的是,指数级复杂度无法消除。即便如此,仍然可以利用 $\alpha\text{-}\beta$ 剪枝技术一定程度上提高效率。$\alpha\text{-}\beta$ 剪枝的思想是在计算过程中提前减去博弈树上不影响结果的分支,从而减小搜索空间。将图 13-9 中博弈树的搜索过程绘制于图 13-10 中。首先算法访问(a_1-b_1)路径,由于结点 B 处是取最小值,因此根据叶结点上玩家 1 的效用,知道 B 点处的效用应该小于等于 3(图 13-10(a))。同样,在访问完(a_1-b_2)和(a_1-b_3)后,B 点的效用值可以确定(图 13-10(b)、图 13-10(c))。此时 A 点的效用有了一个候选值 3,所以最终效用的取值范围是大于或等于 3。算法继续访问(a_2-c_1)时,得到 C 点的效用值范围小于等于 2,此时发现 C 点的效用值已经不影响 A 点的效用了,因此不再访问 C 点下的路径,即对 C 点以下的子树进行剪枝。一般地,对于博弈树中的某个结点,如果玩家在该结点的某父结点层有更好的动作选择,那么博弈就不会到达该结点。在程序设计上,因为极小极大算法是一个递归形式,可以看作是一种深度搜索,所以在加入 $\alpha\text{-}\beta$ 剪枝时可以只记

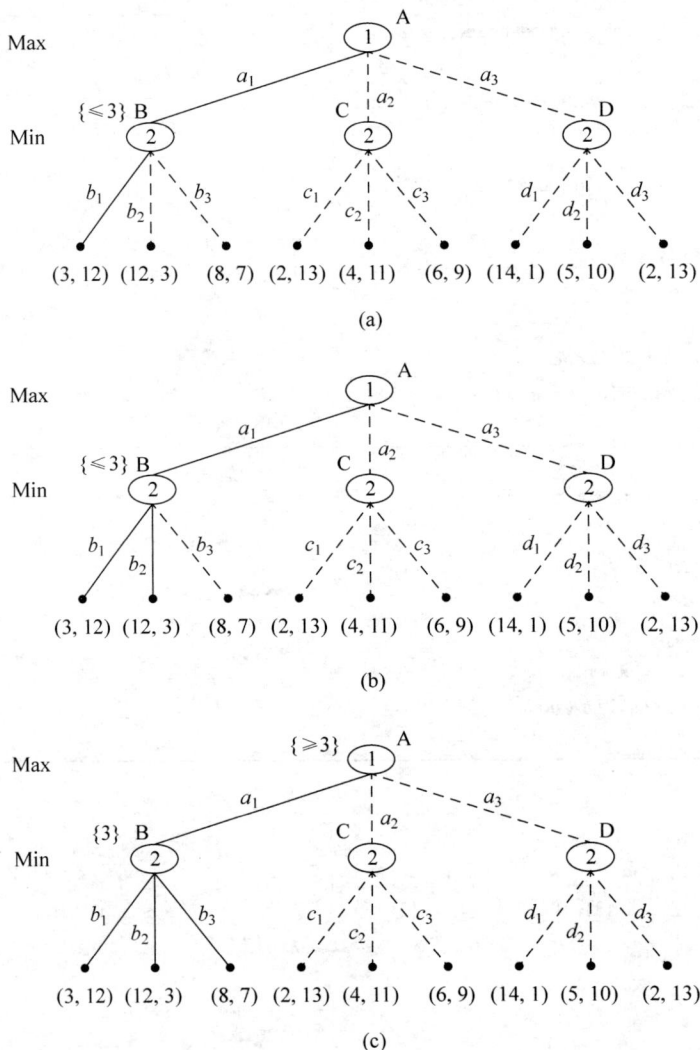

(a)

(b)

(c)

图 13-10 $\alpha\text{-}\beta$ 剪枝过程

录当前访问路径上的结点效用值。α-β 剪枝这个名称也是由此而来，α 代表到目前为止路径上 Max 的最佳选择，β 代表到目前为止路径上 Min 的最佳选择。计算中不断更新 α 和 β 的值，当某结点的效用值范围落在 α 和 β 代表的区域外时，提前终止递归操作（表 13-9）。

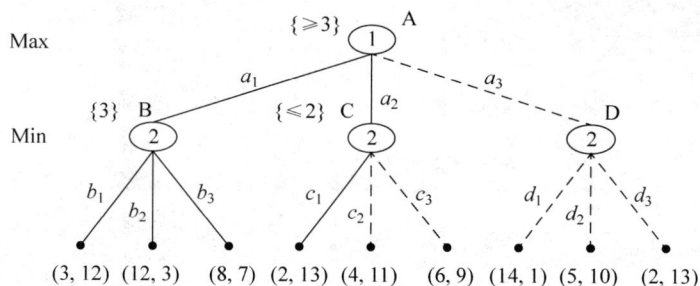

(d)

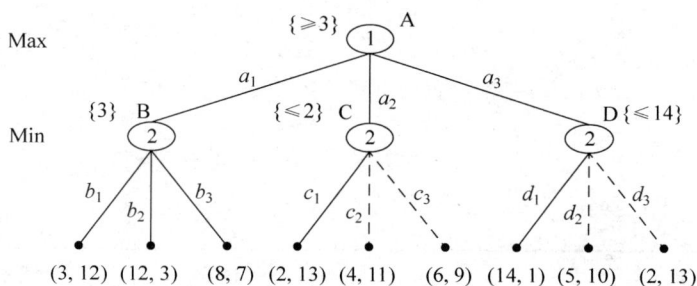

(e)

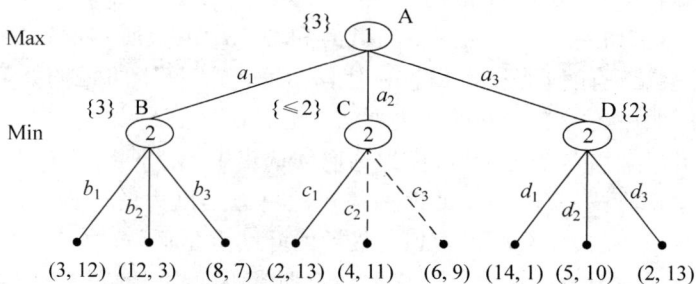

(f)

图 13-10 （续）

表 13-9 α-β 搜索算法伪代码

AlphaBetaSearch(node)

Input: node, a node state in game tree;
Output: an action.
1. Return **arg max** $\underset{a \in \chi(node)}{}$ **MIN_VALUE**(σ(node, a));

MIN_VALUE(node, α, β)

Input: node, a node state in game tree;
Output: utility.
1. **If** node is a terminal

2.　Return $u_i(node)$;
3.　$u \leftarrow + \infty$;
4.　**For** each action $a \in \chi(node)$, do
5.　　$u \leftarrow \min \{u, MAX\_VALUE(\sigma(node, a), \alpha, \beta)\}$;
6.　　**If** $u \leqslant \alpha$
7.　　　Return u;
8.　$\beta \leftarrow \min \{\beta, u\}$;
9. Return u.
MAX_VALUE($node, \alpha, \beta$)
Input：node, a node state in game tree;
Output：utility.
1.　**If** node is a terminal
2.　　Return $u_i(node)$;
3.　$u \leftarrow - \infty$;
4.　**For** each action $a \in \chi(node)$, do
5.　　$u \leftarrow \max\{u, MIN\_VALUE(\sigma(node, a), \alpha, \beta)\}$;
6.　　**If** $u \geqslant \beta$
7.　　　Return u;
8.　　$\alpha \leftarrow \max\{\alpha, u\}$;
9. Return u.

再次考察图 13-10 中的(e)和(f)子图。假设算法在图 13-10(e)中首先访问路径($a_3 - d_3$)，那么将得到结点 D 的效用取值范围小于或等于 2。此时算法可以像 C 点一样，对 D 以下的子树进行剪枝。但是，如果算法按照图 13-10(e)和图 13-10(f)所示的路径顺序从左至右依次访问，那么将不会出现任何剪枝操作。显然，α-β 剪枝依赖于路径的访问顺序。目前，对如何确定最优访问顺序还没有太好的解决办法。通常的做法是设置一个启发函数确定优先搜索分支。例如可以采用贪婪的策略，优先选取候选集中一步回报最大的动作搜索。

即使加入了 α-β 剪枝，实际搜索的博弈树仍然可能是巨大的。例如前面提到的棋类游戏。如果再加入时间限制，那么让搜索到达最后的叶结点是低效的(甚至是不可能的)，需要提前结束搜索并返回一个效用估计值。提前结束搜索需要在 α-β 搜索上附加两个条件：一是设置截断条件判断函数，另一个是设置评估函数估计结点效用。最常用的截断条件是，当搜索深度到达预先设定的 d 层或决策时间即将超过限制时，返回访问结点的效用并终止递归。此时极小极大算法改写为

$$\text{MINIMAX}(h) = \begin{cases} UEst(h), & Layer(h) > d \\ \max\limits_{a \in \chi(h)} \text{MINIMAX}(\sigma(h, a), Layer(h) + 1), & h \text{ 是玩家 1 的选择结点} \\ \min\limits_{a \in \chi(h)} \text{MINIMAX}(\sigma(h, a), Layer(h) + 1), & h \text{ 是玩家 2 的选择结点} \end{cases}$$

函数 $Layer(h)$ 返回当前结点 h 的深度，$UEst(h)$ 是评估函数评估 h 的效用。当用计算时间作截断约束时，$Layer(h)$ 更改为返回当前时间。评估函数的设定更多样化一些，需要结合具体问题。例如在国际象棋搜索中，评估函数可设为当前结点状态的子力加权和。比如兵算 1 分，马和象算 3 分，车算 5 分。一般而言，评估函数的设计要遵循三个原则：①叶结点状态的效用排序应该与真实效用一致，比如棋局类游戏的最终状态效用应该是胜 >

平＞负；②评估函数本身不能花费太多时间；③非叶结点状态下,评估结果应该与最终结果密切相关。

以极小极大算法为基础的搜索不仅可以处理两人常数和博弈,还能进一步改进用于更一般的情况。再次分析图 13-8 博弈中的三个纳什均衡：{(A,G),(C,F)},{(A,H),(C,F)},{(B,H),(C,E)}。对于第一个均衡{(A,G),(C,F)},如果玩家 1 选择动作 A 则玩家 2 必定选择 C。如果玩家 2 选择(C,E)而不是(C,F),那么玩家 1 就不会选择 A 而会选择 B 以获得更大的效用 5。所以很明显,{(A,G),(C,F)}是一个纳什均衡。同样的分析适用于第二个均衡。但是对于第三个均衡{(B,H),(C,E)},情况有些变化。当玩家 1 选择 B 后,玩家 2 选择 E 是因为它知道玩家 1 在第二次决策时可能选择 H 从而使自己的效用为 0。这低于它选择 E 获得的 5。但是若玩家 1 第二次选择 H 将降低它自身的效用。所以该均衡不可能达到。出现无法达到的均衡主要是由于我们将扩展式博弈转化成标准式博弈考察从而忽略了决策时间的影响。为排除这些无法到达的均衡,有必要进一步定义子博弈完美均衡(Subgame-perfect Equilibrium)：

定义 13-5(子博弈完美均衡)　给定完美信息扩展式博弈 G,G 在结点 h 处的子博弈定义为以 h 为根结点的子树。G 在所有结点处的子博弈共同组成子博弈集合。G 的子博弈完美均衡定义为对其任意子博弈都是纳什均衡的策略组合。

因为 G 也是自己根结点处的子博弈,所以子博弈完美均衡必然是 G 的纳什均衡。显然,子博弈完美均衡是一个比纳什均衡更强的概念。对于 n 玩家一般和博弈,求子博弈完美均衡的经典算法称为逆向归纳算法(Backward Induction)。它的思想跟极小极大算法类似,也是通过递归从叶结点逐渐回传[14]。表 13-10 给出了算法伪代码。$bestUtility$ 是由每个玩家效用值组成的效用向量,$childUtility$ 是子结点处每个玩家的效用向量,$childUtility_{\rho(h)}$ 和 $bestUtility_{\rho(h)}$ 分别代表两个向量中与 $\rho(h)$(即在结点 h 处执行动作的玩家)相对应的分量。从表 13-10 可以看出,逆向归纳并没有返回玩家的均衡点策略,而是给出了博弈树上每个结点的效用值向量。玩家的均衡点策略可以通过这些效用直接确定：玩家 i 在自己的选择结点(即满足 $\rho(h)=i$ 的结点)处选择使自己效用最大的动作：

$$a_i^* = \arg\max_{a_i \in \chi(h)} u_i(\rho(a_i, h))$$

当然,也可以适当修改表 13-10 的算法直接返回这些动作。另一方面,对于规模较大的博弈树,也可以像极小极大算法一样设置结束搜索限制提前终止递归。

表 13-10　逆向归纳算法伪代码

BackwardInduction(h)

Input：h, root node of the game tree;

Output：utility of the subgame - perfect equilibrium.

1. **If** h is a terminal node
2. 　Return $u(h)$;
3. $bestUtility \leftarrow -\infty$;
4. **For** each child node $a \in \chi(h)$, do
5. 　$childUtility \leftarrow BackwardInduction(\sigma(h,a))$;
6. **If** $childUtility_{\rho(h)} > bestUtility_{\rho(h)}$
7. 　　$bestUtility \leftarrow childUtility$;
8. Return $bestUtility$.

13.2.4 蒙特卡洛树搜索

截断的极小极大算法加上 α-β 剪枝为搜索最优策略提供了很好的思路。但当搜索空间巨大且计算时间有限时,程序必须在博弈树访问的"宽度"和"深度"上做出平衡。一个典型的例子来自于围棋。围棋棋盘有 $19 \times 19 = 361$ 个子位。在搜索初期,程序需要面对约 361! 个结点。对于博弈树上某个决策结点,若过多访问其直接后继子结点,那么搜索将在较浅的层数上提前终止。这会导致策略的预测能力不足。若访问的层数较深,则搜索覆盖的直接后继子结点较少,导致当前最优策略的遗漏。蒙特卡洛树搜索是针对该情况的一种改进技术。本小节将结合围棋对弈做详细介绍。

考虑某时刻的棋盘状态,它对应着博弈树上的某个结点。AI 系统的目标是选择一步策略,使棋局向最可能获胜的方向发展。与极小极大算法类似,此处仍然涉及两个问题。首先,由于搜索空间巨大,无法遍历所有的直接子结点,因此需要制定启发信息来确定哪些策略将被尝试。其次,如何量化评价一步策略之后的棋局状态。对子结点的棋局评价,蒙特卡洛树算法的基本思想是通过随机快速模拟尝试部分到达叶结点的路径,并以结果统计数据作为该子结点的评价指标。而对于尝试策略的选择,算法设置与子结点评价指标相关的启发信息来决定。具体而言,算法包含四个步骤:①子结点选择;②结点扩展;③快速模拟;④结果回传。以下分别介绍。

(1)子结点选择。蒙特卡洛树搜索为每个结点保存两个值:访问次数 $N(h)$ 和取胜次数 $Q(h)$。对某当前结点,算法每次选择尝试的子结点由下式决定

$$h^* = \operatorname*{argmax}_{h' \in Children(h)} \frac{Q(h')}{N(h')} + c\sqrt{\frac{\ln N(h)}{N(h')}} \tag{13-2-1}$$

式中第一项表示子结点的胜率,第二项可看作子结点相对于父结点的探索率,c 是权重参数。该表达式兼顾了"利用已知"(Exploitation)和"探索未知"(Exploration)两方面。对应的评价值称为树结点的置信上限(Upper Confidence bound to Tree,UCT)。若当前结点的所有子结点均未被访问过,则随机选择 1 个子结点,转第 2 步。

(2)结点扩展。这一步将考察第一步选定的子结点。若该子结点尚未被扩展过(访问次数为 0),则直接进入第 3 步,快速模拟;否则,算法随机选择一个未访问的子结点作为新的当前结点(若所有子结点均被访问过,则按 UCT 选择),转第 2 步作递归处理。

(3)快速模拟。算法到达此步时,表明当前结点尚未被扩展,此时随机选择一个策略执行。该随机搜索过程迭代进行,直至搜索到达最后的叶结点,进入第 4 步。

(4)结果回传。这一步需要判断叶结点对应棋局的胜负关系,并更新搜索路径(由第一步起始结点到当前叶结点)上所有结点的 N 和 Q 值。

上述(1)至(4)步重复执行,直至到达迭代次数限制或计算时间限制,然后选择一步最优策略作为输出。

我们仍然以一个例子来演示蒙特卡洛树搜索的过程。假设搜索由图 13-11(a)所示的根结点开始。其中每个结点括号内的数字分别对应{访问次数,获胜次数}。算法首先按式(13-2-1)检查各子结点的 UCT。由于每个子结点均未被探索,算法随机选取一个作为当前结点。假定选择到 2 号结点。该结点访问次数为 0,转入快速模拟,随机选取策略扩展博弈树至最末端叶结点,如图 13-11(b)所示。在叶结点处,假定判定棋局为本方获胜,将结果回传,修改搜索路径上 2 号结点和 1 号结点的存储信息并删去快速模拟产生的中间结果。

进入第二轮迭代,法计算每个子结点的 UCT。对于未被访问过的子结点,式(13-2-1)中的第 1 项不存在,第 2 项中 $N(h)=1,N(h')=0$。因此第 2 项的值也不存在。算法仍然随机选择子结点(事实上,在 $N(h)>1$ 时,第 2 项对未访问子结点为 $+\infty$)。假定算法按照子结点 UCT 选定 n 号结点,如图 13-11(c)所示。此结点仍然未被访问过,因此利用快速模拟回

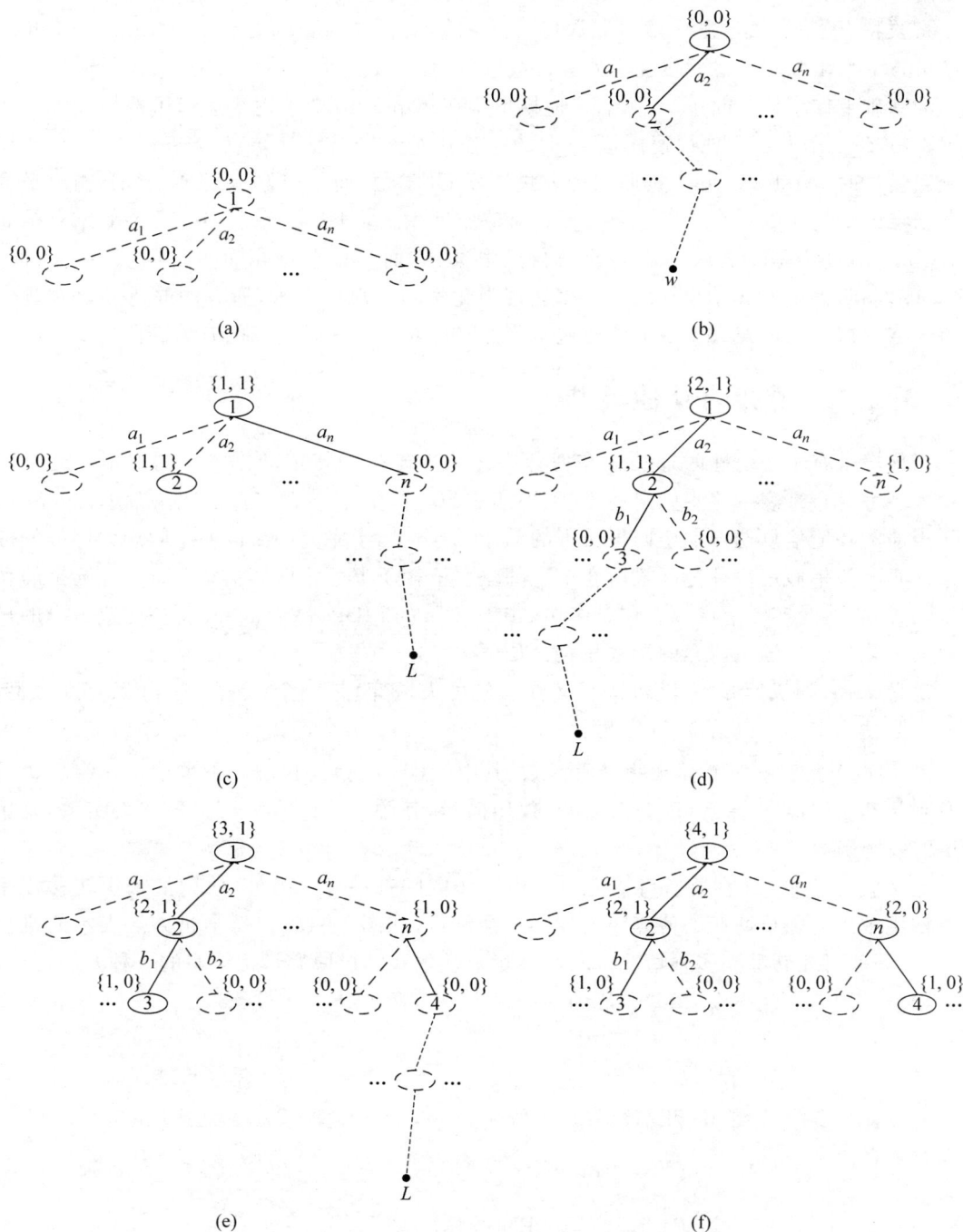

图 13-11   蒙特卡洛树搜索过程

传结果(假定结果为本方负)。第三轮迭代,为演示重复访问的情况,假定根据 UCT 再次选择 2 号结点,如图 13-11(d)所示。由于 2 号结点已经扩展过,因此随机选择一个未访问过的子结点转第 2 步递归。假定选择到 3 号结点,访问次数为 0,仍然进入快速模拟并将结果回传至路径上的 3 号、2 号和 1 号结点。算法继续迭代,如图 13-11(e)和(f)所示。在选择最终策略时,一般倾向于考虑访问次数较大的子结点。

将蒙特卡洛树搜索、强化学习和深度神经网络结合,Google 旗下 DeepMind 公司开发的 AlphaGo/AlphaGo Zero 战胜了人类顶级选手[15]。从技术上看,AlphaGo 在蒙特卡洛树搜索的基础上作了几个改进。首先,快速模拟步在 AlphaGo 中采用快速走子网络实现。在 AlphaGo Zero 中并不实现快速模拟,而是直接使用神经网络估计结点 Q 值。其次,在选择子结点尝试时,AlphaGo 并不按原来的公式计算 UCT 值,而是用 Policy Network 输出来替换父结点的访问次数。其原因主要是候选策略空间太大,遍历太耗时。第三,在做结点扩展时,AlphaGo 并不是随机从未访问子结点中选择,而是也要适当考虑访问次数。第四,AlphaGo 将最终的对弈结果作为标签来实现强化学习。总的看来,所有的改进并没有跳出蒙特卡洛树搜索的框架。蒙特卡洛树搜索仍然是应对巨大搜索空间的有力手段。

13.2.5 博弈的其他类型

当环境带有不确定性时,agent 在博弈中无法准确预知特定动作之后的回报。此时需要引入概率分布来表示该不确定性,这种博弈称为随机博弈[16]。在每一次决策中,agent 都基于当前的环境信息选择期望回报最大的动作。这相当于完成一次以期望效用为回报的标准式博弈。如果假定每种标准式博弈出现的概率依赖于上一轮博弈类型和 agent 选择的动作,那么随机博弈实质上可以看作是多 agent 环境下的 MDP,每个 agent 都在完成自身的马尔可夫决策过程。随机博弈的形式化定义如下。

定义 13-6(随机博弈) 随机博弈又称马尔可夫博弈,是一个 $\langle Q, N, A, P, U \rangle$ 五元组: Q 是有限博弈集合;N 是 n 玩家集合;$A = A_1 \times A_2 \times \cdots \times A_n$ 是 n 个玩家的有限行动集合;$P: Q \times A \times Q \rightarrow [0, 1]$ 是概率转移函数,其中 $P(q, a, \hat{q})$ 是状态 q 下采取动作组合 a 后转移到状态 $\hat{q}$ 的概率;$u = (u_1, \cdots, u_n)$ 是效用向量,其中 $u_i: Q \times A \rightarrow \mathbb{R}$ ($\mathbb{R}$ 代表实数)是玩家 i 的效用函数。

定义假设了 agent 在所有可能的博弈中动作空间都一样。另外,效用值采用转移概率下的期望效用。随机博弈的博弈树增加了机会结点,如图 13-12,在每个正方形表示的机会结点处,博弈可能转移到多种情况。求解 2 玩家常数和随机博弈最优策略的一种方法,是直接将期望效用引入极小极大算法,称为期望极小极大算法:

$$
\text{EMINIMAX}(h) = \begin{cases} u_1(h), & h \text{ 是终止结点时} \\ \max\limits_{a \in \chi(h)} \text{EMINIMAX}(\sigma(h, a)), & h \text{ 是玩家 1 的选择结点} \\ \min\limits_{a \in \chi(h)} \text{EMINIMAX}(\sigma(h, a)), & h \text{ 是玩家 2 的选择结点} \\ \sum\limits_{\sigma(h)} P(h, \sigma(h)) \cdot \text{EMINIMAX}(\sigma(h)), & h \text{ 是机会结点} \end{cases}
$$

$\sigma(h)$ 是机会结点 h 的后继结点。与确定性情况相比,期望极小极大算法搜索的可能性

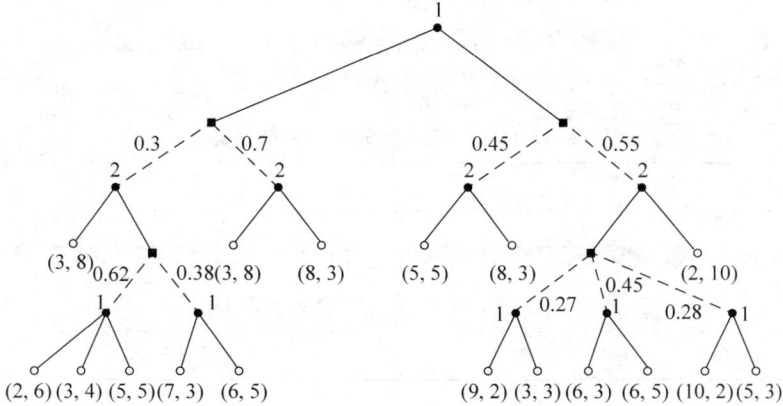

图 13-12　随机博弈的博弈树

急剧增加,所以搜索深度往往不会很大。另外,也可以采用一些剪枝技术来缩小搜索空间,或者采用采样的办法来设计评估函数。

随机博弈虽然引入了状态转移的不确定性,但博弈本身是确定的。具体而言,其确定性体现在:玩家数目确定、每个玩家的动作空间确定、每种行动组合下玩家的支付向量确定。现在进一步考虑这些要素也不确定的情况。此时,agent 不知道自己参与的是哪个博弈,只能通过一个概率分布来表示参与每种博弈的可能性。与部分可观察的 MDP 类似,这个概率分布称为 agent 的信念。相应地,该类博弈称为不完全信息博弈(Incomplete Information Game),也称贝叶斯博弈(Bayesian Game)[17]。关于贝叶斯博弈,我们有两点假设:

(1) 所有可能博弈的玩家数目是相等的,玩家可选择的行动集合也是相同的,不同的是各玩家的支付向量;

(2) 所有玩家的信念都是后验概率,该后验概率是自身感知信号下共同先验知识的条件概率。

这里对两个假设作简要说明。先考虑假设 2,它被称为共同先验假设(Common Prior Assumption)。在贝叶斯博弈中,共同先验假设不是必需的,但它能简化问题的讨论[18,19]。若去掉此假设,玩家之间就会猜测对方的信念,从而导致高阶信念的产生。比如玩家 1 对玩家 2 的支付向量有一个信念。玩家 2 对玩家 1 是否知道他的信念有一个信念。玩家 1 对玩家 2 是否知道玩家 1 知道玩家 2 的信念有一个信念。依此类推将会出现无限循环。共同先验假设则可以避免这个问题。再考虑假设 1。事实上,玩家数目和动作空间不确定的贝叶斯博弈,可以通过添加适当的玩家和动作转化成只有支付向量不同的贝叶斯博弈。因此在假设 1 的限制下考察贝叶斯博弈是合理的。

为更清楚地说明贝叶斯博弈,仍然以囚徒困境为例。现在假设存在两个博弈(表 13-11)。博弈 I 以概率 μ 发生,博弈 II 以概率 $(1-\mu)$ 发生。考察玩家 A 的最优策略。对于 B 而言,有 4 种纯策略:①博弈 I,C,博弈 II,C;②博弈 I,C,博弈 II,NC;③博弈 I,NC,博弈 II,C;④博弈 I,NC,博弈 II,NC。博弈树如图 13-13 所示。这里加入了一个名为 Nature 的根结点,用于表示"自然"对两种博弈的选择。分析纳什均衡知博弈 I 中 B 将选择动作 C,而在博弈 II 中 B 将选择动作 NC。那么 A 的期望支付是

$$u_A(C) = (-5) \cdot \mu + (-1) \cdot (1-\mu) = -4\mu - 1$$

$$u_A(NC) = (-10) \cdot \mu + 0 \cdot (1-\mu) = -10\mu$$

若 $-4\mu-1 > -10\mu \Rightarrow \mu > 1/6$，A 的最优策略为 C；若 $-4\mu-1 < -10\mu \Rightarrow \mu < 1/6$，A 的最优策略为 NC；若 $\mu = 1/6$，则 C 或 NC 都是 A 的最优策略。

表 13-11　囚徒困境的两个可能博弈

A	I B		A	II B	
	NC	C		NC	C
NC	$(0, -2)$	$(-10, -1)$	NC	$(0, -2)$	$(-10, -7)$
C	$(-1, -10)$	$(-5, -5)$	C	$(-1, -10)$	$(-5, -11)$

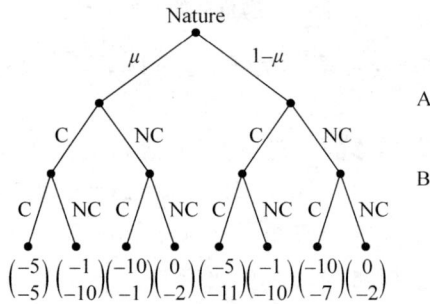

图 13-13　囚徒困境贝叶斯博弈的博弈树

对于一般贝叶斯博弈，囚徒困境的贝叶斯博弈例子为我们提供了一个思路，那就是按照 agent 的信念分布逐个考察每种情况下的完全信息博弈，并将期望效用最大的动作作为最优动作，即

$$a^* = \arg\max_a \sum_h P(h) \cdot \text{MINIMAX}(\sigma(h, a))$$

如果搜索空间太大，可以将极小极大搜索换成截断搜索，也可以像不确定性推理一章中使用采样的办法来近似计算概率

$$a^* = \arg\max_a \frac{1}{N} \sum_{i=1}^{N} \text{MINIMAX}(\sigma(h_i, a))$$

当样本容量越来越大时，近似效果也会越来越好。

13.3　机制设计

上一节从参与博弈的 agent 出发，考察给定环境下的最优策略。本节将转换一个角度，讨论如何设计一套环境规则使得当所有 agent 按照其最优策略行事时，整个系统的总效用达到最大。这个问题被称为机制设计（Mechanism Design）或逆博弈论（Inverse Game Theory）。机制设计经常与下一章介绍的人工社会方法结合，用于社会或组织管理规则制定。本节将讨论三个方面的内容：投票、拍卖和公共资源分配。

13.3.1 投票

投票是一种简单的社会选择机制,参与投票的 agent 不加掩饰地表达自己的偏好以尽可能影响结果,使其朝自己有利的方向发展。多数情况下,agent 对结果的偏好与其效用呈正相关,管理者则需要考虑如何收集不同 agent 的偏好来更好地反映集体意愿。考虑一个简单的例子。杰克(Jack)、露丝(Rose)、威廉(Willian)三位小朋友获得了一笔零花钱,他们打算用这笔钱买一个蛋糕共同分享。然而,在买哪种味道的蛋糕这个问题上,三位小朋友出现分歧。可供选择的蛋糕有草莓味(s)、甜橙味(o)和椰子味(c)三种。三位小朋友的偏好依次是

$$Jack:s \succ o \succ c, \quad Rose:o \succ c \succ s, \quad Willian:c \succ o \succ s$$

其中 $s \succ o$ 表示对 s 的偏好程度大于 o。解决分歧的一种直接办法是让每位小朋友为自己最喜欢的蛋糕投票,选择得票数最多的结果,称为最多票数方法(Plural Voting Method)。那么三种蛋糕将获得相同票数,此时需要额外的机制来确定其中一个,比如按照字母顺序选择 c。但是这种方式并不能获得较大的总满意程度。另一个更好的办法是孔多塞条件(Condorcet Condition),即如果对候选项 x 而言,所有其他选项 y 与其相比都有超过半数的投票者认为 $x \succ y$,那么 x 就应该被选择。按照此条件,o 将胜出(因为 o 与 s 和 c 相比都有两位小朋友更加偏爱)。遗憾的是,孔多塞条件并不总是有效,比如若三位小朋友的偏好是

$$Jack:s \succ o \succ c, \quad Rose:o \succ c \succ s, \quad Willian:c \succ s \succ o$$

此时该条件将无法处理。

最多票数法要求每个投票者给偏好最高的候选项投一票,这掩盖了 agent 对所有选项的偏好信息。因此一种改进就是每个投票者直接提交他们对结果项的排序。这种投票方式称为排位投票法(Ranking Voting Method)。排位投票法有两个典型代表。一个是多数票消减法(Plurality with Elimination),它先让每个投票者为偏好程度最高的候选项投一票,得票最少的候选项被删除,然后所有投票者继续在剩下的候选项中为偏好最高的投票。此消除过程不断重复直到只剩下一个候选项为止。多数票消减法被广泛用于政治选举中。另一个代表是波达投票法(Borda Voting Method),又称波达计数法。不同于多数票消减,它只有一轮投票,每个投票者直接对所有 n 个候选项打分,偏好最高的获得($n-1$)分,偏好第二高的获得($n-2$)分,依此类推,偏好最低的获得 0 分。然后选取得分最高的项作为最终获胜方。下面简单对比几种投票法。

考虑有 1000 个 agent 的例子,它们对三个候选项的偏好程度是

$$499agents:a \succ b \succ c, \quad 3agents:b \succ c \succ a, \quad 498agents:c \succ b \succ a$$

在 1000 人中有 501 人认为 $b \succ a$,有 502 人认为 $b \succ c$,所以如果采用孔多塞条件,b 是取胜方。但是若按照最多票数法,取胜方是 a,它获得 499 票。多数票消减法将依次删去 b 和 a,最终选择 c。若应用波达投票法,a 将获得 $2 \times 499 = 998$ 分,b 将获得 $1 \times 499 + 2 \times 3 + 1 \times 498 = 1003$ 分,c 将获得 $1 \times 3 + 2 \times 498 = 999$ 分,因此获胜方是 b。可以看到,本例中波达投票与孔多塞结果一致,而多数票消减并没有得到相同的结果。但是,波达投票并不总是选择满足孔多塞条件的选项。要满足孔多塞条件,需要对波达投票作简单修改:每一轮删去得分最低的选项,然后重复打分,直至剩下一个选项为止。该方法称为南森投票(Nanson's Voting)。第二个对比方面是对候选项个数的敏感性。考虑 100 个 agent 的例子:

$35agents: a \succ c \succ b$, $33agents: b \succ a \succ c$, $32agents: c \succ b \succ a$

最多票数法将选择 a 为结果,而波达投票得分分别为 103、98、99,因此也会选择 a。如果不考虑选项 c,那么两种方法都将选择 b 为获胜方(注意只有两个选项时,波达法与最多票数法是相同的)。这里可以看到,即使不被选择的候选项也可能成为"搅局者"从而影响最终的选择结果。

13.3.2　拍卖

拍卖是一种资源分配机制,它决定如何将资源分配给不同的理性自治 agent。拍卖的应用很广,包括网上消费、公共资源分配、分布式计算网络或电网的负载配置等。事实上,任何市场交易行为都可以看作是一种拍卖行为。拍卖实际上是多 agent 谈判(Negotiation),涉及三个方面:竞价规则,即价格信息包含的内容、提供方、提供时刻等;结算规则,即交易发生的条件和交易双方的选定;信息规则,即谈判信息的可见规则。根据资源的分配方式不同,拍卖可分为单物品拍卖、多物品拍卖、组合拍卖等。本小节只讨论单物品拍卖。

单物品拍卖是最基本的一种拍卖方式。在该拍卖中,只有一个拍卖者和一件物品,多个竞标者,物品对每个竞标者都有一个价值(称为私有价值),竞标者希望以最低的价格买到物品。我们的目标是设计一种拍卖机制,使得某个全局指标达到最优。比如可以使卖家的期望回报最大,或者使私有价值最大的买家获得该物品。单物品拍卖中,最常见的机制是加价竞标的英格兰拍卖(English Auction),此外还有荷兰式拍卖(Dutch Auction)、日本拍卖(Japanese Auction)、密封竞标拍卖(Sealed-bid Auction)等。英格兰拍卖的卖家首先设置最低价(即起始价),每个竞标者可自由出价,所出价格必须高于上一次的价格(通常规定一个最小增加值)。拍卖的结束规则有多种,比如可以是一定时间后结束,也可以是没有人继续出价时结束。最终出价最高的买家获得物品并支付与出价相等的资金。荷兰式拍卖从一个最高价开始,随着时间推移价格逐渐降低。每个时刻的价格对所有竞标者可见,并且竞标者可随时叫停时钟。当首次出现竞标者叫停时钟时,拍卖结束,叫停时钟的买家获得物品并支付时钟停止时显式的价格。与英格兰拍卖类似,日本拍卖也是一种加价竞标的方式。不同之处在于,加价由卖家完成。卖家从最低价开始,每次给出一个比上一次高的价格,所有竞标者必须做出响应,表明是否愿意以该价格购买物品。放弃购买的竞标者不能再继续竞标。当愿意继续竞标的 agent 只剩一个时,拍卖结束,此 agent 获得物品并支付相应的当前价格。密封竞标拍卖与前三种都不同,它让每个竞标者向卖家提供"密封的"出价,该出价对其他竞标者不可见。出价最高的 agent 获得物品,但是它支付的价格随拍卖机制不同而不同。在最高价密封竞标拍卖中,最后的胜出 agent 需要支付它给出的价格。而在次高价拍卖(又称 Vickrey 拍卖)中,胜出者需要支付第二高的出价价格。

拍卖中,不同的竞标者可以私下组成同盟,约定不出高价,就能以低于其私有价值的价格购买到物品。这样损害了卖方的利益,也没有最大化整个系统的效用。因此,如果参与竞标的 agent 存在占优策略(即不管其他 agent 采取何种策略,占优策略都能够使自己获得最大效用),那么设计的拍卖机制必须要让竞标者在执行占优策略时以其私有价值来竞标,这称为真值暴露(Truth Telling)。英格兰拍卖、日本拍卖、次高价密封竞标拍卖是真值暴露的。以次高价密封拍卖为例简要分析。假设某个 agent 的私有价值是 v,出价是 b,其余

agent 的最高出价是 b_0,那么该 agent 获得的效用是

$$u = \begin{cases} v - b_0, & b > b_0 \\ 0, & \text{其他} \end{cases}$$

如果 $v - b_0 > 0$,则任何大于 b_0 的出价都是占优策略,所以 $b = v$ 也是占优策略。如果 $v - b_0 \leqslant 0$,则任何输掉拍卖的策略都是占优策略,所以 $b = v$ 也是占优策略。英格兰拍卖和日本拍卖也具有类似的性质,如果 agent 的私有价值高于当前价格,就继续出价。若获胜则有 $v \geqslant b_0 + d$,d 是每次出价的增加值。显然,这种拍卖机制并不能精确暴露私有价值,而是暴露了它的一个下限。不过这通常也足够了。荷兰式拍卖和最高价密封竞标拍卖在策略选择上是等价的,参与竞标的 agent 都无法知道其他竞标者的出价,并且获胜者将支付自己给出的价格。此时 agent 获得的效用是

$$u = \begin{cases} v - b, & b > b_0 \\ 0, & \text{其他} \end{cases}$$

显然出价不会高于私有价值,否则即使获胜效用值也是负的。另一方面,当 $b > b_0$ 时,agent 获得的效用随出价减小而增加,因此若出价无限接近于 b_0 时,agent 获得最大效用。但是由于 agent 无法知道 b_0 的具体值,所以不存在占优策略。

13.3.3 公共资源分配

在资源分配的机制设计中,公共资源分配是一类需要特别考察的问题。例如化工企业可以以污染水资源为代价来降低产品成本,从而提高自己的收益。但是这种环境污染会降低其他 agent 的效用,因为公共资源是共享的。当产出带来的效用不足以弥补所有 agent 的效用减小时(实际中经常出现),整个系统是低效的。因此必须采取措施克服 agent 的"自私性"和"局部性",使系统总效用达到最大。解决该问题的基本思路是将全局代价加入到 agent 的成本中,使其为使用的公共资源买单,这个价格也通常被称为环境税。

更一般地,假设公共资源被分配给一部分(或全部)agent,获得资源的 agent 记为集合 M(M 是全体 agent 集合 N 的子集)。第 i 个 agent 的私有价值是 v_i,它报告的效用记为 b_i。由于是"自私的",agent 不愿意展示自己的 v_i,只会尽可能报告一个较高的 b_i 以获取更多的资源。定义

$$b_i(M) = \begin{cases} b_i, & i \in M \\ 0, & \text{其他} \end{cases}$$

那么系统总的报告效用为

$$B = \sum_i b_i(M)$$

式中的 M 是变量,管理者将寻求 B 达到最大时的 M。为了使第 i 个 agent 在执行占优策略时是真值暴露的,规定它需要支付的税收额是

$$\varphi_i = h_i(\boldsymbol{b}_{-i}) - \sum_{j \neq i} b_j(M)$$

其中 $h_i(\boldsymbol{b}_{-i})$ 是引入的一个税收函数,它的取值不依赖于 i 的报告效用。$\sum_{j \neq i} b_j(M)$ 表示除去 i 其他所有 agent 的报告效用和。这个机制称为格罗夫斯机制(Groves Mechanism)[20]。下

面我们来分析为什么该机制下，agent 的占优策略是真值暴露的。首先，agent 获得的效用是

$$v_i - \varphi_i = v_i + \sum_{j \neq i} b_i(M) - h_i(b_{-i}) \tag{13-3-1}$$

agent 会尽可能使这个效用值达到最大。由于税收函数 $h_i(\boldsymbol{b}_{-i})$ 不依赖于 agent 的报告效用，因此上式最大化等价于对

$$v_i + \sum_{j \neq i} b_j(M) \tag{13-3-2}$$

的最大化。另一方面，管理者将最大化

$$b_i(M) + \sum_{j \neq i} b_j(M) \tag{13-3-3}$$

对比式(13-3-2)和(13-3-3)知当 $b_i(M) = v_i$ 时，agent 自身的效用也将达到最大。所以报告自己真实的效用是 agent 的占优策略。

在格罗夫斯机制的分析中，我们并没有指明税收函数 $h_i(b_{-i})$ 的具体形式。这表明格罗夫斯机制其实是一个机制集合，设计不同的税收函数就会得到不同的具体机制。格罗夫斯机制的一个特例是维克里-克拉克-格罗夫斯(Vickery-Clarke-Groves，VCG)机制，它的税收函数设计为 i 不参与博弈时，总效用的最大值，即

$$h_i(\boldsymbol{b}_{-i}) = \max_{M \subseteq N \setminus \{i\}} \sum_j b_j(M)$$

此时，税收额 φ_i 代表 i 参与博弈带来的其他 agent 的最大效用降低额度。这个额度称为社会成本。VCG 机制的一个好处是，若 i 参与博弈或不参与博弈都不被机制选中进入 M，那么组成 φ_i 的两项将完全一样从而相互抵消，社会成本变为 0，i 所需要支付税收也为 0。若 i 参与博弈被机制选中进入 M，那么 φ_i 就不为 0，从而产生税收。

少数情况下，i 的参与也可能会提高其他 agent 的总效用，则税收 φ_i 将变为负值，此时 i 不但不用支付社会成本，还会从机制选择中获得额外回报。下面以一个例子说明这一点。考虑图 13-14 所示的路网，货车司机需要从 S 地运送一批货物到 T 地，经过每个地方都要交纳一定的过路费。各地的过路费标准标注在了图中的结点上，需要找出过路费最小的路径结点集合。从资源分配的角度看，寻找最优路径其实就是将手上的资金分配给一部分结点 agent，使得代价最低。显然，最优路径是 S-A-G-F-T，总效用是 -5。对于结点 D 而言，它参与博弈与不参与博弈时，最优路径都一样，因此需要支付的税收额是 0。对于 A 而言，它参与博弈时其余 agent 的总效用最大是 -2。而它不参与博弈时最优路变成了 S-D-E-F-T，总效用是 -6，所以它需要支付的税收是 (-6)-(-2)=-4。可见 A 的参与提高了总效用，因此它不但不需要支付税收，还会得到 4 的回报。

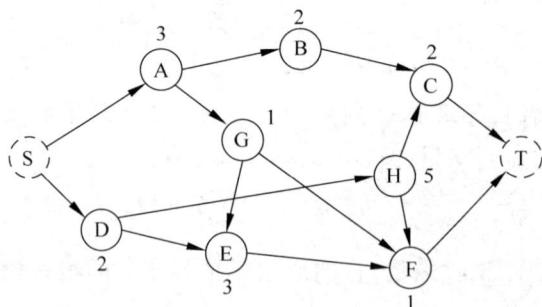

图 13-14　一个简单的路网

13.4　本章小结

　　分布式人工智能与多 agent 系统一直是 20 世纪 90 年代以来的一个热门研究领域。该领域主要有两个相对独立的分支：一是对传统智能算法的分布式改进，以减小系统内部的耦合性，降低复杂度；二是在多 agent 对抗环境中寻找 agent 的最优策略和系统的最优管理规则。

　　分布式系统的一大优势就是具有良好的系统伸缩性。当外界环境改变时，只需要关注于局部结点而无须对整个系统重新设计。然而，这项优势的代价就是增加每个结点内部的通信和协议机制。因此，只有当系统复杂性较高，设计和维护集中式系统的成本大于通信和协议带来的额外开销时，分布式系统才能显示出它的优势。当然，随着当代人工智能、大数据、云计算等新兴技术的发展，分布式系统已经逐渐成为一个趋势。

参考文献

[1]　V. R. Lesser, R. D. Fennell, L. D. Erman, et al. Organization of the Hearsay-II Speech Understanding System[J]. IEEE Transactions on Acoustics, Speech, and Signal Processing, 1975, 23(1): 11-23.

[2]　V. R. Lesser. An Overview of DAI: Viewing Distributed AI as Distributed Search[J]. Journal of Japanese Society for Artificial Intelligence, 1990, 5(4): 392-400.

[3]　M. Yokoo. Asynchronous Backtracking. In M. Yokoo eds., Distributed Constraint Satisfaction, Springer Series on Agent Technology[M], Springer, Berlin, Heidelberg, 2001: 55-68.

[4]　R. Zivan, M. Zazone and A. Meisels. Min-Domain Retroactive Ordering for Asynchronous Backtracking[J]. Constraints, 2009, 14(2): 177-198.

[5]　D. Bertsekas. Distributed Dynamic Programming[J]. IEEE Transactions on Automatic Control, 1982, 27(3): 610-616.

[6]　R. E. Korf. Real-time heuristic search[J]. Artificial Intelligence, 1990, 42(2-3): 189-211.

[7]　M. Yokoo and T. Ishida. Search Algorithms for Agents. In G. Weiss (eds.), Multiagent Systems: A Modern Approach to Distributed Artificial Intelligence[M], MIT Press, Cambridge, MA, 1999: 165-200.

[8]　K. C. Border. Fixed Point Theorems With Applications to Economics And Game Theory[M]. Cambridge University Press, Cambridge, UK, 1985.

[9]　K. Leyton-Brown and Y. Shoham. Essentials of Game Theory: A Concise, Multidisciplinary Introduction[M]. Morgan & Claypool Publishers, San Rafael, CA, 2008: 9-14.

[10]　J. von Neumann and O. Morgenstern. Theory of Games And Economic Behavior (2nd edition)[M]. Princeton University Press, Princeton, NJ, 1947.

[11]　R. Selten. Reexamination of The Perfectness Concept for Equilibrium Points in Extensive Games[J]. International Journal of Game Theory, 1975, 4: 25-55.

[12]　M. Littman, N. Ravi, A. Talwar, et al. An efficient optimal equilibrium algorithm for two-player game trees. In Proceedings of the 22nd Conference on Uncertainty in Artificial Intelligence[C], Cambridge, MA, USA, Jul. 13-16, 2006.

[13]　S. Russell and P. Norvig. Artificial Intelligence: A Modern Approach (3rd Edition)[M]. Prentice Hall, 2011: 163-171.

[14] Y. Aumann. Backward Induction And Common Knowledge of Rationality[J]. Games and Economic Behavior,1995,8(1): 6-19.

[15] D. Silver,A. Huang,C. Maddison,et al. Mastering The Game of Go With Deep Neural Networks And Tree Search[J]. Nature,2016,529(7587): 484-489.

[16] A. Neyman and S. Sorin. Stochastic Games and Applications[M]. Kluwer Academic Press,2003.

[17] J. Harsanyi. Games with Incomplete Information Played by 'Bayesian' Players,Part I,II and III[J]. Management Science,1967-1968,14: 159-182,320-334,486-502.

[18] S. Morris. Trade with Heterogeneous Prior Beliefs and Asymmetric Information[J]. Econometrica, 1994,62: 1327-1347.

[19] S. Morris. The Common Prior Assumption in Economic Theory[J]. Economics and Philosophy, 1995,11:227-253.

[20] V. Krishna and M. Perry. Efficient Mechanism Design[R]. Technical Report,Pennsylvania State University,1998.

第 **14** 章

平 行 智 能

平行智能是近年来兴起的一种新型智能方法,它起源于复杂系统管理与控制领域,基本思想是利用计算模型来分析系统或对象在不同要素下的行为,寻找系统或对象的智能化管控方案,而对系统或对象的管控结果反过来又成为计算模型的输入和标定依据。平行智能就是在这种虚-实共生的动态执行中,分析、预测、引导复杂系统的发展趋势与规律,使系统产生智能行为[1,2]。本章将简要讲述平行智能系统的基本思想和构建方法。

14.1 平行系统和 ACP 方法

平行系统是指由某一个自然的实际系统和对应的一个或多个虚拟或理想的人工系统所组成的共同系统[3]。这里的人工系统通常指以实际对象计算模型为依据的软件仿真系统,而实际系统指现实中被分析的对象集合。平行系统的目标是以实际系统的实时感知信号作为人工系统的计算输入,以人工系统在不同环境和决策模型下的动态计算试验结果为依据,获得当前实际系统的"最优"管理策略。

平行智能方法产生的原因有两点。首先,从上一章对于多 agent 系统的分析可以看到,博弈论和机制设计分别从 agent 自身的最优策略选择和环境规则的优化设计两方面给出了解答,但面对现实生活中的多 agent 系统,特别是由众多个体组成的社会系统时,博弈论与机制设计的分析有些无能为力。一方面,即使能够建立社会系统的博弈模型和机制选择模型,这些模型中涉及的因素太多,并且受初始条件敏感、部件间强耦合性的影响,使得严格的均衡点计算成为一个不可完成的任务,因此我们无法求得传统意义上的最优解,而只能退而求其次,寻找满足管理目标的有效解[4];另一方面,社会个体往往是"有限理性"的,即他们不会精确地比较每个动作候选项的优劣,而是倾向于选择一个认为"够用"的动作,这种现象有时是无法用严格的博弈数学模型解释的。因此,一种替代的办法是直接设计 agent 的行为规则,用计算实验的办法来考察系统的均衡状态(可能不唯一)以及达到均衡状态之前的动力学特性。事实上,微观经济学领域的相关研究也表明,人类的很多决策也并非出自效用最大化原则,而是简单地按照习惯或规则制定的。显然,与传统的博弈论相比,基于规则的

agent 建模在这方面具有优势[5]。

平行智能方法产生的第二个原因来自于实际数据采集的限制和 agent 基于经验学习的能力。在传统的监督学习方法中，AI 系统（也可视为是单个 agent）通过拟合训练样本得到分类模型。该分类模型是对总体数据特征的一种估计。但是，用于学习的训练样本很多时候都存在采样偏差，特别是当样本规模较小而总体数据很大或者无限时（比如某商品市场的所有消费者数据），受输入样本的限制，学习到的模型并不能覆盖总体数据集的典型情况。解决该问题的一个办法是根据不同的特征组合来人工生成训练数据[6]。这种基于别人"经验数据"学习的方法是可行的，相当于提供回合数据做更新。更进一步，人工生成的训练数据不仅能使 agent 学习到人类的已有知识，而且能在目前尚未遇到的场景中学习到额外的知识，事实上，生成式对抗网络就带有这种思想[7]。因此，问题的关键变成如何采用人工系统生成合理的训练场景，这也是平行智能中一个极其重要的研究课题。

从实现步骤上看，平行智能涉及人工社会建模、计算实验分析和人工-实际系统的动态交互执行，因此该方法又称为人工社会-计算试验-平行执行（Artificial Society-Computational Experiment-Parallel Execution，ACP）方法[8]。严格来讲，平行系统及 ACP 方法并不是一项具体的技术，而是一种方法论，所有采用实际与人工系统协同校准、协同控制、交互学习的方法都可以视为是平行智能的具体实现。ACP 方法基于两个假设：

（1）相对于任何有限资源，在本质上，复杂社会经济系统的整体行为不能通过对其各组成部分行为的独立分析而确定；

（2）相对于任何有限资源，在本质上，复杂社会经济系统的整体行为不能预先在大范围的时间、空间或其他度量内确定。

第一条假设确立了整体论，而不是还原论，在复杂社会经济系统研究中的核心地位，这是目前复杂系统研究者的基本共识。第二条假设是可能性，而不是确定性，成为描述复杂系统的主要特征，这意味着对复杂系统，尤其是复杂社会经济系统，"主观性的倾向"必须被引进研究中，"而且消除不掉"。基于上述两条假设，ACP 方法背后的思想可阐述为：

（1）由于复杂系统的结构不明确，边界不确定，以往的系统分析方法往往难以刻画系统部分之间的相互关系。因此，采用整体论的观点，基于人工社会的方法研究此类系统是一种值得尝试的新途径。

（2）涉及人与社会的动态复杂系统，本身处于不断变化和发展之中，不可避免地需要一个不断深化的认识过程，也导致了对这类系统不存在精确完备的整体解析模型。因此，无法"一劳永逸"地解决此类系统的管理控制问题，需要基于"不断探索和改善"的原则，建立有效可行的计算实验方法体系。

（3）复杂系统问题不存在一般意义下的最优解，更不存在唯一的最优解。首先，基于解析模型的最优解与假设条件直接相关，往往具有较强的条件敏感性，而对于复杂系统问题，假设条件与实际情况存在着差别，从而使假设与实际状况的"失之毫厘"，导致最终结果的"差之千里"。其次，解决复杂社会经济系统问题一般不存在单一的优化指标，而多层次多目标优化指标往往造成多个甚至无数个解决方案。再者，对于这类系统，有时甚至连确定一个量化的综合优化指标也有困难，特别是由于复杂社会经济系统的大范围不可预测性，试图求解其某一最优解决方案本身就是不可行的。因此，应当接受有效解决方案的概念，而且还要接受一般情况下存在多个有效解决方案的事实。这可以利用人工系统与实际系统并举的平行系统方法，追求具有动态适应能力的有效解决方案。

如图 14-1 所示，采用 ACP 方法构建的平行系统有三种工作模式：

（1）实验和评估：在这一过程中，人工社会系统主要被用来进行计算实验，分析了解各种不同情况下复杂系统的行为和反应，并对不同解决方案的管理效果进行评估，作为选择和支持管理与控制决策的依据[9]。

（2）学习与培训：在这一过程中，人工系统主要是被用来作为一个学习和培训管理及控制复杂系统的中心。通过将实际系统与人工系统的适当连接组合，可以使管理和控制实际复杂系统的有关人员迅速地掌握系统的各种状况以及对应的行动。在条件允许的情况下，应以与实际相当的管理与控制系统来运行人工系统，以期获得更佳的真实效果。同时，人工系统的管理与控制系统也可以作为实际系统的备用系统，增加其运行的可靠性和应变能力。

（3）管理与控制：在这一过程中，人工系统试图尽可能地模拟实际系统，对其行为进行预估，从而为寻找对实际系统有效的解决方案或对当前方案进行改进提供依据。进一步，通过观察实际系统与人工系统评估的状态之间的不同，产生误差反馈信号，对人工系统的评估方式或参数进行修正，减少差别，并开始分析新一轮的优化和评估。

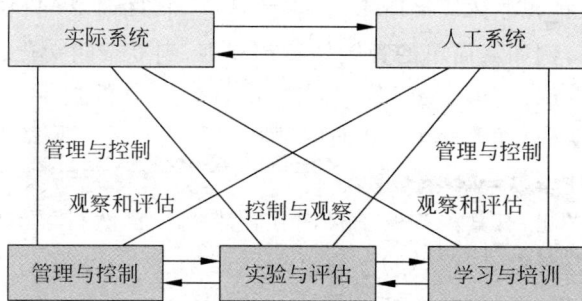

图 14-1　平行系统框架

平行智能以服务实际系统为最终目标，力求使实际系统趋向人工系统，而非人工系统逼近实际系统，进而借助人工系统使复杂问题简单化。可见，对实际系统控制策略的制定、期望控制效果的评估等都来源于人工系统的计算，因此如何构建合理可信的人工社会系统是平行智能方法的关键。随后的几节就将围绕这一问题作具体介绍。

14.2　人工社会与复杂系统研究

人工社会的研究源于 20 世纪 90 年代初的"社会仿真"（Simulating Societies），其在 1992 年举行的第一次研讨会上，仅有 24 人参加。第一次有意识地提出"人工社会"这一概念的，是 1991 年 Builder 和 Bankes 在其为兰德（Rand）公司所完成的报告 *Artificial Societies: A Concept for Basic Research on the Societal Impacts of Information Technology* 中。兰德的背景使人工社会的工作从一开始就染上了国防与军事的神秘色彩[9]。从 1994 年起，专长复杂系统复杂性研究的圣塔菲研究所（Santa Fe Institute，SFI）也展开了类似的研究工作。特别是在人工经济系统方面，以 Brian Arthur 的工作为代表，取得了一系列的成果，并被认为是对试验经济学的重要补充。这些工作大大加强了人工社会概念的影响和应用，引起了社会学家和从事复杂系统研究的学者们的广泛注意。在中国，中科院自动化所复杂系统与智能科学重点实验室也提出并系统地开展了有关人工交通系统的研究和实际应用。

人工社会是人工生命研究的自然延续与扩伸。人工生命是 SFI 的科学家在 20 世纪 70 年代末引发和倡导的一个新兴的研究领域，是关于展示具有自然生命系统行为特性的人造系统的研究。社会是一个人造和主要由人组成的系统，人工社会的主要目的就是将人工生命的思想扩充到社会问题，研究社会自身的生命力、发展动力及其相关现象，用个体行为的局部微观模型产生社会的全局宏观规律。无论是对社会系统还是其他复杂系统，这都是一个十分值得探讨的研究方向，也是通向一种新的"计算社会学"或"计算社会经济学"的途径。

目前，人工社会的核心方法是基于智能体（Agents）的建模、模拟和分析。尽管学术界现在还没有关于智能体的一个完美无缺的定义，但一般认为智能体主要具有自主、社交、学习、移动等主要特性。人工社会的智能体方法主要由三部分组成，即智能体、环境和规则。智能体即人工社会中的"人"，具有自己的内部状态、行为规则，并可以随着时间、交流和外部世界的变化而变化。环境或空间是智能体赖以生存的地方，是它们"生命"的舞台，可以是实际的物理环境，也可以是虚拟的数学或计算机过程，一般表示为存有智能体食物的场所所形成的网格。最后，规则是智能体或场所本身，智能体之间，场所之间，智能体与场所之间"行事处世"的准则和步骤，例如从简单的智能体移动规则，到复杂的文化、战争和贸易规则。利用面向对象的编程（Object-Oriented Programming，OOP）软件技术，智能体、环境和规则可以方便地作为对象来实施，尤其是 OOP 的内部状态和规则的封装特点，目前是构造基于智能体的社会模型的最佳工具。

人工社会研究的兴起，有其深刻的学科内在需求。与自然科学不同，社会科学很难，有时甚至不可能对其研究对象进行"试验"，更不用说是"重复"试验了。即便是做了试验，其中的主观和不可控因素也太多了，从而结果和结论往往不具一般性。正是因为如此，在人工生命兴起之初，就引起社会学学者的关注并加以应用。特别是人工生命的思想与基于计算机建模仿真的"社会仿真"的思想一脉相承，只是换了一个角度并用全新的方法试图解决相同的问题即如何分析系统的复杂性。在一定程度上，人工社会的研究就是人工生命和仿真社会的结合，是通向"计算实验学"的第一步。1992 年举行的第一次社会仿真的国际研讨会，由于人工生命方法的广泛应用，很快变成后面的人工社会的研讨会，就是一个很好的说明。

然而，社会仿真与人工社会的差别，不只是一个技术上的问题，而且还是一个哲学上的问题。在方法论上，社会仿真通过将研究对象分解为子系统，利用计算机和数值技术建模集成，仿真并"回演"自然社会系统的各种状态和发展特性，是一种自上而下的被动还原型研究方法；而人工社会通过人造对象的相互作用，利用计算机和智能体技术"培育生长"社会，模拟并"实播"人工社会系统的各种状态和发展特性，是一种自下而上的主动综合型研究方法。在哲学认识上，社会仿真固守实际社会是唯一现实存在的信念，并以实际社会作为检验研究成果的唯一参照和标准，追求"真实"；而人工社会已迈向了"多重社会"的认识，认为人工社会也是一种现实，是现实社会的一种可能的替代形式，甚至是地球之外的可能社会的可能实现方式。人工社会的这种思想，与人工生命中生命是"多重现象"（Multiverse Phenomenon）的观点是一致的。有趣的是，就连目前的宇宙理论和天文观察也支持所谓的"平行宇宙"

(Parallel Universes)的假设,即从物质上看,宇宙之内存在着与我们完全相同的生命和社会。

迄今为止,人工社会的代表作可能仍属 Epstein 和 Axtell 于 1996 年完成的关于"糖之世界"(Sugarscape)的研究(见其专著 *Growing Artificial Societies：Social Science from the Bottom Up*[10])。在这项工作中,他们采用基于智能体的建模和模拟方法,打破学科界限,从生死、性别、文化、冲突、经济、政治等各种活动和现象的动态交互入手,综合地由个体的行为模型开始分析社会结构和群体规律。糖之世界是一片由各种地域组成的土地,有些地方富糖,有些地方贫糖,而以食糖维持生命的智能体就"诞生"在这片"土地"上,并具有视觉、新陈代谢和其他遗传特性。这些智能体在糖之世界的迁移由一个简单的局部规则所支配,即"在你视觉允许的范围内,找一个糖最多的地方,赶去吃糖"。智能体每次移动时,都以其新陈代谢的速率"燃烧"定量的糖。而且,如果一个智能体烧尽其糖,就会死亡。

就是在这样一个简单的模型社会,智能体之间的相互交往之中却"涌现"出一大批有趣和重要的现象。首先,承载能力的生态原理,即给定的环境只能支撑有限的"人口",变得十分显然。当引入"季节"之后,"移民"现象也出现了。移民可看作是环境难民,既增加了接收区域的人口,也强化了那里的食品竞争,进而可能导致"国家安全"问题。由于智能体时时刻刻都在积累和消耗糖,糖就是财富,因此糖之世界中也就有了财富分布的问题。结果表明,在大量不同的条件下,糖之世界中的财富分布极度倾斜,大多数智能体都只有一点财富,非常类似于实际人类社会中的财富分布。这是在现存人类社会与糖之世界的人工社会间的一个质的相似性。在此基础上,可以通过改变智能体的行为规则,如贸易规则和继承规则,考察一下倾斜的财富分布是否如许多人所认为的那样是一个不变的自然法则。通过这些智能体的进一步的相互作用,以及它们来自不同方面的行为规则和区域演化规则,从迁移规则、资源收集、性繁殖、战争冲突、文化渗透、贸易交流、遗传继承、信用制度、免疫学习,直到疾病传播,一个完整的人工社会诞生了。在如此"培育"的人工社会中,智能体利用它们的简单局部规则,支配其"日常生活"中的行为,"涌现"出许许多多重要的社会或群体现象。在此意义上,糖之世界这样的人工社会就是一种"实验室",在里面我们可以像自然科学那样,进行精确可控和可重复的"社会"实验,以检查各种社会科学的假设和方法。基于此,Epstein 和 Axtell 甚至预言有一天人们会把"你能解释它吗?"(Can you explain it)的问题当作"你能生长它吗?"(Can you grow it)的问题,而正是人工社会的模拟方法允许我们利用计算机来"生长"社会结构,以证明某些微观规范足以产生我们感兴趣的宏观现象。尽管这一预言在社会学家中争议非常大,但 Epstein 和 Axtell 仍把它视为他们工作的中心目标。

从 Epstein 和 Axtell 的工作中,我们可以看到"涌现"(Emergence)的概念在人工社会研究中的核心地位和重要性。当然,涌现也是复杂系统研究中的重要概念之一。尽管有些研究者希望给出一个涌现的解析或数学上的定义,但我们认为,涌现在本质上是一个实验性、观察性和描述性的概念。通过涌现的方式,人工社会可以方便地"生长"出合作、调节、反馈、竞争、冲突等复杂系统现象及它们之间的交互和转换。这方面另一项著名的工作就是 Axelrod 等对囚徒困境(Prisoner's Dilemma)的重新表述,通过智能体进行人工博弈,结果表明在非常广泛的条件下,涌现出的是囚徒之间的合作。社会网络涌现的研究还表明反馈过程不必一定涉及生物过程,它也可以完全是社会性的。对人类学家来说,更重要的是由于智能体和环境之间的反馈过程,社会组织也可以从底向上涌现出来。这些组织可能会与社会学家通常研究的组织非常不同,有时甚至是不可见的。

当然,不是所有的人都赞同人工社会的研究方式。实际上,许多主流社会学家对这一研究方法,甚至对于整个基于计算机仿真模拟的方式表示怀疑。主要原因是人工社会几乎不需要实际社会中的任何东西,就可以通过计算机把它们"生长"出来。其实在一定意义上,这也恰好是人工社会方法的主要优点之一。但这使一些人感到人工社会和复杂系统的追随者从事不需事实的科学:对他们而言,事实充其量就是一个计算机仿真程序的结果而已。特别是某些从事人工社会研究的学者动辄夸大其词,任意扩大推广其"成果",有时甚至让人不清楚所做所指到底是科学研究还是科幻小说,是造成许多对人工社会研究批判的原因。在这些批判中,作家 Horgan 和人类学家 Helmreich 的意见必须引起人工社会研究者的重视。

作家 Horgan 认为:"正如哲学家 Popper 所指出的那样,预测是区别科学与伪科学最好的方式……20 世纪的科学历史应使复杂性学家停下好好想一想。复杂性只不过是 20 世纪里抓住了科学家想象力的高度数字化的'几乎什么都管的理论'长队中的最新的一个。"尽管绝大多数的人工社会模型都明显是预测型的,而且人工社会也不是"什么都管的理论",更谈不上高度的数字化,但 Horgan 的批评应使我们认识到:复杂性研究和人工社会不是"包治百病"的研究,必须有界定的应用范围,人工社会的研究必须有实际的预测,不能只在人工社会里大做预言和总结,特别是结果不可任意推广。对不同学科中的问题,必须根据相关学科自身的方法进行研究。

更严厉的批判来自人类学家 Helmreich,他曾对 20 世纪 90 年代中期 SFI 的研究工作做过人种学般的记录。在 Silicon Second Nature 一书中,Helmreich 认为人工社会的模型反映的是其创造者的潜意识中的文化假设和社会偏见[11]:"由于人工生命学家倾向于把他们自己看成是他们在 Cyberspace 中一切创造物的威力无比的上帝,随着数字达尔文不断地探索充满原始创造物的未开拓领域,他们的程序反映的是关于性别、血族关系和种族的流行观点,重复的是神话和宗教故事中熟知的起源故事。"就是对 Holland 提出的遗传算法,他也认为是反映了"异性恋"的偏见,而且大多数遗传算法的研究者都欢欢喜喜地强调其中"异性繁殖"的隐喻。因此对于 Helmreich 而言,仿真结果就像罗夏(Rorschach)测验一样,揭示了研究者的文化背景和个性特质。所有的陈述,特别是理论上的声明,对他而言,其实都不是关于世界的陈述,而是作者的信念和心态的证据。Helmreich 观察到:"这么多人工生命的实践者都是读着牛仔科幻小说(Cowboy Science Fiction)长大的白人,这绝不会是一件微不足道的小事。"为此他呼吁:"必须监视计算机仿真的使用和滥用——特别是当进行仿真的人们和那些生命成为仿真的主题和对象的人们之间存在着相当的权利差别的时候。"

虽然,Helmreich 的观点有些偏激,但研究者的观点反映在其研究方法甚至结果之中是不争的事实,就是在自然科学中也是这样,何况是社会科学。其实,人工社会不但为"科学牛仔白人"提供了一种按其信念和心态"生长"社会的工具,也为"黑人运动健将""黄皮肤的华人学者"提供了实现相同或不同目标的同样工具和方法。就像计算机不管多智能还是人的工具一样,归根结底,人工社会还是一种工具方法而已。是否有一天计算机可以智能到反过来可以把人作为工具,进而人工社会反过来可以把人类社会作为仿真社会,这好像又回到"社会是人类的产物,人类是社会的产物"的悖论与怪圈之中了。不管怎样认识,二者之间的相互影响与制约,就像人与社会一样,一定会存在并发展的。

社会问题的研究是复杂和困难的,正如 Lewontin 指出的:"我对社会学家所处的位置相当同情。他们面对着最复杂和顽抗的有机体的最复杂和困难的现象,却不能像自然科学家那样具有操纵他们所研究对象的自由。相比之下,分子生物学家的任务太简单了。"已故诺贝尔奖获得者 Simon 也喜欢说:社会科学是"硬"科学,因为许多至关重要的社会过程都是复杂的,无法像其他过程那样进行还原分析。因此,社会科学是复杂系统理论和方法的"天然"应用领域。特别是借助于"人工"社会的概念和方法,复杂系统可以十分"自然"地用于实际社会系统和过程分析及相关决策问题。计算机和人工社会的方法的确为社会问题和许多其他复杂系统问题的研究提供了一线新的希望。而且,随着标定方法和关联方式的不断成熟,网格计算能力的不断发展,相信这种方法一定会在解决实际社会问题中发挥越来越大的重要作用。

人工社会的另一个应用就是网络上的"虚"空间的演化、构造、调节,甚至控制。随着计算机和网络技术的不断提高,各种应用的不断发展,从数字社会、数字社区、数字政府到数字人和动物,这一"虚"空间或许会很快就过渡到"人工"空间,直到变成我们实际生活时刻都离不开的整体部分。那时,就像虚数已成为数的自然部分一样,"虚"空间也会成为我们物质空间的一个实际部分。如果真能这样,人工社会或许也成了 Cyberspace 中的"自然"社会,人工社会形态也就成了那里的自然社会形态。

14.3　人工系统的构建

从应用场景规模上看,人工社会系统主要面向两种典型任务:第一种是用于分析复杂社会系统,例如人口变迁、经济规模、疾病和信息传播、战争演化等。该类应用需要构建与实际相符合的基础人口,然后设计面向具体问题的 agent 决策规则和环境规则,通过计算仿真分析系统的宏观行为特性。第二种是用于分析小规模系统的短期宏观系统趋势与 agent 微观行为规则的联系,例如,火灾应急疏散中个体选择逃生路线对整个疏散效果的影响。与第一种相比,该类应用重在考察时空限制、非理性等要素下的 agent 决策规则设计,并不需要生成反映实际的基础人口,其计算复杂性也较低。下面以这两种应用为背景,讲述人工系统构建的具体过程。

14.3.1　基础人口合成

在分析复杂社会系统时,基础人口合成是构建人工社会系统的第一步。其目标是在计算机中生成一份与实际社会人口相同的虚拟人口,又称为合成人口(Synthetic Population)。合成人口实质上是为人工社会系统的仿真模拟确定了一个合理可信的时间起点和初始状态,它可以视为是人工系统在连续时间维度上的一个静态片段(Snapshot)。基础合成人口首先需要确定研究范围、时间结点和每个 agent 的考察属性。例如,可以考察 2010 年北京市的全部人口,agent 的属性包括性别、年龄、婚姻状况、经济收入等级、工作类型等。称研究范围内的总体人口为目标人口,即合成人口需要逼近的对象。确定目标人口及其属性变量后,我们需要收集输入数据。一般而言,输入数据有两类。一类是关于目标人口的统计数据,包括人口普查数据、税收记录、交通调查数据、劳动力调查数据、不动产登记记录等。这类数据直接反映目标人口的某些侧面，是合成人口的约束条件。统计数据中以人口普查结果最为全面，因此使用也最多。但是，这类统计数据往往只涉及少数变量，并不覆盖所有考察属性。例如，图 14-2 展示了一张我国人口普查的结果统计表，可以看到其中只涉及省份、性别和年龄三个属性。当然，人口普查会给出多张统计表，我们的一个基本假设是所有考察属性至少有一张表覆盖。合成人口的第二类输入数据是一小部分人口调查的原始记录(隐去私有信息)，称为人口样本。比如美国统计局发布的比例为 5％的"公用微观数据样本"(Public Use Microdata Sample，PUMS)，英国官方发布的"匿名记录样本"(Sample of Anonymized Records，SAR)。这类样本通常只占总人口的一个很小比例，但每一条记录都覆盖了所有考察属性(暂不考虑数据缺失)，具有较高的价值(见图 14-3)。然而，很多国家(包括我国)的官方并未发布该类样本数据。根据所使用的输入数据类型，基础人口合成的方法分为基于样本的方法和无样本方法，前者同时使用两类数据，后者则只使用了第一类统计数据。

地　区	合　计			0　岁			1-4　岁		
	合计	男	女	小计	男	女	小计	男	女
合计	1242612226	640275969	602336257	13793799	7460206	6333593	55184575	30188488	24996087
北京市	13569194	7074518	6494676	81381	42727	38654	361197	189906	171291
天津市	9848731	5016375	4832356	70807	37489	33318	305195	161663	143532
河北省	66684419	33936333	32748086	748803	399008	349795	2863119	1538912	1324207
山西省	32471242	16800758	15670484	426905	226325	200580	1730856	908386	822470
内蒙古自治区	23323347	12061615	11261732	227854	118748	109106	954336	499302	455034
辽宁省	41824412	21323383	20501029	351528	186406	165122	1405636	746050	659586
吉林省	26802191	13720747	13081444	228436	120319	108117	832925	437667	395258
黑龙江省	36237576	18520747	17716829	291732	152543	139189	1239176	645191	593985

图 14-2　我国人口普查统计数据表

person_id	hh_id	pnum	age	sex	school_id	work_id	xcoord	ycoord	lat	long
490490014021_391_1	490490014021_391	1	42	2	<Null>	490490014010000240	-1319560.00475	252560.73722	40.25134	-111.668978
490490014021_391_3	490490014021_391	3	16	1	490081000459	490490014020000163	-1319560.00475	252560.73722	40.25134	-111.668978
490490014021_391_2	490490014021_391	2	17	2	490081000458	<Null>	-1319560.00475	252560.73722	40.25134	-111.668978
490490015011_126_2	490490015011_126	2	17	2	490081000466	<Null>	-1317568.26417	257446.94308	40.297762	-111.655651
490490015011_126_1	490490015011_126	1	42	2	<Null>	490490015030000124	-1317568.26417	257446.94308	40.297762	-111.655651
490490015011_126_3	490490015011_126	3	16	1	490081000466	490490015030000124	-1317568.26417	257446.94308	40.297762	-111.655651
490490015011_229_3	490490015011_229	3	16	1	490081000466	490490015010000067	-1318020.76014	255893.50443	40.283281	-111.657785
490490015011_229_2	490490015011_229	2	17	2	490081000466	<Null>	-1318020.76014	255893.50443	40.283281	-111.657785
490490015011_229_1	490490015011_229	1	42	2	<Null>	<Null>	-1318020.76014	255893.50443	40.283281	-111.657785
490490015011_262_2	490490015011_262	2	17	2	490081000466	<Null>	-1317719.43457	256146.49564	40.26599	-111.654786
490490015011_262_1	490490015011_262	1	42	2	<Null>	490490017000000037	-1317719.43457	256146.49564	40.26599	-111.654786
490490015011_262_3	490490015011_262	3	16	1	490081000466	<Null>	-1317719.43457	256146.49564	40.26599	-111.654786
490490015011_83_1	490490015011_83	1	42	2	<Null>	<Null>	-1317585.33358	255811.66373	40.283209	-111.652664
490490015011_83_2	490490015011_83	2	17	2	490081000466	<Null>	-1317585.33358	255811.66373	40.283209	-111.652664

图 14-3　人口样本

合成重构法(Synthetic Reconstruction)是出现最早且使用最广泛的基础人口合成方法[12]。它同时使用目标人口的统计边缘分布和人口样本作为输入，是一种基于样本的方法。合成重构法分为"拟合"和"分配"两步。"拟合"是采用迭代比例拟合算法(Iterative Proportional Fitting，IPF)计算目标人口的变量联合分布，而"分配"则是根据目标人口分布采用蒙特卡洛采样抽取得到人口个体[13]。下面分别介绍。

首先考虑仅有两个属性的二维情况 IPF 算法。如表 14-1 所示，X 和 Y 是两个属性，取值分别是 $\{x_1,x_2,\cdots,x_m\}$ 和 $\{y_1,y_2,\cdots,y_n\}$。$N(x_i)$ 代表目标人口中满足 $X=x_i$ 的总人数，$N(y_i)$ 也代表目标人口中满足 $Y=y_i$ 的总人数。z_{ij} 代表样本数据中满足 $(X=x_i,Y=y_j)$ 的人数。$z_{i.}$ 和 $z_{.j}$ 分别代表样本的行和和列和。IPF 算法是一个迭代算法，每一轮迭代做以下两步操作：

（1）拟合行。对第 i 行，首先计算行和

$$z_{i.}=\sum_j z_{ij}$$

然后更新每个元素

$$z_{ij} \leftarrow \frac{z_{ij}}{z_{i.}} \cdot N(x_i)$$

（2）拟合列。对第 j 列，首先计算列和

$$z_{.j}=\sum_i z_{ij}$$

然后更新每个元素

$$z_{ij} \leftarrow \frac{z_{ij}}{z_{.j}} \cdot N(y_j)$$

定义

$$L=\sum_{i=1}^m |z_{i.}-N(x_i)| + \sum_{j=1}^n |z_{.j}-N(y_j)|$$

为拟合误差，已经证明，当两个维度的约束均为正、输入样本矩阵元素非负且不存在全为 0 的行或列时，随着迭代次数增加，误差 L 将逐渐减小。二维 IPF 算法误差收敛到 0 的必要条件是

$$\sum_{i=1}^m N(x_i)=\sum_{j=1}^n N(y_j)$$

即两个属性下所有取值的目标人口总和相等。

表 14-1　二维 IPF 人口合成表格

X	Y				
	$N(y_1)$	$N(y_2)$	$\cdots$	$N(y_n)$	
$N(x_1)$	z_{11}	z_{12}	$\cdots$	z_{1n}	$z_{1.}$
$N(x_2)$	z_{21}	z_{22}	$\cdots$	z_{2n}	$z_{2.}$
$\vdots$	$\vdots$	$\vdots$	$\ddots$	$\vdots$	$\vdots$
$N(x_m)$	z_{m1}	z_{m2}	$\cdots$	z_{mn}	$z_{m.}$
	$z_{.1}$	$z_{.2}$	$\cdots$	$z_{.n}$	

将二维情况的 IPF 算法推广，可得到高维 IPF 算法。假设一共有 K 个属性，记为 $\{X^{(1)},X^{(2)},\cdots,X^{(K)}\}$。第 k 个变量的第 i 个取值记为 $x_i^{(k)}$。满足 $X^{(k)}=x_i^{(k)}$ 的目标人口约束记为 $N(x_i^{(k)})$。由于高维情况下不再像二维矩阵有行和列的概念，因此我们统一采用维度来叙述。高维 IPF 迭代过程仍然是逐维进行的：

(1) 拟合第 1 维。对第 i 个取值 $x_i^{(1)}$，计算维度和

$$z\left[x_i^{(1)},\bullet,\cdots\right] = \sum_{x^{(1)}=x_i^{(1)}} z\left[x^{(1)},x^{(2)},\cdots,x^{(K)}\right]$$

再做更新

$$z\left[x^{(1)},x^{(2)},\cdots,x^{(K)}\right] \leftarrow \frac{z\left[x^{(1)},x^{(2)},\cdots,x^{(K)}\right]}{z\left[x_i^{(1)},\bullet,\cdots\right]} \cdot N(x_i^{(1)})$$

(2) 拟合第 2 维。对第 i 个取值 $x_i^{(2)}$，计算维度和

$$z\left[\bullet,x_i^{(2)},\bullet,\cdots\right] = \sum_{x^{(2)}=x_i^{(2)}} z\left[x^{(1)},x^{(2)},\cdots,x^{(K)}\right]$$

再做更新

$$z\left[x^{(1)},x^{(2)},\cdots,x^{(K)}\right] \leftarrow \frac{z\left[x^{(1)},x^{(2)},\cdots,x^{(K)}\right]}{z\left[\bullet,x_i^{(2)},\bullet,\cdots\right]} \cdot N(x_i^{(2)})$$

上述拟合过程一直进行到最后的第 K 维。整个 K 维拟合称为一轮迭代。类似地定义误差

$$L = \sum_{k=1}^{K} \sum_i \left| z\left[\cdots,x_i^{(k)},\cdots\right] - N(x_i^{(k)}) \right|$$

与二维情况类似，当每个维度上的约束均为正、输入样本频率非负且在每个维度上不全为 0 时，L 将随迭代增加而减小。高维 IPF 收敛的必要条件是

$$\sum_i N(x_i^{(1)}) = \sum_i N(x_i^{(2)}) = \cdots = \sum_i N(x_i^{(K)})$$

实际计算中通常会很快收敛，效果较好。

IPF 算法实质上是获得了一个属性变量的联合分布。该联合分布既保留了由样本获得的变量之间的相关结构，又满足了目标人口各属性下的总人数约束。将获得的每种变量取值组合下的人数除以总人数，即可得到介于 0 到 1 之间的概率分布。当实际人口规模很大时，我们并不一定需要生成与其规模完全相等的合成人口，而是可以引入一个缩放系数，生成与目标人口结构一致但规模较小的人口集合。因此，"分配"阶段的蒙特卡洛采样可以从 IPF 得到的概率分布中直接采样生成人口。若采用与现实人口相等的比例合成人口，那么"分配"步骤可以省略。

IPF 算法在合成人口中取得了广泛的应用。但是它也存在一些问题。具体而言，该方法以样本中变量的相关结构来表示总体目标人口的相关结构，这会引入样本偏差。最直接的是如果样本中某种变量取值组合下的人数为 0，那么合成之后的分布中相应人数也为 0。这被称为零元素问题(Zero Element Problem)。解决零元素问题的一个办法是人为地将样本频率为 0 的变量组合下的人数设为一个很小的正数(如 1)，但这会改变变量之间的相关关系。尤其是样本规模较小的情况下，这样的改动会有较大影响。

组合优化法(Combinatorial Optimization,CO)是另一种基于样本的方法，最早于 1998 年由澳大利亚的学者提出[14]。该方法适合用大规模样本生成小范围总体的情况。对于较大的考察范围，组合优化法首先需要将其分成多个互不重叠的小区域，然后依次合成每个区域的人口。组合优化法要求的输入有两项：该区域目标人口的统计边缘分布，数量大于区域目标人口的样本。当样本规模无法达到要求时，可以简单地采取复制的办法而增加样本。另外，样本必须包含统计边缘分布的所有属性变量。例如，若边缘分布包含性别、年龄、身高

三个变量,那么样本也必须包含这三个变量。组合优化法的计算过程类似于启发式局部搜索。首先,从样本中随机抽取一个与目标人口规模相同的集合作为初始合成人口。然后根据目标人口边缘分布计算当前合成人口的适应度。适应度函数可以由用户自行定义,一般定义为合成人口与每一个边缘分布的偏差之和。在每一轮迭代中,算法分别从样本和当前合成人口集中随机选取一个个体进行交换。若交换后,当前人口的适应度有所改善(即偏差减小),则接受此个体交换,否则放弃本次交换。上述迭代过程一直进行到偏差降低到设定阈值为止。表 14-2 给出了组合优化法的核心步骤。第 1 行中,函数 $InitPop$ 从样本中抽取与目标人口规模($Scale$)相同的集合作为初始合成人口。第 2 行和第 6 行的 $FitCompute$ 函数用于计算合成人口的适应度。注意与总体约束的偏差越小,适应度越高。第 4 行和第 5 行中的函数 $GetRandomInd$ 用于从给定集合中随机抽取一个个体。

表 14-2　组合优化法伪代码

CombinatorialOptimization(Sample, MarDis)

Input: Sample, individual disaggregate samples;
　　　　MarDis, marginal distributions of target population;

Output: synthetic population.

1. $SynPop \leftarrow InitPop(Sample, Scale)$;

2. $Fitness \leftarrow FitCompute(SynPop, MarDis)$;

3. **Repeat**

4. 　　$SampleInd \leftarrow GetRandomInd(Sample)$;

5. 　　$SynPopInd \leftarrow GetRandomInd(SynPop)$;

6. $F' \leftarrow FitCompute(SynPop \setminus SynPopInd\} \bigcup \{SampleInd\}, MarDis)$;

7. 　　**If** $Fitness < F'$

8. 　　　$SynPop \leftarrow SynPop \setminus SynPopInd\} \bigcup \{SampleInd\}$;

9. 　　　$Fitness \leftarrow F'$;

10. **Until** Convergence;

11. **Return** $SynPop$.

组合优化法可被视为是对样本集的有放回抽样过程,一个优点是最后得到的合成人口能够同时满足单变量和多变量的边缘约束。一般而言,若划分的区域越多,人口合成的粒度就越细,因此精度也就越高。但区域划分需要以获得统计数据为前提。作为一种基于样本的方法,组合优化当然也会受样本的偏差影响。此外,它还存在几个较为突出的问题。首先,与合成重构法相比,组合优化并没有保存样本中变量之间的相关结构,其搜索过程仅依赖于统计边缘分布对人口的约束。这实际上只是从形式上满足了目标人口约束,而并未充分利用样本信息。其次,组合优化是一个迭代算法,当合成人口规模较大时,迭代过程缓慢从而降低效率。反观合成重构法,由于直接计算联合分布,效率会高很多。第三,组合优化的适应度改进可能会被计算截断误差淹没,尤其是大规模合成时。解决该问题的一个办法是每次对多个个体更新,加大适应度的改进幅度。

基于样本的方法受样本质量影响严重。另外,人口样本的获取也是一个不太好解决的问题。例如很多国家都不提供人口离散样本的官方数据。研究人员对此开发了多种无样本方法,即只采用目标人口的统计数据作为输入,而离散样本并不是必需的。无样本拟合

(Sample-Free Fitting)就是其中的一种[15]。该方法最初是用来解决不同数据源之间的不一致问题的。我们以一个例子来介绍无样本拟合。考虑表 14-3 给出的来自 4 个不同数据源的边缘约束,不同变量组合下的总人口数是不一样的。4 个边缘分布共涉及 6 个属性。用大写字母表示变量,小写字母表示某个具体取值,并设城市(C)、性别(G)、年龄(A)、教育程度(E)、家庭类型(H)、收入等级(I)的取值数为 $\{n_c, n_g, n_a, n_e, n_h, n_i\}$。开始时,无样本拟合首先按照包含变量最多的边缘分布(称为最离散分布)生成一个人口池。1 号和 4 号边缘分布都包含 3 个变量,这里以 1 号分布为例生成 405.491 万的人口池。然后对于人口池中的每个个体,生成其他属性。生成方法是根据其余的边缘分布采样。例如对于个体 $Ind(c, g, a)$,按照由 2 号边缘分布得到的条件概率 $P(E=e|C=c)$ 采样确定其教育程度属性的取值。在确定家庭类型属性取值时,3 号和 4 号分布均包含此属性,算法选取其中最离散的分布(即 4 号)作为采样分布。同样,仍然用 4 号分布采样确定收入等级。当所有个体的全部属性变量都确定之后,人口生成完成。此时得到的人口集合,每个属性的确定仅使用了一张边缘分布表。它们不一定符合尚未使用的边缘约束。因此我们进一步对变量取值做修正。修正方法是按照剩余的每一个边缘分布表,只修正不满足约束的离散属性变量值。修正值只能为原值的“相邻”值。例如,假设年龄的取值为 0 到 100 的任意整数。那么对于取值为 86 岁的个体,其修正值只能取 85 或 87。修正过程可视为是一个微调过程。无样本拟合的伪代码在表 14-4 中给出。第 2 行中函数 $GetMostAggDis$ 选取输入边缘分布集合中离散度最高的分布。类似的,该函数在第 8 行选取包含属性变量 X 的离散度最高的分布。第 4 行中函数 $IndSampling$ 根据传入分布采样得到初始个体。第 10 行中函数 $ExtendAttr$ 根据传入分布计算待扩展变量的条件概率,并采样确定扩展变量的取值。第 14 行 $AdjustIndPool$ 根据传入分布调整人口属性取值。

表 14-3 来自三个数据源的人口边缘约束

数据源编号	属性变量	总人数/万人	占总人口比例
1	城市×性别×年龄	405.491	1
2	城市×教育程度	426.372	1.05
3	城市×家庭类型	380.653	0.94
4	城市×家庭类型×收入等级	396.328	0.98

表 14-4 无样本拟合算法伪代码

```
SampleFreeFitting(MarDis,PopSize)
```
Input: MarDis, marginal distributions of target population;

　　　　PopSize, synthetic population scale;

Output: synthetic population.

1. $IndPool \leftarrow \{\}$;

2. $AggMarDis \leftarrow GetMostAggDis(MarDis)$;

3. **For** $i=1$ to $PopSize$, do

4. 　$Ind \leftarrow IndSampling(AggMarDis)$;

5. 　$IndPool \leftarrow IndPool \bigcup Ind$;

6. $MarDis \leftarrow MarDis \backslash AggMarDis$;

7. **While** there is an attribute X that $IndPool$ does not cover, do

续表

8.	$AggMarDis \leftarrow GetMostAggDis(MarDis, X);$
9.	**For** each Ind in $IndPool$, do
10.	$Ind \leftarrow ExtendAttr(AggMarDis, Ind);$
11.	$MarDis \leftarrow MarDis \setminus AggMarDis;$
12.	**For** each rest distribution Dis in $MarDis$, do
13.	**If** $IndPool$ does not match Dis
14.	$IndPool \leftarrow AdjustIndPool(IndPool, Dis);$
15.	Return $IndPool$.

　　无样本拟合解决了无法获取个体样本的困难,使得其适用场景更加广泛。然而,一个严重的问题来源于对人口池的操作。从伪代码中可以看到,算法生成初始人口集后,每一次扩展或调整属性变量都直接操作个体。在计算规模较大时,这会导致频繁读写数据库,从而使效率变得很低。一个改进的办法是下面介绍的总体联合分布推断。

　　总体分布推断仍然是一种无样本方法,主要思想是避免在无样本拟合中频繁读写数据库。其所有的人口分布特征都在拟合阶段计算完成。由于分布能够直接在内存中操作,所以计算速度要比访问数据库快很多。得到变量的联合分布后再采用蒙特卡洛抽样生成人口个体[16]。为说明此方法,考虑合成我国的全国人口。如表 14-5 所示,考察的个体属性变量有 8 个,其中民族属性取值包含 56 个民族以及外国人和其他未识别民族,受教育程度属性取值缺省代表 6 岁以下儿童。可使用的目标人口总体统计边缘分布表共有 9 张,每张表涉及的属性在表 14-6 中给出。

表 14-5　我国部分人口统计数据类型

属 性 变 量	取　　　值	取 值 个 数
性别	{男,女}	2
居住省份	{北京,天津,河北,…}	31
居住地类型	{城市,乡镇,农村}	3
年龄	{0-5,6-10,…,100 及以上}	21
民族	{汉,蒙古,回,…,外国人,其他}	58
受教育程度	{缺省,未受教育,扫盲班,小学,初中,高中,中专,大专,本科,研究生}	10
户籍省份	{北京,天津,河北,…,无}	32
户籍类型	{非农,农业,无户籍}	3

表 14-6　我国人口普查统计数据表

编号	边 缘 分 布
1	性别×居住省份×居住地类型
2	性别×居住省份×户籍类型
3	性别×居住省份×居住地类型×民族
4	性别×居住省份×居住地类型×年龄
5	性别×居住省份×受教育程度
6	性别×居住地类型×年龄×民族
7	性别×受教育程度×民族
8	性别×居住地类型×年龄×受教育程度
9	居住省份×居住地类型×户籍省份

目标人口的联合分布估计最主要的是估计变量间的相关关系。与无样本拟合一样，我们仍然以离散度最高的边缘分布作为起点。表 14-6 中的 3 号、4 号、6 号、8 号分布都是离散度最高的。在上述 4 个分布中，进一步考察变量的取值个数，选取取值数最多的分布作为当前分布。因为 3 号分布具有的取值数最多（共 $2 \times 31 \times 3 \times 58 = 10788$ 个取值），因此以 3 号分布作为起点。这是因为离散程度越高，对总体的刻画越细致，从而保证推断的起始精度较高，减少后续的总误差。确定起始分布后，需要对分布进行扩展。基本思想是尽可能寻找与当前分布有最多公共属性的约束进行扩展。结合本例，4 号和 6 号分布与当前的 3 号分布都有三个公共属性，分别是"性别×居住省份×居住地类型"和"性别×居住地类型×民族"。因此，我们第二步扩展年龄变量。

为尽可能保留变量相关关系，推断仍然采用 IPF 算法。以性别（$Gender$）、居住地类型（$ResideType$）、民族（$EthnicGroup$）为条件变量，根据 6 号分布计算年龄（Age）的条件分布：

$$N(Age \mid Gender, ResideType, EthnicGroup) = N(Gender, ResideType, Age, EthnicGroup)$$
$$(14\text{-}3\text{-}1)$$

以当前的 3 号分布计算居住省份（$ResideProv$）的条件分布：

$$N(ResideProv \mid Gender, ResideType, EthnicGroup)$$
$$= N(Gender, ResideProv, ResideType, EthnicGroup) \quad (14\text{-}3\text{-}2)$$

以 4 号分布计算居住省份×年龄的相关关系：

$$P(ResideProv, Age \mid Gender, ResideType)$$
$$= \frac{N(Gender, ResideProv, ResideType, Age)}{\sum_{ResideProv, Age} N(Gender, ResideProv, ResideType, Age)} \quad (14\text{-}3\text{-}3)$$

符号 N 代表人口频率分布，即对应属性取值下的总人数。符号 P 则是转换之后的概率，容易验证其和为 1。需要说明，式（14-3-1）和式（14-3-2）中的条件频率分布其实就是对应变量取值下的边缘分布，这里只是为书写统一采用条件形式的写法。现在，对条件变量（$Gender, ResideType, EthnicGroup$）的每一组取值，用式（14-3-3）得到的相关关系作为"样本概率"，用式（14-3-1）和式（14-3-2）得到的条件频率作为年龄和居住省份的边缘约束，运行二维 IPF 算法即可得到满足两个条件约束的联合分布：

$$N(ResideProv, Age \mid Gender, ResideType, EthnicGroup)$$

注意上式得到的频率联合分布，需要进一步将其转换成概率分布：

$$P(ResideProv, Age \mid Gender, ResideType, EthnicGroup)$$
$$= \frac{N(ResideProv, Age \mid Gender, ResideType, EthnicGroup)}{\sum_{ResideProv, Age} N(ResideProv, Age \mid Gender, ResideType, EthnicGroup)} \quad (14\text{-}3\text{-}4)$$

最后，依据当前频率分布（3 号分布）扩展年龄属性：

$$N(Gender, ResideProv, ResideType, EthnicGroup, Age)$$
$$= P(ResideProv, Age \mid Gender, ResideType, EthnicGroup)$$
$$\sum_{ResideProv} N(Gender, ResideProv, ResideType, EthnicGroup) \quad (14\text{-}3\text{-}5)$$

对每一组条件变量（$Gender, ResideType, EthnicGroup$）的取值，式（14-3-5）等号左侧是扩展之后的频率分布，右侧第一项是式（14-3-4）的计算结果，第二项是对当前 3 号分布的频率求和。容易验证，扩展保留了居住省份×年龄的相关关系（即两个变量的条件概率与式(14-3-4)一致),同时也保证了性别×居住省份×居住地类型×民族和性别×居住地类型×年龄×民族两个边缘分布与 3 号和 6 号分布一致。

扩展年龄属性后,当前分布变为性别×居住省份×居住地类型×民族×年龄。类似的,可继续扩展受教育程度($EduLv$)。以性别×居住地类型×年龄×民族为条件变量,选取 8 号分布计算受教育程度条件频率:

$$N(EduLv \mid Gender,ResideType,Age) = N(Gender,ResideType,Age,EduLv)$$

$$(14\text{-}3\text{-}6)$$

以当前分布计算居住省份的条件频率:

$$N(ResideProv \mid Gender,ResideType,Age,EthnicGroup)$$
$$= N(Gender,ResideProv,ResideType,EthnicGroup,Age) \qquad (14\text{-}3\text{-}7)$$

与前面扩展年龄属性一样,式(14-3-7)右侧就是当前的频率分布,只是在形式上写成了等式左侧的条件分布形式。选取 5 号分布计算居住省份×受教育程度的相关关系:

$$P(ResideProv,EduLv \mid Gender) = \frac{N(Gender,ResideProv,EduLv)}{\sum\limits_{ResideProv,EduLv} N(Gender,ResideProv,EduLv)}$$

$$(14\text{-}3\text{-}8)$$

对每一组条件变量取值,以式(14-3-8)为样本概率,以式(14-3-6)和式(14-3-7)为边缘约束,使用 IPF 算法求得联合分布,再转换成概率分布,扩展属性:

$$N(Gender,ResideProv,ResideType,EthnicGroup,Age,EduLv)$$
$$= P(ResideProv,EduLv \mid Gender) \sum\limits_{ResideProv} N(Gender,ResideProv,$$
$$ResideType,EthnicGroup,Age) \qquad (14\text{-}3\text{-}9)$$

式(14-3-9)右侧第一项是 IPF 得到的结果(注意条件变量只有一个),第二项是对当前分布的求和。

对于剩下的户籍类型($RegistType$)和户籍省份($RegistProv$)两个变量,都分别只有一个分布包含该变量,因此无法再向前面的过程一样寻找到相关关系。对此我们只能简单地认为当前分布与该变量独立,直接扩展为

$$N(Gender,ResideProv,ResideType,EthnicGroup,Age,EduLv,RegistType)$$
$$= \frac{N(Gender,ResideProv,RegistType)}{\sum\limits_{RegistType} N(Gender,ResideProv,RegistType)} \cdot$$

$$N(Gender,ResideProv,ResideType,EthnicGroup,Age,EduLv) \qquad (14\text{-}3\text{-}10)$$

式(14-3-10)右侧的第一个分数项是以 2 号分布的频率来计算的,实际上是以性别×居住省份为条件变量的条件概率。容易验证该条件概率的和为 1。对户籍省份的扩展类似:

$$N(Gender,ResideProv,ResideType,EthnicGroup,Age,EduLv,RegistType,RegistProv)$$
$$= \frac{N(ResideProv,ResideType,RegistProv)}{\sum\limits_{RegistProv} N(ResideProv,ResideType,RegistProv)} \cdot$$

$$N(Gender,ResideProv,ResideType,EthnicGroup,Age,EduLv,RegistType) \qquad (14\text{-}3\text{-}11)$$

式中右侧第一个分数项以 9 号分布的频率计算,实际上是以居住省份×居住地类型为条件变量的条件概率。至此,我们得到了涵盖所有变量的联合频率分布,可以直接生成人口,也

可以将其转换为联合概率分布采用蒙特卡洛抽样生成不同规模的人口。

不确定性推理一章曾介绍过马尔可夫链蒙特卡洛(Markov Chain Monte Carlo,MCMC)采样方法。该方法用来估计间接估计多个变量之间的联合分布,因此也可以应用到合成人口问题上[17]。我们以吉布斯采样为例。仍然假设个体一共有 K 个属性,记为 $\{X^{(1)},X^{(2)},\cdots,X^{(K)}\}$。第 k 个变量的第 i 个取值记为 $x_i^{(k)}$。记 $x^{(-k)}$ 为去掉第 k 个变量后,剩余变量的一组取值 $\{x^{(1)},\cdots,x^{(k)},x^{(k+1)},\cdots,x^{(K)}\}$。在进行采样前,需要根据输入目标人口的边缘分布来计算每一个变量以其余变量为条件的转移概率 $P(x^{(k)}|x^{(-k)})$。例如,对于表 14-6 而言,需要计算

$$P(Gender \mid ResProv,ResType,EthGroup,Age,EduLv,RegType,RegProv)$$
$$P(ResProv, \mid Gender,ResType,EthGroup,Age,EduLv,RegType,RegProv)$$
$$P(ResType, \mid Gender,ResProv,EthGroup,Age,EduLv,RegType,RegProv)$$
$$\vdots$$

等 8 组条件概率(注意是每个表达式中的变量取一组值就对应一个条件概率,因此每个表达式对应一组概率)。然而,准确计算这 8 组条件概率是无法实现的。每个输入分布都无法覆盖所有变量。因此,一种替代办法是选取最离散的边缘分布,用不完全的条件转移概率替代。例如,计算居住省份转移概率时,选取最离散的 3 号分布(考虑变量取值数),直接认为

$$P(ResProv, \mid Gender,ResType,EthGroup,Age,EduLv,RegType,RegProv)$$
$$= P(ResideProv, \mid Gender,ResideType,EthnicGroup)$$
$$= \frac{N(Gender,ResideProv,ResideType,EthnicGroup)}{\sum_{ResideProv} N(Gender,ResideProv,ResideType,EthnicGroup)}$$

得到所有变量的转移概率后,吉布斯采样的基本过程如下:

(1) 首先随机初始化所有变量;

(2) 以当前的取值 $x^{(-1)}$ 为条件,从转移概率 $P(X^{(1)}|x^{(-1)})$ 采样更新取值 $x^{(1)}$;

(3) 以当前的取值 $x^{(-2)}$ 为条件,从转移概率 $P(X^{(2)}|x^{(-2)})$ 采样更新取值 $x^{(2)}$;

(4) 继续依次变量 $X^{(3)}$ 到 $X^{(K)}$ 采样更新,最后得到一个新的个体样本;

(5) 重复(2)~(4)步直到获得指定规模的样本为止。

不确定性推理章节已经介绍过,吉布斯采样一般需要经过一个很长时间的"预采样"才能达到稳态。因此,达到稳态后的样本才能够被接纳直接作为人口个体。另外,为了避免前后生成的两个个体之间产生依赖性,通常采取间断采样的办法,即达到稳态后每间隔一定次数才接纳一个个体。

MCMC 采样方法合成人口简单直接,不需要很复杂的拟合过程,表 14-7 给出了算法的伪代码。所生成的人口库可以作为联合分布的逼近,从而下一次人口合成时可直接从库中抽样得到。但是,MCMC 方法要经过长时间的预采样达到稳态。尤其是对大规模人口库,这种预采样时间可能是无法忍受的。另外,如果条件转移概率来自不一致的数据源,预采样并不能使马尔可夫链达到稳态。这也是由 MCMC 方法所决定的。

表 14-7　MCMC 采样人口合成算法伪代码

```
MCMC(MarDis,PopSize,TransNum,Interval)
```

Input: MarDis,marginal distributions of target population;

PopSize,synthetic population scale;

续表

TransNum, iteration number of heating;
Interval, iteration interval of acquiring samples;
Output: synthetic population.
1. $TransProb \leftarrow \{\}$;
2. For each attribute $\boldsymbol{X}^{(k)}$, do
3. $AggMarDis \leftarrow GetMostAggDis(MarDis)$;
4.   For each value $\boldsymbol{x}_i^{(k)}$, do
5. $TransProb \leftarrow TransProb \bigcup P(\boldsymbol{x}_i^{(k)} \mid \boldsymbol{x}^{(-k)})$;
6. $SeedInd \leftarrow RandomInd()$;
7. Repeat
8.   For each $\boldsymbol{x}^{(k)}$, do
9. $SeedInd \leftarrow Update(P(\boldsymbol{x}^{(k)} \mid \boldsymbol{x}^{(-k)}))$;
10. Until TransNum times;
11. $SynPop \leftarrow \{\}$;
12. $t \leftarrow 0$;
13. Repeat
14.   For each $\boldsymbol{x}^{(k)}$, do
15. $SeedInd \leftarrow Update(P(\boldsymbol{x}^{(k)} \mid \boldsymbol{x}^{(-k)}))$;
16. $t \leftarrow t+1$;
17.   If $t \% Interval == 0$
18. $SynPop \leftarrow SynPop \bigcup SeedInd$;
19. Until $Size(SynPop) == PopSize$;
20. Return $SynPop$.

14.3.2   agent 的体系结构和行为建模

如前所述,人工社会系统的主要应用包括复杂社会系统分析和局部系统下的 agent 行为分析。上一小节讲述的基础人口合成是第一类应用的基础,本节将要介绍的 agent 决策行为建模则是两类应用的核心。从根本上讲,agent 决策行为建模的目的是引入一套微观计算模型,来模拟人类个体的智能选择和决策过程。在这套计算模型下,agent 能够根据每一次外部的环境感知,持续地做出行为选择并付诸实施,而外部环境的计算模型则将 agent 的行为转化为环境自身的改变,从而为下一次 agent 的感知提供新信息。因此,在一个仿真时间段内,agent 和环境的持续更新相当于赋予整个系统动态演化的机制。在 agent 和环境的更新中,后者因为有现成的物理定律,往往相对简单,而前者由于涉及对人的决策建模,因此较为复杂。针对不同的应用领域,agent 的行为规则并不相同。例如在微观经济行为和微观交通出行行为所制定的规则肯定是不一样的。讨论具体领域的规则制定超出了本书的范畴,我们这里只从人工智能的角度讨论通用决策模型构建方法,而并不关注于具体案例。

对 agent 决策模型的分类有两种方法。一种是按照行为规则的组织方式不同,可分为反应型 agent(Reactive Agent)、思虑型 agent(Deliberative Agent)和复合型 agent(Compound Agent)[18]。反应型 agent 又称产生式规则系统(Production Rule System)。它用"If…Then…"的规则表示 agent 的决策过程。每条规则包含激活条件(即 If 部分)和相应动作(Then 部分）。所有规则都存放于知识库中，如图 14-4(a)所示。每一次 agent 从环境获得的观察信息将送到解释器，解释器将感知解释为规则的条件。如果知识库中有匹配当前解释的规则，则将相应的动作交由执行器执行，然后开始下一轮观察。如果解释条件匹配多条规则，那么需要引入一个决策机制来决定哪些规则被激活。反应型 agent 结构简单，易于实现，而且不需要较大的通信量，适合一些简单的数据处理类任务。思虑型 agent 具有自己的内部信念，反映了自身对外部环境的一种认识（但可能是错误的认识），如图 14-4(b)所示。每一轮决策中，环境感知信息用于更新信念，然后 agent 根据自己的目标状态(Desire)在知识库中搜索相应的规则。规则的后件(Then 部分)可能是具体动作，也可能是另一种信念状态。当后件是动作时，直接将其交由执行器执行。当后件为状态时，搜索会继续查找前件与之匹配的规则。搜索得到的动作序列将作为规划存放于规划库中。这个搜索被认为是模拟人类思考的过程。显然，思虑型与反应型 agent 的区别在于两点。一是前者具有对周围环境及自身条件的信念，二是前者能够依据目标产生一组动作规划，而后者只能产生单步动作。复合型 agent(Compound Agent)结合了反应型和思虑型二者的优点。主要思想是较低层次的动作采用反应型 agent 加快计算速度，而较高层次的动作采用思虑型 agent 完成规划。

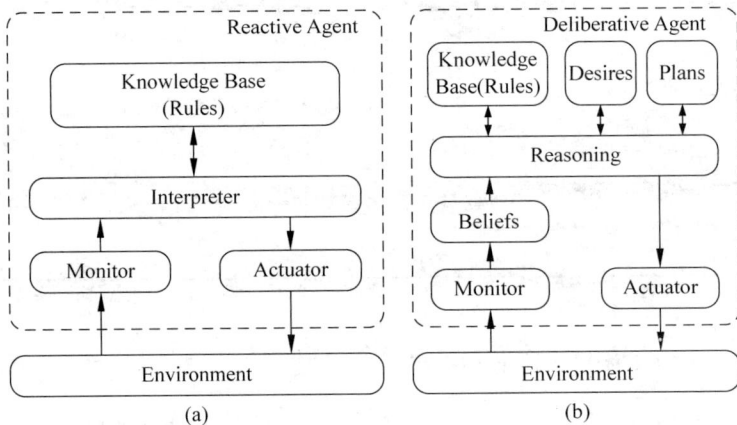

图 14-4　反应型 agent 和思虑型 agent

　　Agent 决策模型的第二种分类方法是根据知识的产生和存储模式，分为符号型 agent(Symbolic Agent)和涌现型 agent(Emergent Agent)[19]。一定程度上讲，这两类 agent 也分别对应了人工智能发展的两个方向——符号主义和连接主义。符号型 agent 实质上就是一个小型的逻辑符号系统。它以符号形式表示环境和知识，并始终维护自身的一致性知识库。符号 agent 一般综合运用搜索、推理、规划、学习等算法来完成整个感知-决策-行为循环。正是由于知识库的一致性，这种 agent 不会得出前后矛盾的结论，因此被广泛应用于系统控制、机器人等安全性要求较高的领域。涌现型 agent 试图模拟人类决策的自底向上过程。这类 agent 的决策模型通常是分层结构。底层模拟人的神经元及神经网络，上层模拟人的主动意识。决策层次越高，概念的抽象层次也越高。在多任务环境下，每一项任务或者某任务的每一项资源需求都由一个小型的底层网络管理。每个底层网络对环境感知信息编码，并根据自身的资源需求提出基本响应动作。这些响应动作存在竞争关系，可能会出现冲突。而上层的主动意识将根据现有的资源状况解决这些冲突，从而选择相对合理的动作。由于带有不确定性，涌现型 agent 特别适用于不确定性知识的发现，通常被广泛用于模式识别和图像处理领域。

从目前的研究成果看，思虑型符号 agent 占了大多数。该类 agent 的结构很多，比较著名的有 BDI（Belief-Desire-Intension）、SOAR（State，Operator And Result）、ACT-R（Adaptive Control of Thought-Rational）等。下面简单介绍 SOAR[20]。SOAR 的结构如图 14-5 所示，其中 agent 将信念分成了两部分：工作记忆（Working Memory）和长期记忆（Long-Term Memory）。工作记忆是与处理当前问题相关的短暂的记忆，主要是目前的环境状态。例如图 14-6 给出了状态"A、B 两个盒子，A 在 B 上，B 在桌子上"的工作记忆表示，结点代表对象，箭头上的文字是属性名，箭头指向的文字是属性取值，对象间的箭头代表它们的关系。SOAR 的长期记忆包括 agent 的固有知识、处理规则和经历片段等。决策过程（Decision Procedure）是体现 agent 智能性的最主要部分，包括三个步骤：提出规则、选择规则、执行规则。下面以一个例子来具体说明。

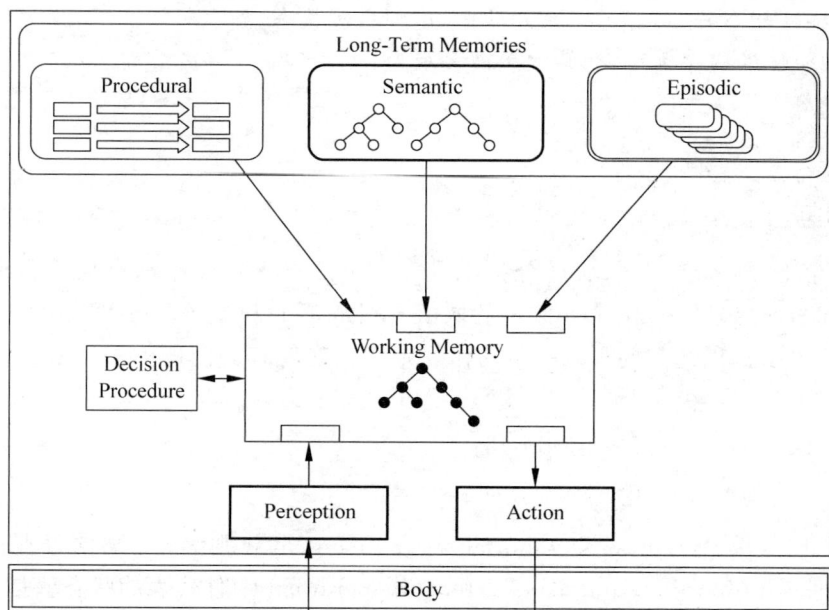

图 14-5 SOAR 的基本结构

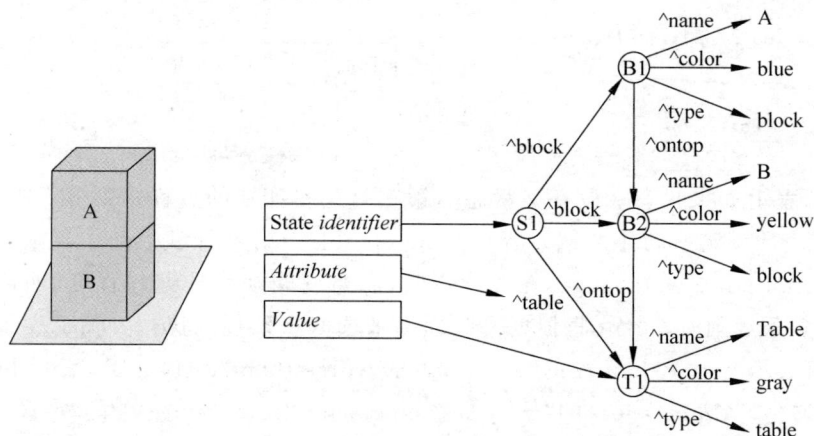

图 14-6 工作记忆的存储形式

例 14-1(水桶问题[21]) 有两个容量分别为 5 加仑和 3 加仑的水桶,桶上没有刻度。可以从一口井(水量无限)中取水来装满水桶,也可以将一个水桶的水倒入另一个桶中。目标是在 3 加仑桶中加入 1 加仑的水。

显然这是一个规划问题,可以用经典规划的方法求解。这里我们展示 SOAR 的求解过程。首先对问题做形式化定义:

(1) 状态空间为两个水桶(考察对象)及其盛水量(属性值)。以 5∶0 和 3∶0 分别表示 5 加仑桶和 3 加仑桶为空;

(2) 初始状态为两个水桶都为空;

(3) 定义三个动作谓词为 Fill、Empty、Pour;

(4) 禁止在 Fill 某个水桶后,立即 Empty 这个水桶(因为这是无意义操作)。这称为搜索控制规则(Search Control Rule);

(5) 需要从初态开始,经过一系列动作,达到目标状态。

按照 SOAR 的程序语言,初始状态被表示为

```
(state <s> ^jug <j1>
           ^jug <j2>)
(<j1> ^volume 5
      ^contents 0)
(<j2> ^volume 3
      ^contents 0)
```

其中该状态名称为 s,有两个水桶分别名为 j1 和 j2。每个水桶都有两个属性,是容积(Volume)和当前水量(Contents),它们的取值分别是 5∶0 和 3∶0。在程序开始时,agent 会处于一个默认状态,因此需要写入一条动作规则将状态转移到问题的初始状态。这条规则表述为

```
water-jug*propose*initialize-water-jug
If no task is selected,
then propose the initialize-water-jug operator.
```

第一行 water-jug * propose * initialize-water-jug 是规则名,规则前件是 no task is selected,后件是 propose the initialize-water-jug operator。前件代表的状态就是 agent 的默认状态,它将被解释器匹配然后激活本规则,提出一个名为 initialize-water-jug 的动作。用 SOAR 的程序语言书写本条规则是

```
sp {water-jug*propose*initialize-water-jug
  (state <s> ^superstate nil)
 -(<s> ^name)                        [Test that there is no task.]
  -->
  (<s> ^operator <o> +)
  (<o> ^name initialize-water-jug)}
```

第二行"表示如果状态 s 没有父状态",第三行是打印 s 的名称。第五行提出一条动作规则 o,"+"表示设定该动作的偏好程度为 acceptable。第六行赋予动作规则 o 一个 name 属性,取值为 initialize-water-jug。在继续之前,需要说明动作的偏好程度,即这里的"+"。当状态匹配多条规则时,agent 将根据偏好程度来选取一条规则执行。除了表示 acceptable 的"+",还有表示 better than A 的">A",表示 worse than A 的"<B",表示 best 的">",表示 worst 的"<",表示 reject 的"-",表示 binary indifferent with A 的"=A"等等。若匹配的规则偏好程度相同,agent 将随机选取一个执行。SOAR 认为 agent 的智能性就是来源

于对不同规则选取。回到我们的例子,现在只有一条 acceptable 的规则,因此 agent 会执行它。下一步就是定义如何执行规则

```
water-jug*apply*initialize-water-jug
If the initialize water-jug operator is selected,
then create an empty 5 gallon jug and an empty 3 gallon jug.

        sp {water-jug*apply*initialize-water-jug
           (state <s> ^operator <o>)
           (<o> ^name initialize-water-jug)
           -->
           (<s> ^name water-jug
                ^jug <j1>
                ^jug <j2>)
           (<j1> ^volume 5
                 ^contents 0)
           (<j2> ^volume 3
                 ^contents 0)}
```

可以看到,规则执行结果就是将状态转移到前面定义的初始状态。至此,agent 完成了提出规则、选择规则、执行规则三个步骤,将状态从默认态转移到问题定义的初始状态。类似地,我们可以提出 Fill 等其他规则

```
water-jug*propose*fill
If the task is water-jug and there is a jug that is not full,
then propose filling that jug.

water-jug*propose*empty
If the task is water-jug and there is a jug that is not empty,
then propose emptying that jug.

water-jug*propose*pour
If the task is water-jug and there is a jug that is not full and the other
jug is not empty,
then propose pouring water from the second jug into the first jug.
```

以及规则的执行

```
sp {water-jug*apply*fill
    (state <s> ^name water-jug
               ^operator <o>
               ^jug <j>)
    (<o> ^name fill
         ^fill-jug <j>)
    (<j> ^volume <volume>
         ^contents <contents>)
    -->
    (<j> ^contents <volume>)
    (<j> ^contents <contents> -)}
```

To remove a working memory element, use"-".

在计算中,对于所有满足条件的对象(两个水桶),规则都将被激活。若状态不匹配任何规则时,agent 将进入困境(Impasse),并根据偏好程度选择其他规则。若困境得到解决,则所使用的规则将会被记录下来以供下一次遇到该困境时使用。这就是 SOAR 的基本学习机制。

从上面的例子可以看到,SOAR 模拟了人类决策的主要过程,其关键之处在于如何确定动作规则的偏好程度。这依赖于针对具体问题的算法。另外,SOAR 虽然能够完成“链式推理”,但每一步推理需要在完成状态转移之后才能实施,而无法通过“思考”预先演绎。这使得 agent 的规划动作序列能力较弱。

14.4 人工系统的初步应用

上一节讨论了人工系统的构建方法,本节将结合人工系统的两种典型应用,分别给出具体的应用实例[22]。所展示的实例并不十分复杂,目的是让读者对人工系统建模与计算的全过程有一个直观的认识和感受。

14.4.1 应急疏散

应急疏散属于第二类应用,即通过模拟异质 agent 群体的微观行为来考察系统的宏观演化特点。这种应用不需要基础合成人口作为起点,而是直接构建 agent 的决策模型和规则,重在分析行为规则对系统的影响。对于应急疏散而言,人们需要在有限的时间内做出反应动作,因此规则的设计需要考虑时间约束、情感(如焦虑、怀疑)、生理状况(如疲劳)等。从 agent 设计角度,我们需要实现环境感知、学习、记忆、情感和性格、规划、行动等模块。另外,agent 之间的交流也可能对决策过程带来影响,但此处不考虑这一点(这一定程度上可以转化为对周围 agent 行为的学习)。

应急疏散的实验环境如图 14-7 所示。环境模拟的是一片公共区域,其中分布有一些建筑,以灰色方块表示。区域有两个出口,分别位于左上角和右下角。开始时,我们设定区域中随机分布有 500 个 agent,以彩色小正方形表示。当灾害发生时(如火灾、枪击等),每个 agent 的目标是尽快从其中一个出口逃离,并且需要避开区域中的建筑。在逃离过程中,agent 的行动受到自身状态和周围 agent 行为的影响。我们将具体的决策规则列于表 14-8 中。每一个"观察-决策-行动"周期,agent 需要完成如下模块:

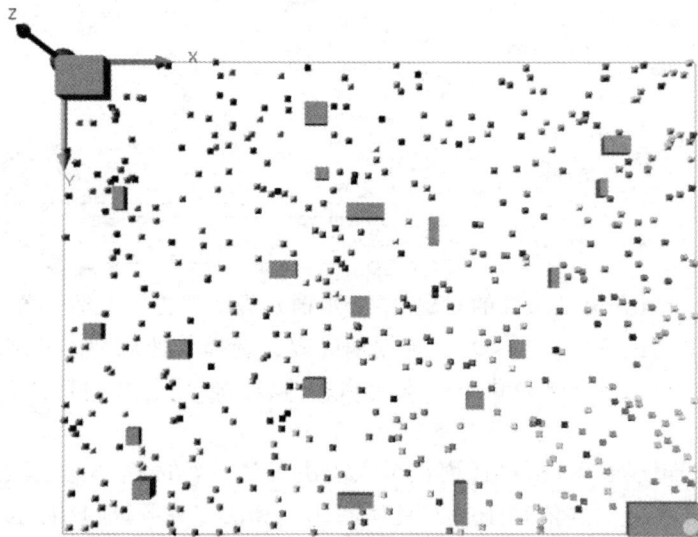

图 14-7 应急疏散实验环境

(1)感知。Agent 观察其可见范围内其他 agent 的速度,以及可见范围内是否有需要避让的建筑物。感知信息分别存放于工作记忆区的 WM_Velocity 和 nearby_obstacles 中。

另外,agent 会根据观察到的其他 agent 速度判断选择两个出口的人数,存储于 WM_Targets 中。

（2）出口选择。agent 得到感知结果后,将作简单计算来选择其逃离出口。本例中,出口选择受三个因素影响。首先是出口与自身的距离,agent 会更倾向于选择离自己近的出口。其次是其他 agent 的选择结果,这里有两个候选出口,每个出口的影响因子impactFactor 用周围选择该出口的人数比例表示。最后是 agent 的自信程度,这里分为 0（最不自信）到 9（最自信）十个等级。等级越高,agent 越不容易改变已经选择的出口。从广义上看,三个影响出口选择的因素分别代表客观认知、学习结果和情感性格。Agent 的出口选择规则是,默认为最近出口。但如果其他多数 agent 选择出口的影响因子大于自身的自信程度,那么 agent 会改变已选择的出口。

表 14-8 应急疏散实验 agent 的决策规则

决策模块	规则描述	规则
Perception	Agent observes others' evacuation and buildings in his sight	WM_Velocity <- Others' Velocities; WM_Targets <- Others' target points; nearby_obstacles <- buildings nearby;
Learning	Agent calculates the number of agents that select each destination	target1_num <- WM_Targets for target 1; target2_num <- WM_Targets for target 2; impactFactor <- max{ target1_num/(target1_num + target2_num), target2_num/(target1_num + target2_num) };
Working Memory	Current surrounded agents and buildings	—
Long-Term Memory	Memorized route already passed	—
Emotion & Personality	Agent's self-confidence	0(least confident) - 9(most confident)
Property State	Fatigue level	1(energetic) - 3(tired)
Reasoning	Determine destinations and building avoidance if needed	IF obDest != currDest && self-confidence / 9 < impactFactor THEN currDest <- obDest; IF nearby_obstacles NOT Null THEN should avoid buildings;
Motivation	Achieving destination and avoid buildings if needed	—
Attention	Sort the motivations	IF there is avoid buildings THEN avoid buildings > achieving destination, ELSE achieving destination
Planning	Determine velocity according to fatigue level	fatig_coef <- (4 - fatigue) / 4; velocity <- {(currDest.x - location.x) * fatig_coef, (currDest.y - location.y) * fatig_coef};
Actuation	Conduct actions and update internal state	IF fatigue = 3 THEN fatigue <- 1 ELSE fatigue <- fatigue + 1; LTMemory <- LTMemory + location

（3）避障及速度选择。若 agent 观察到视线范围内有建筑物，那么它会设定并优先选择避开障碍的目标。优先程度高于"到达出口"。另外，agent 会根据当前疲劳程度和与目标出口的距离决定逃离速度。这里我们将速度分为 x 和 y 两个方向分别计算。Agent 自身的疲劳程度设定为 1（有活力）、2（中性）、3（疲倦）三个等级。疲劳程度越高，速度越慢。

（4）状态更新并执行动作。完成出口和速度选择后，agent 执行结果并更新状态。状态更新的规则包括疲劳程度提升一个等级，以及将当前选择的出口记录到长期记忆中。

agent 完成每一个"观察-决策-行动"周期后，环境也相应地做出调整，体现为各 agent 的坐标更新。已经到达出口的 agent 将不再显示，视为是已经撤离。从图 14-7 所示的初始状态开始，图 14-8 展示了 agent 疏散撤离的过程。四幅子图分别取自于第 20 步、第 50 步、第 100 步和第 150 步仿真完成时的系统状态。从图中可以看到，疏散人群明显的分为两类，并且存在聚集现象。随着仿真时间的推移，分类越来越强化。这是因为按照所设计的决策规则，当 agent 受到其他人的影响时，其选择结果会强化。而这样的选择结果反过来又会影响其他人。另外，在后两幅子图中，有部分 agent 出现了短暂的"停滞"。这是因为随着疲劳程度的增加，agent 需要一个缓冲休息的过程，其速度会变慢。但该过程的影响时短暂的，最终整个区域会完全清空。我们可以进一步定量考察疏散的过程，如图 14-9 所示。从总人数的变化曲线看，大致可分为三个阶段。第一阶段大约是前 120 步仿真。这个阶段出现了缓慢的撤离。原因是 agent 的分布相对分散，受到的相互影响较大，因此部分 agent 容易改变

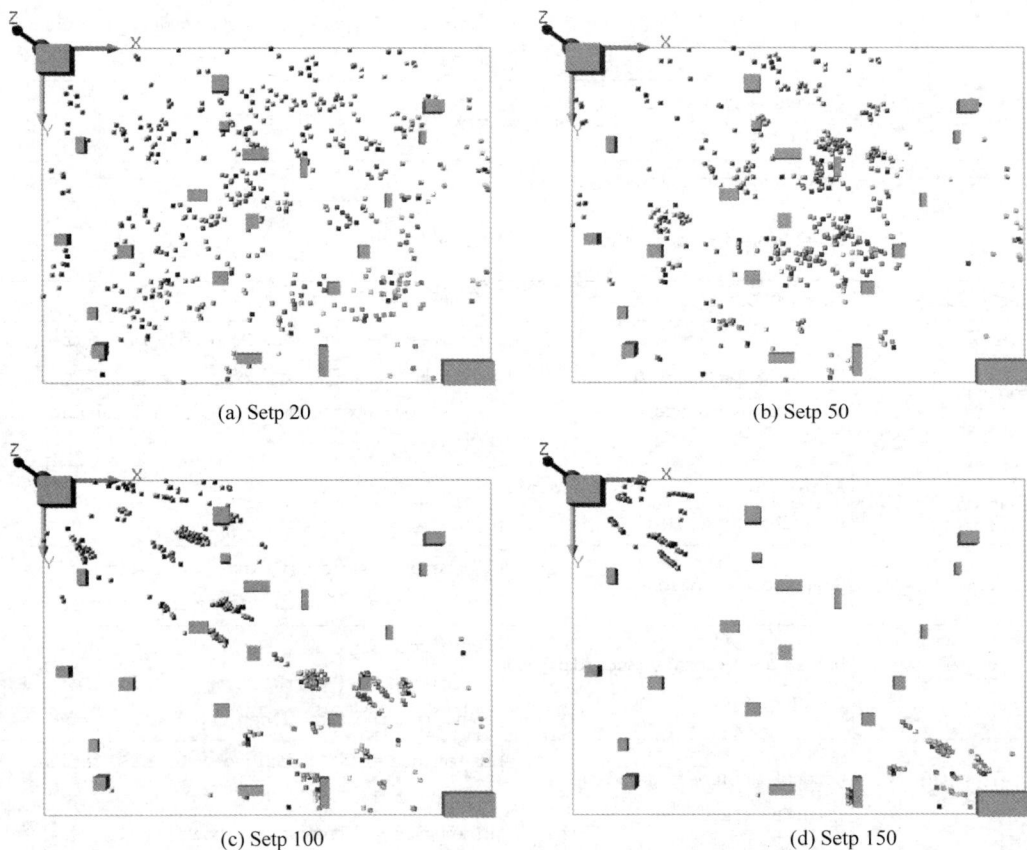

(a) Setp 20

(b) Setp 50

(c) Setp 100

(d) Setp 150

图 14-8　应急疏散实验过程

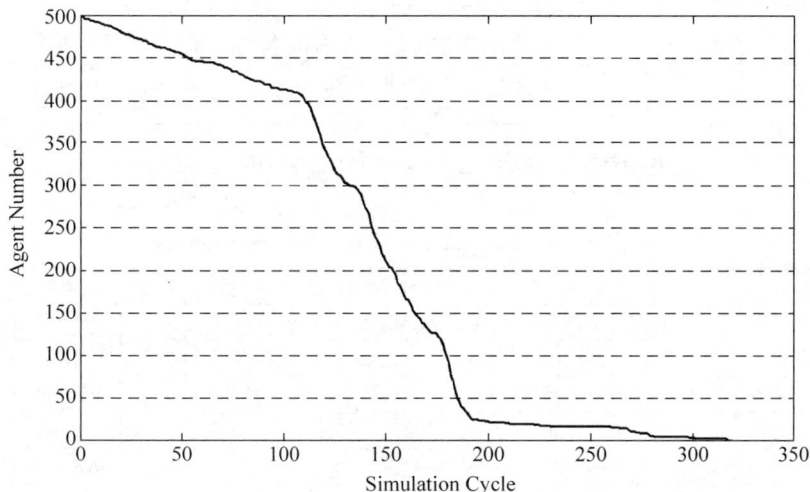

图 14-9　疏散过程中的总人数分布

已选择的出口,出现"犹豫"现象。第二个阶段大约从 120～190 步。此段出现了加速撤离的现象。其原因是因为随着疏散的进行,agent 选择的结果强化,因此毫不犹豫直奔出口。第三阶段从大约 190 步开始直至完全清空。此阶段又出现了缓慢撤离的情况。显然,原因正是随着疲劳程度增加,agent 的逃离速度变慢。三个阶段对应的撤离人数分别占 20%、70% 和 10%。整个环境大约在 320 步时完全清空。

14.4.2　人口演化

人工系统的第二种应用是分析复杂社会系统。与前面的应急疏散相比,这类应用因为是基于实际出发的合成人口,因而更加具有现实意义。从方法上讲,人工系统可以分析社会系统的各个方面,包括人口演化、宏观经济与金融、交通出行、疾病传播、信息扩散、军事战争等等。每个具体领域只需要结合相应的输入数据和领域规则即可。下面以我国人口演化为例,展示人工系统在计算人口领域的应用。

人口演化实验的目标是复现和预测现实中人口系统的发展特点,具体而言,我们考察人口的出生、死亡、迁移、地域分布等特征。需要注意,应急疏散中 agent 的决策要在有限的时间内完成,而人口演化中的个体决策则可以认为不受时间限制。这是因为现实中个体的迁移等选择大多是根据效用最大化原则做出的,是理性选择的结果。人口演化的第一步是合成初始人口,这里以我国 2000 年第五次全国人口普查的数据作为输入,采用本章第一节介绍的五种方法合成全国 2000 年的初始人口。根据国家统计局给出的普查结果,目标人口规模为 1,242,612,226。普查最终发布的统计数据分为短表和长表两种。短表包含了一些基本个体属性,涉及表 14-5 所给出的变量。这也是我们合成人口所考虑的变量。长表除包含短表的所有属性外,还包括一些更加具体的人口信息,比如生育状况、职业类型等。长表的普查对象采用事前随机抽样的办法确定。抽样比例是总人口的 9.5%。其余非长表普查对象都以短表普查。因此,最终发布的短表统计数据涵盖了全部目标人口,而长表统计数据只覆盖 9.5% 的目标人口。在基础人口合成中,我们以短表数据作为输入,而以长表数据作为评价标准来评价五种方法的结果。表 14-9 给出了按一维边缘分布统计的误差结果。其中

MAE 和 $RMSE$ 分别代表平均绝对值误差和均方根误差,计算公式为

$$MAE = \frac{1}{N}\sum_{i=1}^{N}\frac{|LTNum_i - SynNum_i|}{LTNum_i},$$

$$RMSE = \sqrt{\frac{1}{N}\sum_{i=1}^{N}(LTNum_i - SynNum_i)^2}$$

表 14-9　五种方法合成人口的一维边缘分布结果

	性　别		年　龄　段		民　族		居　住　省　份		受教育程度		居住地类型	
	MAE	RMSE	MAE	RMSE	MAE	RMSE	MAE	RMSE	MAE	RMSE	MAE	RMSE
IPFSR	0.64	377,799	3.69	268,701	12.68	123,982	3.25	178,383	3.20	372,811	1.04	348,894
CO	0.06	48,459	2.34	90,971	820.03	40,975	0.43	17,239	1.49	402,998	0.35	131,286
SFF	0.64	375,144	3.78	268,892	6.29	102,547	3.24	177,453	3.69	671,501	1.04	351,682
MCMC	0.65	382,058	3.90	269,218	7.52	87,432	3.29	178,076	3.68	676,170	1.02	345,182
JDI	0.65	380,026	12.88	266,461	27.18	126,592	3.26	178,052	3.68	639,449	1.05	351,318

表 14-10 给出了按部分属性的联合分布统计的评价结果。其中评价指标采用相对 Z 值平方和(Relative Sum of Squared Z-scores,RSSZm),计算公式为

$$RSSZm = \sum_k \sum_i F_{ki}(O_{ki} - E_{ki})^2$$

其中

$$F_{ki} = \begin{cases} \left(\left(C_k O_{ki}\left(1 - \frac{O_{ki}}{N_k}\right)\right)\right)^{-1}, & O_{ki} \neq 0 \\ \frac{1}{C_k}, & O_{ki} = 0 \end{cases}$$

O_{ki} 是第 k 张表中第 i 个变量取值组合下的合成人口数;E_{ki} 是给定的第 k 张表中第 i 个变量取值组合下的长表统计人口数;N_k 是总的边缘分布表数量;C_k 是第 k 张表的 5% 处的 χ^2 分位点(含有 n 个变量组合表的自由度是 $n-1$)。从结果可以看到,两种基于样本的方法对一维边缘分布的逼近效果较好,而无样本方法则在部分联合分布评价下更优。

表 14-10　五种方法合成人口的部分联合分布结果

	性别×居住省份 ×居住地类型	性别×居住地 类型×年龄段	性别×民族	性别×居住地类 型×受教育程度	合计
IPFSR	1053	1358	8 020 954	1055	8 024 420
CO	85	275	8 021 125	683	8 022 168
SFF	1097	1297	313	2162	4869
MCMC	1098	8962	310	245 325	255 695
JDI	1101	1312	3446	2109	7968

将合成人口按照居住省份置于实验环境中,得到初始人口分布,如图 14-10 所示。受计算规模限制,这里设定缩放比例为 1∶10 000,即每个 agent 对应现实中的 10 000 人口。接下来,我们进一步构建 agent 的生育、死亡和迁移规则。具体而言,在每一轮决策周期中,需要完成如下评价:

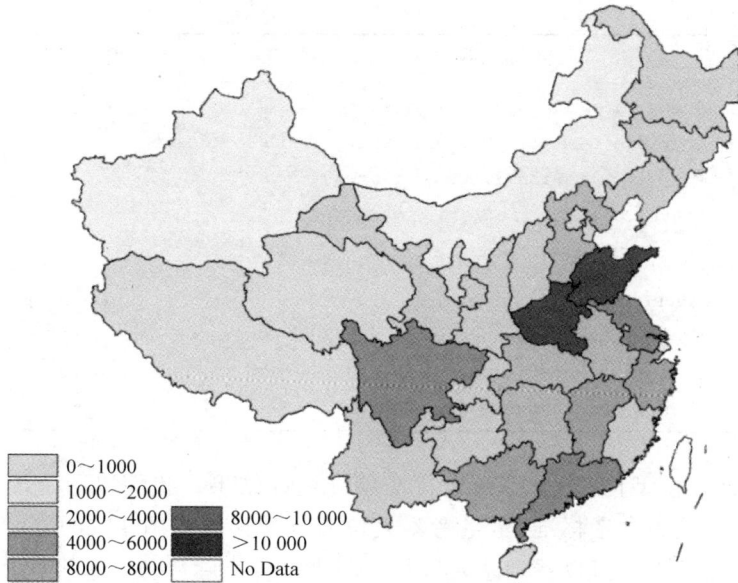

图 14-10　人口演化的初始分布(比例为 1∶10,000)

（1）出生与死亡。每一个年龄在 20 至 50 岁之间且无小孩(这是考虑计划生育限制)的女性 agent，将以概率生育小孩。此概率通过年度人口生育率计算。每一个 agent 将以一定的概率死亡。此概率随 agent 年龄的增长而增大。死亡概率以年度人口死亡率计算。

（2）迁移。迁移发生在年龄在 50 岁以下的 agent 中。每一个符合此条件的 agent 将计算除当前居住省份之外的其他各省的迁移概率。该迁移概率受三个因素影响。首先是目标省份与当前居住省份之间的距离。距离越远迁移概率越低。其次是目标省份与当前居住省份的工资差别水平。若差别越大，则迁移概率越高。最后是 agent 的户籍省份。这主要是考虑我国的户籍制度影响。当无法留在经济更加发达的地区时，人们往往更倾向于回原籍。因此，若 agent 的户籍省份与当前居住省份不一致时，户籍影响因子将增加一部分迁移概率。实质上，非强制性的户籍制度可看作是一种社会准则(Social Norm)。

（3）动作执行与状态更新。仿真时间设为一年，因此 agent 的状态更新只涉及年龄的递增。而环境的更新则包括出生率、死亡率、地区经济水平等参数的更新。

表 14-11　人口演化中的 agent 决策规则

决 策 模 块	规 则 描 述	规 则
Perception	Agent collects wage levels of each province	WM_Wage <- Provincial Average Wages
Working Memory	Current wage levels of each province	—
Social Norm	Registration impact factor: registWei	0(not impact) − 1(totally impact)
Property State	Current province, gender, age, marital status, registration province, has a child	—

续表

决 策 模 块	规 则 描 述	规 则
Reasoning	Agent computes utilities of each province based on average wage, his registration place and the travel distance; eligible agent decides whether to have a child	$U[dest] \leftarrow wag \cdot \dfrac{salary[dest] - currSalary}{currSalary} + reg \cdot e^{-1/dist} + \gamma$
Actuation	Agent emigrates and creates a new agent according to the utilities and birth probability; elder agent will die in a chance; update internal state	IF migration take place THEN update current province

　　agent 人口演化模型构建完成后,运行实验并统计结果。我们以国家统计局公布的分省年度人口调查数据为参考标准,定量考察人口演化的误差。图 14-11 给出了年度总人口和分省的人口演化结果。可以看到总人口数的演化符合实际趋势。拟合优度达到 0.9879,

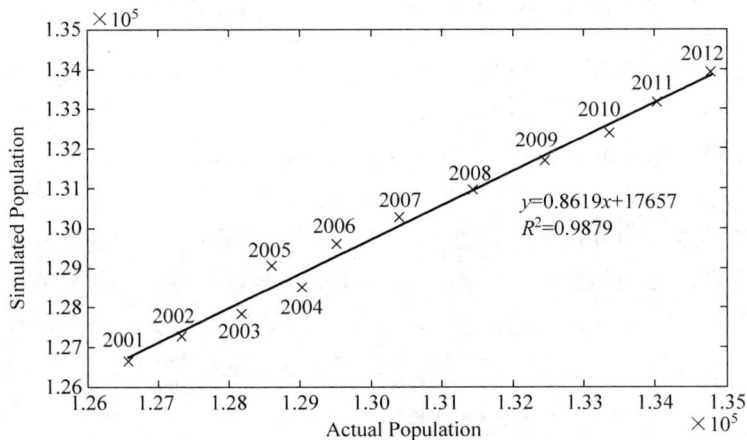

(a) 年度总人口数

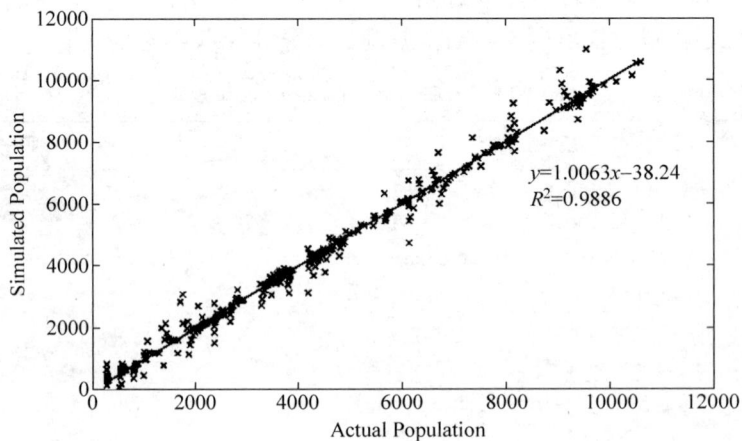

(b) 分省人口数

图 14-11　人口演化实验结果

说明演化复现了实际人口趋势。截距为 17 657，与实际人口数相比，相对误差小于 14％，也说明总体误差较小。从分省人口数看，大多数数据点仍然集中在拟合直线附近，且拟合直线斜率近似等于 1，表明复现趋势更加准确。截距－38 也显示误差比总人口数更小。

客观上讲，上面介绍的应急疏散和人口演化两个例子仍然较简单。人工系统真正用于分析实际系统时所构建的模型要复杂得多。一方面，agent 的异质性会带来更多样的规则。另一方面，人工智能中的学习、推理等算法都可以引入 agent 的决策过程，这必将使得计算复杂度更高。因此，人工系统的分布式或云计算实现方式也是另外一个需要重点关注的问题。

14.5 平行学习

本章第一节讲到，平行智能的一个核心思想是从"小数据"中产生"大数据"，再从"大数据"中提炼"小规则"，即精准知识。经典的强化学习将数据获取和对应行动局限在马尔可夫决策过程的框架中，限制了其能力的发挥。目前研究者提出了不少强化学习的变体，如本书前面介绍的深度强化学习，但基本沿用了马尔可夫决策过程这一框架。这一做法虽然保证了一定范围内学习的有效性，却不能很好地应用到非马尔可夫决策过程。强化学习不需要传统意义上的有标签数据，实际上其学习的过程就是不断更新数据标签的过程。但是，强化学习的一个缺陷是学习效率不高，需要跟环境进行大量交互从而获得反馈用以更新模型。当面临复杂系统大数据处理时，过高的系统状态维数常常使得可行解的探索变得十分困难。平行学习可弥补现实采样数据规模较小、采样带有偏差等不足，通过"小数据-大数据-小规则"的办法加快学习速度，并使得 agent 能够学习到采样数据中并不显著的模式。平行学习是平行智能的重要组成部分，是对现有机器学习方法的直接扩展[23,24]。

如图 14-12，平行学习包含描述学习（Descriptive Learning）、预测学习（Predictive Learning）、指示学习（Prescriptive Learning），可分为数据处理和行动学习两阶段。在数据处理阶段，平行学习首先从原始数据中选取特定的"小数据"，输入到软件定义的人工系统中，并由人工系统产生大量新的数据。然后这些人工数据和特定的原始小数据一起构成解决问题所需要学习的"大数据"集合，用于更新机器学习模型[25]。在行动学习阶段，平行学习沿用强化学习的思路，使用状态迁移来刻画系统的动态变化，从人工合成大数据中学习，并将学习到的知识存储在系统状态转移函数中。但特别之处在于，平行学习利用计算实验方法进行预测学习。通过学习提取，我们可以得到应用于某些具体场景或任务的"小知识"，并用于平行控制和平行决策。这里的"小"是针对所需解决具体问题的特定智能化的知识，而不是指知识体量上的小。

平行学习强调使用预测学习和集成学习来拓展经典学习方法，此拓展主要从三个方面展开：

（1）允许多个 agent 共同学习，每个 agent 可独立地获取到一系列观测数据并构成集合 $X''=\{x_i''\}, i=1,\cdots,I''$。每个 agent 还可以独立地采取一系列行动并构成集合 $A''=\{a_k''(X'')\}, k=1,\cdots J'', X''' \subseteq X''$ 表示数据集 X'' 的一个子集。

（2）每个智能体获取的数据和采取行动的次数和时间均独立。首先，我们允许一个行

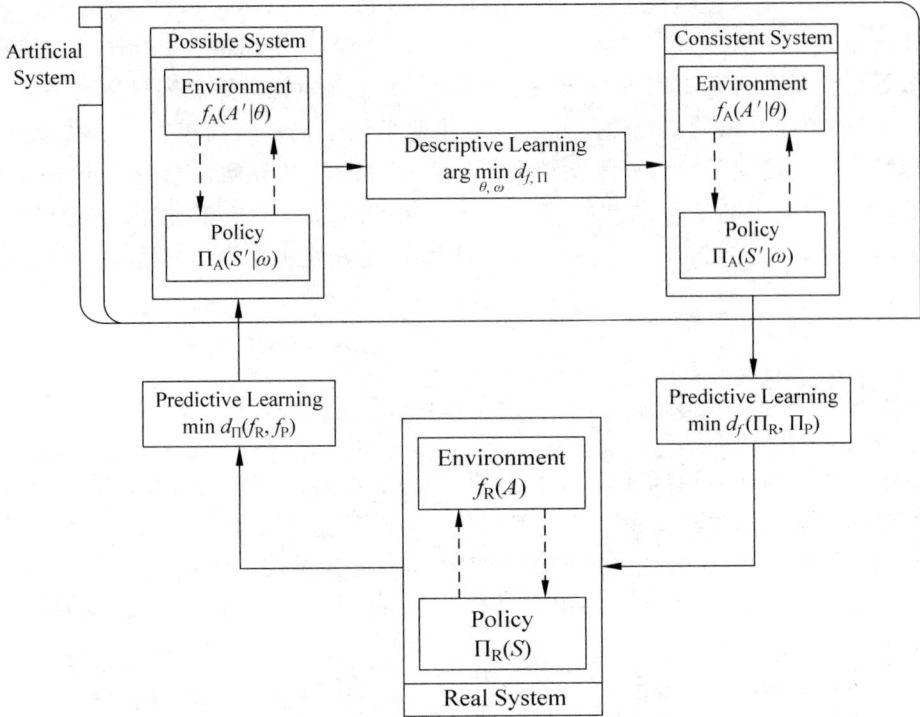

图 14-12　平行学习框架

动可以产生多个新的数据,而强化学习一次只能产生一个新的数据。其次,强化学习要求获取数据和完成行动必须依次间隔执行,而平行学习允许获取数据和完成行动有着完全不同的频次和发生顺序。

（3）以平行世界的角度来看待系统状态的演化过程,将新获得的数据映射到平行空间中,通过大量长期的仿真迭代来预测和分析预期行动的结果,并最终将最优动作返回现实空间[26]。

基于此三点扩展,平行学习可以放松数据和行动之间的耦合,极大地扩展现有的强化学习方法[27]。平行学习的思想在 AlphaGo 中已有所体现:对于当前局面,使用蒙特卡洛树方法进行数盘 20～30 步的模拟以测试探求局部最优的方法,其实质可看作是使用 agent 进行中长期仿真迭代来预测和分析预期行动的结果。同时,数据的产生和行动的产生相对独立,不需时间对齐。AlphaGo 利用输入的数万盘高手对局数据进行自我对战,这就是典型的实际小数据到虚拟大数据的过程。

14.6　本章小结

平行智能起源于复杂系统管理与控制领域,不仅能够分析复杂非线性系统的动态特性、均衡点,还可以克服实际训练数据匮乏的问题,为机器学习提供虚拟的训练样例。平行智能的基本方法是人工社会-计算实验-平行执行（ACP）。通过 agent 规则和环境建模,我们可以构建与实际系统相对应的人工社会系统,然后开展不同决策规则、不同参数配置范围下的计算实验,为实际系统的管理控制、agent 的强化学习提供优化方案和场景数据。人工系统可用于分析面向实际人口的复杂社会系统,也可脱离实际人口,仅考察短期系统趋势与 agent 行为规则间的联系,其应用领域包括计算人口学、计算经济学、平行交通管理、疾病传播分析、信息和舆情扩散、城市规划管理、军事战争推演等。在传统产业的加快升级背景下,平行智能提出的虚实互动、基于人工数据的平行学习等思想和方法将是未来的发展趋势。

参考文献

[1] F. -Y. Wang, X. Wang, L. -X. Li, et al. Steps Toward Parallel Intelligence[J]. IEEE/CAA Journal of Automatica Sinica, 2016, 3(4): 345-348.

[2] 王飞跃. X5.0:平行时代的平行智能体系[J]. 中国计算机学会通讯, 2015, 11(5): 10-14.

[3] 王飞跃. 平行系统方法与复杂系统的管理和控制[J]. 控制与决策, 2004, 19(5): 485-514.

[4] 王飞跃, 戴汝为, 张嗣瀛, 等. 关于城市交通、物流、生态综合发展的复杂系统研究方法[J]. 复杂系统与复杂性科学, 2004, 1(2): 60-69.

[5] 王飞跃, 史帝夫·兰森. 从人工生命到人工社会——复杂社会系统研究的现状和展望[J]. 复杂系统与复杂性科学, 2004, 1(1): 33-41.

[6] F. -Y. Wang. A Big-Data Perspective on AI: Newton, Merton, and Analytics Intelligence[J]. IEEE Intelligent Systems, 2012, 27(5): 2-4.

[7] 王坤峰, 苟超, 段艳杰, 等. 生成式对抗网络 GAN 的研究进展与展望[J]. 自动化学报, 2017, 43(3): 321-332.

[8] 王飞跃. 人工社会、计算实验、平行系统——关于复杂社会经济系统计算研究的讨论[J]. 复杂系统与复杂性科学, 2004, 1(4): 25-35.

[9] 王飞跃. 从一无所有到万象所归:人工社会与复杂性研究[J]. 科学时报(纵横版), 2004.03.17.

[10] J. M. Epstein and R. L. Axtell. Growing Artificial Societies: Social Science from the Bottom Up[M]. The MIT Press, Cambridge, MA, 1996.

[11] S. Helmreich. Silicon Second Nature[M]. University of California Press, Oakland, CA, 2000.

[12] A. G. Wilson and C. E. Pownall. A New Representation of the Urban System for Modeling and for the Study of Micro-Level Interdependence[J]. Area, 1976: 246-254.

[13] W. E. Deming and F. F. Stephan. On A Least Squares Adjustment of A Sampled Frequency Table When The Expected Marginal Totals Are Known[J]. The Annals of Mathematical Statistics, 1940, 11(4): 427-444.

[14] P. Williamson, M. Birkin and P. H. Rees. The Estimation of Population Microdata by Using Data From Small Area Statistics And Samples of Anonymised Records[J]. Environment and Planning A, 1998, 30(5): 785-816.

[15] J. Barthelemy and P. L. Toint. Synthetic population generation without a sample[J]. Transportation Science, 2013, 47(2): 266-279.

[16] P. Ye, X. Hu, Y. Yuan and F. -Y. Wang. Population Synthesis Based on Joint Distribution Inference without Disaggregate Samples[J]. The Journal of Artificial Societies and Social Simulation, 2017, 20(4): 16.

[17] B. Farooq, M. Bierlaire, R. Hurtubia and G. Flotterod. Simulation based population synthesis[J]. Transportation Research Part B: Methodological, 2013, 58: 243-263.

[18] P. Ye, X. Wang, C. Chen, et al. Hybrid Agent Modeling in Population Simulation: Current Approaches and Future Directions[J]. Journal of Artificial Societies and Social Simulation, 2016: 19(1): 12.

［19］ P. Ye，T. Wang and F. -Y. Wang. A Survey of Cognitive Architectures in the Past 20 Years［J］. IEEE Transactions on Cybernetics，2018，48(12)：3280-3290.

［20］ J. E. Laird. The SOAR Cognitive Architecture［M］. The MIT Press，Cambridge，MA，USA，2012.

［21］ J. E. Laird，C. B. Congdon，M. Assanie，et al. The SOAR User's Manual（Version 9. 6. 0）［M］. Division of Computer Science and Engineering，University of Michigan，Nov. 2，2017.

［22］ P. Ye，S. Wang and F. -Y. Wang. A General Cognitive Architecture for Agent-Based Modeling in Artificial Societies［J］. IEEE Transactions on Computational Social Systems，2018，5(1)：176-185.

［23］ L. Li，Y. -L. Lin，N. -N. Zhang，et al. Parallel Learning：A Perspective And A Framework［J］. IEEE/CAA Journal of Automatica Sinica，2017，4(3)：389-395.

［24］ 李力，林懿伦，曹东璞，等. 平行学习——机器学习的一个新型理论框架［J］. 自动化学报，2017，43(1)：1-8.

［25］ D. Zeng and R. Lusch. Big Data Analytics：Perspective Shifting from Transactions to Ecosystems［J］. IEEE Intelligent Systems，2013，28(2)：2-5.

［26］ 王飞跃. 关于复杂系统研究的计算理论与方法［J］. 中国基础科学，2004，6(5)：3-10.

［27］ F. -Y. Wang，J. -J. Zhang，X. -H. Zheng，et al. Where does AlphaGo Go：From Church-Turing Thesis to AlphaGo Thesis And Beyond［J］. IEEE/CAA Journal of Automatica Sinica，2016，3(2)：113-120.

第15章

知识自动化与社会智能

平行智能和 ACP 方法为复杂系统的建模和管理提供了一种思路,而许多新兴技术如知识自动化、区块链等,都可以作为人工系统的具体构建技术,以及"小数据-大数据-小知识"的具体获取方法。本章将简要介绍知识自动化和社会智能的基本思想,以及它们在平行智能中的应用[1]。需要指出,本章的内容都是近年来面向复杂系统智能化管控的最新研究成果和发展方向,其内涵是开放的,许多技术尚处于探索和尝试中。

15.1 知识自动化

15.1.1 知识自动化的基本思想

知识自动化最直接、最直观、最简单的定义就是:知识工作的自动化。其实,这只是把"知识自动化"的定义问题转化为"知识工作"的界定问题,而且不能反映出知识自动化全部与本质性的内涵。然而,2013 年麦肯锡全球研究所发布《颠覆技术:即将变革生活、商业和全球经济的进展》的报告[2],预测了 12 项可能在 2025 年之前决定未来经济的颠覆性技术,其中代表"知识工作的自动化"之智能软件系统位居第二,列于"移动互联网"之后,"物联网和云计算"之前。这一分析预测使得"知识自动化"就是"知识工作的自动化"的认识一时风行于整个世界,引起业内外的一片热议,客观上推动并普及了知识自动化的理念和认识。麦肯锡的报告对什么是"知识工作"也从三个方面作了简短的界定,按照文献[3]的总结,可以概括为:"所谓知识工作,泛指那些需要专门知识、复杂分析、细致判断及创造性解决问题技巧才能完成的任务。"显然,这差不多还是定义的转移再加文学上的描述,但也确实反映了知识自动化领域目前的现状。

知识需要自动化的一个直接原因是:工业时代需要工业自动化,知识时代必须知识自动化。工业时代的发展在许多方面对人类的体力提出了"非分"的要求,迫使人们必须依靠工业自动化的手段来"补偿"其体能上的不足,才能够去实施、运营、维护各类大型或精密的系统和过程。同理,面临物联网、大数据、云计算、智能技术等,正在迅速兴起的知识时代也对人类的智力提出了更高、更加"非分"的要求，人们更需要借助知识自动化的方法来"弥补"其智能上的不足，进而才能去完成各种层出不穷的不定、多样、复杂任务[4]。

一项知识工作一般包含许多活动，具有很强的不确定性、多样性、复杂性（Uncertainty，Diversity，Complexity，UDC），故与工业或制造自动化不同，很难通过传统的自动化技术完全取代人在其中的作用。除了像打字、电话接线、银行柜台、机票登记等简单的任务可以通过计算机和软件代替人外，多数情况下自动化工具只是减轻了人的工作量，但仍需要人的合作才能完成整个的知识工作。因此，不论狭义的知识工作的自动化还是广义的知识自动化，往往都不能完全把人替掉，但却对人的技能和知识水平提出了新的要求。目前，实现知识自动化之主要方法和技术包括智能控制、人工智能、机器学习、人机接口、基于大数据的智慧管理等，但从物理过程的自动化到虚拟空间里的自动化是培育和发展知识自动化的关键。

根据麦肯锡的报告，目前各领域已有 2.3 亿余知识工作者，占全球雇员的 9%，但雇用成本却是相应全球成本的 27%。该报告预计到 2025 年，知识工作的自动化每年可直接产生 5.2 万亿美元至 6.7 万亿美元的经济价值，不计自动化所带来的效率间接提高，相当于额外 1.1 亿至 1.4 亿个全职雇员的产出。然而，在此报告所预测的 12 项颠覆技术之中，知识工作的自动化受到媒体关注的程度差不多是最低的，与其在人们所关心的许多方面可能担当的主导角色十分不符，如未来工作性质的改变、组织结构的改变、经济增长的驱动方式、提高生产力的途径等。实际上，就是在自动化专业人士之中，由于过去主要关注的是物理过程的自动化，较少有人重视甚至意识到知识工作的自动化之重要性。特别是很多人认为这属于人工智能或计算机领域，没有从建模、分析、控制、管理等过程自动化的角度系统性地将方法与应用有机地结合起来，认清其知识自动化的本质[3]。显然，这一状态需要尽快改变。

值得庆幸的是，近年来中国学者十分关注知识自动化这一新兴领域，积极投入相关问题的讨论与研究[5-8]。特别是在流程工业的知识自动化方面，国家自然科学基金委员会信息学部多次组织相关学者举办了包括"双清论坛"在内的学术及战略研讨会，初步形成流程工业知识自动化研究和应用的共识与规划。国际上，知识自动化的工作目前主要由相关企业推动，关注市场需求、生产管理和产品功能，而在学术界，特别是控制领域，还鲜有人参与讨论和研究。然而，知识自动化必将在智慧社会、智能产业、智能制造及所谓的"工业 4.0""工业 5.0"中起核心的作用，我们必须关注相关的发展态势和趋势[9-13]。

知识自动化的最大需求来源于当今时代 Cyberspace 的兴起和社会信号的涌现。过去一百多年，工业自动化是利用物质和信息以"人造"方式建设物理世界的核心方法和技术之一，而新兴的知识自动化将是利用智能算法构建物理世界和 Cyberspace 中各类"人工"的智慧组织、过程、产品之关键途径和工具。从自动化的视角看，第一次工业革命的特征是机械自动化，第二次工业革命的特征是电气、电子自动化，但本质还都是物理过程的自动化，主要特色是利用自然科学的定律，如牛顿定律等，对过程进行精确地建模，再实施控制，落实设定的目标。计算机和网络系统的兴起，开始了虚拟空间里的信息过程自动化时代，其特色是多数过程不再是物理实在的，而是人为规定的"人工"流程，如管理措施、法律程序、交易步骤等。大型生产的企业资源规划（Enterprise Resource Planning，ERP）、制造执行系统（Manufacturing Execution System，MES）、电子商务系统等，实质上都是信息自动化，只不过是人在系统之外，相对而言自动化程度不高而已。目前，网络空间里的许多信息系统正向"人"在其中的智能自动化方向发展，这一趋势必然导致对知识自动化的更高要求，是对之最大的需求。例如,最新统计显示,2014 年大多数网站,尤其是中小网站的网络流量之 63%～80% 已经是互联网"机器人"(Internet Bots)产生的,人类本身造就的流量已经不到 37%,而两年前这两个数据还平分秋色,分别是 51% 与 49%。这只是知识自动化最基本,甚至可以说是最初等的体现形式,但多数人无从感知"人机"之别,表面上的"人在其中",实质上所引发的"机进人退"之速度不得不令人担心。特别值得注意的是,超过一半的互联网"机器人"流量是各色各样的"恶毒"(Malicious)流量,这使如何在 Cyberspace 里安全有效地实施知识自动化的任务变得更加迫切。

显然,知识自动化是信息自动化的自然延伸与提高,是"人"嵌在自动化之中的必然要求,也是从物理世界的自动化控制转向人类社会本身的智能化管理的基础。而且,这一基础必须借助于虚拟空间里的自动化才能实现和完善,否则,就像一些简单的代数方程在实数空间中无解一样,我们也难以单纯地在实际的物理空间中落实知识自动化,进而实现能够动态变化、实时反馈的智能化企业和社会的管理。进一步,我们可以沿此方向构建以人为本、面向物理世界和 Cyberspace 融合的社会物理网络系统(Cyber-Physical-Social Systems,CPSS)之概念[14]。

其实,作为自动化学科基础的控制论之本意就是社会控制与管理。19 世纪初著名的法国科学家安培首次提出控制论一词时,就把这一学科定义为国务管理的科学。但正如钱学森在其《工程控制论》的开篇里所称,"安培企图建立这样一门政治科学的庞大计划并没有得到结果,而且,恐怕永远也不会有结果"。即使之前的《控制论》作者维纳也在其书中认为,社会控制与管理的设想是"虚伪的希望"或"过分的乐观"[15]。

钱学森和维纳产生如此看法的原因之一,是 60 多年前还缺乏实时、有效、充分的社会信号和信息。这也是为何长期以来控制论无法尝试其本源之要害,也是知识自动化只有在今天才可能实现的原因,即知识自动化所需的知识信号,必然是物理信号与社会信号的融合,只有物理信号,没有社会信号,不可能实施知识自动化。简言之,Cyberspace 为知识自动化提供了发展的基础设施与平台,但社会信号为其发展提供了基本动机与动力。

现阶段,知识自动化主要面临两个科学问题:一是其发展的主要空间 Cyberspace,二是其发展的主要动力社会信号。两方面的考虑可以归结为从牛顿系统到默顿系统的升华,从以解析方法为基础的建模、分析、控制到以数据驱动为核心的描述、预估、引导。

显然,目前虚拟空间 Cyberspapce 里的自动化之核心就是知识自动化。一方面是已知或已约定的知识之自动化,包括物理的、信息的、认知的;另一方面是未知或无法规定的模式之表示及处理,这两方面都直接或间接地涉及人与社会之认知和行为的建模与分析问题。此时,由于"自由意志"存在,除了自然科学中的牛顿定律等"硬"定理之外,我们还必须依靠社会科学的一些"软"规律,如默顿定律等,再融入机器学习和人机交互等智能方法和技术,间接地影响人的意识,间接地改变行为模式,从以"知你为何"为基础,实现自动化,转化到以"望你为何"为依据,落实智能化,促使希望的控制或管理目标得以实现[16]。

为此,我们首先需要理清作为社会信号之主体的社会系统,具体而言就是社会物理网络系统 CPSS,与作为物理信号之主体的传统物理系统之间的主要区别。我们认为,CPSS 与物理系统之间的差别可用"建模鸿沟"来形象地表示:随着系统复杂性的增加,系统逐渐地从简单的物理系统向大型的信息系统,再向复杂的 CPSS 过渡,所涉及的关键信息也从物理信号,到商务信号,再到社会信号;系统的行为越来越难以被精确地刻画,相应的建模方法也从解析式的数学模型到仿真模型,再到描述型的人工模型;但实际行为与模型行为之间的差别也越来越大,以至形成"建模鸿沟"的客观现象。实际上,这一"建模鸿沟"是导致一些学者认为闭环反馈式的社会管理是"虚伪的希望""过分的乐观"以至"恐怕永远也不会有结果"的主要因素。

克服"建模鸿沟"的一种思路,是从利用可以控制系统行为的"牛顿定律"进行建模,转向通过能够影响系统行为的"默顿定律"进行描述。这里,"牛顿定律"泛指可以通过解析的方式精确地描述系统行为的各类物理、力学、化学、生物等传统意义上的科学定律和公式,当然也包含经典的牛顿定律等。而"默顿定律"泛指以社会学家默顿命名的各种能够引导系统行为的"自我实现预言",即"由于信念和行为之间的反馈,预言直接或间接地促成了自己的实现"[17]。因为对于复杂的社会问题,在许多情况下,我们要"证实"的命题,其实最后是我们影响甚至改变、构成、实现的命题,并非是自然科学,特别是物理数学里的因果关系,而是心理学上的因果驱动关系。简言之,"命题改变行为,进而成真"。半个多世纪来,引导全球半导体事业发展的"摩尔定律"(Moore's Law)就是一个十分成功的"默顿定律"。

我们称其行为能够由"牛顿定律"控制的系统为"牛顿系统",其特征就是在给定当前系统状态与控制的条件下,理论上系统下一步的状态便可通过求解方程而准确地获得,从而系统的行为就可以被精确地预测。因此,对于"牛顿系统",建模的首要任务就是发现控制系统行为的"牛顿定律",据此直接设计相应的控制方法,依此控制系统行为,实现希望的目标。现代工程控制理论与方法的成功,主要就是针对这类"牛顿系统"。显然,对于牛顿系统,"行为建模"与"目标建模"是一致的。即由于"行为建模"的高度准确性,只要系统本身可控,完全可以通过对"行为模型"的分析达到对其控制的目的,无须单独对目标进行建模。换言之,对于牛顿系统,"行为建模"可以隐含于"目标建模"之中,合二为一。

我们称系统行为能够被"默顿定律"影响或指导的系统为"默顿系统",其特征就是即使给定其当前状态与控制的条件下,理论上系统下一步的状态也无法通过求解而准确地获得,从而系统的行为也就难以被精确地预测,就连概率性描述也不可能,有时甚至连统计描述也没有,只有"人为"的假设或可能性描述。因为这类系统包含"自由意志",本质上无法对其直接控制,只能间接地影响。

对于"默顿系统",建模或描述的首要任务变为根据希望的目标去设计能够有效地影响或指导系统行为的"默顿定律",在此基础上建立围绕目标实现这一任务的人工系统,从而直接或间接地影响"自由意志",改变行为模式,进而通过实际系统与人工系统的平行互动,促使实际系统运行在希望的目标之下。如何创新社会管理,特别面向 Cyberspace,结合网络环境下虚拟社会特色的现代化社会管理,就是研究这类"默顿系统"的首要任务。

与牛顿系统不同,对于默顿系统而言,"行为建模"或"行为描述"与"目标建模"或"目标描述"是独立且不一致的。由于"行为描述"高度依赖常识、经验、猜测、假定、希望等,而且系统本身可以毫无理由地改变其行为,甚至常常有目的、针对性地以在"进行或运行中"(On the Fly)的方式来改变其行为,故很难通过对"行为模型"的分析达到对其行为的控制或管理目的。因此必须单独对目标进行描述和建模,以便决定如何进行情景和行为的分析、预判、归类、实验、评估等,和决定如何选择引导和管理的策略、计划、方案、步骤以及资源的组织、配置、调度、保障和监控的制度、实施、反馈、调节、质量、可靠性等。所以,对于默顿系统,"目标描述"无法再隐含于"行为描述"之中,两者不能合二为一,必须分离,独立进行。

没有 Cyberspace 和以社会信号为主体的大数据之前,"建模鸿沟"在技术上很难克服。现在,大数据提供了填补"建模鸿沟"的原料,而知识自动化又为跨越"鸿沟"提供了机制,关键就是"行为描述"和"目标描述"的分离,否则这些想法仍然无法实施。问题是如何分离? 两者与控制器或管理器之间的关系如何? 界在何处? "行为模型"对于物理系统已经有非常成熟的方法,但对于社会系统,特别是 CPSS 系统,量化的模型至今仍在探索,目前可用的主要有社会网络和概率图模型。"目标模型"是一个崭新的课题,可以看出人工智能和其他智能技术在此有很大的发挥空间。无论如何,知识表示和知识工程将在这些问题的解决中起重要作用,但如何使其作用的方式动态化、自适应、反馈、闭环,却是一个难题。最后的目标就是实现从传统的控制模式到新型的知识管理范式转移,即从以解析方法为基础的建模、分析、控制,到以数据驱动为核心的描述、预估、引导。

这就是从牛顿系统到默顿系统,从牛顿定律到默顿定律的挑战,也是实施知识自动化所要面对的核心问题。我们必须加快研究如何利用社会信号来填充"建模鸿沟",弥补实际与模型之间的差别,"制造"各种各样的默顿定律,像控制现代工业系统一样,实现对特定社会系统的实时、反馈、闭环式的有效管理。

15.1.2 知识自动化与平行智能的关系

研究知识自动化的主要动机是面向复杂系统,解决复杂问题,其最迫切的任务是如何将复杂系统的 UDC 特征,转化为智能系统的"灵捷、聚焦、收敛"(Agile, Focus, Convergence, AFC)特性。为此,我们需要将知识自动化嵌入到基于 ACP 的平行控制与管理的框架和流程之中,使复杂变为简单,使 UDC 化为 AFC[18]。

人工社会或人工系统可以看成是传统的数学或解析建模之扩展,是广义的知识模型,更是落实各种各样的"灵捷性"(Agility)的基础。计算实验是仿真模拟的升华,是分析、预测和选择复杂决策的途径,也是确保复杂情况下能够正确"聚焦"(Focus)的手段。平行执行是自适应控制和许多管理思想与方法的进一步推广,是一种通过虚实互动而构成的新型反馈控制机制,由此可以指导行动、锁定目标,保证过程的"收敛"(Convergence)。没有人工系统、计算实验、平行执行,灵捷、聚焦、收敛就没有基础,只能是空中楼阁。平行系统就是 ACP 方法中由实际系统和人工系统共同构成的系统,即实际与人工系统基于 ACP 组合互动之后,将整合虚实子系统的资源和能力,形成一个新的、整体功能和性能更加优越的新系统,进而对实际系统进行有效的管理与控制,使其具有"灵捷、聚焦、收敛"的 AFC 特性,从而可以在各种复杂情况下完成既定的目标[19,20]。

在平行系统的运行和操作中,必然涉及许多需要专门知识、复杂分析、细致判断及创造性解决问题技巧才能完成的任务,这正是目前知识自动化的核心内容。因此,知识自动化将是构建平行系统的关键技术。实际上,基于 ACP 的平行系统框架,也为进行决策与管理的知识自动化提供了有效途径。显然,对于复杂问题,我们需要不同情景下各种各样的人工系统,以便形成充分完整的知识模型库和决策流程链,提供知识自动化的基础。

具体而言,人工组织及智能体系统以数字化的形式承载了实际组织及系统的各种历史、经验、技能、感知、期望、过程、使命、目标等,是一类软件定义的流程(Software-Defined Processes, SDP)或软件定义的系统(Software-Defined Systems, SDS),主要涉及三方面的知识:

（1）描述（Descriptive），描述或记录组织、过程及案例的各种功能和状态；

（2）预测（Predictive），预测或设计在各种情况下未来可能或希望出现的状态；

（3）引导（Prescriptive），引导或控制各种资源情况尽可能地实现所希望的状态。

步骤（2）必须通过计算实验来落实，此时，SDP 或 SDS 变为计算实验的载体，通过充分的预测、分析、检验之后而聚焦。

步骤（3）则需通过平行执行来实施，此时，人工与实际之间的虚实互动、闭环反馈成为引导行动的机制，促使整个平行系统向设定或涌现的目标收敛。描述、预测、引导三方面的知识还是在整个过程中实施知识自动化的基础，这一点非常重要。因为如果不落实知识自动化，将不可避免地对系统的操作者和使用者的素质和专业水平提出很高甚至是过分的要求，这既不现实，也无必要，更极其危险。

一般而言，一个平行体系应当是面向特定任务的专用系统，其中一个实际组织及系统可以对应多个不同的人工组织及系统。实际与人工组合互动之后，将形成一个更加有效的系统，相应的整体功能和性能也应远超其子系统的功能和性能之合。实际系统的真实工作人员可以操作人工系统，人工系统的虚拟智能体也可以在实际系统中担任角色。真实工作人员可以伴生多个人工或软件智能体或知识机器人，推荐、协助其做出决策或执行任务。实际与人工之间的互动，可以同步，亦可异步，可视具体的应用背景和操作目标而定。

平行控制与管理的核心任务是针对复杂系统的控制与管理，构造实际系统和人工系统能够并行互动的平行系统。目标是使实际系统趋向人工系统，而非人工系统逼近实际系统，进而借助人工系统使复杂问题简单化，以此使复杂系统具有灵捷、聚焦、收敛的特性，最终实现对其有效的控制与管理。

15.2　社会智能

社会智能包含个体和社会两层含义。个体层面的含义是指生活在社会环境中的个体能够与其他个体融洽相处，并且使其他个体愿意与自己合作的能力。与一般意义下的智能不同，社会智能强调的是个体的社会交往能力，包括对环境和社会规则的认知，以及能取得他人帮助的交流方式。社会智能在社会层面的含义是，社会作为一个整体展现出使其效用最大的理性行为能力。本节主要从社会层面讨论社会智能的涌现行为。

15.2.1　社会计算：社会智能的实现方式

随着信息与通信技术的发展，计算资源和移动设备的可访问性逐渐增强，信息的个性化定制越来越丰富，传播速度也越来越快，随之而来的是以微博、今日头条等为代表的社会信息应用程序迅速发展。这些社会"软件"实质上已经超越了个人设备的边界，促进了不同个体、不同组织间的互动和协同，加快了群体行为选择的涌现。在此机制下，社会作为整体所表现出的系统行为特性，将受社会"软件"的性能和效能影响。这里社会"软件"承担的信息传递功能扮演着个体-群体之间的"润滑剂"。良好的信息服务能够促进社会系统行为的"优化"选择，提高社会智能，而不恰当的信息服务将延缓甚至阻碍社会行为向智能化方向发展。因此，如何从社会信息中分析社会群体的状态、行为，制定完善的量化信息服务，引导异质个体的交互和决策预期,从而提高系统整体行为的社会智能化程度,是学界关注的重要问题。社会计算作为解决此问题的手段和前瞻性研究方向,吸引了研究人员、技术人员、软件和在线游戏供应商、网络企业家、商业战略家、政治分析师、数字政府从业者等的广泛兴趣,逐渐成为信息和通信技术(Information and Communication Technology,ICT)的中心议题之一。

　　社会计算是指采用计算手段来促进社会研究、人类社会动态发展的过程,以及社会环境下的 ICT 设计和使用[21]。图 15-1 给出了社会计算的理论支撑、架构及应用。作为一个跨学科的研究和应用领域,社会计算的理论支撑包括计算和社会科学[22]。为促进社会互动和交流,社会计算必须以通信、人机交互、社会学、心理学、经济学和人类学,以及社会网络分析等为理论基础[23]。社会信息学的研究表明,ICT 与社会群体是一个相互影响的整体[24]。在社会"软件"系统的设计和性能改善方面,社会计算必须学习社会学和人类学,并将心理学和组织理论结合起来[25]。从信息处理的角度看,社会计算的技术基础设施包括 Web、数据库、多媒体、无线通信、代理和软件工程等。

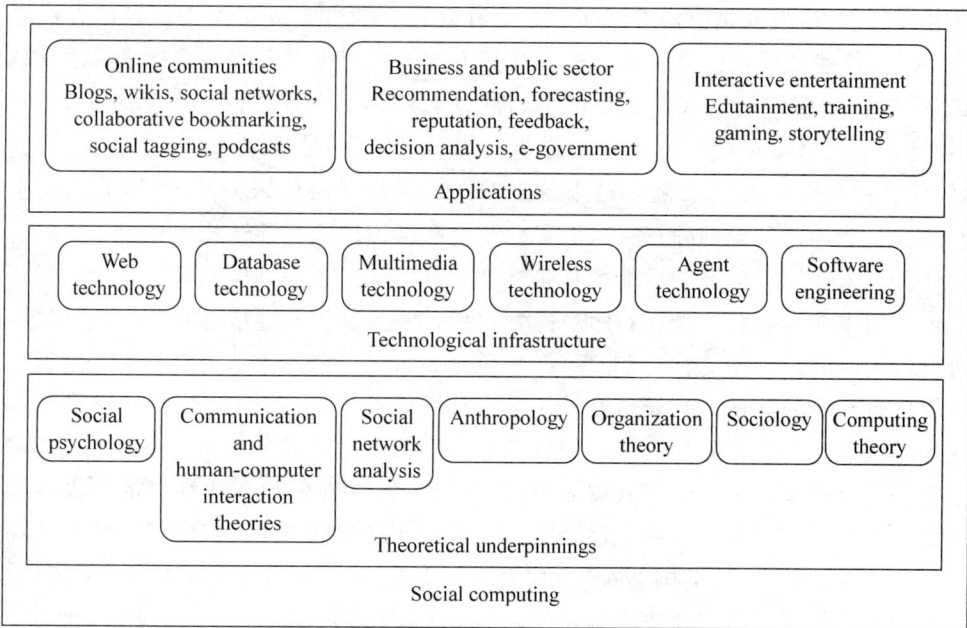

图 15-1　社会计算的理论支撑、架构及应用

　　社会计算的发展动力来源于三个方向:开发更好的社交软件,以实现人与人之间、人与机器之间的互动和沟通;使人类社会的各方面计算机化,以便于量化自动分析;预测技术和政策变化对社会经济、文化行为的影响。目前,社会计算的主要应用集中在四个领域。一是为社会群体提供有效在线通信的 Web 2.0 服务和工具,如博客、维基百科、社交网络、信息订阅与推送、协作过滤和书签等。二是能够与人类用户交互的智能娱乐软件,如智能助理程序、聊天机器人等。这两类应用都更偏重于技术,并将社会理论作为设计和构建软件系统的指导原则。第三类应用面向商业和公共部门,包括各种电子商务、医疗保健、经济、政治和数字政府系统,以及具有重大社会影响的工程系统。第四类应用是预测,包括从反恐、市场分析到流行病、灾害响应等领域的各种规划、评估和培训。以下分别介绍。

　　社会计算的驱动力之一是期望创建更有能力的计算基础设施,以支持协同工作和在线社区,并为社区发明新型的社会媒体。IBM 公司在 1997 年首次开发了一个多方聊天环境 Babble。Babble 及其基于 Web 的后继产品 Loop 可以支持中小型工作组之间的同步和异步文本对话。微软的 Wallop 项目提供了一种工具,使所有用户都能够在线发送少量内容给作者,并在用户的社交网络中发起讨论。除微软和 IBM 外,包括英特尔、FXPAL、惠普、PARC、三菱、MITRE、AT&T、诺基亚、NASA 和谷歌在内的许多研究实验室和公司,都在积极开展社会计算研究。微软公司更是自 2004 年开始多次举办社会计算研讨会来促进这一领域的研究。IBM 也举办了服务科学研讨会,重点讨论将社会计算模块划分为服务的内容。

社会计算和在线社区正在改变人们共享信息和交流的基本方式,并深刻地影响着全球经济、社会互动以及人们生活的方方面面。根据弗雷斯特(Forrester)研究报告,越来越多的个人倾向于从他人和社区,而不是从公司等机构,来获取信息[26]。正因为如此,社区正逐渐以自下而上地方式驱动创新,经验、经济价值和权威的拥有权也开始从机构转向社区。以开源软件开发为例,研发人员已经开发了一系列社会计算软件来支持基于社区的在线系统开发、Bug 修复、传播和反馈信息收集。这种计算方式的转变也引发了许多社会科学和软件设计问题,比如衡量在线社区成功的标准,软件、社会群体与个体之间的关系,隐私与宣传等等。同时,社交网络等在线社区工具的进步,可以帮助其他研究领域测量人的基本社会特征,如信任和社会影响力[27]。随着越来越多的人使用在线协作服务和工具,我们将会看到更多的社会功能构建到 Web 服务中,更多的社会和组织理论与计算技术集成。

设计可与人类用户交互的智能软件是社会计算的第二个驱动因素,在游戏、寓教于乐等互动娱乐应用中尤其如此。例如,在设计多角色扮演游戏时,构建能够正确响应环境变化和其他角色行为的令人信服的社会(非玩家)角色至关重要。采用类似游戏的方法来开发教育和培训软件越来越受欢迎。在娱乐软件及其商业驱动的应用程序中,角色缺乏类人智能是创造良好游戏体验的主要障碍之一。解决这些问题的关键挑战是基于社会和心理学对角色的社会智力进行计算建模。交互式娱乐方面,结合了互动娱乐和在线社区的多人在线游戏是代表之一。例如 Sim 2 大型游戏已经通过完全可视化的虚拟世界,模拟了庞大的在线社区。另一款受欢迎的游戏《美国陆军》为数百万注册玩家提供了一个在线 3D 训练模拟器。未来对互动娱乐的研究可能会更多地关注在线多人娱乐,通过减少网络延迟、增加带宽和网络资源来实现。交互机器人方面,麻省理工学院媒体实验室的电子泰迪熊可以感知、监控和回应人类的触摸,用于治疗。

社会计算的思想和技术在商业和公共领域也得到了广泛的应用。商业上,类似应用程序的出现和增长在很大程度上反映了在线社区的情况。推荐系统就是其中之一,它可以自动地向潜在的消费者推荐产品、服务和信息。亚马逊、Half.com、CDNOW、Netflix 等主要电子零售商大量采用这类系统,以增加在线和目录销售,提高客户忠诚度。电子商务网站还采用了一种在线产品/供应商和反馈/信誉系统。该类系统为消费者群体提供了一个异步的平台,让他们共同分享体验,并影响他们的购买行为,本质上也是一种社会计算的应用。在公共部门,数字政府可以被描述为具有不同复杂程度的社会计算应用程序。例如,社会网络分析技术已被广泛应用于分析恐怖组织、经由监控渠道沟通的各方、犯罪组织以及打击犯罪和反恐的资源等[28]。

15.2.2　社会计算与平行智能的关系

本书前面的章节讲到,平行智能方法主要用于解决复杂系统的管理与控制问题。从广义上讲,系统复杂性包含工程复杂性和社会复杂性。前者通常指生产系统中数量繁多的生产设备,复杂的生产控制系统,近乎苛刻的工艺生产,功能多样且运行在异构环境中的支撑软件等等。后者通常指现实社会系统的非线性、自组织、初始条件敏感等特性。平行智能方法作为基本的方法论,既可应用到工程复杂系统中,也可应用到社会复杂系统中[29]。作为社会智能的实现手段,社会计算可视为平行智能在社会复杂系统管控方面的具体体现[30],而 ACP 方法则是社会计算的恰当范式[31]。

从方法论角度,将社会理论纳入技术开发往往会对基于多 agent 的人工社会构建提出额外需求。特别是对于生化战争、流行病传播、恐怖主义等涉及人身安全的政策考察,人工系统的计算仿真就显得特别有价值和符合伦理[32]。此外,由于真实系统具有内在开放性、动态性、复杂性和不可预测性,因此通常需要使用人工系统和仿真技术进行计算实验来评估和验证管理控制策略。但是,当真实数据不完整甚至不可用时,结合真实和虚拟数据的系统方案验证将是一个主要挑战。这正好是人工-实际系统平行执行能够完成的任务,即针对不同场景开展实验评估。最后,平行系统还能够为社会计算搜集、生成实际和人工数据,为后者完成文本挖掘、语义分析等提供支持。

社会智能的技术基础主要依赖于人工系统建模,具体而言包括社会信息和社会知识的表示、agent 的社会行为建模、系统分析与预测等。社会信息描述了社会的特征,如社会关系、机构结构、角色、权力、影响和控制。从个体 agent 的角度看,社会知识描述了代理的认知和社会状态(如行动者的动机、意图和态度)。因此,社会信息和社会知识为推断、规划和协调社会活动提供了基础。社会结构和关系的表征通常通过网络表示中的结点和连边来表示,如社交网络。对于社会网络而言,网络模型必须反映社会环境现实的各个方面,包括个体 agent 的目标和意图。由于任何特定的网络表示都是真实社会的一种抽象形式,因此找到适合于预期应用程序的表示形式也同样重要。语义网和本体就是典型的形式化表示方式。

基于 agent 的社会建模在微观层面主要是对社会行为和个体 agent 行为的认知建模,基本研究问题包括 agent 的信念、动机目标、情绪、意图、可信度、社会责任和承诺的计算模型和社会推理。在宏观层面则是通过多 agent 的人工社会仿真,对系统涌现行为进行建模分析。模拟复杂的社会过程引发了许多研究问题,如模型规范(基本假设、参数、相互关系和规则等)、实验设计和测试模拟模型。其他的研究挑战包括代表社会背景,为个体和文化差异建模,以及社会机构、规范和群体行为如何从微观代理交互中产生。关于 agent 认知建模与多 agent 社会仿真之间的联系,已经有研究开始探索这两个领域的交叉和协同作用,以便更好地理解个人认知和社会文化进程,以及如何将认知和社会科学集成到计算技术中。但相关研究仍有待于进一步深入和提高。

关于系统分析与预测,统计方法通常被用来评价与各种战略、政策和决策方法相关的成本和收益,包括结构方程、元胞自动机、贝叶斯网络和隐马尔可夫模型、系统动力学和基于代理的方法。此外,在数据挖掘、机器学习和可视化技术方面取得的进展有助于从经验数据中识别内部关系和模式。为了研究人类社会现象,来自定量和计算社会科学的其他分析技术也发挥了关键作用。社会计算支持构建社会系统和软件，并允许在应用程序中嵌入可操作的社会知识，而不仅仅是描述社会信息。在社交网络分析中，传统的方法侧重于针对小群体的静态网络。随着技术的进步，社交网络分析面临的一个主要挑战将是设计用于建模和分析大型动态网络的方法和工具。

总之，无论是从理论还是方法上看，促进社会信息处理向社会智能发展的一条重要途径是通过社会计算来分析、预测、引导社会群体的整体涌现行为达到理性最优。正如本节所讨论的，从社会信息学到社会智能的转变可以在平行智能的范式下，通过建模和分析社会行为、捕捉人类社会行为、创建人工社会 agent 的以及生成和管理可行动的社会知识来实现。

15.3　本章小结

合理可信的人工社会系统是平行智能方法的核心，知识自动化可作为一项关键技术引入人工系统的构建中，其软件定义的流程和流程再造为人工系统完成知识收敛提供了技术基础。社会计算作为促进社会智能涌现的实现手段，是平行智能在处理复杂社会系统中的具体应用，其技术基础和研究方向主要在于人工系统的建模分析。

随着社会感知技术的不断进步，诸如网络社交数据、活动轨迹数据、可穿戴设备数据等个体信息将越来越容易获取，这些信息将极大地丰富人工系统的输入，并帮助知识自动化等完成更加多样化的知识收敛，从而推动虚实互动、协同共生的平行智能进一步完善发展。

参考文献

[1]　王飞跃.软件定义的系统与知识自动化：从牛顿到默顿的平行升华[J].自动化学报,2015,41(1):1-8.

[2]　王飞跃.天命唯新：迈向知识自动化——《自动化学报》创刊50周年专刊序[J].自动化学报,2013,39(11):1741-1743.

[3]　王飞跃.迈向知识自动化[J].中国科学报,2013,12.30(7).

[4]　王飞跃.面向人机物一体化CPSS的控制发展：知识自动化的挑战与机遇.见：2013中国自动化大会暨自动化领域协同创新大会[C],长沙,2013.

[5]　桂卫华,刘晓颖.基于人工智能方法的复杂过程故障诊断技术[J].控制工程,2003,9(4):1-6.

[6]　柴天佑,丁进良,王宏,等.复杂工业过程运行的混合智能优化控制方法[J].自动化学报,2008,34(5):505-515.

[7]　柴天佑.生产制造全流程优化控制对控制与优化理论方法的挑战[J].自动化学报,2009,35(6):641-649.

[8]　桂卫华.流程工业知识自动化内涵探讨.见：第113期双清论坛"流程工业知识自动化"[C],长沙,2014.

[9]　王飞跃.平行工业5.0:平行时代的智能制造体系.见：2015年国家智能制造新年论坛[C].北京,2015.

[10]　王飞跃.指控5.0:平行时代的智能指挥与控制体系[J].指挥与控制学报,2015,1(1):107-120.

[11]　王飞跃.大数据与智能化情报：情报5.0和平行情报系统.见："大数据与知识定制"论坛[C],北京,2014.

[12]　王飞跃.复杂性研究与智能产业：平行企业和工业5.0.见：2014控制工程师峰会[C],上海,2014.

［13］　F.-Y. Wang. Scanning The Issue And Beyond：Toward Its Knowledge Automation［J］. IEEE Transactions on Intelligent Transportation Systems,2014,15(1)：1-5.

［14］　F.-Y. Wang. The Emergence of Intelligent Enterprises：From CPS to CPSS［J］. IEEE Intelligent Systems,2010,25(4)：85-88.

［15］　王飞跃.从工程控制到社会管理：控制论 Cybernetics 本源的个人认识与展望［J］.中国自动化学会通讯,2014,35(4)：43-48.

［16］　王飞跃.社会信号处理与分析的基本框架：从社会传感网络到计算辩证解析方法［J］.中国科学：信息科学,2013,43(12)：1598-1611.

［17］　王飞跃.系统工程与管理变革：从牛顿到默顿的升华［J］.管理学家,2013,10：12-19.

［18］　王飞跃.面向 Cyber-Physical-Social Systems 的指挥与控制：关于平行系统军事体系的理论、方法及应用.见：第一届中国指挥与控制大会［C］,北京,2013.

［19］　王飞跃.面向跨域作战的计算实验与平行指挥控制系统.见：中国海洋发展与指挥控制论坛［C］,烟台,2013.

［20］　王飞跃.面向大数据和知识自动化的平行指挥与控制——灵捷、聚焦、收敛.见：中国海洋发展与指挥控制论坛［C］,南京,2014.

［21］　王飞跃.社会计算——科学、技术与人文的数字化动态交融［J］.中国基础科学,2005,7(5)：5-12.

［22］　F.-Y. Wang, D. Zeng, K. M. Carley, et al. Social Computing：From Social Informatics to Social Intelligence［J］. IEEE Intelligent Systems,2007,22(2)：79-83.

［23］　S. Wasserman and K. Faust. Social Network Analysis：Methods and Applications［M］. Cambridge University Press,1994.

［24］　R. Kling. What Is Social Informatics and Why Does It Matter? ［J］ The Information Society,2007,23(4)：205-220.

［25］　M. Prietula, K. M. Carley and L. Gasser. Simulating Organizations：Computational Models of Institutions and Groups. MIT Press,Cambridge,MA,USA,1998.

［26］　C. Charron,J. Favier and C. Li. Social Computing：How Networks Erode Institutional Power,and What to Do about It［R］. Forrester Customer Report,2006.

［27］　S. Staab,P. Domingos,P. Mike,et al. Social Network Applied［J］. IEEE Intelligent Systems,2005,20(1)：80-93.

［28］　H. Chen and F. Wang. Artificial Intelligence for Homeland Security［J］. IEEE Intelligent Systems,2005,20(5)：12-16.

［29］　程长建,崔峰,李乐飞,等.复杂生产系统的平行管理方法与案例［J］.复杂系统与复杂性科学,2010,7(1)：24-32.

［30］　王飞跃.社会计算还是社会化计算：兼忆社会计算一词的起源［J］.中国计算机学会通讯,2012,8(2)：57-59.

［31］　F.-Y. Wang. Toward a Paradigm Shift in Social Computing：The ACP Approach［J］. IEEE Intelligent Systems,2007,22(5)：65-67.

［32］　K. M. Carleyetal. BioWar：Scalable Agentbased Model of Bioattacks［J］. IEEE Transactions on Systems,Man,and Cybernetics,2006,36(2)：252-265.

图 书 资 源 支 持

感谢您一直以来对清华版图书的支持和爱护。为了配合本书的使用，本书提供配套的资源，有需求的读者请扫描下方的"书圈"微信公众号二维码，在图书专区下载，也可以拨打电话或发送电子邮件咨询。

如果您在使用本书的过程中遇到了什么问题，或者有相关图书出版计划，也请您发邮件告诉我们，以便我们更好地为您服务。

资源下载、样书申请

书圈

我们的联系方式：

地　　　址：北京市海淀区双清路学研大厦 A 座 701

邮　　　编：100084

电　　　话：010-83470236　　010-83470237

资源下载：http://www.tup.com.cn

客服邮箱：2301891038@qq.com

QQ：2301891038（请写明您的单位和姓名）

扫一扫，获取最新目录

课 程 直 播

用微信扫一扫右边的二维码，即可关注清华大学出版社公众号"书圈"。